三位一体实战精讲系列丛书

FPGA 嵌入式项目开发
三位一体实战精讲

刘波文　张　军　何　勇　编著

北京航空航天大学出版社

内 容 简 介

　　全书以项目背景为依托,通过大量实例,深入浅出地介绍了 FPGA 嵌入式项目开发的方法与技巧。全书共分 17 章,第 1~3 章为开发基础知识,简要介绍了 FPGA 芯片、编程语言以及常用开发工具,引导读者技术入门;第 4~17 章为应用实例,通过 14 个实例,详细阐述了 FPGA 工业控制、多媒体应用、消费电子与网络通信领域的开发原理、流程思路和技巧。实例全部来自于工程实践,代表性和指导性强,读者通过学习后举一反三,设计水平将得到快速提高,完成从入门到精通的技术飞跃。

　　本书内容丰富,结构合理,实例典型。不但详细介绍了 FPGA 嵌入式的硬件设计和软件编程,而且提供了完善的设计思路与方案,总结了开发经验和注意事项,并对实例的程序代码做了详细注释,方便读者理解精髓,学懂学透,快速学以致用。

　　本书配有光盘一张,包含全书所有实例的硬件原理图、程序代码以及开发过程的语音视频讲解,方便读者进一步巩固与提高。本书适合计算机、自动化、电子及硬件等相关专业的大学生,以及从事 FPGA 开发的科研人员使用。

图书在版编目(CIP)数据

　　FPGA 嵌入式项目开发三位一体实战精讲 / 刘波文,
张军,何勇编著. --北京 : 北京航空航天大学出版社,
2012.5
　　ISBN 978 - 7 - 5124 - 0702 - 2

　　Ⅰ. ①F… Ⅱ. ①刘… ② 张… ③何… Ⅲ. ①可编程
序逻辑器件—系统设计 Ⅳ. ①TP332.1

　　中国版本图书馆 CIP 数据核字(2012)第 005939 号

FPGA 嵌入式项目开发三位一体实战精讲

刘波文　张　军　何　勇　编著

责任编辑　苗长江　王　彤

*

北京航空航天大学出版社出版发行

北京市海淀区学院路 37 号(邮编 100191)　　http://www.buaapress.com.cn
发行部电话:(010)82317024　传真:(010)82328026
读者信箱: emsbook@gmail.com　　邮购电话:(010)82316936
涿州市新华印刷有限公司印装　　各地书店经销

*

开本:710×1 000　1/16　印张:32.5　字数:711 千字
2012 年 5 月第 1 版　2012 年 5 月第 1 次印刷　印数:5 000 册
ISBN 978 - 7 - 5124 - 0702 - 2　定价:69.00 元(含光盘 1 张)

前 言

FPGA 是现场可编程门阵列（Field Programable Gate Array）的简称，是常用的嵌入式处理器之一，是在 PAL、GAL、CPLD 等可编程器件的基础上进一步发展的产物，是作为专用集成电路 ASIC 领域中的一种半定制电路而出现的。FPGA 技术的出现既解决了定制电路的不足，又克服了原有可编程器件门电路数有限的缺点，现在广泛应用于工业控制、多媒体、消费电子、网络通信等领域。目前市场上同类的 FPGA 书虽然很多，但要么主要介绍编程语言和开发工具，要么从技术角度讲解一些实例，工程应用及针对性不强；同时仅仅停留于书面文字介绍上，图书周边的服务十分空白，读者获取价值受限。为了弥补这种不足，本书重点围绕应用和实用的主题展开介绍，提供给读者三位一体的服务：实例＋视频＋开发板，使读者的学习效果最大化。

本书内容安排

全书共包括 5 篇 17 章，主要内容安排如下：

第 1 篇（第 1～3 章）为基础知识，简要介绍了 FPGA 的特点、应用、体系结构、常用芯片以及常用开发工具。读者将对 FPGA 技术特点有一些入门性的了解，为后续的实例学习打好基础。

第 2 篇至第 5 篇（第 4～17 章）为项目实例，重点通过 14 个实例，详细深入地阐述了 FPGA 的项目开发应用。具体包括 2 个工业控制实例、3 个多媒体开发实例，5 个消费电子实例、4 个网络与通信实例。这些项目实例典型，类型丰富，覆盖面广，全部来自于实践并且调试通过，代表性和指导性强，是作者多年开发经验的总结。读者学习后举一反三，设计水平可以快速提高，快速步入高级工程师的行列。

本书主要特色

与同类型书相比，本书主要具有下面的特色：

（1）强调实用和应用两大主题：实例典型丰富、技术流行先进，不但详细介绍了 FPGA 的硬件设计和软件编程，而且提供了完善的设计思路与方案，总结了开发心得和注意事项，对实例的程序代码做了详细注释，帮助读者掌握开发精要，学懂学透。

（2）注重三位一体：实例＋视频＋开发板。除了实例讲解注重细节外，光盘中还提供全书实例的开发思路、方法和过程的语音视频讲解，手把手地指导读者温习巩固所学知识。

此外，提供有限赠送图书配套开发板活动。为促进读者更好地学习 FPGA，作者还设计制作了配套开发板，有需要的读者通过发邮件（powenliu@yeah. net）进行问题验证后即可得到，物超所值。

本书适合高校计算机、自动化、电子及硬件等相关专业的大学生，以及从事 FPGA 开发的科研人员使用，是学习 FPGA 项目实践的最理想的参考指南。

　　全书主要由刘波文、张军、何勇编写，另外参加编写的人还有：黎胜容、黎双玉、邱大伟、赵汶、刘福奇、罗苑棠、陈超、黄云林、孙智俊、郑贞平、张小红、曹成、陈平、喻德、高长银、李万全、刘江、马龙梅、邓力、王乐等。在此一并表示感谢！

　　由于时间仓促，再加之作者的水平有限，书中难免存在一些不足之处，欢迎广大读者批评和指正。

作者
2012 年 1 月

目 录

第 1 篇　FPGA 基础知识篇

第 2 篇　工业应用开发实例

第 4 篇　消费电子开发实例

第 5 篇　通信开发实例

第 1 篇　FPGA 基础知识篇

第1章

FPGA 入门了解

FPGA 是现场可编程门阵列(Field Programable Gate Array)的简称,是常用的嵌入式处理器之一,现在广泛应用于通信开发、消费电子、汽车电子、工业控制等领域。作为本书第 1 章,将首先介绍 FPGA 体系结构和常用芯片,使读者对 FPGA 的特点有一些入门性的了解。

1.1 FPGA 特点和应用

FPGA 是在 PAL、GAL、CPLD 等可编程器件的基础上进一步发展的产物,是作为 ASIC 领域中的一种半定制电路而出现的。FPGA 技术既解决了定制电路的不足,又克服了原有可编程器件门电路数有限的缺点。

1. FPGA 的基本特点

归纳起来,FPGA 的基本特点有:

(1) 采用 FPGA 设计 ASIC 电路(专用集成电路),用户不需要投片生产,就能得到适用的芯片。

(2) FPGA 可做其他全定制或半定制 ASIC 电路的中试样片。

(3) FPGA 内部有丰富的触发器和 I/O 引脚。

(4) FPGA 是 ASIC 电路中设计周期最短、开发费用最低、风险最小的器件之一。

(5) FPGA 采用高速 CHMOS 工艺,功耗低,可以与 CMOS、TTL 电平兼容。

可以说,FPGA 芯片是小批量系统提高系统集成度、可靠性的最佳选择之一。

2. FPGA 典型应用

在应用方面,FPGA 逻辑功能有:控制接口、总线接口、格式变换/控制、通道接口、协议控制接口、信号处理接口、成像控制/数字处理、加密/解密、错误探测等。

FPGA 的典型应用则如表 1-1 所列。

表 1-1　FPGA 的典型应用

1. 汽车/军事	2. 消费类产品	3. 控　制
自适应行驶控制	数字收音机/TV	磁盘驱动控制
防滑制动装置/控制引擎	教育类玩具/动力工具	引擎控制
全球定位/导航/振动分析	音乐合成器/固态应答器	激光打印机控制
语音命令/雷达信号处理	雷达检测器	电机控制/伺服控制
声纳信号处理	高清晰数字电视	机器人控制
4. 数字信号处理	5. 图形/图像处理	6. 工业/医学
自适应滤波、DDS	神经网络、同态处理	数字化控制
卷积/相关、数字滤波	动画/数字地图	电力线监控
快速傅里叶变换	图像压缩/传输	机器人、安全检修
波形产生/谱分析	图像增强、模式识别	诊断设备/超声设备
7. 电　信	8. 网　络	9. 声音/语音处理
个人通信系统(PCS)	1 200~56 600 bps Modem	说话人检验
ADPCM 蜂窝电话	xDSL、视频会议	语音增强身份
个人数字助理(PDA)	传真、未来终端	语音识别/语音合成
数字用户交换机(PBX)	无线局域网/蓝牙	语音声码器技术
DTMF 编/解码器	WCDNA	文本/语音转换技术
回波抵消器	MPEG-2 码流传输	话音邮箱

1.2　FPGA 体系结构

目前 FPGA 的品种很多,有 Xilinx 的 XC 系列、TI 公司的 TPC 系列、Altera 公司的 FIEX 系列等。其中,逻辑单元是 FPGA 内部架构的最基本单元,每个基本逻辑一般均包括两个部分,一部分为实现组合逻辑部分,另一部分为实现时序逻辑部分。但系列产品不同,其定义不同,例如 Altera 的产品,每个基本单元 LE 含一个暂存器;Xilinx 的产品,每个基本逻辑单元 slices 含两个暂存器。故一般不用"门(gate)"的数量来衡量 FPGA 的大小,而用暂存器的多少来衡量芯片的容量大小。

1.2.1　FPGA 基本结构

FPGA 具有掩膜可编程门阵列的通用结构,它由逻辑功能块排成阵列,并由可编程的互连资源连接这些逻辑功能块来实现不同的设计。

FPGA 一般由 3 种可编程电路和 1 个用于存放编程数据的静态存储器 SRAM 组成。这 3 种可编程电路是:可编程逻辑块(CLB——Configurable Logic Block)、输入/输出模块(IOB——I/O Block)和互连资源(IR——Interconnect Resource)。可编程逻辑块 CLB 是实现逻辑功能的基本单元,它们通常规则地排列成一个阵列,散布于整个芯片;可编程输入/输出模块(IOB)主要完成芯片上的逻辑与外部封装脚的接口,它通常排列在芯片的四周;可编程互连资源包括各种长度的连线线段和一些可编程连接开关,它们将各个 CLB 之间或 CLB、IOB 之间以及 IOB 之间连接起来,构成特定功能的电路。

1. 可编程逻辑 CLB

　　CLB 是 FPGA 的主要组成部分。图 1-1 是 CLB 基本结构框图,它主要由逻辑函数发生器、触发器、数据选择器等电路组成。CLB 中 3 个逻辑函数发生器分别是 G、F 和 H,相应的输出是 G'、F' 和 H'。G 有 4 个输入变量 G_1、G_2、G_3 和 G_4;F 也有 4 个输入变量 F_1、F_2、F_3、F_4。这两个逻辑函数发生器是完全独立的,均可以实现 4 输入变量的任意组合逻辑函数。逻辑函数发生器 H 有 3 个输入信号:前两个函数发生器的输出 G' 和 F',而另一个输入信号是来自信号变换电路的输出 H_1。这个函数发生器能实现 3 输入变量的各种组合函数。这 3 个函数发生器结合起来,可实现多达 9 变量的逻辑函数。

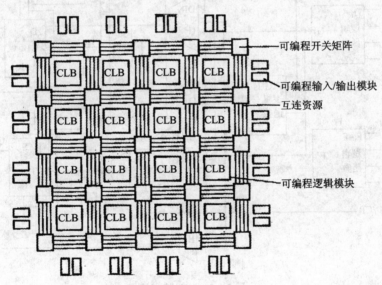

图 1-1　CLB 基本结构

　　CLB 中有许多不同规格的数据选择器(4 选 1,2 选 1 等),通过对 CLB 内部的数据选择器编程,逻辑函数发生器 G、F 和 H 的输出可以连接到 CLB 内部触发器,或者直接连到 CLB 输出端 X 或 Y,并用来选择触发器激励输入信号、时钟有效边沿、时钟使能信号以及输出信号。这些数据选择器的地址控制信号均由编程信息提供,从而实现所需的电路结构。

　　CLB 中的逻辑函数发生器 F 和 G 均为查找表结构,其工作原理类似于 ROM。F 和 G 的输入等效于 ROM 的地址码,通过查找 ROM 中的地址表可以得到相应的组合逻辑函数输出。逻辑函数发生器 F 和 G 还可以作为器件内高速 RAM 或小的可读/写存储器使用,它由信号变换电路控制。

2. 输入/输出模块(IOB)

IOB 提供了器件引脚和内部逻辑阵列之间的连接。它主要由输入触发器、输入缓冲器和输出触发/锁存器、输出缓冲器组成,其结构如图1-2所示。

每个 IOB 控制一个引脚,它们可被配置为输入、输出或双向 I/O 功能。当 IOB 控制的引脚被定义为输入时,通过该引脚的输入信号先送入输入缓冲器。缓冲器的输出分成两路:一路可以直接送到 MUX,另一路经延时几纳秒(或者不延时)送到输入通路 D 触发器,再送到数据选择器。通过编程给数据选择器不同的控制信息,确定送至 CLB 阵列的 I1 和 I2 是来自输入缓冲器,还是来自触发器。

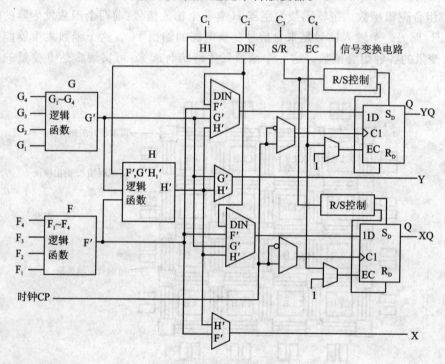

图1-2　IOB 基本结构

当 IOB 控制的引脚被定义为输出时,CLB 阵列的输出信号 OUT 也可以有两条传输途径:一条是直接经 MUX 送至输出缓冲器,另一条是先存入输出通路 D 触发器再送至输出缓冲器。

IOB 输出端配有两只 MOS 管,它们的栅极均可编程,使 MOS 管导通或截止,分别经上拉电阻或下拉电阻接通 VCC、地线或者不接通,用以改善输出波形和负载能力。

3. 可编程互连资源 IR

可编程互连资源 IR 可以将 FPGA 内部的 CLB 和 CLB 之间、CLB 和 IOB 之间连接起来,构成各种具有复杂功能的系统。IR 主要由许多金属线段构成,这些金属线段带有可编程开关,通过自动布线实现各种电路的连接。

片内连线按相对长度分单长度线、双长度线和长线 3 种。

单长度线连接结构如图 1-3(a)所示。CLB 输入和输出分别接至相邻的单长度线,进而可与开关矩阵相连。通过编程,可控制开关矩阵将某个 CLB 与其他 CLB 或 IOB 连在一起。

双长度线连接结构如图 1-3(b)所示。双长度线金属线段长度是单长度线金属线段长度的两倍,要穿过两个 CLB 之后,这些金属线段才与可编程的开关矩阵相连。因此,通用双长线可使两个相隔(非相邻)的 CLB 连接起来。

长线连接结构如图 1-3(c)所示。由长线网构成的金属网络,布满了阵列的全部长和宽,这些每条长线中间有可编程分离开关,使长线分成两条独立的连线通路,每条连线只有阵列的宽度或高度的一半。CLB 的输入可以由邻近的任一长线驱动,输出可以通过三态缓冲器驱动长线。

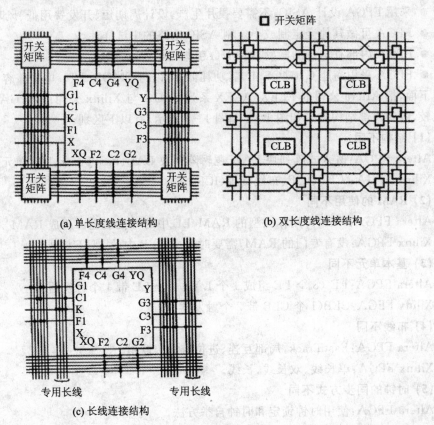

(a) 单长度线连接结构

(b) 双长度线连接结构

(c) 长线连接结构

图 1-3　IR 基本结构

单长度线和双长度线提供了相邻 CLB 之间的快速互连和复杂互连的灵活性,但传输信号每通过一个可编程开关矩阵,就增加一次延时。因此,FPGA 内部延时与器件结构和逻辑布线等有关,它的信号传输延时不可确定。长线不经过可编程开关矩阵,信号延时时间短。长线用于高扇出、关键信号的传播。

提示:CLB、IOB、IR 是 Xilinx FPGA 的内部基本结构,分别对应 Altera FPGA 的 LAB、IOE、快速互连通道。如 Altera EPF10K20RC240-4 中逻辑资源有 1 152 个 LE,8 个 LE 组成 1 个 LAB,即 144 个 LAB,安排在 6 行 24 列中。每行中心 2 KB 的存储器模块 EAB,共 6 个。布线资源有:每个 LAB 都有 22 个来自各行的输入信号和 8 个来自逻辑元件的信号,还有 4 个控制信号和 2 个局部进位、串级内连。采取快速宽带行总线和列总线(捷径内连)。每行总线 144 线宽,每列 24 信道。

1.2.2 FPGA 的结构特点

FPGA 芯片是小批量系统提高系统集成度、可靠性的最佳选择之一,其特点主要有:

- 采用 FPGA 设计 ASIC,不需要投片生产,设计周期短、开发费用低、风险小。
- FPGA 可做其他全定制或半定制 ASIC 电路的中试样片。
- FPGA 内部有丰富的触发器和 I/O 引脚。
- FPGA 采用高速 CHMOS 工艺,功耗低,可以与 CMOS、TTL 电平兼容。

下面,把 Altera 公司的 FLEX/ACEX 系列 FPGA 与 Xilinx 公司的 FPGA 结构进行比较,两者内部结构分别如图 1-4 和图 1-5 所示,有以下区别。

(1) 结构不同

Altera FPGA:嵌入式阵列块 EAB、逻辑阵列块 LAB、FastTrack、I/O 单元。

Xilinx FPGA:CLB、IOB、布线资源(ICR)。

(2) RAM 的使用不同

Altera FPGA:EAB 可用作大型的 RAM,LE 中的查找表也可构成 RAM。

Xilinx FPGA:没有专门的 RAM,需要时可由 CLB 中的 LUT 构成。

(3) 基本单元不同

Altera FPGA:LE (8 个 LE 组成 1 个 LAB,1 个 LE 带 1 个触发器)。

Xilinx FPGA:CLB(1 个 CLB 带 2 个触发器)。

(4) 布线不同

Altera FPGA:FastTrack,局部互连、进位链和级联链。

Xilinx FPGA:单长线、双长线、长线。

(5) 时钟的同步方式不同

Altera FPGA:使用时钟锁定和时钟自举方法。

Xilinx FPGA:有一个时钟网用于时钟的同步,在 Virtex 器件中使用 DLL(Delay-locked-loop)技术,缩短了信号输出时间,提高了 I/O 的速度。

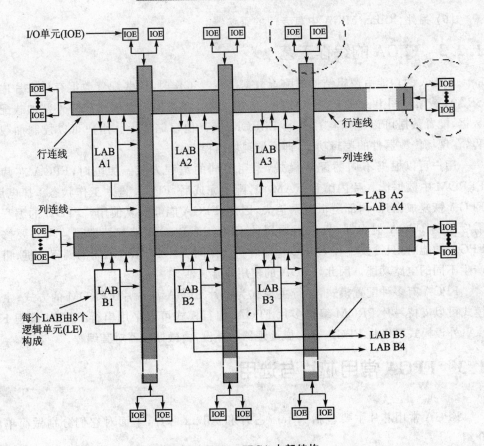

图 1 - 4　Altera FPGA 内部结构

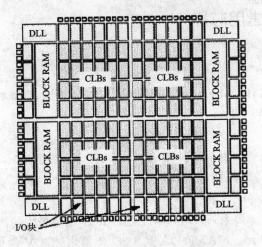

图 1 - 5　Xilinx FPGA 内部结构

（6）另外，Xilinx FPGA 中有专门的乘法器。

1.2.3 FPGA 的编程工艺

FPGA 的功能由逻辑结构的配置数据决定。工作时，这些配置数据存放在片内的 SRAM 或熔丝图上。基于 SRAM 的 FPGA 器件，在工作前需要从芯片外部加载配置数据，配置数据可以存储在片外的 EPROM 或其他存储体上。用户可以控制加载过程，在现场修改器件的逻辑功能，即所谓现场编程。

用户可以根据不同的配置模式，采用不同的编程方式。加电时，FPGA 芯片将 EPROM 中数据读入片内编程 RAM 中，配置完成后，FPGA 进入工作状态。掉电后，FPGA 恢复成白片，内部逻辑关系消失，因此，FPGA 能够反复使用。FPGA 的编程无需专用的 FPGA 编程器，只需用通用的 EPROM、PROM 编程器即可。当需要修改 FPGA 功能时，只需换一片 EPROM 即可。这样同一片 FPGA，不同的编程数据，可以产生不同的电路功能。因此，FPGA 的使用非常灵活。

FPGA 有多种配置模式：并行主模式为一片 FPGA 加一片 EPROM 的方式；主从模式可以支持一片 PROM 编程多片 FPGA；串行模式可以采用串行 PROM 编程 FPGA；外设模式可以将 FPGA 作为微处理器的外设，由微处理器对其编程。

1.3 FPGA 常用芯片与选用

FPGA 常用芯片主要包括 Altera 芯片和 Xilinx 芯片，下面对它们分别做简单的介绍。

1.3.1 FPGA 常用芯片

1. Altera 芯片

Altera 元件命名，以 Altera EPF10K20RC240－4 为例，解释如下：

```
EPF10K20RC240－4
 |    |      |    |——>4 ns 元器件
 |    |      |——>封装和引脚号
 |    |——>等效门数，复杂程度相当于 20 000 个 2 输入与非门
 |———>系列
```

（1）MAX7000S/AE 系列：E^2POM 工艺，Altera 销量最大的产品，已生产 5 000 万片，32～1 024 个宏单元。MAX3000A 是 1999 年推出 3.3 V 的低价格 E^2POM 工艺 PLD，从 32～512 个宏单元，结构与 MAX7000 基本一样。MAX 系列芯片如表 1－2 所列。

表 1-2　MAX 系列

5 V	3.3 V	3.3 V	2.5 V	宏单元
EPM7032S	EPM7032AE	EPM3032A	EPM7032B	32
EPM7064S	EPM7064AE	EPM3064A	EPM7064B	64
EPM7128S	EPM7128AE	EPM3128A	EPM7128B	128
EPM7256S	EPM7256AE	EPM3256A	EPM7256B	256
—	EPM7512AE	EPM3512A	EPM7512B	512

(2) FLEX10KE 系列:1998 年推出的 2.5 V SRAM 工艺,从 3 万门到 25 万门,触发器位数 720～12 624 位,I/O 数 134～470,主要有 10K30E、10K50E、10K100E,带嵌入式存储块 EAB。ACEX1K:2000 年推出的 2.5 V 低价格 SRAM 工艺,结构与 10KE 类似,带 EAB,部分型号带 PLL,主要有 1K10、1K30、1K50、1K100。FLXE10K 和 ACEX1K 系列芯片如表 1-3 所列。

表 1-3　FLXE10K 和 ACEX1K 系列

2.5 V	2.5 V	逻辑单元 LE	嵌入式 RAM 块 EAB	最大 I/O	备注
—	EP1K10	576	3	134	
EPF10K30E	EP1K30	1 728	6	246	每个 RAM
EPF10K50E	EP1K50	2 880	10	310	块容量为
EPF10K100E	EP1K100	4 992	12	406	4 Kbit

(3) FLEX6000 系列:5 V/3.3 V SRAM 工艺,较低价格的 CPLD/FPGA,结构与 10KE 类似,但不带嵌入式存储块,目前使用较少,逐渐被 ACEX1K 和 Cyclone 取代。

(4) APEX20K/20KE 系列:1999 年推出的大规模 2.5 V/1.8 V SRAM 工艺 CPLD (FPGA),带 PLL、CAM、EAB、LVDS,从 3 万门到 150 万门。

(5) APEX II 系列:高密度 SRAM 工艺的 FPGA,规模超过 APEX,支持 LVDS、PLL、CAM,用于高密度设计。

(6) Stratix 系列:最新一代 SRAM 工艺大规模 FPGA,集成硬件乘加器。

(7) Cyclone(飓风)系列:Altera 最新一代 SRAM 工艺中等规模 FPGA,与 Stratix 结构类似,是一种低成本 FPGA 系列,配置芯片也改用新的产品。Cyclone 系列芯片如表 1-4 所列。

表 1-4 Cyclone 系列

1.5 V	逻辑单元 LE	锁相环 PLL	4KRAM 块	备　注
EP1C3	2 910	1	13	每块 RAM 为 4 Kbit,可以另加 1 位奇偶校验位
EP1C4	4 000	2	—	
EP1C6	5 980	2	20	
EP1C12	12 060	2	52	
EP1C20	20 060	2	64	

（8）Excalibur 系列：片内集成 CPU(ARM922T)的 PLD/FPGA 产品,如表 1-5 所列。

表 1-5　Excalibur 系列

1.8 V	逻辑单元(LE)	ARM 核	Processor RAM Kbits	嵌入式 RAM Kbits
EPXA1	4 160	1	384	52
EPXA4	16 640	1	1 536	208
EPXA10	38 400	1	3 072	320

（9）Mercury 系列：SRAM 工艺 FPGA,8 层全铜布线,I/O 性能及系统速度有很大提高,I/O 支持 CDR(时钟—数据自动恢复),支持 DDR SDRAM 接口,内部支持 4 端口存储器,LVDS 接口最高支持到 1.25 Gbps,用于高性能高速系统设计,适合做高速系统的接口。

（10）Stratix GX 系列：Mercury 的下一代产品,基于 Stratix 器件的架构,集成 3.125 Gbps 高速传输接口,用于高性能高速系统设计。

2. Xilinx 芯片

Xilinx 公司 FPGA 产品的型号由若干含义不同的字段组成。主要包括：公司代号,产品类别,表征逻辑门的数字,表征器件工作频率的数字表征器件封装形式的符号,表征引脚数的数字,表征器件生产工艺级别标准和使用温度范围的符号等。

下面以 XC2018-50PG84B 为例进行说明。

● 公司代号：XC—Xilinx 公司产品。

● 产品类别：20—XC2000,30—XC3000 系列,31—XC3loo 系列,40—XC4000 系列。

● 逻辑门数：对 XC2000 系列,XC3000/XC3100 系列,18—1800 门,20—2000 门,30—3000 门,依次类推,唯有 XC2064 例外;对 XC4000 系列,02—2000 门,03—3000 门,04—4000门,依次类推。

● 速度等级(反相器的切换速率)：50 MHz～75 MHz,75 MHz～175 MHz,余类推。不同型号的 FPGA 其反向器的切换速率不同,主要有 33 MHz,50 MHz,75 MHz,100 MHz,125 MHz,150 MHz,175 MHz 和 200 MHz 几种。系统的时钟频率与反向器的切换速率的关系取决于器件的具体结构,一般说来,系统时钟频率是切换速率的 1/3～1/2 左右。

● 封装形式：PG—PGAA 封装，PLCC—PLCC 封装，QFP—QFP 封装。
● 引脚数：84—84 脚，132—132 脚等等。通常 PLCC 封装以 68 脚、84 脚为多见；PGA 形式的封装以 84 脚、120 脚、132 脚、156 脚、175 脚和 191 脚为多见；QFP 形式的封装以 106 脚、160 脚、196 脚和 208 脚为多见。XC2000 系列也有 DIP 封装 48 引脚结构。
● 工艺级别和温度范围：B—Mil-STD-833 工艺标准，B—美国军用品；C—商业用品，使用温度为 0～70℃；I—工业用品，使用温度为 −40～85℃；M—军用品，使用温度为 −55～125℃。

以下是 Xilinx 公司一些芯片的资料叙述。

(1) XC9500 系列：Flash 工艺 PLD，常见型号有 XC9536，XC9572，XC95144。型号后 2 位表示宏单元数量；CoolRunner-II：最新一代 1.8 V 低功耗 PLD 产品；C4000：主要有 XC4000E(5 V)，XC400XL/XLA(3.3 V)，XC4000XV(2.5 V)容量从 64 到 8 464 个 CLB，属较早期的产品，基本不推广。

(2) Spartan 系列：中等规模 SRAM 工艺 FPGA。

(3) Spartan II 系列：2.5 V SRAM 工艺 FPGA，Spartan 的升级产品；Spartan II E 系列：1.8 V 中等规模 FPGA，与 Virtex-E 的结构基本一样，是 Virtex-E 的低价格版本。

(4) Virtex/Virtex-E 系列：大规模 SRAM 工艺 FPGA。

(5) Virtex II 系列：新一代大规模 SRAM 工艺 FPGA 产品；Virtex II pro 系列：基于 Virtex II 的结构，内部集成 CPU 的 FPGA 产品。

(6) Spartan III 系列：新一代 FPGA 产品，结构与 Virtex II 类似，90 nm 工艺。

1.3.2　FPGA 器件的选用

在开发选择器件时，一般遵循"多"、"快"、"好"、"省"4 个原则。"多"就是芯片功能多，"快"就是芯片速度快，"好"就是芯片的性价比高，"省"就是芯片的功耗低、省电。

所以在选择产品时，一般需要考虑以下技术因素：门密度、内存容量、最大的时钟频率、工作电压、最大 I/O 引脚数、封装形式等。

1. 器件的逻辑资源量的选择

适当估测一下功能资源以确定使用什么样的器件，对于提高产品的性能价格比是有好处的。不同的 PLD 公司在其产品的数据手册中描述芯片逻辑资源的依据和基准不一致，所以有很大出入。

对于 FPGA 的估测应考虑到其结构特点。由于 FPGA 的逻辑颗粒比较小，即它的可布线区域是散布在所有的宏单元之间的，因此，FPGA 对于相同的宏单元数将比 CPLD 对应更多的逻辑门数。以 Altera 的 EPF10PC84 为例，它有 576 个宏单元，若以

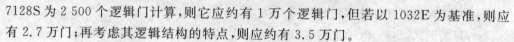

7128S 为 2 500 个逻辑门计算,则它应约有 1 万个逻辑门,但若以 1032E 为基准,则应有 2.7 万门;再考虑其逻辑结构的特点,则应约有 3.5 万门。

实际开发中,逻辑资源的占用情况涉及因素是很多的,大致有:

(1) 硬件描述语言的选择、描述风格的选择,以及 HDL 综合器的选择。

(2) 综合和适配开关的选择。如选择速度优化,则将耗用更多的资源;若选择资源优化,则反之。

(3) 逻辑功能单元的性质和实现方法。一般情况,许多组合电路比时序电路占用的逻辑资源要大,如并行进位的加法器、比较器,以及多路选择器。

2. 芯片速度的选择

随着可编程逻辑器件集成技术的不断提高,FPGA 的工作速度也不断提高,Pin-to-Pin 延时已经达到 ns 级,在一般使用中,器件的工作频率已经足够了。目前,Altera 和 Xilinx 公司的器件标称工作频率最高都超过 300 MHz。

具体设计中应对芯片的速度的选择做综合考虑,并不是速度越高越好。芯片速度的选择应与所设计的系统的最高工作速度相一致。使用了速度过高的器件将加大电路板 PCB 设计的难度。这是因为器件的高速性能越好,则对外界微小毛刺信号的反映敏感性越好,若电路处理不当,或编程前的配置选择不当,极易使系统处于不稳定的工作状态。

3. 价格的选择

FPGA 价格较昂贵,但随着微细化的进步,FPGA 芯片面积缩小,价格迅速下降,市场发展加快。例如,Altera 的 ACEX 1K 2.5 V 产品系列的密度达到 10 万门,价格从 3.50 美元到 11.95 美元不等。Xilinx 的 Spartan-3 平台器件,密度范围从 5 万门到 5 百万门,Spartan XC3S50(5 万门)最低价格仅 3.50 美元,100 万门的 FPGA 器件价格不到 20 美元,而 400 万门的 FPGA 器件不到 100 美元。

4. 器件功耗的选择

由于在线编程需要,FPGA 工作电压越来越低,3.3 V 和 2.5 V 甚至更低的工作电压的使用已十分普遍。推荐使用 3.3 V、2.5 V 或更低的元器件。因此,就低功耗、高集成度方面,FPGA 具有绝对的优势。相对而言,Xilinx 公司的器件的性能比较稳定,功耗较低,用户 I/O 利用率高。例如,XC3000 系列器件一般只有 2 电源、2 个地;而密度大体相当的 Altera 器件则可能有 8 个电源、8 个地。

5. 应用场合的选择

FPGA 一般应用在大规模的逻辑设计、ASIC 设计或单片机系统设计的场合。FPGA 保存逻辑功能的物理结构多为 SRAM 型,即掉电后将丢失原有的逻辑信息。所以在实用中需要为 FPGA 芯片配置一个专用 ROM,需要将设计好的逻辑信息烧录在此 ROM 中。电路一旦上电,FPGA 就能自动从 ROM 中读取逻辑信息。FPGA 的使用途径主要有以下 4 个方面:

（1）直接使用。FPGA 通常必须附带 ROM 以保存软信息，对于 ROM 的编程，要求有一台能对 FPGA 的配置 ROM 进行烧写的编程器。必要时，也可以使用能进行多次编程配置的 ROM。也能使用诸如 ACTEL 的不需要配置 ROM 的一次性 FPGA。

（2）间接使用。这个过程类似于 8051MCU 的掩模生产。这样获得的 FPGA 无需配置 ROM，单片成本要低很多。

（3）硬件仿真。在仿真过程中，可以通过下载线直接将逻辑设计的输出文件通过计算机和下载适配电路配置进 FPGA 器件中，而不必使用配置 ROM 和专用编程器。

（4）专用集成电路 ASIC 设计仿真。对产品产量特别大，需要专用的集成电路，或是单片系统的设计。

6. FPGA 封装的选择

FPGA 器件的封装形式很多，主要有 PLCC、PQFP、TQFP、RQFP、VQFP、MQFP、PGA 和 BGA 等，每一芯片的引脚数从 28 至 484 不等。

常用的 PLCC 封装的引脚数有 28、44、52、68、84 等规格。现成的 PLCC 插座插拔方便，一般开发中，比较容易使用，适用于小规模的开发。缺点是需要添加插座的额外成本、I/O 口线有限以及容易被人非法解密。

PQFP 属贴片封装形式，无需插座，引脚间距为零点几个毫米，直接或在放大镜下就能焊接，适合于一般规模的产品开发或生产。RQFP 或 VQFP 引脚间距比 PQFQ 要小，徒手难于焊接，多数大规模、多 I/O 的器件都采用这种封装。PGA 封装的成本比较高，价格昂贵，形似 586CPU，一般不直接用作系统器件。

BGA 封装的引脚属于球状引脚，是大规模 PLD 器件常用的封装形式。BGA 封装的引脚结构具有更强的抗干扰和机械抗振性能。

对于不同的设计项目，应使用不同的封装。对于逻辑含量不大，而外接引脚的数量必较大的系统，需要大量的 I/O 口线才能以单片形式将这些外围器件的工作系统协调起来，因此选贴片形式的器件比较好。

7. 其他因素的选择

相对而言，在 3 家 PLD 主流公司的产品中，Altera 和 Xilinx 的设计比较灵活，器件利用率比较高，器件价格比较便宜，品种和封装形式比较丰富。但 Xilinx 的 FPGA 产品需要外加编程器件和初始化时间，保密性较差，延时较难事先确定，信号等延时较难实现。

第 2 章

集成开发工具 MAX＋plus II

FPGA 开发工具比较多,最常用开发工具是 MAX＋plus II、Quartus II。其中,MAX＋plus II 开发工具是 Altera 自行设计的 EDA 软件,是完全集成开发环境的软件,可以不需要使用第三方软件,支持 30 000 门以下所有设计。MAX＋plus II 全称是Multiple Array Matrix and Programmable Loigic User System(多阵列矩阵和可编程用户系统),在 Max＋plusII 上可以完成设计输入、元件适配、时序仿真和功能仿真、编程下载整个流程。它提供了一种与结构无关的设计环境,使设计者能方便地进行设计输入、快速处理和器件编程。

2.1 功能与菜单说明

MAX＋plus II 的界面友好,使用便捷,具有原理图输入和 VHDL、Verilog 文本输入,以及波形与 EDIF 等格式的文件作为设计输入,并支持这些文件的任意混合设计。

1. MAX＋plus II 的功能

MAX＋plus II 将用户所设计的电路原理图或电路描述转变为 CPLD/FPGA 内部的基本逻辑单元,写入芯片中,从而在硬件上实现用户所设计的电路。该 CPLD/FP-GA 可用于正式产品,也可作为对最终实现的 ASIC 芯片的硬件验证。此功能描述可以简单地由图 2－1 来表示:

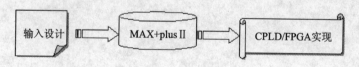

图 2－1   MAX＋plus II 的功能描述

MAX＋plus II 的具体功能如图 2－2 所示,包括:支持原理图和文本(AHDL、VHDL、Verilog HDL)设计,自带综合器、仿真器,支持波形输入,支持波形模拟,时间分析,编译及下载。

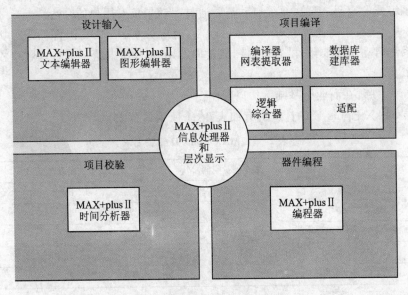

图 2－2　MAX＋plus II 具体功能

　　由图 2－2 所示,MAX＋plus II 提供功能强大、直观便捷和操作灵活的原理图输入设计功能,同时还配备了适用于各种需要的元件库,其中包含基本逻辑元件库(如与非门、反向器、D 触发器等)、宏功能元件(包含了几乎所有 74 系列的器件),以及功能强大,性能良好的类似于 IP Core 的兆功能块 LPM 库。但更重要的是,MAX＋plus II 还提供原理图输入多层次设计功能,使得用户能设计更大规模的电路系统,以及使用方便、精度良好的时序仿真器。MAX＋plus II 具有门级仿真器,可以进行功能仿真和时序仿真,能够产生精确的仿真结果。在适配之后,MAX＋plus II 生成供时序仿真用的 EDIF、VHDL 和 Verilog 共 3 种不同格式的网表文件。

　　但是,由于 MAX＋plus II 是针对可编程芯片而设计的,因此它不支持系统行为级的描述和仿真,不支持门数多的新型 CPLD/FPGA,另外某些 VHDL 语言中的语句如 wait 语句也得不到支持。

　　如果遇到 VHDL 语法问题,可以用专业 VHDL 语言综合工具进行综合,如 Synopsys 公司 FPGA Express、Mentor 公司 Graphics Leonard Spectrum、Mentor 公司 ModelSim,综合以后将生成 ＊.edif 文件给 MAX＋plus II 做布线。另外,如果遇到规模较大的设计,可以用 Altera 新推出的功能更强大的编程工具 Quartus II,这在第 3 章将会讲述。

2. MAX＋plus II 的版本与安装

　　MAX＋plus II 目前有 3 个版本:商业版、基本版和学生版。

　　(1) 商业版:可以进行各种文件和图像的输入,并可以进行功能分析、时序分析、下载 Altera 的各种已设计芯片。商业版本为避免盗版,在并行口上需要再增加一个硬件

"狗",出售的系统除光盘外,还应带一个"狗"。该"狗"中存有一长串由英文大、小写字符和数字组成的密码。每次系统启动都要通过"狗"来核对用户的合法性。

(2)基本版:在商业版上对功能加以限制,时序分析、VHDL 语言综合等功能不能使用。系统启动不需要硬件"狗"支持,只要向 Altera 公司申请一个基本版授权码就可以工作了。

(3)学生版:在商业版基础上加以限制。

安装 MAX+plus II 的计算机有如表 2-1 所列的要求。

表 2-1   MAX+plus II 安装要求

系　　列	最小硬盘空间/MB	最小物理内存/MB
ACEX 1K	256	128
MAX 7000	48	16
MAX 9000	64	32
FLEX 6000	64	32
FLEX 8000	64	32
FLEX 10K	256	128

提示:MAX_Plus_II_v10.2 安装后软件大小约:336 MB。软件下载(安装前47.1 MB)请登陆 https://www.altera.com/support/software/download/altera_design/mp2_baseline/dnl—baseline.jsp。该软件支持 FLEX、ACEX 和 MAX 系列芯片。MAX+plus IIE+MAX 的目前最高版本是 10.2,可编译 VHDL 文件,但只支持MAX 系列。

安装结束后,C 盘根目录下会有两个子目录 C:\maxplus2 和 C:\max2work。前一个目录存放了 MAX+plus II 的库文件、包配置和 IP 核等;后一目录是专门给用户设计仿真存放文件用的。

3. 设置 License

安装完 MAX+plus II,可将 license.dat 文件复制到硬盘的任何一个目录下。

如果没有 license 文件,将无法进入原理图编辑窗或 VHDL 文本编辑窗,如有可能可以去 Altera 公司的网站申请免费的 license,方法如下。

首先进入 MAX+plus II 软件,选择菜单项 Options→License Setup→System Info,先取得硬盘序列号(drive serial number),或者在 DOS 模式下敲入 dir c:/w,即可看到 serial number。在第 2 行中就会显示 32 bit,8 位十六进制数的硬盘序列号,如:4235-16F7。

也可以通过开始菜单→运行→winipcfg,在弹出窗口的设配器地址一栏,即可以获得网卡号(NIC)。

然后在 Altera 主页去登记,登陆 https://mysupport.altera.com/login/signin.asp,有网卡就填 NIC,没有网卡就填硬盘序列号,写完后单击"Continue",然后选择

Version10.2 或其他版本，填写部分个人信息，逐步完成。注意，E－mail 地址不要写错，写完了单击"Continue"。注册完后，Altera 会向所给的信箱发一封 E－mail，E－mail 里一般会有"License. dat"的文件（一般是作为附件），这就是注册文件了，把它保存到硬盘里。

最后再运行 MAX＋plus II，还是在"Option"菜单中选择"License Setup"这一项第一行的"Browse"，找到刚才保存的那个"license. dat"文件，把附件 license. dat 保存到硬盘，如图 2－3 所示。

图 2－3　License 设置

最后在 Options→License Setup→Browse 菜单项中，如图 2－4 所示，选择刚才保存的（＊. dat）导入 license 文件，就可以使用软件进行工作。

提示：license 文件可以通过网卡号（NIC）或硬盘序列号（serial number）获取，有网卡就只需记下 NIC，若没有网卡，只有记硬盘序列号，然后通过拨号上网申请 license。网卡号由 12 位的十六进制数组成，如 00－00－E8－D3－B6－88。

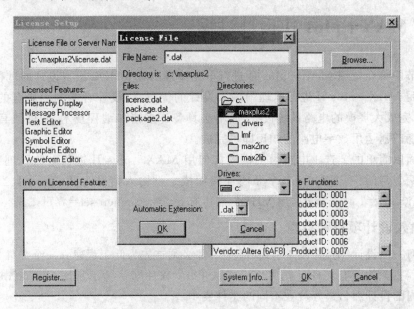

图 2－4　导入 license. dat 文件

4. 常用菜单和工具说明

比较常用的菜单和工具说明如图 2－5 和图 2－6 所示。

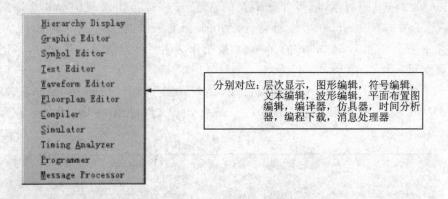

图 2-5　MAX＋plus II 菜单

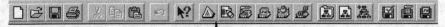

分别对应: (1) 新建(2)打开(3)保存(4)打印(5)剪切(6)复制(7)粘贴(8)撤销上一步
(9)帮助(10)层次显示(11)平面布置图编辑(12)编译窗口(13)仿具窗口
(14)时间分析窗口(15)编辑下载窗口(16)指定Project名(17)把当前文件设置成Project
(18)打开顶层文件(19)存盘(20)编译提取网络(21)存盘并编译

图 2-6　MAX＋plus II 工具栏

2.2　MAX＋plus II 设计过程

本节中将介绍用 MAX＋plus II 进行电路原理图和 VHDL 语言设计的过程。

利用 MAX＋plus II 进行原理图输入设计的优点是:设计者能利用原有的电路迅速入门,完成大规模的电路系统设计,而不必具备许多诸如编程技术、硬件语言等新知识,而且直观,运用数字电路的知识即可完成。

下面以简单的 2 选 1 电路为例讲述如何用 MAX＋plus II 进行电路原理图设计。可以用两个与门、一个或门、一个非门连接而成。设输入信号为 $d0, d1, sel$,当 $sel=0$ 时选择 $d0, sel=1$ 时选择 $d1$,用 VHDL 描述有 $q<=d0$ when $sel='o'$ else b。

1. 输入设计项目和存盘

任何一项设计都是一项工程(project),都必须首先为此工程建立一个文件夹,放置与此工程相关的所有文件。此文件夹将被 EDA 软件默认为工程库(Work Library)。一般不同的设计项目最好放在不同的文件夹中。

提示:在开始工作之前,首先应了解"工程"的概念。一个工程是一个设计的总和,它包含所有的子设计文件和设计过程中产生的所有辅助文件。所有的子设计文件是底层文件,各子设计文件可以是并列关系,也可以是包含关系,层次的深度没有限制。最顶层文件同子设计文件一样,也可以是图形或文本文件。

为了区分方便,最好在 C:\max2work 下建立一个以自己英文名字命名的一级文件夹,一级文件夹下建立一些二级文件夹,比如叫 vhdl_1,vhdl_2……。但是注意:文件夹不能用中文,也不能有空格。

打开 MAX＋plus II,执行菜单 File→New,弹出如图 2-7 所示的新建文件对话框,文件类型(File Type)依次在对话框中列出。

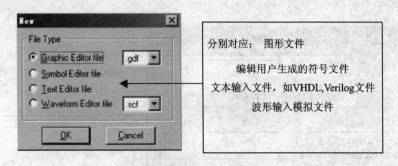

图 2-7　新建文件对话框

注意:图形输入即输入电路原理图,不仅可使用 MAX＋plus II 中丰富的图形器件库,而且可以识别标准 EDIF 网表文件、VHDL 网表文件及 Xilinx 网表文件等。而波形输入允许设计者通过只编辑输入波形,由系统自动生成其功能模块。

在 File Type 窗中选择原理图编辑输入项 Graphic Editor File,按 OK 后将打开原理图编辑窗。其左面的绘图工具条说明,如图 2-8 所示。

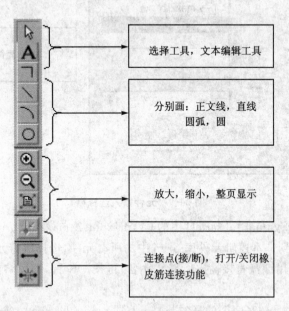

图 2-8　绘图工具条说明

小技巧:当连接功能打开时,移动元件,则连接在元件的连线跟着移动,不改变原有的连线;否则,移动元件,连线不跟着相应地移动,从而改变原有连线。

2. 编辑电路原理图

在原理图编辑窗中的任何一个位置上右击(选择输入元件的位置),将弹出一个选择窗,选择此窗中的输入元件项 Enter Symbol;或者直接执行菜单 System→Enter Symbol;又或者直接在原理图编辑窗中的任何一个位置上双击鼠标左键,都将弹出如图 2-9 所示的输入元件选择窗。

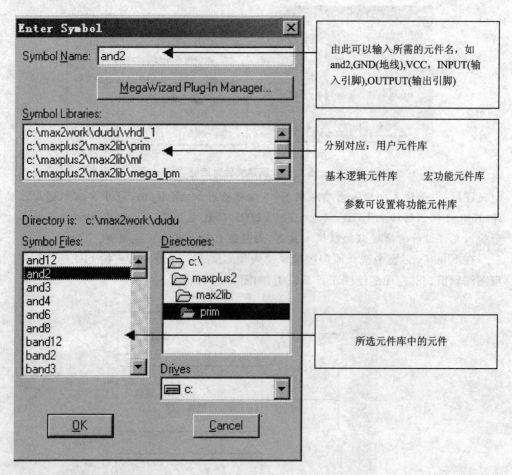

图 2-9　元件输入选择窗

双击文件库"Symbol Libraries"中的 C:\maxplus2\max2lib\prim\ * 项,在 Symbol Files 窗中即可看到基本逻辑元件库 prim 中的所有元件,选择所需元件(也可以在图中的 Symbol Name 用键盘直接输入所需元件名)再按 OK 键,即可将元件调入原理图编辑窗中。

分别调入元件 and2(两个信号的与)、or2(或)、not(非)、input(输入引脚)和 output(输出引脚),如图 2-10 所示。把这些元件移动到合适的位置,连接好。然后分别在 input 和 output 的 PIN_NAME 上双击使其变成黑色(或者在元件任何区域内右击,执行 Edit Pin Name），再用键盘分别输入各引脚名：d0、d1、sel、q。

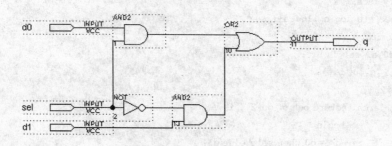

图 2-10　2 选 1 电路原理图

提示：连线时，如果需要连接两个元件端口，则将鼠标移动到其中的一个端口上，这时鼠标指示符会自动变为"＋"形，然后按住鼠标左键并拖动鼠标至第二个端口（或其他地方），松开鼠标可画出一条连线。如果两个元件端口并未在同一水平线或垂直线上，先拖动鼠标到合适位置，松开后在此处继续拖动鼠标左键，即可改变为折线。如果需要删除某连线，左键选择该线为红色，按"Delete"键即可。粗线是多位数据线，细线是单位数据线，单位数据不能用粗线连，多位数据只能用粗线连。对 n 位宽的总线 A 命名时，可采用 A[n−1..0]形式，其中单个信号用 A0，A1，A2，…，An 形式。

选择某个元件、连线（变为红色），则进行复制、移动、删除等操作。细线表示单根线，粗线表示总线。通过选择可以改变连线的性质，方法是先单击该线，使其变红，然后选择 Option→Line Style，即可在弹出的窗口中选取所需的线段。进行粘贴操作时，要预先选择粘贴点位置，选择的位置最好和其他元件、连线远一些。连线尽量不要和元件外部的虚线重叠在一起。

右击单个的元件、连线，可以通过弹出菜单进行包括旋转、改变连线的粗细操作。使用工具箱的选择工具框选择元件和连线，可进行选择区域的移动、删除等操作，如 File→Size 可以改变电路图纸的大小。

图 2-10 中 and2 左下部的浅色标号 1 是输入元件（Enter Symbol）时软件的自动顺序标号。编译时如果该元件有错误，会提示[ID:1]错误，因为一个设计原理图里面可能有多个 and 元件，而 ID 只有一个，第一个输入的元件标为 1，第二个输入的元件标为 2……

然后执行菜单 File→Save，或单击工具箱中的保存按钮，选出刚才为自己的工程建立的文件夹 c:\max2work\vhdl_1，将已设计好的图文件取名为：mux2_1.gdf（注意后缀是.gdf），并存在此目录内。如果刚才未建目录，也可以在 File Name 处输入："c:\max2work\vhdl_1\mux2_1.gdf"，直接新建文件夹。

注意：原理图的文件名可以用设计者认为合适的任何英文名（VHDL 文本存盘名有特殊要求），如加法器 adder.gdf，但是不要和所用的元件名重名，名称也最好和其功能相联系。

```
------2 选 1 电路原理图用 RTL 描述对应的 VHDL 程序------
library ieee;
use ieee.std_logic_1164.all;
entity mux2_1 is
port(d0,d1,sel:in bit;
        q:out bit);
end mux2_1;
    -- architecture beh of mux2_1 is                    --方法 1
        -- begin
        --  q<= d0 when selσ else d1;
        -- end beh;
architecture lmq of mux2_1 is                          --方法 2
begin
  dudu:process(d0,d1,sel)
    variable tmp1,tmp2,tmp3:bit;
  begin
    tmp1: = d0 and sel;
    tmp2: = d1 and (not sel);
    tmp3: = tmp1 or tmp2;
    q< = tmp3;
  end process;
end lmq;
```

3. 将设计项目设置成工程文件(Project)

为了对输入的设计项目进行各项处理,必须将设计文件设置成 Project。如果设计项目由多个设计文件组成,则应该将它们的主文件,即顶层文件设置成 Project;如果要对其中某一底层文件进行单独编译、仿真和测试,也必须首先将其设置成 Project。即需要对哪个设计项目进行编译、仿真等操作,就设定哪个项目为工程。

将设计项目(如 mux2_1.gdf)设定为工程项目,有两个途径:

- 如图 2-11 所示,执行菜单 File→Project→Set Project to Current File,即将当前设计文件设置成 Project。选择此项后可以看到菜单上面的标题栏显示出所设文件的路径。这点特别重要,此后的设计应该特别关注此路径的指向是否正确! 如果已经指向待编译的文件,就不必在此设置为工程。
- 如果设计文件未打开,执行菜单 File→Project→Name,然后再跳出的 Project Name 窗中找到文件夹及文件名,此时即选定此文件夹为本次设计的工程文件了。

4. 选择目标器件并编译

在对文件编译前最好先选定实现本设计项目的目标器件,执行菜单 Assign→Device,弹出如图 2-12 所示 Device 窗口。此窗口中 Device Family 是器件序列栏,应该首先在此栏中选定目标器件对应的序列名,如 EPM7128S 对应的是 MAX7000S 系列、

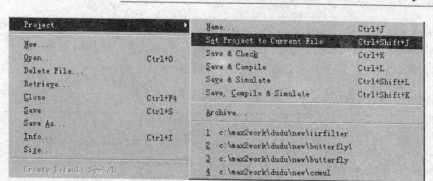

图 2-11　将设计项目设置成工程文件

EPF10K10 对应的是 FLEX10K、EP1K30 对应的是 ACEX1K 系列等。为了选择 EPF10K10LC84-4 器件,应将此栏下方标有 Show Only Fastest Speed Grades 的勾消去,以便显示出所有速度级别的器件。完成器件选择后,按 OK 键。

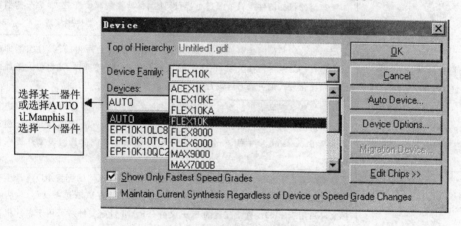

图 2-12　选择目标器件

　　然后启动编译器。首先选择左上角菜单 MAX＋plus II 选项,在其下拉菜单中选择编译器项 Compiler。此编译器的功能包括网表文件提取、设计文件排错、逻辑综合、逻辑分配、适配(结构综合)、时序仿真文件提取和编程下载文件装配等。编译器窗口如图 2-13 所示。

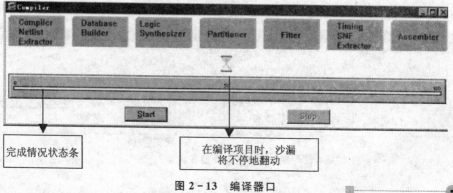

图 2-13　编译器口

MAX＋plus II 编译器将检查项目是否有错,并对项目进行逻辑综合,然后配置到一个 Altera 器件中,同时将产生报告文件、编程文件和用于时间仿真的输出文件。

编译器各功能项目块含义如表 2－2 所列。

表 2－2　编译器各功能项目块含义

编译器功能项目块	含　义
Compiler Netlist Extractor 编译器网表文件提取器	该功能块将输入的原理图文件或 HDL 文本文件转化成网表文件并检查其中可能的错误。该模块还负责连接顶层设计中的多层次设计文件;此外还包含一个内置的,用于接受外部标准网表文件的阅读器
Database Builder 基本编译文件建立器	该功能块将含有任何层次的设计网表文件转化成一个单一层次的网表文件,以便进行逻辑综合
Logic Synthesizer 逻辑综合器	对设计项目进行逻辑化简、逻辑优化和检查逻辑错误
Partitioner 逻辑分割器	如果选定的目标器件逻辑资源过小,而设计项目所需逻辑资源较大,该分割器则自动将设计项目进行逻辑资源分割,使得它们能够在多个器件中实现
Fitter 适配器	适配器也称为结构综合器或布线布局器。它将逻辑综合所得的网表文件,即底层逻辑元件的基本连接关系,在选定的目标器件中具体实现。对于布线布局的策略和优化方式也可以通过设置一些选项来改变和实现
Timing SNF Extractor 时序仿真网表文件提取器	该功能块从适配器输出的文件中提取时序仿真网表文件,留待对设计项目进行仿真测试用。对于大的设计项目一般先进行功能仿真,方法是在 Compiler 窗口下选择 Processing 项中的 Functional SNF Extractor 功能仿真网表文件提取器选项
Assemble 装配器	该功能块将适配器输出的文件,根据不同的目标器件,不同的配置 ROM 产生多重格式的编程/配置文件,如用 CPLD 或配置 ROM 用的 POF 编程文件(编程目标文件);用于 FPGA 直接配置的 SOF 文件(SRAM 目标文件);可用于单片机对 FPGA 配置的 Hex 文件,以及其他 TTFs、Jam、JBC 和 JEDEC 文件等

启动编译器后,单击 Start,开始编译。如果发现有错,一般情况下,会告诉用户错误的位置和情况,双击编译信息(Message－Compiler)窗错误信息条,会直接跳到错误位置,或者在 Message 窗口单击某一条错误,按 Locate 键就会跳到错误位置,然后回到原理图排除错误后再次编译。如图 2－14 所示,显示错误 Error 有重复的引脚名 d0,返回原图修改即可。

图 2－14　编译错误提示

提示：错误位置是用元件左下部的浅色数字显示的，该数字是用户在输入元件（Enter Symbol）的时候自动顺序编号的。一般错误信息的红色表示 Error,蓝色表示的是警告 Warning,而编译成功后 Message 窗口就会出现绿色的信息 Information。

在编译过程中,可能需要等待一段时间,这由程序的复杂性所决定,可以按下Stop/Show Status 键,就可以看到图 2－15 所示的编译过程中每个部分的状态。

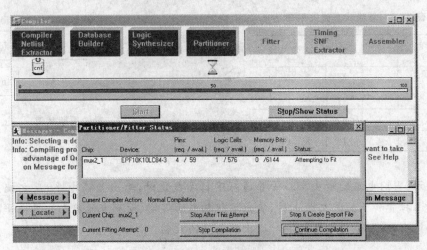

图 2－15　编译状态图

5. 波形编辑

接下来应该测试设计项目的正确性,即逻辑仿真。简单地说,仿真就是人为模拟输入信号,观察输出信号的变化,判断是否合乎预计的设计要求。具体步骤如下：

首先建立波形文件。按照以上"步骤(2)",为此设计建立一个波形测试文件。选择File 项及其 New 选项,再选择图 2－5 中 Waveform Editer 项,打开波形编辑器,如图2－16 所示。

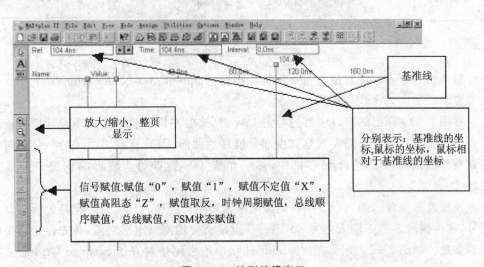

图 2－16　波形编辑窗口

提示：赋值不定值"X"就是未知的状态值，赋值高阻态"Z"就是双向数据总线出现的高阻状态值。可查表2-3给出的"0"、"1"、"X"、"Z"的总线状态关系值，如果总线上出现"1"和"0"两值的叠加，则由表2-3第1行第2列知道，总线将取值"X"。赋值取反就是对"黑色"时间段的信号取反码，如1→0、1→0、B9→46，时钟周期赋值和总线顺序赋值请参考图2-17和图2-18，而最后两个一般情况下用的较少。

表2-3　总线状态值关系表

U1 U2	0	1	X	Z
0	0	X	X	0
1	X	1	X	1
X	X	X	X	X
Z	0	1	X	Z

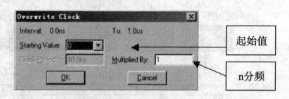

图2-17　时钟周期赋值

提示：当门电路的输出上拉管导通而下拉管截止时，输出为高电平；反之就是低电平。如上拉管和下拉管都截止时，输出端就相当于浮空（没有电流流动），其电平随外部电平高低而定，即该门电路放弃对输出端电路的控制。

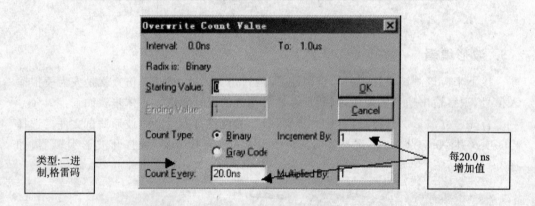

图2-18　总线顺序赋值

输入信号节点才能对信号进行赋值。执行 Node→Enter Nodes from SNF 输入信号节点。

在图2-19弹出的窗口中首先单击 List 键，这时左窗口将列出该项设计所有信号节点。由于设计有时只需要观察其中部分信号的波形，因此要利用中间的"=>"键将需要观察的信号节点选择到右栏中，然后单击 OK 键即可。波形编辑窗口变成如图2-20所示。

设置波形量。图2-20所示的波形编辑窗中已经调入了2选1电路的所有节点信号，在为编辑2选1输入信号 d0/d1、sel 设定必要的测试电平之前，首先设定相关的仿真参数。如图2-21所示，在 Options 选项中消去网格对齐的 Snap to Grid 的选项

（消去勾）。消去勾以后，才可以任意设置时钟频率。

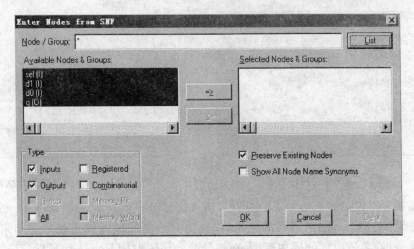

图 2-19　列出并选择需要观察的信号节点

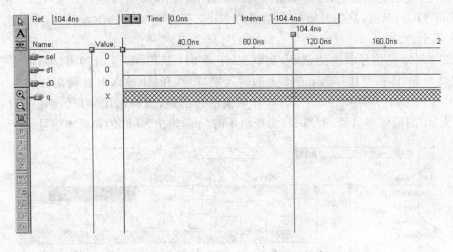

图 2-20　调入所有节点后的图形编辑窗口

小技巧：消去网格对齐能够任意设置输入电平的位置，或设置输入时钟信号的周期。

再设定仿真时间宽度。执行菜单 File→End Time 选项，在 End Time 选择窗中选择适当的仿真时间域，如可选 3 μs(3 微秒)，以便有足够长的观察时间，但是时间设定不要太长，否则，仿真工作量大，占用的机时太长，对内存和 CPU 要求也越大。软件默认仿真时间为 1 μs。

接着执行菜单 Option→Grid Size 选项，可以设定一个网格的时间大小，如图 2-22 所示。系统默认的 Grid Size 是 20.0 ns，一般不需改动。输入时钟信号的 Clock Period 为 Grid Size 基准的两倍，为 20.0 ns×2＝40.0 ns，在设定网格大小后不能再改变，所以仿真前最好根据自己的需要设定恰当的 Grid Size。

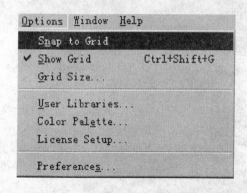

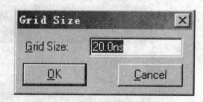

图 2-21 消去网格对齐   图 2-22 一个网格的时间大小

现在就可以设定输入信号了。可以为输入信号 d0 和 d1 设定测试电平,利用必要的功能键为 d0/d1、sel 加上适当的电平,以便仿真后能测试 q 输出信号。如果需要对输入信号 sel 在某段时间间隔内赋值,在该信号的该段时间起点拖动鼠标,移动到该段时间终点,使之变成黑色,然后单击左侧工具箱中的相应赋值按键。如果对信号从头至尾(End Time)赋值,只需要鼠标在左部的 Name 区单击相应的位置,该信号会全部变黑,表示全选。

图 2-23 是信号赋值的结果,其中 sel 手动 0/1 赋值,d0 是时钟周期赋值 1 分频,d1 是 2 分频,即多路选择器 mux2_1 的输入端口 d0 和 d1 输入时钟周期分别为 40 ns 和 80 ns 的"时钟周期赋值"信号。这样赋值的目的是,当控制段 sel 为高电平时,q 的输出为 d1 的低频率信号,而当 sel 为低电平时,q 的输出为 d0 的高频率信号。

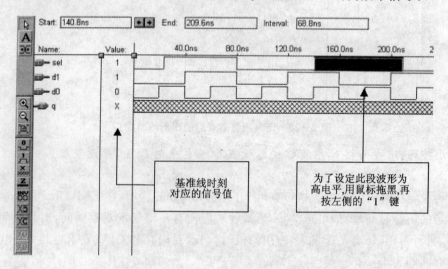

图 2-23 信号赋值结果

有时,为了观察方便需要将某些信号作为一组来观察,步骤如下。

(1)鼠标在 Name 区选择 d0 使之全部变黑,按住 Alt 键,向下拖动鼠标,复制一个 d0;或者全黑后,单击右键后选择 Copy,在其他空白区域再单击右键后选择 Paste;然后再用同样的方法复制一个 d1。或者用菜单 Node→Enter Nodes from SNF,再加上一个 d0 和 d1。建议 d0 在 d1 的上面,且二者相邻。

（2）将鼠标移动到 Name 的 d0 上(不要在带红线的"信号性质说明"上),按下鼠标左键并向下拖动鼠标至 d1,松开鼠标左键后,可选中信号 d0、d1。或者选择 d0 时按住 shift 键,然后再选择 d1,效果都是一样的。

（3）在选中区域(黑色)上,单击鼠标右键,在浮动菜单上选择 Enter Group,或直接执行菜单 Node→Enter Group,出现如图 2－24 所示的设置组对话框。

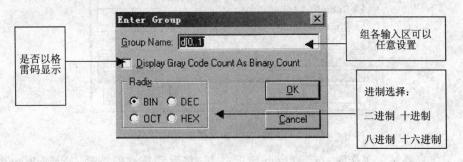

图 2－24   设置组对话框

（4）选择合适进制后,选择 OK,可得到如图 2－25 所示的波形图。在此双击鼠标也可以改变总线数据显示的格式,重新进入图 2－24 所示的对话框进行设置。

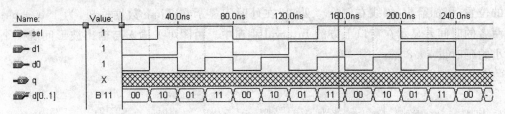

图 2－25   组显示结果(二进制)

提示:在以后的仿真时,对于多位的数据,双击 Value 区,也可以改变数据的显示格式,可以直观显示。步骤(1)不一定是必须的。但是 Group 的高位是所选数据最上面的那个,低位是所选数据的最下面的那个。输入数据也可以编组,有时在信号赋值时比较方便。

最后将波形文件存盘。执行菜单 File→Save,按 OK 键即可。由于存盘窗中的波形文件名是默认的(这里是 mux2_1.scf),所以直接存盘即可。也可以以文本格式(.vec)创建仿真文件,然后打开仿真器窗口,在 file 菜单中选择 Input/Output 项,将.vec 文件转换成.scf 文件。下一步就可以进行时序仿真和分析了。

6. 时序仿真

运行仿真器。执行菜单 MAX＋plus II→Simulator 选项,单击跳出的图 2－26 所示的仿真器窗口的 Start 键,对话框中显示"0 errors,0 warnings"。图 2－27 是仿真运算完成后的时序波形。如果没有变化,看看是否因为显示比例太大,可以单击图左边工具栏的缩小按钮或显示全部按钮。

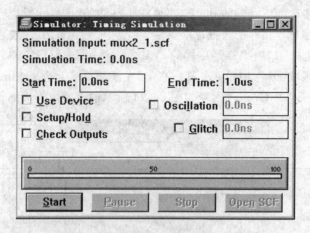

图 2 − 26 仿真器窗口

当仿真器结束工作时,按下 Open SCF 按钮,将看到仿真的结果。回到 Waveform Editor 窗口观察分析波形。很明显,图 2 − 27 显示的时序波形是正确的。当 sel=0 时选择的是 d0,当 sel=1 时选择的是 d1,但器件有延时,所以需要好好观察。图中的竖线是测试参考线(基准线),它上方(与 Ref 数据框处相同)标出的 139.6 ns 是此线所在的位置;鼠标箭头(该线右侧'＋'处)所在处时间显示在 Time 数据框里,为 150.4 ns;两者的时间差显示在窗口上方的 Interval 小窗中。由图可见输入与输出波形间有一个小的延时量 10.8 ns。

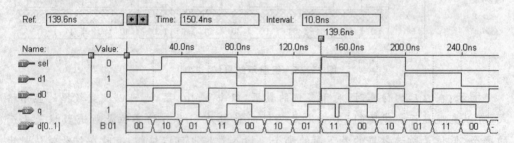

图 2 − 27 mux2_1 仿真波形结果

另外可以通过时间分析器 Timing Analyzer 进一步了解信号的延时情况。为了精确测量 2 选 1 电路输入与输出波形间的延时量,可打开时序分析器,方法是选择左上角 MAX＋plus II 项及其中的 Timing Analyzer 选项,单击跳出的图 2 − 28 分析器窗口中的 Start 键,延时信息即刻显示在图表中。其中左排列出的是输入信号,上排列出输出信号,中间是对应的延时量,这个延时量是精确针对 EPF10KLC84 − 4 器件的。从图 2 − 28 中的延时分析看,跟上面的分析结果大致一样。

仿真结束后,包装元件入库。重新回到 mux2_1.gdf 中,执行 File→Enter Symbol 将设计文件保存为 mux2_1.sym,并放置在工程路径指定的目录(c:\max2work\vhdl_1)中,以备后用。或者在 File 菜单中选择 Create Default Symbol 项,即可创建一个设计的符号。该符号可被高层设计调用,如图 2-29 所示。

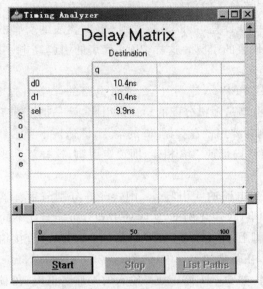

图 2-28 时序分析器

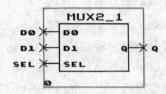

图 2-29 包装元件入库

7. 引脚锁定

如果只需要仿真而不需要在 CPLD/FPGA 芯片下载程序,则这一操作步骤不是必须的,具体的实现细节在以后的章节里还将详细讲述。

如果第 5 步的仿真测试结果正确无误,就可以将设计编程下载至选定的目标器件中,做进一步的硬件测试,以便最终了解设计项目的正确性。这就必须根据评估板、开发电路系统或 EDA 实验板的要求对设计项目输入输出引脚赋予确定的引脚,以便能够对其进行实测。

为了下载验证,应该选用合适的 CPLD/FPGA 电路结构图。对于本设计,为了进行实测,就必须有外部设备,能使两个输入引脚 d0、d1,一个输入控制引脚 sel 能进行高低电平的变化;同时应能比较直观的观察输出引脚 q 的电平值。

选择合适的硬件电路,对于本例,sel 信号为"0"、"1"改变,最好选择按键是"高低电平发生器"的电路,其具体高低电平由相应的二极管显示。为了直观起见,把两个输入信号接 CLK0、CLK5,分别对应 256 Hz、1 024 Hz,输出 q 接到蜂鸣器。很多电路图都可以实现这一点。

提示:因为硬件评估板要考虑到不同的 CPLD/FPGA 器件,不同的器件 I/O 引脚的数目不同,有的器件 1 号引脚可以用作 I/O,而有的器件则作为其他功能使用(如 VCC、GND、下载使用的特殊引脚等),所以评估板一般在电路示意图上标出的符号并不是 CPLD/FPGA 的实际引脚,都是通过查手册得到对应的引脚。例如,如果使用 10K10-PLCC84 器件,PIO48 对应的是 80 号引脚,而使用的是 EP1K30TC14 器件,则对应 97 号引脚。需要锁定引脚时,要根据采用的具体电路,根据电路结构图上的信号名与使用的器件确定对应的引脚。

观察电平变化比较直观的是采用二极管 LED 显示。例如,K1 键按下,CPLD/FPGA 的 PIO9 代表的引脚为高电平,同时 LED 亮,可以直观看到 PIO9 代表的引脚的电平值。LED 一端接地,另一端接 PIO9 代表的引脚。这样 PIO9 代表的引脚高电平时,LED 亮,否则,LED 灭。

如果不锁定引脚,直接下载到 CPLD/FPGA 芯片上,2 选 1 电路的 4 个引脚 d0、d1、sel、q 与 CPLD/FPGA 芯片的 I/O 引脚是随机分配的。锁定引脚,就是把 2 选 1 电路的输入输出引脚人为的固定分配。例如要用键盘控制 d0 的输入,评估板本身已经把电路连接好,只需要在 CPLD/FPGA 器件内部使二者相连,即锁定引脚,这样就实现了对 d0 的控制。

这里的假设根据实际需要,将 2 选 1 电路的 4 引脚 d0、d1、sel、q 分别与目标器件 EPF10K10 第 3、4、5、53 脚相接,操作如下(仅讲述例子,实际的引脚号可能与此不同):

首先把鼠标放在某个输入/输出引脚上,单击右键,在弹出菜单中选择,或直接执行菜单 Assign→Pin\Location\Chip 选项,在跳出的窗口中,如图 2-30 的 Node Name 栏中用键盘输入 2 选 1 电路的 I/O 端口名,如 d0、d1 等。如果输入的端口名正确,在右侧的 Pin Type 栏将自动显示该信号的 I/O 属性。

这时在 Pin 项内输入 d0 对应的引脚名,再单击右下方的 Add 项,此引脚就设定好了,可以单击 Change 项进行修改。以同样的方法分别指定 d1、sel、q 的引脚名,再单击上方的 OK。

关闭 Pin/Location/Chip 窗口后,应重新进行编译,将引脚信息编辑进去。

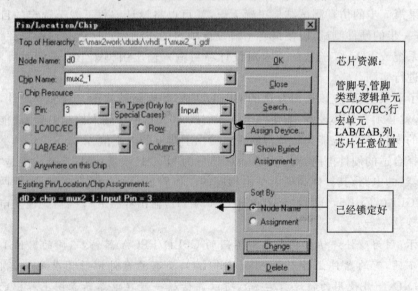

图 2-30 锁定引脚窗口

注意:Pin Type 项会自动出现 Input 指示字,表明 d0 的引脚性质是输入,否则将不出现此字(此时是因为未编译而直接指定引脚)。

如果输入输出的引脚较多,无法记住所有的 I/O 端口的名称,可以单击图 2－30 右边的 Search,就会弹出图 2－31 所示的寻找引脚数据库窗口,然后单击 List,就列出了所有的 I/O 端口,这样就可以分别选择 I/O 端口进行引脚锁定了。

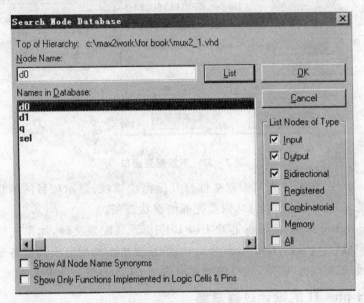

图 2－31　寻找引脚数据库

注意:多位数据 I/O 总线无法直观显示引脚号。

特别需要注意的是,在锁定引脚后必须对文件重新进行编译一次,以便将引脚信息编入下载文件中。而不同的评估板、相同评估板都会采用不同的电路组合形式、相同评估板会采用不同的 CPLD/FPGA 芯片,其锁定的引脚都可能不同。所以设计项目工程之前首先要选择评估板的合适电路结构进行设计。例如:假设实验板的某个电路结构只能使用 4 个 7 段数码管,如果要显示 6 个数据,显然就不好处理了;其次在锁定引脚前,要根据实验板的电路形式,查出对应的 CPLD/FPGA 引脚号。

8. 编程下载

首先用下载线把计算机的打印机口(并行)与目标板(如开发板或实验板)下载口连接好。

下面进行下载方式设定。选择 MAX＋plus II 项及其中的编程器 Programmer 选项,跳出如图 2－32 所示的编程器窗口,然后选择菜单 Options 项的 Hardware Setup 硬件设置选项,在其下拉菜单中选 ByteBlaster(MV)编程方式。此编程方式对应计算机的并口下载通道,"MV"是混合电压的意思,主要指对 Altera 的各类芯核电压(如 5 V/3.3 V/2.5 V/1.8 V 等)的 CPLD/FPGA 都能由此下载。此项设置只在初次安装软件后第一次编程前进行,设置完成后就不必重复此设置了。

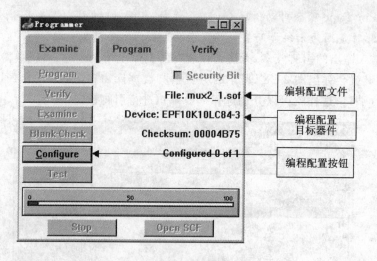

图 2-32　下载配置窗口

在图 2-32 中,包括了当前编程文件打开保密位选项、显示项目的编程文件、显示项目中所用的 Altera 器件的名称,以及完成情况状态条。

单击 Configure 按钮,向目标芯片 EPF10K10 下载配置文件,如果连线无误,应出现报告配置完成(Configuration Complete)的信息提示。然后分别调整各键的电平,以改变输入信号 d0/d1、sel 的值,观察输出 q 对应的 LED 的亮灭是否正确。

9. MAX+plus II 的设计过程总结

根据图 2-10 所示的原理图以及演示的操作过程,可以总结如图 2-33 所示的 MAX+plus II 设计流程。

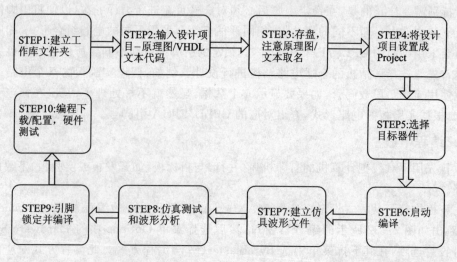

图 2-33　MAX+plus II 的设计流程

多数集成开发软件都与 MAX+plus II 的设计流程类似,比如以下章节要讲述的

Quartus II 和 Xilinx Foundation/ISE。

2.3 MAX＋plus II 综合设计选择项

通过 2.2 节的内容学习,读者可以基本掌握如何进行 MAX＋plus II 设计,但 MAX＋plus II 的功能不仅仅如此。下面将进一步深入讲述 MAX＋plus II 综合设计的功能。

2.3.1 LPM 库的使用

LPM(Library Parameterized Megafunction,可调参数元件),是 MAX＋plus II 自带的功能强大、性能良好的类似于 IP Core 的兆功能块 LPM 库。这里将详细介绍它的其他用法。

LPM 的输入方法与图 2－10 所示的原理图输入方法相似。当 Enter Symbol 对话框出现后,在 symbol Libraries 框中选择"c:\maxplus2\max2lib\mega_lpm"路径。然后在 Symbol Files 框中选择所需要的 LPM 符号。双击参数框(位于符号的右上角),输入需要的 LPM 参数。在 Port Status 框中选择 Unused,可将不需要的信号去掉。

或者也可以通过 File→MegaWizard Plug-In Manager(创建定值兆函数变量)这个向导产生初始化函数库,如图 2－34 所示。

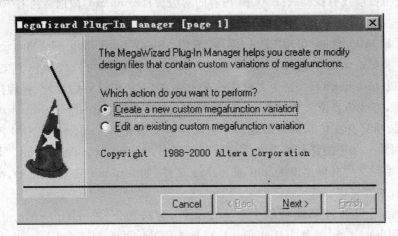

图 2－34 创建定值兆函数变量

单击 Next 就会出现图 2－35 所示的窗口,说明可以创建 3 种类型的 LPM 文件: AHDL、VHDL、Verilog HDL。LPM 还分为 3 种库:算术(arithmetic)、逻辑门(gates)、存储单元(storage)。

根据设计要求选择适当的 LPM 包并填写其参数。例如选择 8 位地址、8 位输出的 ROM 单元,将得到图 2－36 所示的 Symbol。

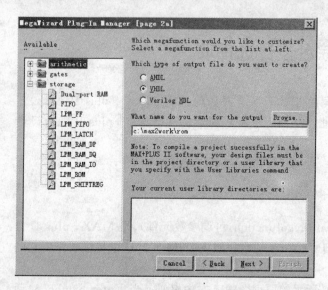

图 2-35　LPM 库

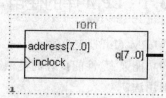

图 2-36　LPM 的 ROM 单元

如果对其进行编译的话,就会发现 message 窗口有如下信息:

Warning:I/O erro -- cant read initial memory content file c:\maxwork\rom.mif -- seting all initial values to 0

它表明目前没有找到表征 ROM 内容的对应文件 rom.mif,故而将所有 ROM 内容认为是"0",下面说明如何对 ROM 进行初始化。

调入 ROM 元件时(可用 LPM_ROM 或用 MegaWizard Plug-In Manager 调入)软件会要求初始化文件的名字,如果还没有做好这个文件,可以先填一个文件名如:test.mif 或 test.hex(test 这个文件现在并不存在)。完成设计后编译,再建立波形文件 *.SCF,打开仿真窗口 Simulator,此时可在菜单中找到 Initialize>Initialize Memory(这个选项只有在仿真窗口出现后才会出现),初始化该 Project 中 ROM 内容的表格,在填写第一步中的译码关系之后,Export File 为 c:\maxwork\rom.mif。此时才可以编辑初始化文件并输出成 *.mif 或 *.hex 文件(如 test.mif 或 test.hex),而且需要再次编译,才算完成。

另外还可以通过系统帮助生成 mif 文件,方法如下:在 Help→Megafunction/LPM,找到 lpm_rom,选择 Initializing RAM or ROM,再选 Memory Initialization File(.mif)or Hexadecimal File(.hex),将其保存即可。

下面简要介绍一下 4 种主要的、常用的 LPM 兆函数和这些兆函数的解释及其端口的定义、参数和资源的使用。

(1) lpm_ff,触发器兆函数。

其原型端口名称和参数命令是:

COMPONENT lpm_ff

```
GENERIC(LPM_WIDTH: POSITIVE;                          --data 和 q 宽度
    LPM_AVALUE: STRING := "UNUSED";                   --aset 加载恒定值
    LPM_PVALUE: STRING := "UNUSED";
    LPM_FFTYPE: STRING := "DFF";                      --DFF/TFF/UNUSED 类型触发器
    LPM_TYPE: STRING := "LPM_FF";                     --LPM 实体名称
    LPM_SVALUE: STRING := "UNUSED";                   --sset 加载恒定值
    LPM_HINT: STRING := "UNUSED");                    --Altera 特有参数,默认 UNUSED
PORT(data: IN STD_LOGIC_VECTOR(LPM_WIDTH-1 DOWNTO 0);
    clock: IN STD_LOGIC;
    enable: IN STD_LOGIC := '1';                      --时钟使能输入
    sload: IN STD_LOGIC := '0';                       --异步加载、清除、设置输入
    sclr: IN STD_LOGIC := '0';
    sset: IN STD_LOGIC := '0';
    aload: IN STD_LOGIC := '0';                       --同步加载、清除、设置输入
    aclr: IN STD_LOGIC := '0';
    aset: IN STD_LOGIC := '0';
    q: OUT STD_LOGIC_VECTOR(LPM_WIDTH-1 DOWNTO 0));   --来自 D 或 T 触发器的数据输出
END COMPONENT;
```

提示:兆函数 lpm_ff 每位使用一个逻辑单元。

(2) lpm_rom,ROM 兆函数。lpm_rom 是 LPM 库中一个标准程序包文件,它的端口定义如下:

```
COMPONENT lpm_rom
    GENERIC (LPM_WIDTH: POSITIVE;                         --q 宽度
        LPM_TYPE: STRING := "LPM_ROM";
        LPM_NUMWORDS: NATURAL := 0;                       --存储字的数量
        LPM_FILE: STRING;                                 --初始化文件.mif/.hex
        LPM_ADDRESS_CONTROL: STRING := "REGISTERED";      --地址端口是否注册
        LPM_OUTDATA: STRING := "REGISTERED";              --q 端口是否注册
        LPM_HINT: STRING := "UNUSED");
PORT (address: IN STD_LOGIC_VECTOR(LPM_WIDTHAD-1 DOWNTO 0);--输入到存--储器的地址
        inclock: IN STD_LOGIC := '0';
        outclock: IN STD_LOGIC := '0';                    --输入/出寄存器时钟
        memenab: IN STD_LOGIC := '1';
        q: OUT STD_LOGIC_VECTOR(LPM_WIDTH-1 DOWNTO 0));
END COMPONENT;
```

提示:兆函数 lpm_rom 每个存储器位使用一个嵌入式单元。

(3) lpm_add_sub,加法器/减法器兆函数。

```
COMPONENT lpm_add_sub
    GENERIC (LPM_WIDTH: POSITIVE;
        LPM_REPRESENTATION: STRING := "SIGNED";          --执行的加法类型
```

```
        LPM_DIRECTION: STRING : = "UNUSED";              -- ADD/SUB/UNUSED
        LPM_PIPELINE: INTEGER : = 0;                     -- 与输出 result 相关的延迟周期数
        LPM_TYPE: STRING : = "LPM_ADD_SUB";
        LPM_HINT: STRING : = "UNUSED");
    PORT (dataa, datab: IN STD_LOGIC_VECTOR(LPM_WIDTH - 1 DOWNTO 0);
        aclr, clock, cin: IN STD_LOGIC : = '0';          -- 流水线异步清除/时钟/低阶位进位
        add_sub: IN STD_LOGIC : = '1';                   -- 高加、低减
        clken: IN STD_LOGIC : = '1';                     -- 流水线时钟使能
        result: OUT STD_LOGIC_VECTOR(LPM_WIDTH - 1 DOWNTO 0);
        cout, overflow: OUT STD_LOGIC);                  -- MSB 进位输入输出/超出精确度
END COMPONENT;
```

提示：兆函数 lpm_add_sub 的逻辑单元与加法器宽度成线性正比关系。

(4)lpm_mult，乘法器兆函数。

```
COMPONENT lpm_mult
    GENERIC (LPM_WIDTHA: POSITIVE;
        LPM_WIDTHB: POSITIVE;
        LPM_WIDTHS: NATURAL : = 0;
        LPM_WIDTHP: POSITIVE;                            -- 分别 dataa/b/result/sum 的宽度
        LPM_REPRESENTATION: STRING : = "UNSIGNED";
        LPM_PIPELINE: INTEGER : = 0;
        LPM_TYPE: STRING : = "LPM_MULT";
        LPM_HINT: STRING : = "UNUSED");
    PORT (dataa: IN STD_LOGIC_VECTOR(LPM_WIDTHA - 1 DOWNTO 0);
        datab: IN STD_LOGIC_VECTOR(LPM_WIDTHB - 1 DOWNTO 0);
        aclr, clock: IN STD_LOGIC : = '0';
        clken: IN STD_LOGIC : = '1';
        sum: IN STD_LOGIC_VECTOR(LPM_WIDTHS - 1 DOWNTO 0) : = (OTHERS = > '0');   -- 部分和
        result: OUT STD_LOGIC_VECTOR(LPM_WIDTHP - 1 DOWNTO 0));
END COMPONENT; -- a * b + sum
```

提示：兆函数 lpm_mult 的逻辑单元与乘法器宽度成线性正比关系。

2.3.2 项目层次结构与文件系统

1. 项目层次结构

MAX＋plus II 的层次结构是通过 Hierarchy Display 进行显示和管理的。通过对 2.3.1 小节设计实例(3) lpm_add_sub,加法器/减法器兆函数的实例创建,可以看到如图 2-37 所示的层次结构。

由图 2-37 所示的由顶层至底层 TOP DOWN 树形显示,右上角有颜色的代表已生成的文件。这样很形象地表示了系统的结构图,也容易体现程序的设计思想。但这

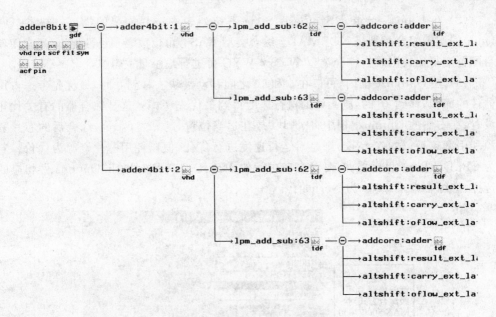

图 2 - 37　8 位加法器的层次结构

只是一个比较简单的设计，如果设计一个大的系统，这棵"生成树"将会变得很大。

2．文件系统

MAX＋plus II 生成的文件主要有表 2 - 4 所列的几种。

表 2 - 4　MAX＋plus II 生成的文件

AHDL 文本设计文件	．tdf　（Text Design File）
VHDL 设计文件	．vhd　（VHDL Design File）
图形设计文件	．gdf　（Graphic Design File）／．sch（Schematic File）
EDIF 输入文件	．edf　（EDIF Input File）
网表格式文件	．xnf　（Xilinx Netlist Format）
状态机文件	．smf　（State Machine File）
波形设计文件	．wdf　（Waveform Design File）
符号文件	．sym　（Symbol File）
编译器网表文件	．cnf　（Compiler Netlist File）
层次互连文件	．hif　（Hierarchy Interconnect File）

2.3.3　全局逻辑综合方式

编译项目时选择一种全局逻辑综合方式，以便在编译过程中指导编译器的逻辑综合模块的工作。按以下步骤可以为项目选择一种逻辑综合方式，如图 2 - 38 所示。

（1）在 Assign Menu 菜单内选择 Global Project Logic Synthesis 项，将出现 Global Project Logic Synthesis 对话框。

（2）在 Global Project Synthesis Style 下拉列表中选择需要的类型。缺省（Default）的逻辑综合类型是 NORMAL。综合类型 FAST 可以改善项目性能，但通常使项目配置变得比较困难。综合类型 WYS／WYG 可进行最小量逻辑综合。

（3）在 Optimize 框内，可以在 0 和 10 之间移动滑块。移到 0 时，最优先考虑占用器件的面积；移到 10 时，则系统的执行速度得到最优先考虑。这是综合器的有关优化设置，在右侧的 Optimize 框中将"滑块"放在适当位置，越靠左（Area）综合后的芯片资源利用率越高；靠右（speed）则是对运行速度进行优化，但以耗用芯片资源为代价。若为 CPLD/FPGA 目标器件，要对窗口中间的 Max Device Synthesis Options 做相应的选择，选综合方式 Style 为 Normal。

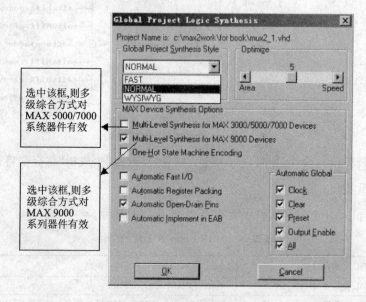

图 2－38　设置全局逻辑综合方式

1. 对 MAX 器件进行多级综合

在图 2－38 中，对于 MAX（乘积项）器件，可以选择多级综合。它可以充分利用所有可使用的逻辑选项。这种逻辑综合方式，用于处理含有特别复杂的逻辑的项目，而且配置时不需要用户干涉。对于 FLEX 器件，这个选项自动有效。

2. FLEX 器件的进位/级联链

FLEX 进位链提供逻辑单元之间非常快的向前进位功能，利用级联链可以实现很多的逻辑函数，如图 2－39 所示。如选择 FAST 综合方式，则进位/级联链选项自动有效。按如下步骤可人工选择该选项是否有效。

（1）在 Global Project Logic Synthesis 对话框内选择 FAST 项，将出现 Define Synthesis Style 窗口。

（2）如需使用进位链功能，则从下拉菜单 Carry Chain 中选择 Auto。

（3）如需使用级联链功能，则从下拉菜单 Cascade Chain 中选择 Auto。

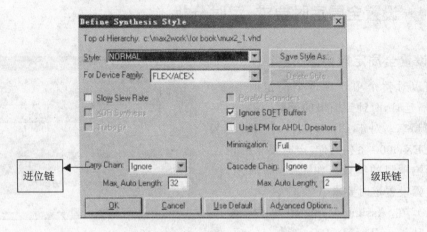

图 2 - 39　设置 FLEX 器件的进位/级联链

另外，在 Processing 菜单下，还有一些会对编译产生影响的选项，如图 2 - 40 所示。

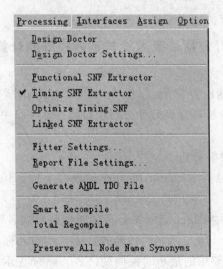

图 2 - 40　编译器窗口选项

- Design Doctor：在编译期间，可选的 Design Doctor 工具将检查项目中的所有设计文件，以发现在编程的器件中可能存在的可靠性不好的逻辑。
- Smart Recompile：当该选项有效时，编译器将保存项目中在以后编译中会用到的额外的数据库信息，这样可以减少将来编译所需的时间。
- Total Recompile：要求编译器重新生成编译器网表文件和层次互连文件。

2.3.4 设置全局定时要求、定时分析

1. 设置全局定时要求

可以对整个项目设定全局定时要求，如：传播延时，时钟到输出的延时，建立时间和时钟频率。对于 FLEX 8000，FLEX 10K and FLEX 6000 系列器件，定时要求的设置将会影响项目的编译。如图 2-41 所示，按如下步骤设置定时要求。

（1）在 Assign Menu 菜单内，选择 Global Project Timing Requirements 项，将出现 Global Project Timing Requirements 对话框。

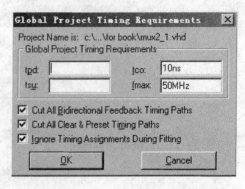

图 2-41 设置全局定时要求

（2）在相应的对话框内输入对项目的定时要求。

2. 静态的时序分析（包括最高效能与延迟矩阵的计算）

（1）传播延迟分析。

传播延迟分析在前面已经提到过（图 2-28），Analysis 菜单中选择 Delay Matrix 项。选择 Start，则定时分析器立即开始分析项目并计算项目中每对连接的节点之间的最大和最小传播延迟。

（2）时序逻辑电路性能分析。

在 Analysis 菜单内选择 Register Performance 项，选择 Start 就开始进行时序逻辑电路性能分析。

如图 2-42 所示，其中 Clock 显示被分析的时钟信号的名称；Source 显示制约性能的源节点的名称；Destination 显示制约性能的目标节点的名称；Clock Period 显示在给定时钟下，时序逻辑电路要求的最小时钟周期；Frequency 显示给定的时钟信号的最高频率。

（3）建立和保持时间分析。

在 Analysis 菜单选择 Set/Hold Matrix，单击 Start 开始进行建立/保持时间分析，如图 2-43 所示。

Setup/Hold Time 是测试芯片对输入信号和时钟信号之间的时间要求。

建立时间是指触发器的时钟信号上升沿到来以前，数据稳定不变的时间。输入信号应提前时钟上升沿（如上升沿有效）T 时间到达芯片，这个 T 就是建立时间 Setup Time。如不满足 Setup Time，这个数据就不能被这一时钟打入触发器，只有在下一个时钟上升沿，数据才能被打入触发器。

保持时间 Hold Time 是指触发器的时钟信号上升沿到来以后，数据稳定不变的时

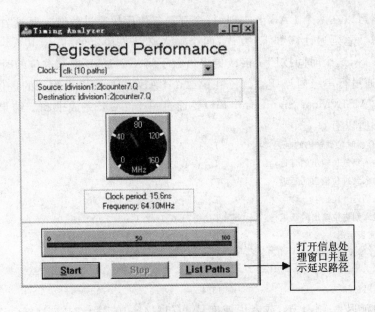

图 2－42 时序逻辑电路性能分析

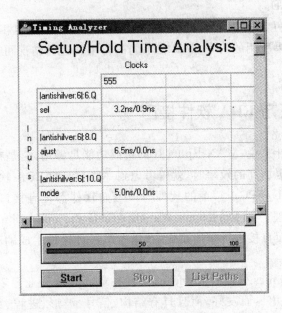

图 2－43 建立和保持时间分析

间。如果 Hold Time 不够,数据同样不能被打入触发器。

(4) 定时估算。

定时估算包括以上所讲 Delay Matrix、Registered Performance 和 Set/Hold Matrix。为了获得最佳的性能,有必要了解软件在物理上是如何实现设计的,然后再决定改进设计。

例:估算 16 位加法器的最大速度。

加法器可以在两个 LAB 上实现,每个都需要使用快速进位链。通过"相同行"的延迟必须考虑。总延迟计算如下:首先,两个输入必须是稳定的 T_{co}。其次,必然产生第一次进位 T_{cgen},这个时间按照 7 倍或更多倍数于第一个 LAB 内部进位的时间计算。接下来,信号通过行串级内连 $T_{samerow}$。在第二个 LAB 内部,有 7 个附加的进位必须计算。最高有效位 MSB(Most Significant Bit)要通过一个 LUT 完成求和。结果存储在 LE 寄存器中。所以有:

LE 寄存器时钟到输出的延迟	$T_{co}=0.2$ ns
数据输入到进位输出的延迟	$T_{cgen}=1.5$ ns
进位输入到进位输出的延迟	$7 \times T_{cico}=7 \times 0.3=2.1$ ns
行路由延迟	$T_{samerow}=2.9$ ns
进位输入到进位输出的延迟	$T_{cico}=7 \times 0.3=2.1$ ns
LE 查阅表延迟	$T_{LUT}=1.9$ ns
LE 寄存器设置时间	$+$ $T_{so}=2.7$ ns

延迟总和	13.4 ns

大致的延迟是 13.4 ns,或者说速度是 $1/(13.4 \times 10^{-9})=74.6$ MHz。这一设计需要使用大约 16 个 LE。

如果所使用的两个 LAB 没有安排在同一行,还要有同列延迟 $T_{samecolume}=4.4$ ns,最差的情况出现在如果所用的两个 LAB 在不同的行上。这种情况可以通过核查平面布置图来改进。

2.3.5 与第三方 EDA 软件接口

对于普通的设计来说,MAX+plus II 的集成功能足够用,但是在 CPLD/FPGA 大规模设计或者追求更加高的效率时,就得考虑到一些专业的 EDA 软件了。

一般来说,CPLD/FPGA 厂商的软件与第三方软件都设有接口,可以把第三方设计文件导入进行处理。如 MAX+plus II、QuartusII 和 Foundation 等都可以把 EDIF 网表作为输入网表而直接进行布局布线,布局布线后可再将生成的相应文件交给第三方进行后续处理。

以 Mentor Graphics 公司的 Modelsim 为例,Modelsim 是业界较好的仿真工具,其仿真功能强大,图形化界面友好,而且具有结构、信号、波形、进程、数据流等窗口。将 CPLD/FPGA 设计(以 HDL 方式)输入后进行编译即可进行仿真。版本 Modelsim SE/Plus 5.7 支持 VHDL 与 Verilog HDL 混合仿真。

在设计输入阶段,因 Modelsim 仅支持 VHDL 或 Verilog HDL,所以在选用多种设计输入工具时,可以使用文本编辑器完成 HDL 语言的输入,也可以利用相应的工具以图形方式完成输入,但必须能够导出对应的 VHDL 或 Verilog HDL 格式。近年来出现的图形化 HDL 设计工具,可以接收逻辑结构图、状态转换图、数据流图、控制流程图及真值表等输入方式,并通过配置的翻译器将这些图形格式转化为 HDL 文件。

由 Modelsim 进行仿真,需要导出 VHDL 或 Verilog HDL 网表。此网表是由针对特定 FPGA 器件的基本单元组成的。这些基本单元在 CPLD/FPGA 厂家提供的厂家库中含有其定义和特性,且厂家一般提供其功能的 VHDL 或 Verilog VDL 库。因此,在 Modelsim 下进行仿真,需要设置厂家库信息。如使用 Altera 公司的 FLEX 系列,需要将 FLEX_atoms. v(或. vhd)与 FLEX_component. v 文件设置或编译到工程项目的对应库中。除网表外,还需要布局布线输出的标准延时文件(. sdf),将. sdf 文件加入仿真可以在窗口化界面设置加入,或通过激励指定。如使用 Verilog HDL 时加入反标语句 $ sdf_annotate("",Top)通过参数路径指定即可。

在综合阶段,应利用设计指定的约束文件将 RTL 级设计功能实现并优化到具有相等功能且具有单元延时(但不含时序信息)的基本器件中,如触发器、逻辑门等,得到的结果是功能独立于 CPLD/FPGA 的网表。它不含时序信息,可作为后续的布局布线使用。使用 FPGA Compiler II 进行综合后可以导出 EDIF 网表。

在实际阶段,主要是利用综合后生成的 EDIF 网表并基于 FPGA 内的基本器件进行布局布线。可以利用布线工具 Foundation Series 选用具体器件(如 Virtex 系列器件)进行布局布线加以实现,也可以使用布线工具 Quartus II 选用 FLEX 系列器件进行布局布线加以实现,同时输出相应的 VHDL 或 Verilog HDL 格式,以便在 Modelsim 下进行仿真。

下面简要说明如何使用 MAX＋plus II 与 Modelsim 的接口,步骤如下:

(1) 首先在 MAX＋plus II 打开 Modelism 工具中生成的. edif 网表文件或者. lmf 文件,并设置其为工程。

提示:LMF 库映射文件(Library Mapping File)是用来给定文件格式。它包括引脚与引脚的映射(A→1, B→2, C→3)、门与门的映射(AND2→2AND)、电源与地的映射(V_{CC}→V_{DD},GND→DGND)。下面的这段程序能更好的说明这一点。

```
% 2 - bit full adder 2 位全加器 %
BEGIN
FUNCTION 7482(A2,A1,B2,B1,C0)              -- Altera 的库 7482
RETURNS (SUM2, SUM1, C2)
FUNCTION "ad02d1" ("a1", "a0", "b1", "b0", "ci")   -- Modelsim 的库 ad02d1
RETURNS ("s1", "s0", "co")
END
```

(2) 生成 edif 文件以后打开编译窗口,选择 Interfaces→EDIF Nelist Redaer Settings,如图 2 - 44 所示。

然后选择合适的 LMF,如图 2 - 45 所示。

下面就可以进行编译了。除了使用 Modelsim 软件外,其他的 EDA 软件也类似。虽然很多情况下不必使用第三方软件接口,但是现在,利用多种 EDA 工具进行处理,同时使用 CPLD/FPGA 快速设计专用系统作为检验手段已经成为数字系统设计中不可或缺的一种方式,所以掌握这种使用方法很有好处。

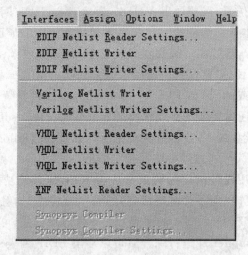

图 2-44 edif 网表设置

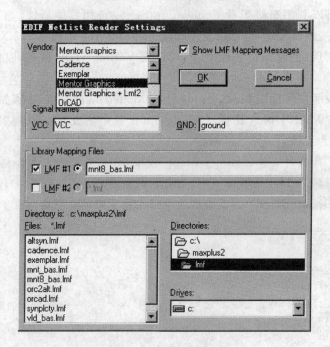

图 2-45 选择合适的 LMF

2.3.6 设置器件的下载编程方式

1. 设置 ByteBlaster 和单个器件下载编程

在 MAX+plus II 中,通过 ByteBlaster 可以对多个 FLEX 器件进行电路配置,利用 Altera 编程器对 MAX 和 EPROM 系列器件进行编程设置步骤如下:

（1）编译一个项目，MAX＋plus II 编译器将自动产生用于 MAX 器件的编程目标文件。

（2）在编程器窗口中，检查选择的编程文件和器件是否正确。在对 MAX 和 EPROM 器件进行编程时，要用后缀名是.pof 的文件。一个编程目标文件（.pof）可以通过 ByteBlaster 直接编程到器件中。如果选择的编程文件不正确，可在 File 菜单中选择 Select Programming File 命令选择的编程文件。

提示：将一个编程文件中的数据编程到一个 MAX 或 EPROM 器件中之前，应先校验器件中的内容是否与当前编程数据内容相同，检查确认器件是否为空，然后才将配置数据下载到一个 FLEX 器件中。

（3）在 Option 菜单内选择 Hardware Setup 项，然后在 Hardware Type 对话框内选择适当的 Altera 编程器，按下 OK 按钮，指定配置时使用的并行口（LPT 口），如图2－46 所示。

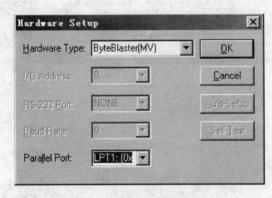

图 2－46　下载电缆的设置

（4）将 ByteBlaster 电缆的一端与微机的并行口相连，另一端 10 针阴极头与可编程逻辑器件的 PCB 板上的阳极头插座相连。PCB 板还必须为 ByteBlaster 电缆提供电源。检查 Byteblaster 是否插反，或接脚是否有误，否则换另一 Byteblaster 试试。

小技巧：开始打开下载窗口，Configure 键是不能执行的，因为像计算机的其他硬件资源（如声卡、网卡、显卡等）一样，需要给下载先安装驱动程序，在控制面板中添加新硬件，找到声音、视频和游戏控制器一项，更新驱动程序即可。

对 MaxplusII，驱动程序在默认安装的 c:\maxplus2\drivers 目录下面，对 Quartus II，在 c:\Quartus\drivers\目录下，适用于 win95/98/me/2000 等操作系统。安装完驱动程序，Configure 就可以执行了。否则，Configure 按钮是灰色，不能执行的。

（5）将器件插到编程插座中，并注意适配器类型应与系统编译后选择的器件相对应，在放置器件时，应注意方向，依照适配器上的示意图进行安装。

（6）按下 Program 按钮。编程器将检查器件，并将项目编程到器件中，而且还将检查器件中的内容是否正确。

在打开编程器时，适配器上的显示灯呈黄绿色闪烁。编程下载时，适配器上的显示灯由黄绿色变为红色,表示编程开始。编程结束后,系统就会弹出编程成功的提示框。

2. 设置在系统编程链

如果只需要配置一个 FLEX 器件,按以上步骤执行就行。如果需要配置一个含多个 FLEX 器件的 FLEX 链,在 FLEX 菜单中打开 Multi‐Device FLEX Chain,然后选择 Multi‐Device FLEX Chain Setup。接着按顺序添加 FLEX 编程文件,选定全部文件后,按下 OK 按钮。

另外,也可以用 Multi‐Device JTAG‐Chain 来配置多个 FLEX 器件。在 JTAG 菜单中打开 Multi‐Device JTAG‐Chain 并选择 Multi‐Device JTAG Chain Setup 项,进行多个器件的 JTAG 链的设置,如图 2‐47 所示。

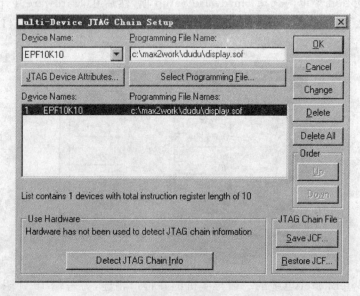

图 2 - 47　编程链的设置

然后选择 Select Programming File,并选出编程文件,该框内显示选择的编程文件。按下 Add 按钮就可以使用多个器件。最后按 Program 按钮,开始对 JTAG 器件链进行编程。

另外还可以用 Altera EPROM,或者用微处理器来配置 FLEX 器件。

2.3.7　FPGA 器件烧写方法

在 FPGA 开发软件中设计完成以后,MAX+plus II 会产生一个最终的编程文件(如. pof ,. sof)。如何将编程文件烧到芯片中去呢? FPGA 烧录的方式有 ICR、ISP、JTAG 等多种方式,在上面章节中只讲述了 ByteBlaster 的下载配置方法,下面介绍其他的烧写方法。

1. 对于基于乘积项(Product－Term)技术

对于基于乘积项(Product－Term)技术，EEPROM(或 Flash)工艺的 CPLD(如 Altera 的 MAX 系列，Lattice 的大部分产品，Xilinx 的 XC9500 系列)厂家提供编程电缆，如 Altera 叫 Byteblaster，电缆一端装在计算机的并行打印口上，另一端接在 PCB 板上的一个十芯插头上，PLD 芯片有 4 个引脚(编程脚)与插头相连，如图 2－48 所示。

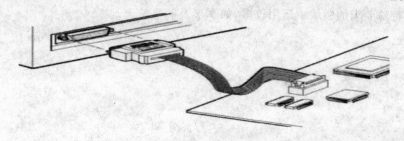

图 2－48　下载线示意图

下载线向系统板上的器件提供配置或编程数据，这就是所谓的在线可编程 ISP，如图 2－49 所示。Byteblaster 使用户能够独立地配置 CPLD 器件，而不需要编程器或任何其他编程硬件。编程电缆可以向代理商购买，也可以根据厂家提供的编程电缆的原理图自己制作。早期的 PLD 是不支持 ISP 的，它们需要用编程器烧写。目前的 PLD 都可以用 ISP 在线编程，也可用编程器编程。这种 PLD 可以加密，并且很难解密。

  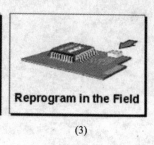

| (1) | (2) | (3) |

(1) 将 PLD 焊在 PCB 板上　　(2) 接好编程电缆　　(3) 现场烧写 PLD 芯片

图 2－49　在线可编程 ISP

2. 对于基于查找表技术(Look－Up table)技术

对于基于查找表技术(Look－Up table)技术、SRAM 工艺的 FPGA(如 Altera 的 FLEX、ACEX、APEX 系列，Xilinx 的 Sparten、Vertex 系列)，由于 SRAM 工艺的特点，掉电后数据会消失，因此调试期间可以用下载电缆配置 PLD 器件。调试完成后，需要将数据固化在一个专用的 EEPROM 中(用通用编程器烧写)。上电时，由这片配置 EEPROM 先对 PLD 加载数据，十几个毫秒后，PLD 即可正常工作(亦可由 CPU 配置 PLD)。SRAM 工艺的 PLD 一般不可以加密。

3. 对于一种反熔丝(Anti - fuse)技术的 FPGA

对于一种反熔丝(Anti - fuse)技术的 FPGA，如 Actel、Quicklogic 及 Lucent 的部分产品就采用这种工艺，用法与 EEPOM 的 PLD 一样，但这种的 PLD 是不能重复擦写，所以初期开发过程比较麻烦，费用也比较昂高。但反熔丝技术也有许多优点，比如布线能力更强，系统速度更快，功耗更低，同时抗辐射能力强，耐高低温，可以加密，所以在一些有特殊要求的领域中运用较多，如军事及航空航天。

第 **3** 章
Quartus II 使用详解

    Altera Quartus II 设计软件提供完整的多平台设计环境,能够直接满足特定设计需要,为可编程芯片系统(SOPC)提供全面的设计环境。Quartus II 软件含有 FPGA 和 CPLD 设计所有阶段的解决方案,图 3 - 1 所示为 Quartus II 的设计流程。

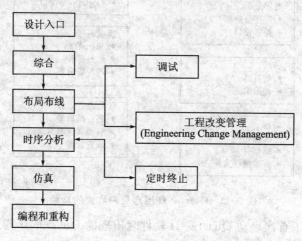

图 3 - 1　Quartus II 设计流程

    此外,Quartus II 软件为设计流程的每个阶段提供 Quartus II 图形用户界面、EDA 工具界面和命令行界面。可以在整个流程中只使用这些界面中的一个,也可以在设计流程的不同阶段使用不同界面。本章将对整个设计流程进行介绍,使用户对 Quartus II 的使用方法有一定的了解。

3.1　Quartus II 设计流程

    你可以使用 Quartus II 软件完成设计流程的所有阶段,它是一个全面易用的独立解决方案。图 3 - 2 显示了 Quartus II 图形用户界面在设计流程每个阶段中所提供的功能。

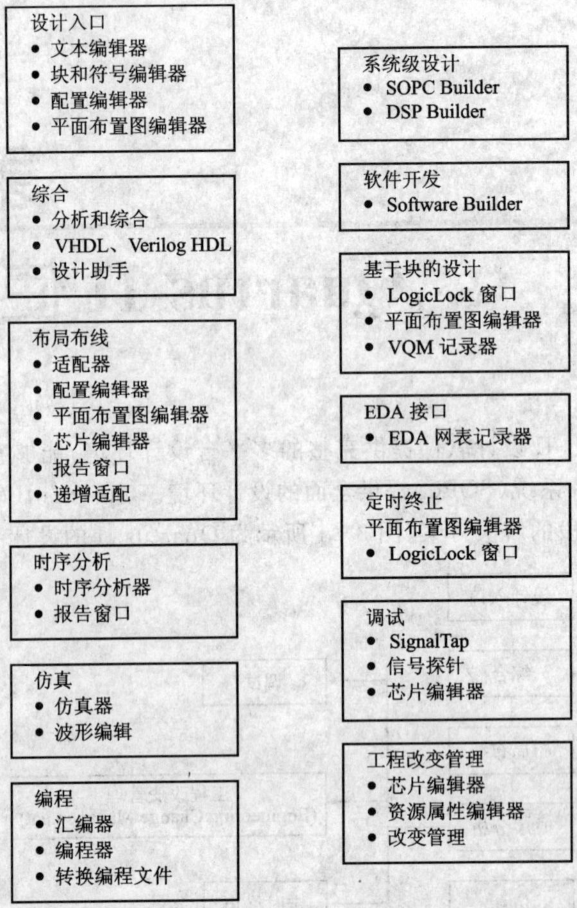

设计入口	系统级设计
综合	软件开发
布局布线	基于块的设计
时序分析	EDA 接口
仿真	定时终止
编程	调试
	工程改变管理

设计入口
- 文本编辑器
- 块和符号编辑器
- 配置编辑器
- 平面布置图编辑器

综合
- 分析和综合
- VHDL、Verilog HDL
- 设计助手

布局布线
- 适配器
- 配置编辑器
- 平面布置图编辑器
- 芯片编辑器
- 报告窗口
- 递增适配

时序分析
- 时序分析器
- 报告窗口

仿真
- 仿真器
- 波形编辑

编程
- 汇编器
- 编程器
- 转换编程文件

系统级设计
- SOPC Builder
- DSP Builder

软件开发
- Software Builder

基于块的设计
- LogicLock 窗口
- 平面布置图编辑器
- VQM 记录器

EDA 接口
- EDA 网表记录器

定时终止
平面布置图编辑器
- LogicLock 窗口

调试
- SignalTap
- 信号探针
- 芯片编辑器

工程改变管理
- 芯片编辑器
- 资源属性编辑器
- 改变管理

图 3-2　Quartus II 图形用户界面的功能

图 3-3 显示了首次启动 Quartus II 软件时出现的 Quartus II 图形用户界面。

Quartus II 软件包括一个模块化编译器。编译器包括以下模块(标有星号的模块表示在完整编译时,可根据设置选择使用)。

- 分析和综合;
- 分区合并*;
- 适配器;
- 汇编器*;
- 标准时序分析器和 TimeQuest 时序分析器*;
- 设计助手*;
- EDA 网表写入器*;
- HardCopy 网表写入器*。

要将所有的编译器模块作为完整编译的一部分来运行,可以在 processing 菜单中

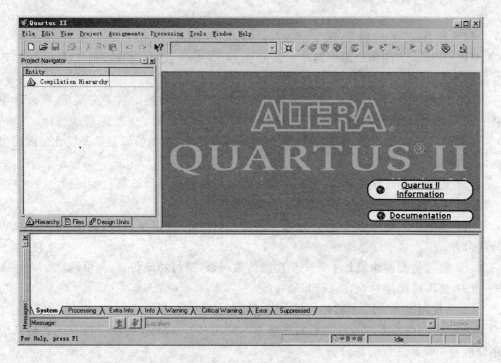

图 3 - 3　Quartus II 图形用户界面

单击 Start Compilation；也可以单独运行每个模块，从 Processing 菜单的 Start 子菜单中单击你希望启动的命令；还可以逐步运行一些编译模块。

此外，还可以通过选择 Compiler Tool（Tools 菜单），在 Compiler Tool 窗口（如图 3 - 4 所示）中运行该模块来分别启动编译模块。在 Compiler Tool 窗口中，可以打开该模块的设置文件或报告文件，还可以打开其他相关窗口。

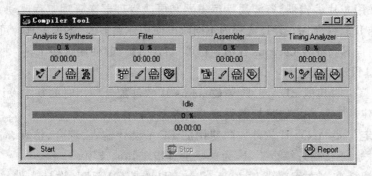

图 3 - 4　Compiler Tool 窗口

Quartus II 软件也提供一些预定义的编译流程，你可以利用 Processing 菜单中的命令来使用这些流程。

以下步骤描述了使用 Quartus II 图形用户界面的基本设计流程：

（1）在 File 菜单中，单击 New Project Wizard，建立新工程并指定目标器件或器件系列。

（2）使用文本编辑器建立 Verilog HDL、VHDL 或者 Altera 硬件描述语言（AHDL）设计。使用模块编辑器建立以符号表示的框图，表征其他设计文件，也可以建立原理图。

（3）使用 MegaWizard 插件管理器生成宏功能和 IP 功能的自定义变量，在设计中将它们例化，也可以使用 SOPC Builder 或者 DSP Builder 建立一个系统级设计。

（4）利用分配编辑器、引脚规划器、Settings 对话框、布局编辑器以及设计分区窗口指定初始设计约束。

（5）进行早期时序估算，在适配之前生成时序结果的早期估算。（可选）

（6）利用分析和综合工具对设计进行综合。

（7）如果你的设计含有分区，还没有进行完整编译，则需要通过 Partition Merge 将分区合并。

（8）通过仿真器为设计生成一个功能仿真网表，进行功能仿真。（可选）

（9）使用适配器对设计进行布局布线。

（10）使用 PowerPlay 功耗分析器进行功耗估算和分析。

（11）使用仿真器对设计进行时序仿真。使用 TimeQuest 时序分析器或者标准时序分析器对设计进行时序分析。

（12）使用物理综合、时序逼进布局、LogicLock 功能和分配编辑器纠正时序问题。（可选）

（13）使用汇编器建立设计编程文件，通过编程器和 Altera 编程硬件对器件进行编程。

（14）采用 SignalTap II 逻辑分析器、外部逻辑分析器、SignalProbe 功能或者芯片编辑器对设计进行调试。（可选）

（15）采用芯片编辑器、资源属性编辑器和更改管理器来管理工程改动。（可选）

Quartus II 软件允许在设计流程的不同阶段使用你熟悉的 EDA 工具。可以与 Quartus II 图形用户界面或者 Quartus II 命令行可执行文件一起使用这些工具。图 3-5 显示了 EDA 工具设计流程。

以下步骤说明其他 EDA 工具与 Quartus II 软件配合使用时的基本设计流程。

（1）创建新工程并指定目标器件或器件系列。

（2）指定与 Quartus II 软件一同使用的 EDA 设计输入、综合、仿真、时序分析、板级验证、形式验证及物理综合工具，为这些工具指定其他选项。

（3）使用标准文本编辑器建立 Verilog HDL 或者 VHDL 设计文件，也可以使用 MegaWizard 插件管理器建立宏功能模块的自定义变量。

（4）使用 Quartus II 支持的 EDA 综合工具之一综合你的设计，并生成 EDIF 网表文件（.edf）或 Verilog Quartus 映射文件（.vqm）。

（5）使用 Quartus II 支持的仿真工具之一对你的设计进行功能仿真。（可选）

（6）在 Quartus II 软件中对设计进行编译。运行 EDA 网表写入器，生成输出文

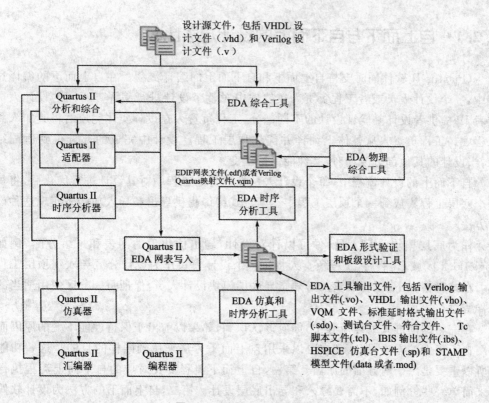

图 3 – 5 EDA 工具设计流程

件,供其他 EDA 工具使用。

（7）使用 Quartus II 支持的 EDA 时序分析或者仿真工具之一对设计进行时序分析和仿真。（可选）

（8）使用 Quartus II 支持的 EDA 形式验证工具之一进行形式验证,确保 Quartus 布线后网表与综合网表一致。（可选）

（9）使用 Quartus II 支持的 EDA 板级验证工具之一进行板级验证。（可选）

（10）使用 Quartus II 支持的 EDA 物理综合工具之一进行物理综合。（可选）

（11）使用编程器和 Altera 硬件对器件进行编程。

3.2 Quartus II 设计方法

在建立新设计时,应重视和考虑 Quartus II 软件提供的设计方法,包括自上而下或自下而上的渐进式设计流程,以及基于模块的设计流程。不管是否使用 EDA 设计输入和综合工具,都可以使用这些设计流程。

3.2.1　自上而下与自下而上的设计方法比较

Quartus II 软件同时支持自上而下和自下而上的编译流程。在自上而下的编译过程中,一个设计人员或者工程负责人在软件中对整个设计进行编译。不同的设计人员或者 IP 提供者设计并验证设计的不同部分,工程负责人在设计实体完成后将其加入到工程中。工程负责人从整体上编译并优化顶层工程。设计中完成的部分得到适配结果,当设计的其他部分改动时,其性能保持不变。

自下而上的设计流程中,每个设计人员在各自的工程中对其设计进行优化后,将每一个底层工程集成到一个顶层工程中。渐进式编译提供导出和导入功能来实现这种设计方法。

作为底层模块设计人员,你可以针对设计,导出优化后的网表和一组分配(例如 LogicLock 区域)。然后,工程负责人将每一个设计模块作为设计分区导入到顶层工程中。在这种情况下,工程负责人必须指导底层模块设计人员,保证每一分区使用适当的器件资源。

在完整的渐进式编译流程中,你应该认识到,如果以前出于保持性能不变的原因而采用自下而上的方法,那么现在可以采用自上而下方法来达到同样的目的。这一功能之所以重要是出于两方面的原因。第一,自上而下流程要比对应的自下而上流程执行起来简单一些。例如,不需要导入和导出底层设计。第二,自上而下的方法为设计软件提供整个设计的信息,因此,可以进行全局优化。而在自下而上的设计方法中,软件在编译每一个底层分区时,并不知道顶层设计其他分区的情况,因此,必须进行资源均衡和时序预算。

3.2.2　自上而下的渐进式编译设计流程

自上而下的渐进式编译设计流程重新使用以前的编译结果,确保只对修改过的设计重新编译,因此能够保持设计性能不变,节省编译时间。自上而下的渐进式编译流程在处理其他设计分区时,可以只修改设计中关键单元的布局,也可以只对设计的指定部分限定布局,使编译器能够自动优化设计的其余部分,从而改进了时序。

在渐进式编译流程中,你可以为设计分区分配一个设计实体实例,然后使用时序逼近布局图和 LogicLock 功能为分区分配一个器件物理位置,进行完整的设计编译。在编译过程中,编译器将综合和适配结果保存在工程数据库中。第一次编译之后,如果对设计做进一步地修改,只有改动过的分区需要重新编译。

完成设计修改后,你可以只进行渐进式综合,节省编译时间,也可以进行完整的渐进式编译,不但能够显著节省编译时间,而且还可以保持性能不变。在这两种情况中,Quartus II 软件为所选的任务合并所有的分区。

由于渐进式编译流程能够防止编译器跨分区边界进行优化,因此编译器不会像常规编译那样对面积和时序进行大量优化。为获得最佳的面积和时序结果,建议你记录设计分区的输入和输出,尽量将设计分区数量控制在合理范围内,避免跨分区边界建立过多的关键路径,不要建立太小的分区,如逻辑门数量少于 1 000 的逻辑单元和自适应逻辑模块(ALM)分区。

3.2.3　自下而上的渐进式编译设计流程

在自下而上的渐进式编译设计流程中,可以独立设计和优化每个模块,在顶层设计中集成所有已优化的模块,然后验证总体设计。每个模块具有单独的网表,在综合和优化之后可以将它们整合在顶层设计中。在顶层设计中,每个模块都不影响其他模块的性能。一般基于模块的设计流程可以在模块化、分层、渐进式和团队设计流程中使用。

可以在基于模块的设计流程中使用 EDA 设计输入和综合工具,设计和综合各个模块,然后将各模块整合到 Quartus II 软件的顶层设计中,也可以在 EDA 设计输入和综合工具中完整地进行设计,综合基于模块的设计。

3.3　Quartus II 各功能详解

3.3.1　使用模块编辑器

模块编辑器用于以原理图和框图形式输入和编辑图形设计信息。Quartus II 模块编辑器读取并编辑模块设计文件和 MAX＋PLUS II 图形设计文件。可以在 Quartus II 软件中打开图形设计文件,将其另存为模块设计文件。模块编辑器与 MAX＋PLUS II 软件的图形编辑器类似。

每一个模块设计文件包含设计中代表逻辑的框图和符号。模块编辑器将每一个框图、原理图或者符号代表的设计逻辑合并到工程中。

可以利用模块设计文件中的框图建立新设计文件,在修改框图和符号时更新设计文件,也可以在模块设计文件的基础上生成模块符号文件(.bsf)、AHDL Include 文件(.inc)和 HDL 文件。还可以在编译之前分析模块设计文件是否出错。模块编辑器提供有助于你在框图设计文件中连接框图和基本单元(包括总线和节点连接及信号名称映射)的一组工具。

可以更改模块编辑器的显示选项,例如根据你的习惯更改导线和网格间距、橡皮带式生成线、颜色和像素、缩放,以及不同的框图和基本单元属性。

利用模块编辑器的以下功能,可以在 Quartus II 软件中建立模块设计文件。

● 对 Altera 提供的宏功能模块进行例化:Tools 菜单中的 MegaWizard Plug - In Manager 用于建立或修改包含宏功能模块自定义变量的设计文件。这些自定义宏功能模块变量是基于 Altera 提供的包括 LPM 功能在内的宏功能模块。

宏功能模块以模块设计文件中的框图表示。

● 插入框图和基本单元符号:模块结构图使用称为模块的矩形符号代表设计实体及相应的分配信号,这在自上而下的设计中很有用。模块由代表相应信号流程的管道连接起来。可以将结构图专用于代表你的设计,也可以将其与原理单元结合使用。Quartus II 软件提供可在模块编辑器中使用的各种逻辑功能符号,包括基本单元、参数化模块库(LPM)功能和其他宏功能模块。

● 从模块或模块设计文件中建立文件:为方便设计层次化工程,可以在模块编辑器中使用 Create/Update 命令(File 菜单)从模块设计文件中的模块开始建立其他模块设计文件、AHDL Include 文件、Verilog HDL 和 VHDL 设计文件,以及 Quartus II 模块符号文件。还可以从模块设计文件本身建立 Verilog 设计文件、VHDL 设计文件和模块符号文件。

3.3.2 项目设置

项目配置编辑器界面用于在 Quartus II 软件中建立、编辑节点和实体级分配。分配用于在设计中为逻辑指定各种选项和设置,包括位置、I/O 标准、时序、逻辑选项、参数、仿真和引脚分配。你可以使能或者禁止单独分配功能,也可以为分配加入注释。

你可以使用项目配置编辑器,进行标准格式时序分配。对于 Synopsys 设计约束,必须使用 TimeQuest 时序分析器。

以下步骤描述使用项目配置编辑器进行分配的基本流程。

(1) 打开项目配置编辑器(如图 3-6 所示)。

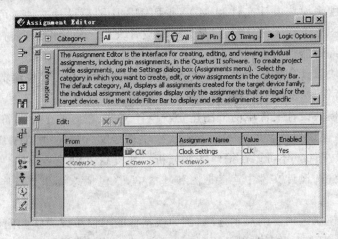

图 3-6 Quartus II 项目配置编辑器

(2) 在 Category 栏中选择相应的分配类别。

(3) 在 Node Filter 栏中指定相应的节点或实体,或使用 Node Finder 对话框查找特定的节点或实体。

（4）在显示当前设计分配的电子表格中，添加相应的分配信息。

项目配置编辑器中的电子表格提供对应的下拉列表，也可以键入分配信息。当添加、编辑和删除分配时，Messages 窗口中将出现相应的 Tcl 命令。

单击 Export 命令（File 菜单），将数据从分配编辑器中导出到 Tcl 脚本文件（. tcl）或者逗号分割数值文件（. csv）中。还可以单击 Import Assignments 命令（Assignments 菜单）从 CSV 或者文本文件中导入分配数据。

建立和编辑分配时，Quartus II 软件对适用的分配信息进行动态验证。如果分配或分配值非法，Quartus II 软件不会添加或更新数值，而是转换为当前值或不接受该值。当你查看所有分配时，项目配置编辑器将显示适用于当前器件为当前工程而建立的所有分配，但当你分别查看各个分配类别时，项目配置编辑器将仅显示与所选特定类别相关的分配。

单击 Assignments 菜单中的 Settings，使用 Settings 对话框为你的工程指定分配和选项。你可以设置一般工程的选项，以及综合、适配、仿真和时序分析选项。

在 Settings 对话框中可以执行以下类型的任务。

● 修改工程设置：为工程和修订信息指定和查看当前顶层实体；从工程中添加和删除文件；指定自定义的用户库；指定封装、引脚数量和速度等级；指定移植器件。

● 指定 EDA 工具设置：为设计输入/综合、仿真、时序分析、板级验证、形式验证、物理综合及相关工具选项指定 EDA 工具。

● 指定分析和综合设置：用于分析和综合、Verilog HDL 和 VHDL 输入设置、默认设计参数和综合网表优化选项工程范围内的设置。

● 指定编译过程设置：智能编译选项，在编译过程中保留节点名称，运行 Assembler，以及渐进式编译或综合，并且保存节点级的网表，导出版本兼容数据库，显示实体名称，使能或者禁止 OpenCore ® Plus 评估功能，还为生成早期时序估算提供选项。

● 指定适配设置：时序驱动编译选项、Fitter 等级、工程范围的 Fitter 逻辑选项分配，以及物理综合网表优化。

● 为标准时序分析器指定时序分析设置：为工程设置默认频率，定义各时钟的设置、延时要求、路径排除选项和时序分析报告选项。

● 指定仿真器设置：模式（功能或时序）、源向量文件、仿真周期，以及仿真检测选项。

● 指定 PowerPlay 功耗分析器设置：输入文件类型、输出文件类型和默认触发速率，以及结温、散热方案要求和器件特性等工作条件。

● 指定设计助手、SignalTap II 和 SignalProbe 设置：打开设计助手并选择规则；启动 SignalTap ® II 逻辑分析器，指定 SignalTap II 文件（. stp）名称；使用自动布线 SignalProb 信号选项，为 SignalProbe 功能修改适配结果。

3.3.3　时序分析报告

运行时序分析之后,可以在 Compilation Report 的时序分析器文件夹中查看时序分析结果。然后,列出时序路径以验证电路性能,确定关键速度路径以及限制设计性能的路径,进行其他的时序分配。

如果要了解设计中关键路径上的信息,查看布线拥塞,在 Project 菜单中,单击 Timing Closure floorplan。

熟悉 MAX+PLUS Ⅱ 时序报告的用户可在 Compilation Report 的 Timing Analyzer 部分和时序分析器工具窗口的 Custom Delays 标签中找到时序信息,例如来自 MAX+PLUS Ⅱ Delay Matrix 的延时信息。

运行标准时序分析器时,Report 窗口(如图 3-7 所示)的 Timing Analysis 部分列出以下时序分析信息。

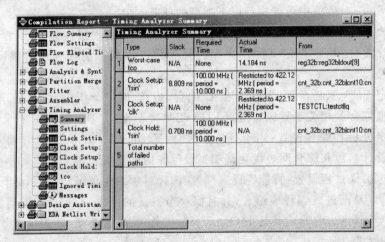

图 3-7　Report 窗口

- 时序要求设置;
- 时钟建立和时钟保持的时序信息,t_{SU}、t_H、t_{PD} 和 t_{CO},最小 t_{PD} 和 t_{CO};
- 迟滞和最小迟滞;
- 源时钟和目的时钟名称;
- 源节点和目的节点名称;
- 需要的和实际的点到点时间;
- 最大时钟到达斜移;
- 最大数据到达斜移;
- 实际 f_{max};
- 时序分析过程中忽略的时序分配;
- 标准分析器生成的任何消息。

3.3.4　仿　真

可以使用 EDA 仿真工具或 Quartus II Simulator 对设计进行功能与时序仿真。
Quartus II 软件提供以下功能,用于在 EDA 仿真工具中进行设计仿真:

● NativeLink 集成 EDA 仿真工具;
● 生成输出网表文件;
● 功能与时序仿真库;
● 生成测试激励模板和存储器初始化文件;
● 为功耗分析生成 Signal Activity 文件(. saf)。

图 3-8 显示了使用 EDA 仿真工具和 Quartus II Simulator 的仿真流程。

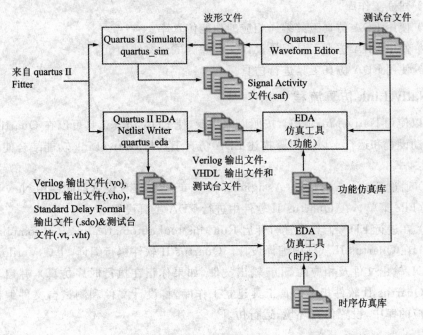

图 3-8　仿真流程图

1. 使用 EDA 工具进行设计仿真

　　Quartus II 软件的 EDA Netlist Writer 模块生成用于功能或时序仿真的 VHDL
输出文件(. vho)和 Verilog 输出文件(. vo),以及使用 EDA 仿真工具进行时序仿真时
所需的 Standard Delay Format Output 文件(. sdo)。Quartus II 软件生成 Standard
Delay Format 2.1 版的 SDF 输出文件。EDA Netlist Writer 将仿真输出文件放在当前
工程目录下的专用工具目录中。

　　此外,Quartus II 软件通过 NativeLink 功能为时序仿真和 EDA 仿真工具提供无
缝集成。NativeLink 功能允许 Quartus II 软件将信息传递给 EDA 仿真工具,并具有

从 Quartus II 软件中启动 EDA 仿真工具的功能。

EDA 仿真流程如下：

使用 NativeLink 功能，可以让 Quartus II 软件编译设计，生成相应的输出文件，然后使用 EDA 仿真工具自动进行仿真。也可以在编译之前（功能仿真）或编译之后（时序仿真），在 Quartus II 软件中手动运行 EDA 仿真工具。

2. EDA 工具功能仿真流程

可以在设计流程中的任何阶段进行功能仿真。以下步骤描述使用 EDA 仿真工具进行设计功能仿真时所需要的基本流程。有关特定 EDA 仿真工具的详细信息，请参阅 Quartus II Help。若要使用 EDA 仿真工具进行功能仿真，请执行以下步骤：

（1）首先在 EDA 仿真工具中设置工程。

（2）建立工作库。

（3）使用 EDA 仿真工具编译相应的功能仿真库。

（4）使用 EDA 仿真工具编译设计文件和测试台文件。

（5）使用 EDA 仿真工具进行仿真。

3. NativeLink 仿真流程

可以使用 NativeLink 功能，按照以下步骤，使 EDA 仿真工具可以在 Quartus II 软件中自动设置和运行。以下步骤描述 EDA 仿真工具与 NativeLink 功能结合使用的基本流程：

（1）通过 Settings 对话框（Assignments 菜单）或在工程设置期间使用 New Project Wizard（File 菜单），在 Quartus II 软件中进行 EDA 工具设置。

（2）在进行 EDA 工具设置时开启 Run this tool automatically after compilation。

（3）在 Quartus II 软件中编译设计。Quartus II 软件执行编译，生成 Verilog HDL 或 VHDL 输出文件及相应的 SDF 输出文件（如果你正在执行时序仿真），并启动仿真工具。Quartus II 软件指示仿真工具建立工作库，将设计文件和测试台文件编译或映射到相应的库中，设置仿真环境，运行仿真。

4. 手动时序仿真流程

如果要加强对仿真的控制，可以在 Quartus II 软件中生成 Verilog HDL 或 VHDL 输出文件及相应的 SDF 输出文件，然后手动启动仿真工具，进行仿真。以下步骤描述使用 EDA 仿真工具进行 Quartus II 设计时序仿真所需要的基本流程。有关特定 EDA 仿真工具的详细信息，请参阅 Quartus II Help。

（1）通过 Settings 对话框（Assignments 菜单）或在工程设置期间使用 New Project Wizard（File 菜单），在 Quartus II 软件中进行 EDA 工具设置。

（2）在 Quartus II 软件中编译设计，生成输出网表文件。Quartus II 软件将该文件放置在专用工具目录中。

（3）启动 EDA 仿真工具。

（4）使用 EDA 仿真工具设置工程和工作目录。

（5）编译或映射到时序仿真库,使用 EDA 仿真工具编译设计和测试台文件。

（6）使用 EDA 仿真工具进行仿真。

5. 仿真库

Altera 为包含 Altera 专用组件的设计提供功能仿真库,并为在 Quartus II 软件中编译的设计提供基元仿真库。可以使用这些库在 Quartus II 软件支持的 EDA 仿真工具中对含有 Altera 专用组件的设计进行功能或时序仿真。此外,Altera 为 ModelSim - Altera 软件中的仿真提供预编译功能和时序仿真库。

Altera 为使用 Altera 宏功能模块及参数化模块(LPM)功能标准库的设计提供功能仿真库。Altera 还为 ModelSim 软件中的仿真提供 altera_mf 和 220model 库的预编译版本。

在 Quartus II 软件中,专用器件体系结构实体和 Altera 专用宏功能模块的信息位于布线后基元时序仿真库中。根据器件系列及是否使用 Verilog 输出文件或 VHDL 输出文件,时序仿真库文件可能有所不同。对于 VHDL 设计,Altera 为具有 Altera 专用宏功能模块的设计提供 VHDL 组件声明文件。

3.3.5　下　载

当使用 Quartus II 软件成功编译了一个工程时,就能下载或配置一个 Altera 设备。Quartus II 编译器的汇编程序模块生成下载文件,Quartus II 程序设计器利用该文件在 Altera 编程硬件环境下设计或配置一个设备。也可以使用一个单机版的 Quartus II 下载器下载或配置设备。图 3 - 9 说明了下载设计的流程。

汇编器自动地将适配器、逻辑单元和引脚排列转变成设备设计图像,这个设计图像是以目标设备的一个或多个下载器目标文件(* . pof)或静态存储器 SRAM 目标文件(* . sof)的形式表现出来的。

可以在含有汇编模块的 Quartus II 软件中进行完全汇编,或者也可以用编译器单独编译。

1. 使用可执行的 quartus_asm

通过可执行的 quartus_asm,可在命令提示符下或在脚本中独自运行汇编器进行汇编。在运行编译器前,必须成功地运行可执行的 Quartus II 适配器 quartus_fit。

可执行的 quartus_asm 生成一个能用任何文本编辑器进行浏览的独立的基于文本的报告文件。

如果想在可执行的 quartus_asm 上获得帮助,可在命令提示符下输入如下的任何一条命令:

quartus_asm - h

quartus_asm - help

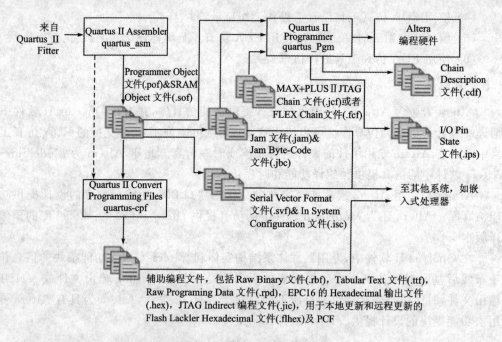

图 3-9　下载设计流程图

quartus_asm - help=<topic name>

也可以用下述的方法使汇编器生成其他格式的下载文件：

- 位于"设置"对话框（"任务"菜单）"设备属性"页的"设备和引脚"选择对话框允许用户具体指定可选择的下载文件形式，例如十六进制（Intel-Format）输出文件、列表文本文件（.ttf）、纯二进制文件（.rbf）、java 应用管理文件（.jam）、java 应用管理二进制代码文件（.jbc）、串行向量格式文件（.svf）和系统内配置文件（.isc）。

- "文件"菜单中的命令"Create/Update"下的"Create JAM, SVF, or ISC File"能够生成 java 应用管理文件、java 应用管理二进制文件、串行向量格式文件和系统内配置文件。

- "文件"菜单中的命令 Convert Programming File 能够将用于一种和多种设计的 SOFs 和 POFs 结合并转换成其他辅助下载文件格式，例如原始下载数据文件（.rpd）、用于 EPC16 或 SRAM 的 HEXOUT 文件、POFs、用于本地更新或远程更新的 POFs、原始二进制文件和列表文本文件。

这些辅助的下载文件能够被其他硬件用在嵌入式处理器类型的下载环境下和一些 Altera 设备中。

编程下载器（Programmer）具有 4 种编程模式：

- Passive Serial 模式；
- JTAG 模式（如图 3-10 所示）；
- Active Serial Programming 模式；

● In – Socket Programming 模式。

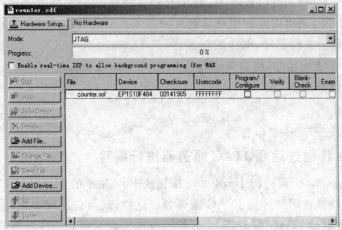

图 3 – 10　编程下载窗口

Passive Serial 和 JTAG 编程模式允许使用 CDF 和 Altera 编程硬件对单个或多个器件进行编程。可以使用 Active Serial Programming 模式和 Altera 编程硬件对单个 EPCS1 或 EPCS4 串行配置器件进行编程。可以配合使用 In – Socket Programming 模式与 CDF 和 Altera 编程硬件对单个 CPLD 或配置器件进行编程。若要使用计算机上没有提供但可通过 JTAG 服务器获得的编程硬件,可以使用 Programmer 指定、连接至远程 JTAG 服务器。

2. 使用 Programmer 对一个或多个器件编程

Quartus II Programmer 允许编辑 CDF、CDF 存储器件名称、器件顺序和设计的可选编程文件名称信息。可以使用 CDF,通过一个或多个 SRAM Object 文件或者 Programmer Object 文件进行编程或配置,也可以通过单个 Jam 文件或 Jam Byte – Code 文件对器件进行编程或配置。

以下步骤描述使用 Programmer 对一个或多个器件进行编程的基本流程:

(1) 将 Altera 编程硬件与你的系统相连,并安装所需的驱动程序。

(2) 进行设计的完整编译,或至少运行 Compiler 的 Analysis & Synthesis、Fitter 和 Assembler 模块。Assembler 自动为设计建立 SRAM Object 文件和 Programmer Object 文件。

(3) 打开 Programmer,建立新的 CDF。每个打开的 Programmer 窗口代表一个 CDF;可以打开多个 CDF,但每次只能使用一个 CDF 进行编程。

(4) 选择编程硬件设置。选择的编程硬件设置将影响 Programmer 中可用的编程模式类型。

(5) 选择相应的编程模式,例如:Passive Serial 模式、JTAG 模式、Active Serial 编程模式或者 In – Socket 编程模式。

(6) 根据不同的编程模式,可以在 CDF 中添加、删除或更改编程文件与器件的顺序。可以指示 Programmer 在 JTAG 链中自动检测 Altera 支持的器件,并将其添加至 CDF 器件列表中。还可以添加用户自定义的器件。

(7) 对于非易失性器件,例如配置器件、MAX 3000 和 MAX 7000 器件,可以指定其他编程选项来查询器件,例如 Verify、Blank-Check、Examine、Security Bit 和 Erase。

(8) 如果设计含有 ISP CLAMP State 分配,或者 I/O Pin State File,请打开 ISP CLAMP。

(9) 运行 Programmer。

3. Quartus II 通过远程 JTAG 服务器进行编程

通过 Programmer 窗口的 Hardware 按钮或 Edit 菜单的 Hardware Setup 对话框,可以添加能够联机访问的远程 JTAG 服务器。这样,就可以使用本地计算机未提供的编程硬件,配置本地 JTAG 服务器,让远程用户连接到本地 JTAG 服务器。

可以在 Hardware Setup 对话框 JTAG Settings 选项标签下的 Configure Local JTAG Server 对话框中指定可以连接至 JTAG 服务器的远程客户端。在 Hardware Setup 对话框 JTAG Settings 选项标签 Add Server 对话框中指定要连接的远程服务器。连接到远程服务器之后,与远程服务器相连的编程硬件将显示在 Hardware Settings 选项标签中。

3.4 时序约束与分析

3.4.1 时序约束与分析基础

设计中常用的约束(Assignments 或 Constraints)主要分为 3 大类:时序约束、区域与位置约束和其他约束。时序约束主要用于规范设计的时序行为,表达设计者期望满足的时序条件,指导综合和布局布线阶段的优化方法等;区域与位置约束主要用于指定芯片 I/O 引脚位置,以及指导实现工具在芯片特定的物理区域进行布局布线;其他约束泛指目标芯片型号、电气特性等约束属性。

其中,时序约束的作用主要有以下两个。

(1) 提高设计的工作频率。

对数字电路而言,提高工作频率至关重要,更高的频率意味着更强的处理能力。通过附加约束可以控制逻辑的组合、映射、布局和布线,以减小逻辑和布线延时,从而提高工作频率。当设计的时钟频率要求较高,或者设计复杂时序路径时,需要附加合理的时序约束条件以确保综合、实现的结果满足用户的时序要求。

(2) 获得正确的时序报告。

Quartus II 内嵌静态时序分析(STA,Static Timing Analysis)工具,可对设计的时

序性能作出评估。而 STA 工具是以约束作为判断时序是否满足设计要求的标准,因此要求设计者正确输入时序约束,以便 STA 工具能输出正确的时序分析结果。

静态时序分析是相对于"动态时序仿真"而言的。由于动态的时序仿真占用的时间非常长,效率低下,因此 STA 成为最常用的分析、调试时序性能的方法和工具。通过分析每个时序路径的延时,可以计算出设计的最高频率,发现时序违规(Timing Violation)。需要明确的是,和动态时序仿真不同,STA 的功能仅仅是对时序性能的分析,并不涉及设计的逻辑功能,设计的逻辑功能仍然需要通过仿真或其他手段(如形式验证等)验证。

设计中常用的时序概念有周期、最大时钟频率、时钟建立时间、时钟保持时间、时钟到输出延时、引脚到引脚延时、Slack 和时钟偏斜等。

在 Altera 的 Quartus II 工具中,运行时序分析的方法有 3 种:第一种是直接进行全编译(Full Compilation);第二种是运行 Processing/Start/Start Timing Analysis 命令;第三种是使用 Tcl 脚本(Scripts)运行时序分析工具。

下面我们将依次简要说明各种时序约束的含义。

(1) 周期与最高频率。

周期的含义是时序概念中最为简单也是最重要的。其他很多时序概念会因为不同的软件略有不同,而周期的概念是十分明确的。周期的概念是 FPGA/ASIC 时序定义的基础,后面要讲到的其他时序概念都是建立在周期概念的基础上的。其他很多时序公式,都可以用周期公式推导出来。

(2) 时钟建立时间。

时钟建立时间(Clock Setup Time)常用 t_{SU} 表示。要想正确采样数据,就必须使数据和使能信号在有效时钟沿到达前就准备好。所谓时钟建立时间就是指时钟到达前,数据和使能信号已经准备好的最小时间间隔。

(3) 时钟保持时间。

时钟保持时间(Clock Hold Time)常用 t_H 表示。时钟保持时间是指能保证有效时钟沿正确采样的数据和使能信号在时钟沿之后的最小稳定时间。

(4) 时钟输出延时。

时钟输出延时(Clock to Output Delay)常用 t_{CO} 表示。它指的是从时钟有效沿到数据有效输出的最大时间间隔。

(5) 引脚到引脚延时。

引脚到引脚之间的延时(Pin to Pin Delay)常用 t_{PD} 表示。指信号从输入引脚进来,穿过纯组合逻辑,到达输出引脚的延时。由于 CPLD 的布线矩阵长度固定,所以常用最大 t_{PD} 标志 CPLD 的速度等级。

(6) Slack。

Slack 是表示设计是否满足时序的一个称谓:正的 Slack 表示满足时序,负的 Slack 表示不满足时序。

(7) 时钟偏斜。

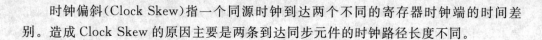
时钟偏斜(Clock Skew)指一个同源时钟到达两个不同的寄存器时钟端的时间差别。造成 Clock Skew 的原因主要是两条到达同步元件的时钟路径长度不同。

3.4.2　设置时序约束的方法

时序约束对设计的编译过程有着重要的影响。布局布线工具将在最差的时间路径上花最多的努力。对编译结束后不满足时序的路径,工具将以红色警告显示出来。

时序约束一般包括内部和 I/O 时序约束及最小和最大时序约束。

用户可以指定全局的时序约束,也可以对独立的节点或模块指定约束。

总的说来,Quartus II 中常用的时序约束设置途径有以下 3 种:

● 通过 Assignments/Timing Settings 菜单命令;

● 通过 Assignments/Wizards/Timing Wizard 菜单命令;

● 通过 Assignments/Assignment Editor 选项在图形界面下完成对设计的时序约束。

一般情况下,前两种方法是用于全局(Global)约束的;而后两种方法是用做个别(Individual)约束的。

时序约束设置的一般性思路是"先全局,后个别",即首先指定工程范围内通用的全局性时序约束属性,然后对特殊的节点、路径或分组指定个别性的时序约束。当个别性的时序约束与全局性的时序约束冲突时,则个别性的时序约束属性优先级更高。

1.　指定全局时序约束

(1) 时序驱动的编译(TDC)。

读者需要明白的是,对设计增加时序约束的目的是要使得工具在实现过程中朝着这个约束的方向努力,尽量做到满足时序要求。因此,在工程中需要首先将布局布线的过程设置为时序驱动的编译(Timing Driven Compilation)过程。

在 Quartus II 中,运行 Assignments/Settings 命令,然后在 Settings 窗口中选择 Fitter Settings,即可进入 TDC 设置界面,如图 3-11 所示。

时序驱动的编译包括以下内容。

● 优化时序:把关键路径中的节点放得更加靠近。

● 优化保持时间:修改布局布线,满足保持时间和最小时序要求。

● 优化 I/O 单元寄存器的放置:为了满足时序的要求,自动将寄存器移动到 I/O 单元中。

(2) 全局时钟设置。

如果在设计中只有一个全局时钟,或者所有的时钟同频,那么可以在 Quartus II 中只设置一个全局的时钟约束。

运行 Assignments/Timing Settings 命令,即可设置全局时钟,如图 3-12 所示。

(3) 全局的 I/O 时序设置。

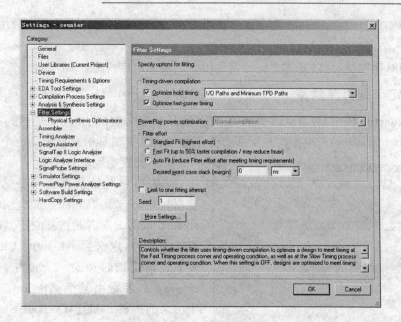

图 3 - 11　时序驱动编译设置

运行 Assignments/Timing Settings 命令,即可设置全局 I/O 时序约束,如图 3 - 12 所示。图中包含了 t_{SU}、t_{CO}、t_H 和 t_{PD} 的延时要求,以及最小的延时要求:Min t_{CO} 和 Min t_{PD}。

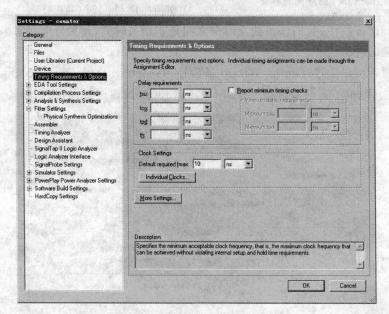

图 3 - 12　全局时钟设置和全局 I/O 时序约束

(4) 时序向导(Timing Wizard)。

如果用户对 Quartus II 的设置不熟悉,可以通过时序向导(Timing Wizard)工具来设置全局的时序约束,这样做既系统又完整。

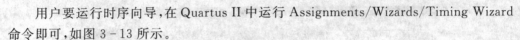

用户要运行时序向导,在 Quartus II 中运行 Assignments/Wizards/Timing Wizard 命令即可,如图 3 - 13 所示。

使用时序向导,可以非常方便地设置工程的全局时序约束。

2. 指定个别时序约束

在 Quartus II 中,对节点或模块的个别(Individual)时序约束均是通过约束编辑器(Assignment Editor)来设定的。下面将介绍如何在这个工具中对设计进行个别约束。

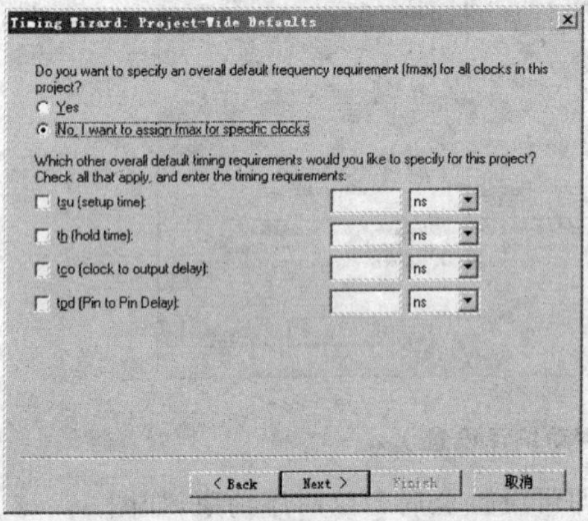

图 3 - 13　时序向导界面

（1）指定个别时钟要求。

Altera 将时钟从概念上分为两类:独立时钟(Absolute Clock)和衍生时钟(Derived Clock)。前者是指独立于其他时钟而存在的时钟,定义为 Absolute Clock,必须要显式指定该时钟的 f_{max} 和占空比(duty cycle)。后者指由某个 Absolute Clock 派生出来的时钟。指定 Derived Clock,仅需要说明它相对于这个 Absolute Clock 的相位差、分频或倍频比等参数即可。

在一个工程的约束中,允许有多个独立和衍生时钟同时存在。

在 Quartus II 中,我们认为独立时钟之间是非相关时钟,而独立时钟和其衍生时钟之间是相关时钟。

独立时钟可以通过 Timing Wizard 或选择 Assignments/Timing Settings 命令,在 Timing Requirements & Options 页面下单击 Clocks 按钮进行设置,如图 3 - 14 所示。

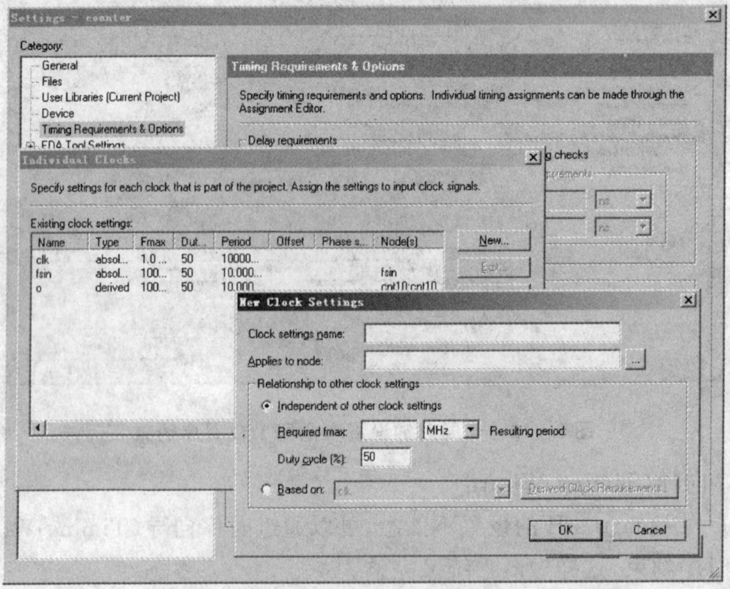

图 3 - 14　独立时钟产生

而衍生时钟的产生,只需要在独立时钟的基础上,选择分倍频关系、占空比(Duty Cycle)、偏移(Offset)和反相设置,如图3-15所示。

　　(2)个别时序约束。

　　前面讲述了如何定义独立时钟和衍生时钟,而这些时钟要求并没有和实际设计中的时钟网络或节点一一对应起来,在这里我们就介绍这种对应过程。

　　具体的设置方法有两种。一种是在定义独立或衍生时钟的同时,直接给其指定所对应的设计中的物理节点。另一种设置方法是在 Assignment Editor 中设置,如图3-16所示。在"To"列中输入时钟引脚或内部时钟节点;在 Assignment Name 中选择 Clock Settings;在 Value 中选择定义的独立或衍生时钟约束。

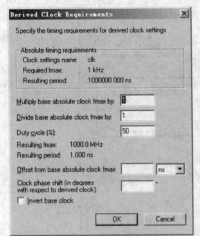

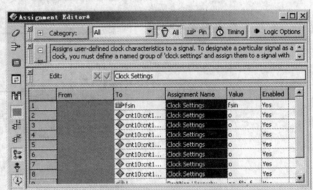

图3-15　衍生时钟的产生　　　　　　　图3-16　时钟设置

　　(3)时序约束的种类。

　　在约束的设置时,可以使用单点、点到点、通配符或者时序分组。而对不同的对象指定约束,其效果并不一样。

　　(4)在 Quartus II 中增加时序约束。

　　在 Quartus II 的工具中,Assignment Editor 可以用于所有的个别时序约束。在 Assignment Editor 中选择"Timing"视图模式,可以显示工程中所有的时序约束。如果需要指定点到点约束,在"From"列中输入源端信号名,在"To"列中输入目的端信号名;如果进行单点约束,只需在"To"列中输入需要约束的节点名称。在"Assignment Name"中选择约束类型,在"Value"中输入或选择恰当的值。

3.4.3　最小化时序分析

　　最小化时序分析衡量并报告最小 t_{CO}、最小 t_{PD} 和 t_H。最小时序分析通过使用最好情况的时序模型(Best-case timing models),来检查最小延时要求。

　　最好情况的时序模型是在最高的电压(Voltage)、最快的工艺(Process)和最低的温度(Temperature)下芯片的工作时序模型。最差情况的时序模型是在最低的电压(V)、最慢的工艺(P)和最高的温度(T)下芯片的工作时序模型。这就是我们平常所说的电路延时容易随 PTV 的变化而变化。

最小的延时检查,例如 t_H,在普通的时序分析过程中也会进行。但是,它是采用最差情况下的时序模型。

(1) 最小化时序约束设置。

用户可以在 Quartus II 中选择菜单命令 Assignments/Timing Settings,进入"Timing Requirements & Options"窗口中设置全局的最小时序约束:t_H、最小 t_{CO} 和最小 t_{PD},如图 3 - 17 所示。

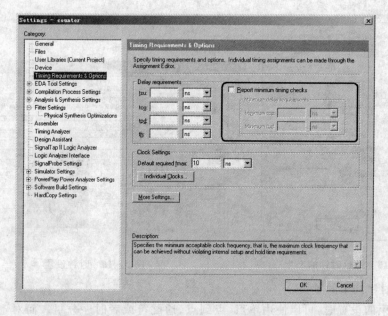

图 3 - 17   全局最小延时要求

此外,用户也可以在 Assignment Editor 中单独对引脚和寄存器设置最小时序约束。

(2) 最小化时序分析。

要执行最小化时序分析,选择 Processing/Start/Start Minimum Timing Analysis 命令。如果使用 Quartus II 命令 quartus_tan,需要增加一个"-- min"选项,如下:

Quartus_tan - min <project name>

(3) 最小化时序分析报告。

用户同样可以在 Quartus II 的时序报告中的 Timing Section 部分查看最小时序分析报告。另外,基于文本的报告名字为<project>. tan. rpt。由于最小时序分析和正常时序分析的名称一致,因此之前的时序分析报告结果将被覆盖。

即使当用户在做正常的时序分析(最差时序模型)时,在时序分析报告中也会有最小延时检查的部分,这个结果是用最差的时序模型来进行最小的时延检查得来的。

3.5　设计优化

设计优化是一个很重要的主题,也是可编程逻辑设计的精华所在。如何节省设计所占用的面积,如何提高设计的性能,是可编程逻辑设计的两个核心,这两点往往也是一个设计甚至项目成败的关键因素。

3.5.1　优化流程

所谓设计优化,就是在设计没有达到用户要求的情况下对其进行一些改进,以满足设计的初始规格。所以,优化的前提是用户根据自己的设计选定器件类型、速度等级和封装,对设计做合理且完备的约束和设置,先对设计进行初始的编译。如果设计能够成功适配在所指定的器件中,而且所有的时序报告满足用户的约束条件,一般就没有必要对设计再进行优化了。

如果设计由于资源问题(如 LE、IOE、RAM 等)不能成功实现到指定器件中去,或者设计可以布局布线到器件中,但是时序性能不能满足用户的需要,就必须对设计进行面积或者时序性能方面的优化,使用户设计能够放到目标器件中去,或者使性能满足用户要求。

最坏的情况是,经过用户最大努力,设计始终不能满足用户的面积或性能的要求,用户就需要重新考虑其目标器件——选择更大和有更多资源的器件,或者选择速度等级更高的器件。

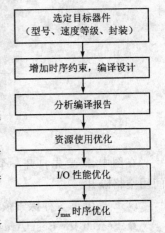

图 3 - 18　设计优化的流程

在图 3-18 中描述了设计优化的一般流程。

首先,用户需要根据自己的资源使用情况,选定目标器件,指定器件型号、速度等级和封装等。

然后,用户需要对设计加约束,编译,分析编译报告,包括资源使用报告和时序报告。

如果设计不能实现到指定的器件中去,那么需要对设计做资源优化。

如果设计的时序性能没有达到预期目标,就需要对设计进行性能优化。用户需要首先满足设计的 I/O 时序,然后对设计的内部时钟频率进行优化。

3.5.2　使用 DSE

Altera 公司为用户提供了一个 Tcl/Tk 的脚本工具,叫做 DSE(Design Space Explorer),它可以帮助用户去探索设计的优化空间,应用 Quartus II 中不同的优化技

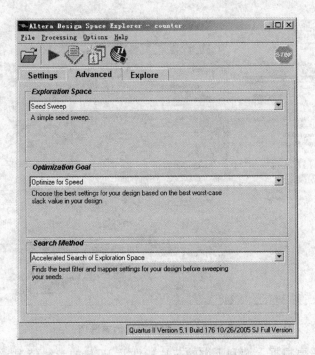

图 3 - 21　高级模式的用户界面

参数对设计编译结果的影响。

此外,用户定制模式允许用户自己定制探索的参数和选项等,然后探索其对设计的影响。在这种模式下,用户自己定义的参数和选项是通过一个特定的 XML 格式的文件输入的。

DSE 在优化目的(Optimization Goal)选择项中,可以选择 Area、Speed 和 Negative slack and failing paths。

在搜索方法(Search Method)选择项中,可以选择 Exhaustive search of exploration space、Accelerated search of exploration space 和 Distributed search of exploration space。

其中 Distributed search of exploration space 方法还可以支持多机分布运行方式,以减少 DSE 运行时间。

3.5.3　设计优化的初次编译

给设计增加适当的时序性能约束和合理的设置,对设计进行首次编译,然后根据编译结果分析设计,找出设计中重要的路径,这一步对设计后期的优化过程的成败起着决定性的作用。要给设计附加适当的约束,用户必须充分"理解"其设计,而且要搞清楚 FPGA 器件所处的外部环境。

在图 3 - 22 中显示了 Quartus II 工具中时序约束和设置选项页面。

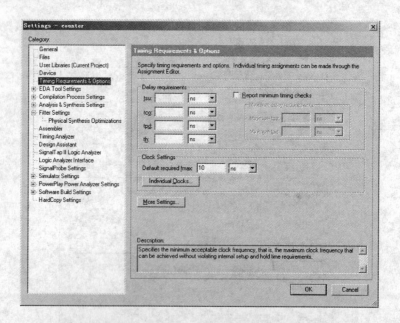

图 3-22　全局的时钟约束选项

　　一般来说,需要根据上游和下游的芯片特性及 PCB 的走线情况,给出 FPGA 需要满足的建立时间、保持时间、时钟到输出延时和传送延时。有的设计需要满足输出延时和传送延时的最小延时要求,也要在这里设置。

　　同样,用户必须根据设计的实际情况,为每个时钟附加约束,同时体现各个时钟之间的关系(相关或不相关)。由于 Quartus II 在报告时序路径时一般采用最差情况的时序模型,所以在对设计附加时序约束时,尽量不要过约束,否则可能会适得其反。

　　在时序约束的页面中,也有一些减除全局伪路径的开关。如果没有特殊的要求,一般建议把这些开关打开。

　　在一些设计中,对其中的多周期路径进行约束,砍掉一些不需要的伪路径,对整个设计的时序性能起着重要的作用。这样,工具就会把一些宝贵的资源让给那些关键的路径,显著提高设计性能。这些针对局部模块或节点的设置需要在 Quartus II 工具内的 Assignment Editor 中增加。

　　除了增加时序约束之外,在首次编译之前,用户必须选择合适的编译选项,使得编译结果真实地反映设计的实际状况,便于用户进行优化设计。

　　在综合设置界面中,Optimization Technique(优化技术)可以设置为 Speed(速度优先)、Balanced(两者平衡)或者 Area(面积优先)。在首次编译时,建议使用默认设置 Balanced。其他的综合设置,建议使用默认值,如图 3-23 所示。

　　由于在时序设置部分已经对设计加了约束,所以在布局布线设置选项中,建议使用时序驱动的编译选项。时序驱动的编译有 3 个设置:优化时序、优化保持时间,以及优化 I/O 的布局来满足时序要求,如图 3-24 所示。

　　布局布线器的努力级别有 3 种:Standard Fit(标准)、Fast Fit(快速)和 Auto Fit

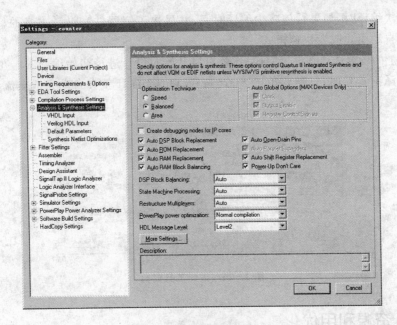

图 3 - 23　综合设置

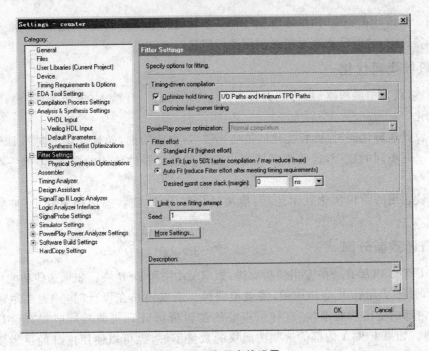

图 3 - 24　布局布线设置

（自动）。标准模式下，布线器的努力程度最高；快速模式下，可以节省大约 50% 的编译时间，但时序性能会受到一定的影响；自动模式下，工具在性能达到要求后自动降低其努力程度，以平衡设计的最高时钟频率和编译时间。

在首次编译时,如果希望减少编译时间,并尽快了解器件和设计本身的特性,建议用户采用自动模式或者快速模式。

把以上的设置选项都设置完成后,就可以开始对设计进行初始编译了。在图 3 - 25 所示的编译工具界面,只需要单击 Start 按钮,Quartus II 就会自动完成全流程的编译工作。

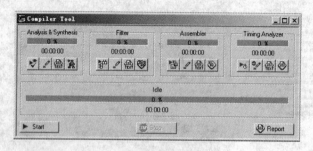

图 3 - 25　编译工具窗口

3.5.4　资源利用优化

当一个设计在实现时,由于其中一种或多种资源数量上的限制,造成设计不能实现到目标器件中,这时就需要对资源利用进行优化。

1. 设计代码优化

当然,设计中最根本、最行之有效的优化方法是对设计输入(也即 HDL 设计代码)进行优化。

在设计逻辑代码时,面积优化的技巧比较多,也比较细,而且针对不同的 FPGA 结构也有一些不同的技巧,这些都需要用户在深刻理解器件结构的同时,多做一些经验积累。

比较通用的面积优化技术包括:模块时分复用、改变状态编码方式、改变实现方式等。

2. 资源重新分配

在 FPGA 内部有一些专用的功能块,如 RAM 块和 DSP 块。如果这些功能块没有被使用,是不会用作其他功能的,将被浪费掉。所以用户在设计时,一定要尽量使用 FPGA 内部的专用功能模块,这样可以节约逻辑资源(LE 资源),同时提高设计的性能。当然,如果 FPGA 内部的这些功能块的数量不够,也可以使用内部的逻辑资源来实现。

3. 解决互连资源紧张的问题

在一个设计中,如果位置约束或者逻辑锁定(LogicLock)的约束太多,可能会造成局部的设计资源过于拥挤,由于布线资源紧张而导致设计无法实现到指定器件中。面

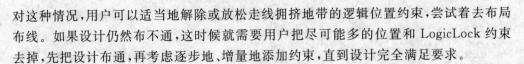

对这种情况,用户可以适当地解除或放松走线拥挤地带的逻辑位置约束,尝试着去布局布线。如果设计仍然布不通,这时候就需要用户把尽可能多的位置和 LogicLock 约束去掉,先把设计布通,再考虑逐步地、增量地添加约束,直到设计完全满足要求。

4. 逻辑综合面积优化

在设计的整个流程中,逻辑综合这一步对整个设计实现的结果影响非常大。所以,在逻辑综合时,选择合适的约束条件和编译选项非常关键。

一般来说,在逻辑综合时,用户可以通过以下几点来干预工具,使其达到资源优化的目的。

- 放宽扇出的限制,让工具尽量减少复制逻辑。
- 采用资源共享,以减少同等功能大逻辑块的重复使用。
- 大的状态机采用二进制顺序编码或者格雷码,通常可以获得最优的面积。
- 打平设计的层次结构,使模块边界充分优化。

5. 网表面积优化

在 Altera 的可编程器件的设计流程中,如果采用第三方综合工具输出的网表文件作为设计的输入,Quartus II 工具可以对输入的网表做一些优化。

6. 触发器打包

Quartus II 工具在把设计综合成分立的组合逻辑和触发器后,一般会把组合逻辑和紧跟其后的触发器映射到同一个逻辑单元中。在一些比较新的 FPGA 结构中,逻辑单元的触发器输出可以反馈到其前面的查找表(LUT)中,所以触发器和后面的组合逻辑有时也会被映射到同一个逻辑单元中。但是如果是互不关联的一个独立的组合逻辑和一个独立的触发器,就会在 ATOMS 网表中分别占据一个逻辑单元。在 Quartus II 工具的布局布线过程中,可以把触发器和设计中其他部分进行打包封装,这样可以显著节省逻辑单元的使用,达到优化面积的效果。

7. 资源优化顾问

在 Quartus II 中有一个资源优化顾问(Resource Optimization Advisor),可以帮助用户来分析器件的资源使用情况,并对编译结果给出相应的优化建议。要运行资源优化顾问,在 Quartus II 的菜单中选择 Tools/Resource Optimization Advisor 命令即可。

3.5.5　I/O 时序优化

在系统的同步接口设计中,可编程逻辑器件的输入输出往往需要和周围的芯片对接,因此需要根据这些外围芯片的特性及 PCB 板的实际走线情况来决定自己 I/O 需要满足的时序。

在系统同步的设计中,用户需要考虑接口的时序参数,包括建立时间、保持时间和时钟到输出的延时等。

而在源同步设计中,由于输入数据和时钟是随路的,同样需要注意输入输出时钟和数据的相位关系,才能保证设计正确地和周边芯片接口。

　　在对设计的时序优化过程中,一般建议先要保证 I/O 的时序,再想办法提高设计内部的时钟频率。下面将介绍几种用户对设计 I/O 时序进行优化的方法和技巧。

1. 执行时序驱动的编译

　　要对设计 I/O 的时序进行优化,建议首先了解 FPGA 周围器件的时序特性,然后根据 PCB 的具体走线延时情况,留出一定的余量,计算出 FPGA 必须要满足的 I/O 建立保持时间要求(t_{SU} 和 t_H),时钟到输出延时(t_{CO})和引脚到引脚的传输延时(t_{PD}),有时甚至需要最小 t_{CO} 和 t_{PD} 要求,来满足一些特殊的需求。然后,用户需要把这些 I/O 的时序要求在 Quartus II 工具中进行约束。

　　要执行时序驱动的编译,用户需要在布局布线器设置的时序驱动编译选项中,选中优化保持时间和优化 I/O 触发器的位置来满足 I/O 时序,这样工具会根据时序要求自动分配资源来满足时序要求。

2. 使用 IOE 中的触发器

　　在比较新的 FPGA 的 I/O 单元中,一般都会有 I/O 触发器。由于 IOE 中的触发器距离 I/O 引脚的延时非常小,所以在设计中,如果需要减小输出引脚的时钟到输出的延时,或者是减小输入引脚的时钟建立时间要求,用户可以分别采用 IOE 中的输出和输入触发器资源,同时也会节省逻辑阵列中的触发器。

　　如果需要使用 IOE 中的输出、输入、输出使能触发器资源,需要在 Quartus II 的 Assignment Editor 中对 I/O 引脚分别增加快速输出寄存器、快速输入寄存器和快速输出使能寄存器约束选项。

3. 可编程输入输出延时

　　在一些较新的 Altera FPGA 的 IOE 中,有几种可编程的延时电路可以帮助用户对 I/O 时序进行微调。

　　在 Quartus II 工具中,有一个自动使用延时电路的设置,叫做"Auto Delay Chains"。如果该选项被设置成 on,则 Quartus II 工具就会在布局布线时自动使用 IOE 中的延时电路来满足设计中的 t_{CO} 和 t_{SU} 要求。当然,用户也可以根据自己的需要对设计的某些 I/O 进行单独控制,对独立的 I/O 设置可编程的延时电路选项需要在 Assignment Editor 中进行。

4. 使用锁相环对时钟移相

　　目前业界主流的 FPGA 内部都嵌入了锁相环(PLL)电路,由于锁相环可以灵活地做频率综合及移相,给时钟系统的设计带来了很大的方便。

　　在一个设计中,如果时钟从专用时钟引脚输入,然后直接驱动器件内部的全局时钟网络,并没有使用 PLL,由于全局时钟网络的延时一般是比较大的(但其 Skew 非常小),所以造成输出引脚的时钟到输出延时(t_{CO})往往比较大。如果要减小 t_{CO},可以把内部全局时钟网络的时钟信号的相位提前,要做到这一点,就需要使用 PLL。

3.5.6　最高时钟频率优化

在一个设计的 I/O 时序满足设计要求后,用户需要做的就是优化设计内部的最高时钟频率(f_{max})。一个时钟的 f_{max} 就是该时钟相关的所有触发器到触发器路径中延时最大的一条路经所能接受的时钟的频率,这个时钟频率同样也决定了在芯片中该时钟所能跑到的最高时钟频率,这一路径我们称之为设计的关键路径(Critical Path)。

在设计中往往有多个时钟系统,需要保证所有的时钟系统均满足规定的 f_{max} 要求。同时,在这些时钟之间的时序路径需要用户特别注意,是将其作为伪路径处理,还是作为相关时钟路径处理,或是作为多周期路径处理,这些需要用户自己去判断,因为工具永远是根据用户的指令办事的。

同样,在对设计做 f_{max} 优化之前,需要充分理解设计本身。不该约束哪里,该约束哪里,如何约束,都要做到心中有数。而且在 Quartus II 中,对设计做时序约束的值,一般建议按照设计规格进行约束,不推荐过约束。这是因为 Quartus II 本身的时序模型就是比较保守的值,已经考虑了足够的时序余量,如果对设计进行过约束,有时候会起到反作用,反而降低设计的整体性能。

3.6　SignalTap II

3.6.1　设计中创建 SignalTap II

系统全速运行时,Quartus II 的 SignalTap II Logic Analyzer、外部逻辑分析仪接口和 SignalProbe 功能可以在系统分析内部器件节点和 I/O 引脚。SignalTap II Logic Analyzer 使用嵌入式逻辑分析仪,根据用户定义的触发条件,将信号数据通过 JTAG 端口送往 SignalTap II Logic Analyzer 或者外部逻辑分析仪、示波器。也可以使用 SignalTap II Logic Analyzer 的单独版本来捕获信号。SignalProbe 功能使用未用器件布线资源上的渐进式布线,将选定信号送往外部逻辑分析仪或示波器。图 3 - 26 和图 3 - 27 显示了 SignalTap II 和 SignalProbe 调试流程。

SignalTap II Logic Analyzer 是第二代系统级调试工具,可以捕获和显示实时信号,观察系统设计中硬件和软件之间的相互作用。Quartus II 软件可以选择要捕获的信号,开始捕获信号的时间,以及要捕获多少数据样本。还可以选择是将数据从器件的存储器块通过 JTAG 端口传送至 SignalTap II Logic Analyzer,还是传送至 I/O 引脚以供外部逻辑分析仪或示波器使用。

可以使用 MasterBlaster、ByteBlasterMV、ByteBlaster II、USBBlaster 或 Ethernet-Blaster 通信电缆将配置数据下载到器件中。这些电缆还用于将捕获的信号数据从器

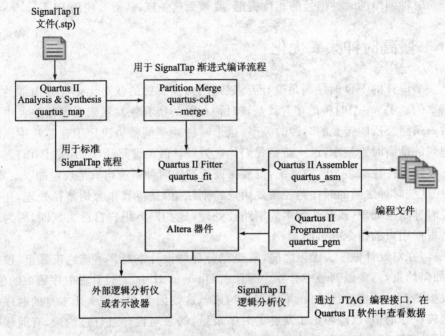

图 3 - 26   **SignalTap II 调试流程**

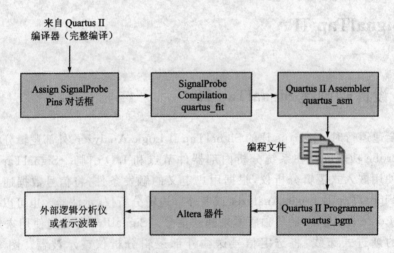

图 3 - 27   **SignalProbe 调试流程**

件的 RAM 资源上传至 Quartus II 软件。然后，Quartus II 软件将 SignalTap II Logic Analyzer 采集的数据显示为波形。

使用 SignalTap II Logic Analyzer 之前，必须先建立 SignalTap II 文件（.stp），此文件包括所有配置设置并以波形显示所捕获的信号。一旦设置了 SignalTap II 文件，就可以编译工程，对器件进行编程并使用逻辑分析器采集、分析数据。

每个逻辑分析器实例均嵌入到器件的逻辑中。SignalTap II Logic Analyzer 在单个器件上支持的通道数多达 1 024 个，采样达到 128 K 样本。

编译之后,可以使用 Run Analysis 命令(Processing 菜单)运行 SignalTap II 逻辑分析器(如图 3－28 所示)。

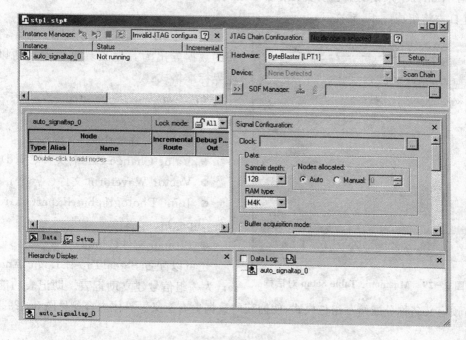

图 3－28 SignalTap II Logic Analyzer

以下步骤描述设置 SignalTap II 文件和采集信号数据的基本流程。

(1) 建立新的 SignalTap II 文件。

(2) 向 SignalTap II 文件添加实例,并向每个实例添加节点。可以使用 Node Finder 中的 SignalTap II 过滤器查找所有预综合和适配后的 SignalTap II 节点。

(3) 给每个实例分配一个时钟。

(4) 设置其他选项,例如采样深度和触发级别,并将信号分配给数据/触发输入和调试端口。

(5) 根据需要,可指定 Advanced Trigger 条件。

(6) 编译设计。

(7) 对器件进行编程。

(8) 在 Quartus II 软件中,或使用外部逻辑分析仪,或使用示波器,采集、分析信号数据。

3.6.2 通过 SignalTap II 察看数据

在使用 SignalTap II Logic Analyzer 查看逻辑分析的结果时,数据存储在器件内部存储器中,通过 JTAG 端口导入到逻辑分析器的波形视图中。在波形视图中,可以插入时间栏,对齐节点名称,复制节点;建立、重命名总线和取消总线组合;指定总线值的数据格式;还可以打印波形数据。数据日志用于建立波形,此波形显示 SignalTap II Logic Analyzer 采集的数据历史记录。数据以分层方式组织,使用相同触发器捕获的数据日志将组成一组,放在 Trigger Sets 中。

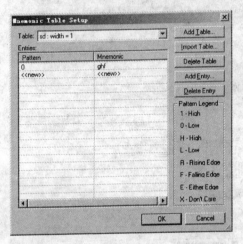

图 3 - 29　**Mnemonic Table Setup 对话框**

Waveform Export 应用程序允许将捕获的数据导出为其他工具可以使用的以下业界标准格式:

● Comma Separated Values 文件(.csv);

● Table 文件(.tbl);

● Value Change Dump 文件(.vcd);

● Vector Waveform 文件(.vwf);

● Joint Photographic Experts Group 文件(.jpeg);

● Bitmap 文件(.bmp)。

还可以配置 SignalTap II Logic Analyzer,为一组信号建立助记表。助记表功能允许将预定义名称分配给一组位模式,使捕获的数据更有意义。具体内容参见图 3 - 29。

3.6.3　SignalTap II 的高级配置

用户可以使用以下功能设置 SignalTap II Logic Analyzer。

(1) Instance Manager(实例管理器)。

Instance Manager 在每个器件中逻辑分析器的多个嵌入式实例上建立并进行 SignalTap II 逻辑分析。可以使用它在 SignalTap II 文件中对单独或独特的逻辑分析器实例建立、删除、重命名、应用设置。也可以用它显示当前 SignalTap II 文件中的所有实例、每个相关实例的当前状态及相关实例中使用的逻辑单元数和存储器比特数。Instance Manager 可以协助检查每个逻辑分析器在器件上要求的资源使用量。可以选定多个逻辑分析器并选择 Run Analysis(Processing 菜单)来同时启动多个逻辑分析器。

(2) Triggers(触发)。

触发是由逻辑电平、时钟沿和逻辑表达式定义的一种逻辑事件模式。SignalTap II Logic Analyzer 支持多级触发、多个触发位置、多段触发,以及外部触发事件。使用 SignalTap II Logic Analyzer 窗口中的 Signal Configuration 面板来设置触发选项,并可通过选择 SignalTap II Logic Analyzer 窗口的 Setup 选项标签 Trigger Levels 列中的 Advanced 来指定高级触发。根据内部总线或节点的数据值,高级触发提供建立灵活的、用户定义逻辑表达式和条件的功能。使用 Advanced Trigger 选项标签,可从 Node List 和 Object Library 中拖放符号来建立逻辑表达式,其中包括逻辑、比较、比特操作、减法、位移运算符及事件计数器。图 3 - 30 显示了 SignalTap II 窗口中的

Advanced Trigger 选项标签。它可以给逻辑分析器配置最多 10 个触发器级别,帮助你只查看最重要的数据。它还可以指定 4 个单独的触发位置:前、中、后和连续。触发位置允许指定在选定实例中触发之前和触发之后应采集的数据量。分段模式允许通过将存储器分为不同的时间段,为周期性事件捕获数据,而无须分配较大的采样深度。

(3) Incremental Routing(渐进式布线)。

渐进式布线功能允许在不执行完整重新编译的情况下分析适配后节点,从而有利于缩短调试过程。在使用 SignalTap II 渐进式布线功能之前,必须打开 Settings 对话框(Assignments 菜单)SignalTap II Logic Analyzer 页面中的 Automatically turn on smart compilation if conditions exist in which SignalTap II with incremental routing is used,进行智能编译。此外,在编译设计之前,必须使用 Data and Trigger 下面

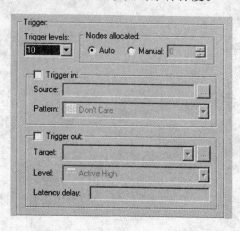

图 3 - 30　**Advanced Trigger 选项标签**

的 Nodes allocated 保留 SignalTap II 渐进式布线的触发或数据节点。通过选择 Node Finder 中 Filter 列的 SignalTap II:post - fitting,来找到 SignalTap II 渐进式布线源的节点。当设计不是渐进式编译模式时,可以使用渐进式布线。工程为渐进式编译模式,不进行完整编译而分析适配后节点,则应使用 SignalTap II 渐进式布线。

(4) Attaching Programming File(附加编程文件)。

允许在单个 SignalTap II 文件中采用多个 SignalTap II 配置(触发设置)和相关的编程文件。可以使用 SOF Manager 添加、重命名、删除 SRAM Object Files(. sof),从 SignalTap II 文件中提取 SOF,也可以对器件进行编程。

第 2 篇　工业应用开发实例

第 **4** 章

步进电机驱动系统设计

在工业控制领域中,通常要控制机械部件的平移和转动,这些机械部件的驱动多半采用交流电机、直流电机和步进电机。在这 3 种电机中,步进电机最适合做数字控制设计,因此它在数控机床等设备中得到了广泛地应用。本章介绍步进电机驱动系统设计的方法与过程。

4.1 步进电机系统概述

步进电机是数字控制电机,它将脉冲信号转变为角位移或线位移,即给步进电机加一个脉冲信号,它就转动一个步距角度。在非超载的情况下,电机的转速、停止的位置只取决于脉冲信号的频率和脉冲数,而不受负载变化的影响。

虽然步进电机已被广泛地应用,但步进电机并不能像普通的交直流电机一样在常规电源下驱动。它需要由脉冲信号、功率驱动电路等组成控制系统方可使用。

步进电机的主要特点如下:

- 主要通过输入脉冲信号来进行控制;
- 电机的总转动角度由输入脉冲数决定;
- 电机的转速由脉冲信号频率决定。

4.1.1 步进电机的种类

按照励磁方式分类,步进电机一般可分为反应式步进电机、永磁式步进电机和混合式步进电机 3 种。

- 反应式步进电机一般为三相,可实现大转矩输出,步进角一般为 1.5°,但噪声和振动都很大;
- 永磁式步进电机一般为两相,转矩和体积较小,步进角一般为 7.5°或 15°;
- 混合式步进电机则综合了永磁式与反应式步进电机的优点,它可以分为两相和五相。两相电机步进角度一般为 1.8°而五相电机步进角度一般为 0.72°。

4.1.2　步进电机的工作原理

　　步进电机结构比较简单,现以三相反应式步进电机为例说明其工作原理。

　　三相反应式步进电机由定子、转子、定子绕组 3 个部分组成,其结构剖面图如图 4-1 所示。

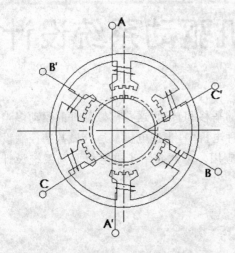

图 4-1　三相反应式步进电机结构剖面图

　　定子铁心由硅钢片叠成,定子上有 6 个磁极,其夹角是 60°,每个磁极上各有 5 个均匀分布的矩形小齿。

　　转子也是由叠片铁心构成,转子上没有绕组,而是由 40 个矩形小齿均匀分布在圆周上,相邻两齿之间的夹角 θ_b 为 9°,且定子和转子上小齿的齿距和齿宽均相同。这样分布在定子和转子上面的小齿数目分别是 30 和 40,其比值是一个分数,这就产生了齿错位的情况,这种原理称之为错齿原理。错齿是促使步进电机旋转的根本原因。

　　电机共有 3 套定子绕组,绕在径向相对的两个磁极上的一套绕组为一相,若以 A 相磁极小齿和转子的小齿对齐(如图 4-2 所示),那么 B 相和 C 相磁极的齿就会分别和转子齿相错 $\pm\frac{1}{3}$ 齿距,即 3°。

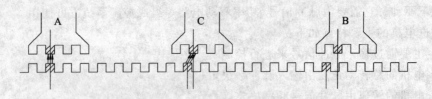

图 4-2　错齿原理示意图

　　例如,当 A 相绕组通电,而 B、C 相都不通电时,由于磁通具有力图走磁阻最小路径的特点,所以转子齿与 A 相定子齿对齐。若以此作为初始状态,设与 A 相磁极中心对齐的转子齿为 0 号齿,由于 B 相磁极与 A 相磁极相差 120°,且 120°/9°＝13.333 不为整数,所以,此时 13 号转子齿不能与 B 相定子齿对齐,只是靠近 B 相磁极的中心线,与中心线相差 3°。此时突然切换成 B 相通电,而 A、C 相都不通电,则 B 相磁极迫使 13 号小齿与之对齐,整个转子就转动 3°,此时称电机走了一步。

　　同理,我们按照 A→B→C→A 顺序通电一周,则转子转动 9°。转速取决于各控制绕组通电和断电的频率(即输入脉冲频率),旋转方向取决于控制绕组轮流通电的顺序。

如上述绕组通电顺序改为 A→C→B→A…则电机转向相反。

这种按 A→B→C→A…方式运行的称为三相单三拍,"三相"指步进电机具有三相定子绕组,"单"是指每次只有一相绕组通电,"三拍"是指 3 次换接为 1 个循环。

此外,三相步进电机还可以以三相双三拍和三相六拍方式运行。三相双三拍就是按 AB→BC→CA→AB…方式供电。与单三拍运行时一样,每一循环也是换接 3 次,共有 3 种通电状态,不同的是每次换接都同时有两相绕组通电。三相六拍的供电方式是 A→AB→B→BC→C→CA→A…每一循环换接 6 次,共有 6 种通电状态,有时只有一相绕组通电,有时有两相绕组通电。

4.1.3　步进电机的主要技术指标

选择步进电机需要根据实际需求和技术指标综合考虑,步进电机只有在满足额定的工作条件下,才可以正常工作。

1. 工作电压

即步进工作时所要求的工作电压,一般不能够超过最大工作电压范围。

2. 绕组电流

只有绕组通过电流时,才能够建立磁场。不同的步进电机,其额定绕组工作电流以及要求也不一样。步进电机工作时,应使其工作在额定电流之下。

注意:和反应式步进电动机不同,永磁式步进电动机和混合式步进电动机的绕组电流要求正反向流动。

3. 转动力矩

转动力矩是指在额定条件下,步进电机的轴上所能产生的转矩,单位通常为牛顿米 $(N \cdot m)$。

当步进电机转动时,电机各相绕组的电感将形成一个反向电动势;频率越高,反向电动势越大。在反向电动势的作用下,电机相电流随频率(或速度)的增大而减小,从而导致转动力矩下降。

4. 保持转矩

步进电机在通电状态下,电机不做旋转运动时,电机转轴的锁定力矩,即定子锁住转子的力矩。此力矩是衡量电机体积的标准,与驱动电压及驱动电源等无关。通常步进电机在低速时的力矩接近保持转矩。由于步进电机的输出力矩随速度的增大而不断衰减,输出功率也随速度的增大而变化,所以保持转矩就成为了衡量步进电机最重要的参数之一。比如,当人们说 $2N \cdot m$(牛顿米)的步进电机,在没有特殊说明的情况下是指保持转矩为 $2N \cdot m$ 的步进电机。

5. 定位转矩

电机在不通电状态下,电机转子自身的锁定力矩(由磁场齿形的谐波以及机械误差造成的)。由于反应式步进电机的转子不是永磁材料,所以它没有定位转矩。

6. 步距角

它表示控制系统每发一个步进脉冲信号,电机所转动的角度。反应式步进电机的步距角可由如下公式求得:

$$\theta_b = 360°/NZr$$
$$N = k \cdot M$$

公式中:

θ_b 为步距角;

N 为运行拍数;

Zr 为转子齿数;

M 为控制绕组相数;

k 为状态系数,如三相单三拍或双三拍时 k=1,三相六拍时 k=2。

这个步距角可以称之为"电机固有步距角",它不一定是电机实际工作时的真正步距角,真正的步距角和驱动器有关。

7. 空载启动频率

即步进电机在空载情况下能够正常启动的脉冲频率,如果脉冲频率高于该值,电机不能正常启动,可能发生丢步或堵转。在有负载的情况下,启动频率应更低。如果要使电机达到高速转动,脉冲频率应该有加速过程,即启动频率较低,然后按一定加速度升到所希望的高频(电机转速从低速升到高速)。

8. 空载运行频率

在某种驱动形式,电压及额定电流下,电机不带负载的最高转速频率。

9. 精度

一般步进电机的精度为步距角的 3‰~5‰,且不累积。应用细分技术可以提高步进电机的运转精度。

步进电机的细分技术实质上是一种电子阻尼技术(请参考有关文献),其主要目的是减弱或消除步进电机的低频振动,提高电机的运转精度只是细分技术的一个附带功能。比如对于步进角为 1.8°的两相混合式步进电机,如果细分驱动器的细分数设置为4,那么电机的运转分辨率为每个脉冲 0.45°,电机的精度能否达到或接近 0.45°,还取决于细分驱动器的细分电流控制精度等其他因素。不同厂家的细分驱动器精度可能差别很大,细分数越大精度越难控制。

10. 外表温度

步进电机温度过高首先会使电机的磁性材料退磁,从而导致力矩下降乃至于失步,因此电机外表允许的最高温度取决于不同电机磁性材料的退磁点。一般来讲,磁性材料的退磁点都在 130 ℃以上,有的甚至高达 200 ℃以上,所以步进电机外表温度在80~90 ℃完全正常。

11. 励磁方式

励磁方式中有 1 相(单向)励磁、2 相(双向)励磁和 1—2 相(单—双向)3 种励磁方式。

12. 步进电机动态指标

(1) 步距角精度

步进电机每转过一个步距角的实际值与理论值的误差。

(2) 失　步

电机运转时运转的步数不等于理论上的步数,称之为失步。

(3) 失调角

转子齿轴线偏移定子齿轴线的角度。电机运转必然存在失调角,由失调角产生的误差,采用细分驱动是不能解决的。

(4) 运行矩频特性

电机在某种测试条件下测得运行中输出力矩与频率关系的曲线称为运行矩频特性。这是电机诸多动态曲线中最重要的,也是电机选择的根本依据,如图 4-3 所示。

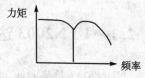

图 4-3　运行矩频特性

4.1.4　步进电机的驱动控制系统

步进电动机不能直接接到工频交流或直流电源上工作,而必须使用专用的步进电动机驱动器,整个步进电机的控制系统由脉冲发生控制单元、功率驱动单元、保护单元等组成,如图 4-4 所示。

图 4-4　步进电机控制系统组成

1. 脉冲信号产生及控制单元

脉冲信号实际是由控制器产生和控制的。一般脉冲信号的占空比为 0.3～0.4 左右,电机转速越高,占空比则越大。

2. 步进控制器

步进控制器是把输入的脉冲转换成环型脉冲,以控制步进电动机,并能进行正反转旋转方向控制。实际应用中脉冲信号产生及控制单元、步进控制器都是由微控制器代替来处理的。

3. 功率放大器

功率放大器将环型脉冲放大,以驱动步进电动机转动,称之为功率放大器,是驱动系统最为重要的部分。不同的场合需要采取不同的驱动方式。到目前为止,驱动方式一般有以下几种:单电压功率驱动、双电压功率驱动、高低压功率驱动、斩波恒流功率驱动、升频升压功率驱动、集成功率驱动芯片。

集成功率驱动芯片方式多用于小功率驱动,目前已有多种用于小功率步进电动机的集成功率驱动接口芯片可供选用。

4.2 步进电机驱动器接口电路

本实例的步进电机驱动器硬件电路较为简单,FPGA 控制单元与步进电机之间的驱动接口芯片采用 ULN2003 达林顿晶体管集成模块。

4.2.1 ULN2003 达林顿芯片概述

ULN2003 是高耐压、大电流达林顿晶体管阵列产品,由 7 个硅 NPN 复合达林顿晶体管组成。具有电流增益高、工作电压高、温度范围宽、带负载能力强等特点,适应于各类要求高速大功率驱动的系统。ULN2003 芯片的引脚示意图如图 4-5 所示。

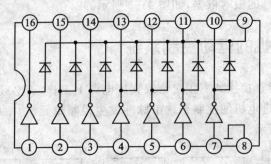

图 4-5 ULN2003 芯片引脚示意图

其中引脚 1～8 为 CPU 脉冲输入端。引脚 9 是内部 7 个续流二极管负极的公共端。各二极管的正极分别接各达林顿管的集电极,用于感性负载时,该脚接负载电源正极,实现续流作用,如果该脚接地,实际上就是达林顿管的集电极对地接通。引脚 10～16 为脉冲信号输出端。

4.2.2 步进电机驱动器硬件电路

当使用 ULN2003 作为步进电机驱动器时,它与 FPGA 的硬件接口电路原理图如图 4-6 所示。

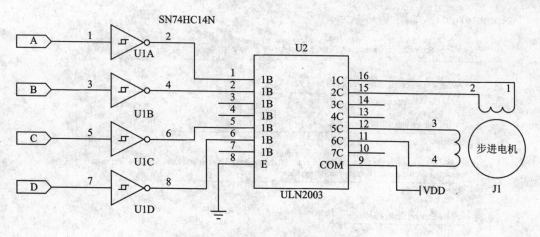

图 4 - 6　步进电机驱动器硬件电路

4.3　硬件系统设计

本实例的步进电机驱动系统设计基于 Altera 公司的 Cyclone II 系列 EP2C35 芯片,需要一块 FPGA 开发板。步进电机驱动系统结构图如图 4 - 7 所示。

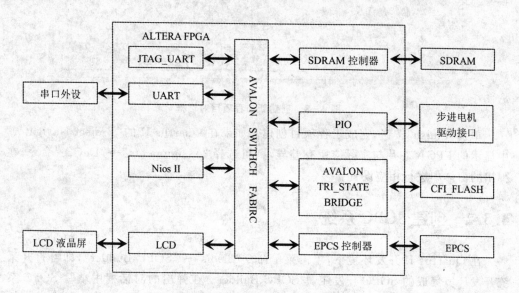

图 4 - 7　步进电机驱动系统结构图

步进电机驱动系统设计的硬件部分主要流程如下。

4.3.1　创建 Quartus II 工程项目

打开 Quartus II 开发环境,创建新工程并设置相关的信息,本实例的工程项目名为

"stepmotornios",如图 4-8 所示。

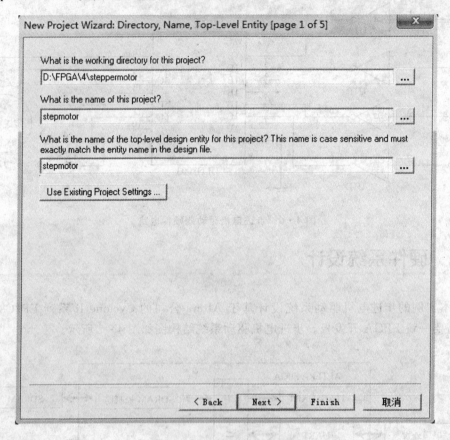

图 4-8 创建新工程项目对话框

单击"Finish"按钮,完成工程项目创建。如果在 Quartus II 的"Project Navigator"中显示的 FPGA 芯片与实际应用有差异,则可选择"Assignments"→"Device"命令,在弹出的窗体中进行相应设置。

4.3.2 创建 SOPC 系统

在 Quartus II 开发环境下,单击菜单命令"Tools"→"SOPC Builder",即可打开系统开发环境集成的 SOPC 开发工具 SOPC Builder。在弹出的对话框中填写 SOPC 系统模块名称,将"Target HDL"设置为"Verilog HDL"。本实例的 SOPC 系统模块名称为"stepmotornios",如图 4-9 所示。接下来准备进行系统 IP 组件的添加。

(1) Nios II CPU 型号。

选择 SOPC Builder 开发环境左侧的"Nios II Processor",添加 CPU 模块,在"Core Nios II"栏选择"Nios II/s",其他配置均选择默认设置即可,如图 4-10 所示。

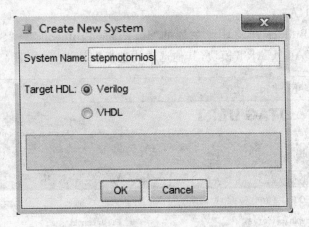

图 4 - 9　创建 SOPC 新工程项目对话框

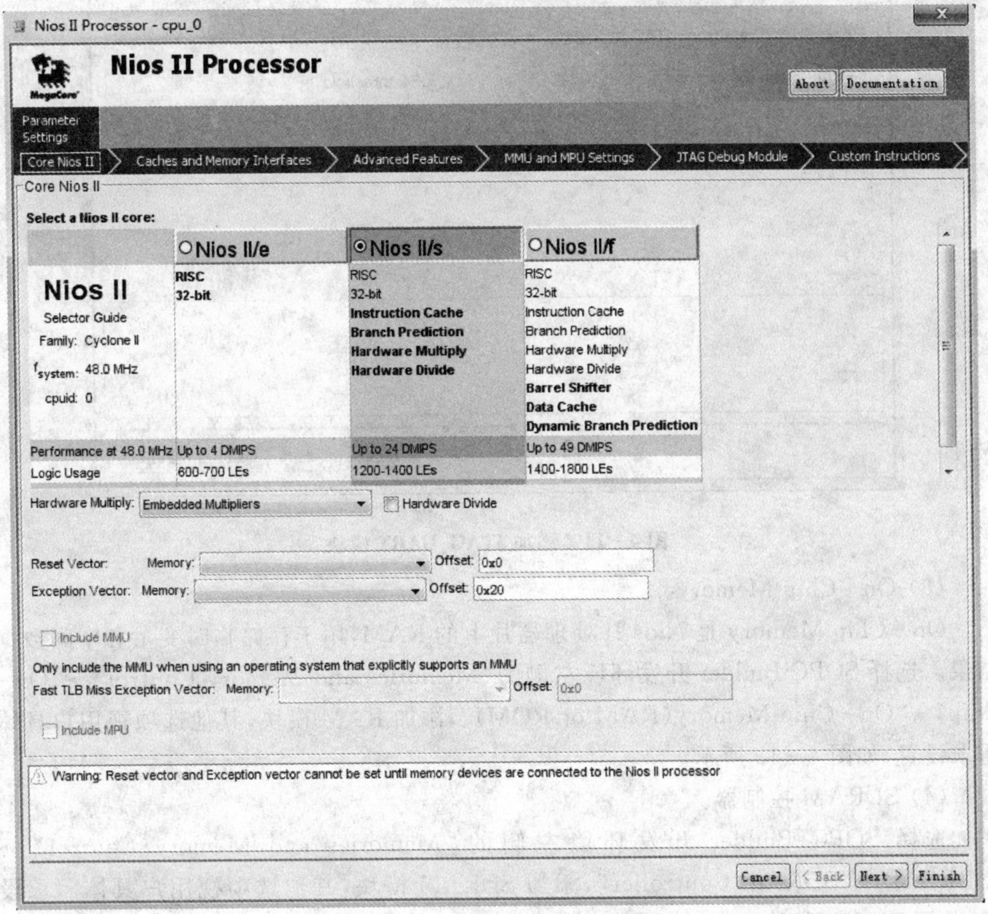

图 4 - 10　添加 Nios CPU 模块

（2）JTAG_UART。

选择 SOPC Builder 开发环境左侧的"Interface Protocols"→"Serial"→"JTAG_UART"，添加 JTAG_UART 模块，其他选项均选择默认设置，如图 4-11 所示。

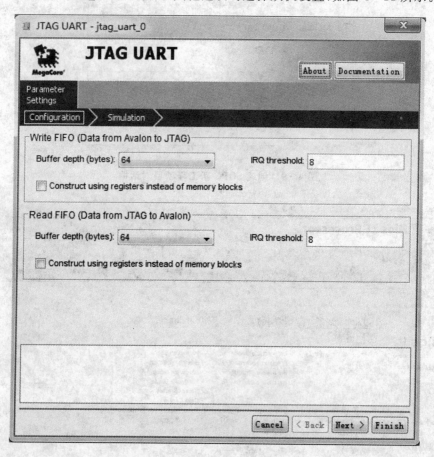

图 4-11 添加 JTAG_UART 模块

（3）On-Chip Memory。

On-Chip Memory 是 Nios II 处理器片上的 RAM，用于存储临时变量和中间数据结果。选择 SOPC Builder 开发环境左侧的"Memories and Memory Control"→"On-Chip"→"On-Chip Memory(RAM or ROM)"，添加 RAM 模块，其他选项视用户具体需求设置，如图 4-12 所示。

（4）SDRAM 控制器。

选择 SOPC Builder 开发环境左侧的"Memories and Memory Control"→"SDRAM"→"SDRAM Controller"，添加 SDRAM 模块，其他选项视用户具体需求设置，如图 4-13 所示。

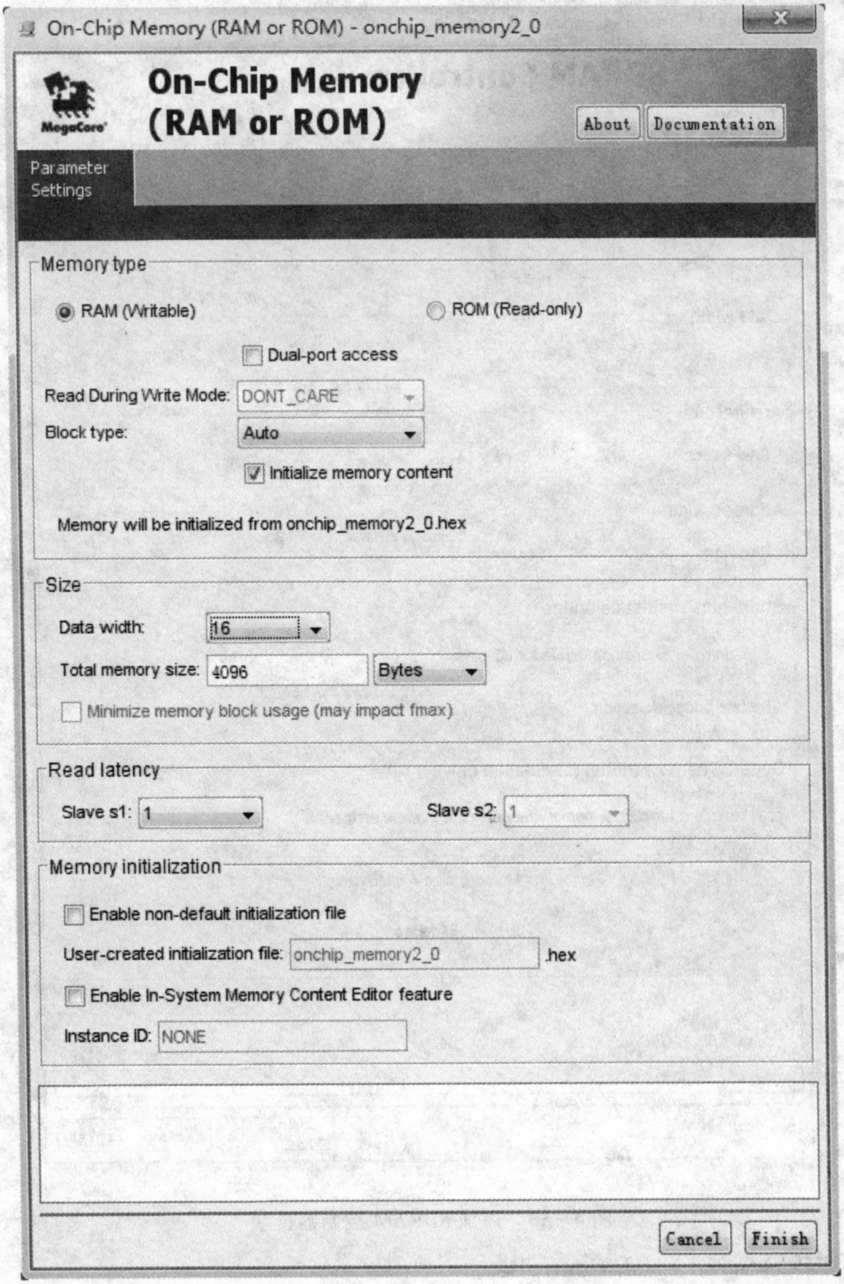

图 4-12　添加 On-Chip Memory 模块

(5) Cfi - Flash。

选择 SOPC Builder 开发环境左侧的"Memories and Memory Control"→"Flash"→
"Flash Memory Interface(CFI)",添加 Flash 模块,其他选项视用户具体需求设置,如
图 4-14 所示。

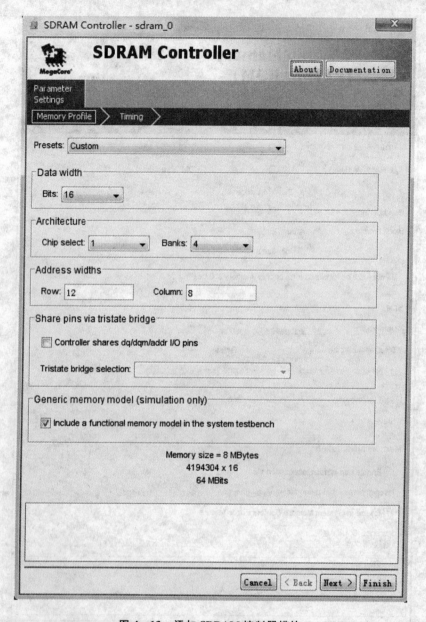

图 4 - 13　添加 SDRAM 控制器模块

(6) EPCS Serial Flash Controller。

选择 SOPC Builder 开发环境左侧的"Memories and Memory Control"→"Flash"→"EPCS Serial Flash Controller",添加 EPCS Serial Flash Controller 模块,其他选项按默认设置,如图 4 - 15 所示。

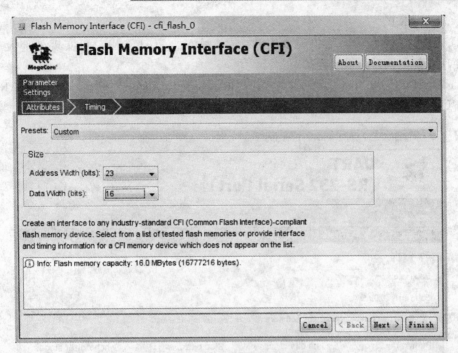

图 4 - 14 添加 FLASH 控制器模块

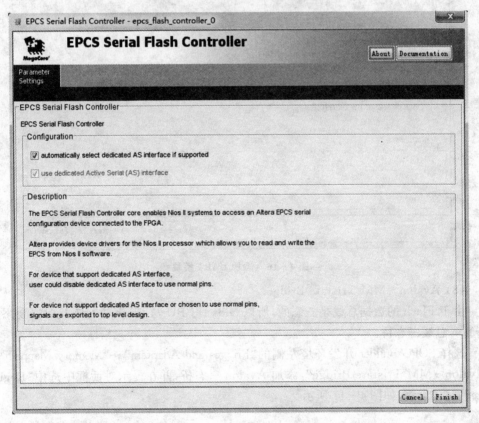

图 4 - 15 添加 EPCS 控制器模块

(7) UART。

UART 在嵌入式系统中经常用到,本实例添加 UART 串口可实现外部设备与 Nios II 系统的调试与数据连接。

选择 SOPC Builder 开发环境左侧的"Interface Protocols"→"Serial"→"UART",添加 UART 模块,相关串口参数根据使用要求设置,如图 4-16 所示。

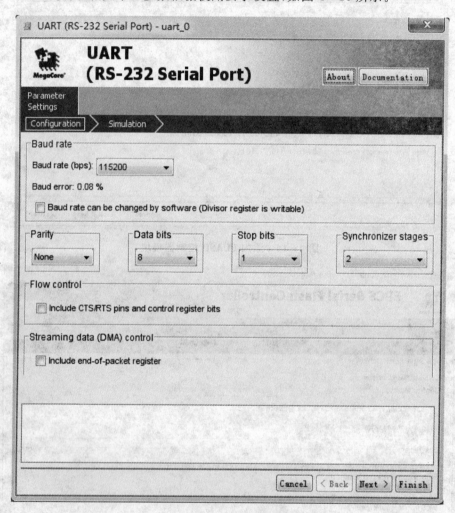

图 4-16 添加 UART 模块

(8) Avalon-MM Tristate Bridge。

由于 Flash 的数据总线是三态的,所以 Nios II CPU 与 Flash 进行连接时需要添加 Avalon 总线三态桥。

选择 SOPC Builder 开发环境左侧的"Bridges and Adapters"→"Memory Mapped"→"Avalon-MM Tristate Bridge",添加 Avalon 三态桥,并在提示对话框中选中"Registered"完成设置,如图 4-17 所示。

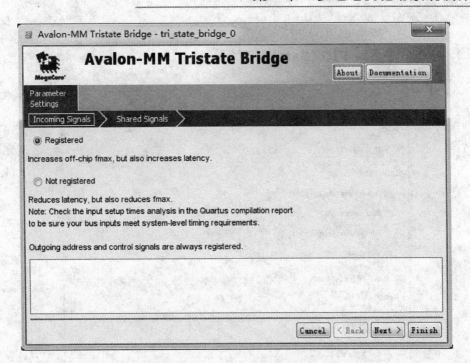

图 4 - 17　添加 Avalon 三态桥

（9）Steppermotor - PIO。

SOPC Builder 提供的 PIO 控制器主要用于完成 Nios II 处理器并行输入输出信号的传输。选择左侧的"Peripherals"→"Microcontroller Peripherals"→"PIO（Parallel I/O）"，添加 PIO 控制器模块，单击"Finish"完成设置，如图 4 - 18 所示。

（10）LCD。

选择 SOPC Builder 开发环境左侧的"Peripherals"→"Display"→"Character LCD"，添加 LCD 控制器模块，完成设置，如图 4 - 19 所示。

将 Cfi_Flash 控制器与 Avalon - MM 三态桥建立连接后，至此，本实例中所需要的 CPU 及 IP 模块均添加完毕，如图 4 - 20 所示。

4.3.3　生成 Nios II 系统

在 SOPC Builder 开发环境中，分别选择菜单栏的"System"→"Auto - Assign Base Address"和"System"→"Auto - Assign IRQs"，分别进行自动分配各组件模块的基地址和中断标志位操作。

双击"Nios II Processor"后在"Parameter Settings"菜单下配置"Reset Vector"为"Cfi_flash0"，设置"Exception Vector"为"sdram0"，完成设置，如图 4 - 21 所示。

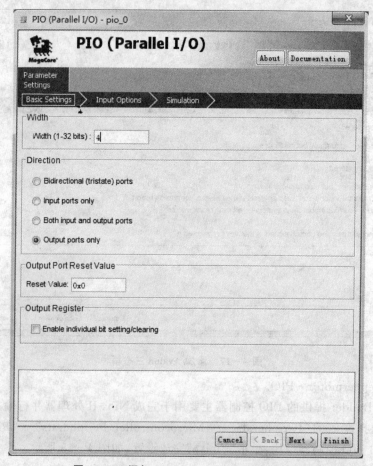

图 4 - 18   添加 Steppermotor - PIO 输出端口

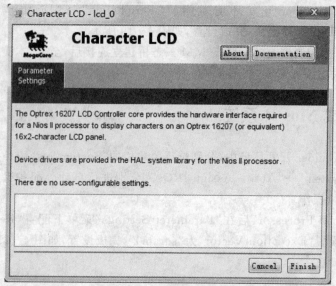

图 4 - 19   添加 LCD 控制器

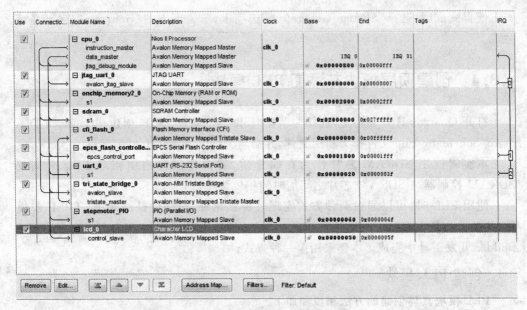

图 4 - 20　构建完成的 SOPC 系统

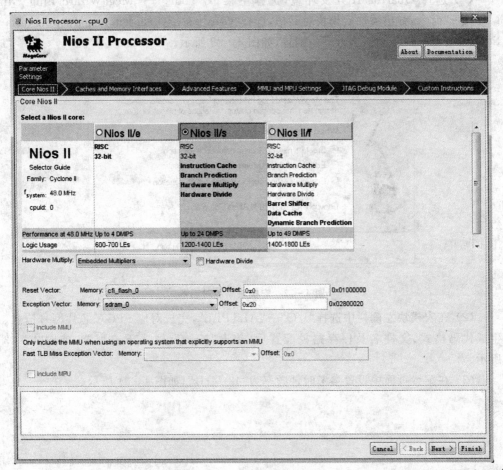

图 4 - 21　Nios II CPU 设置

配置完成后,选择"System Generation"选项卡,单击下方的"Generate",启动系统生成。

4.3.4 创建顶层模块并添加 PLL 模块

打开 Quartus II 开发环境,选择主菜单"File"→"New"命令,创建一个 Block Diagram/Schematic File 文件作为顶层文件,并命名为"stepmotor_top"后保存。

本实例使用 SDRAM 芯片作为存储介质,需要使用片内锁相环 PLL 来完成 SDRAM 控制器与 SDRAM 芯片之间的时钟相位调整。

使用 PLL 时,可以通过两种方式实现时钟锁相环,第一种是添加 ALTPLL 宏模块,此种方法是在 Quartus II 开发环境中添加;另外一种是添加 PLL IP 核,在 SOPC Builder 开发工具中完成。本例采用第一种方式。

1. 创建 PLL 模块

PLL 模块具体创建的方法和步骤如下。

(1) 选择 Quartus II 开发环境,选择主菜单"Tools"→"MegaWizard Plug－In Manager"命令,弹出添加宏模块对话框,选择"Create a new custom magafuction variation"选项,单击"Next",进入下一配置,如图 4 - 22 所示。

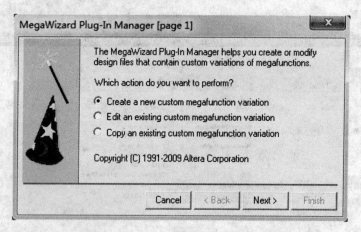

图 4 - 22 宏模块添加对话框

(2) 在宏模块左侧栏中选择"I/O"→"ALTPLL",完成对应 FPGA 芯片型号信息、生成代码格式、文件名及保存路径配置后,单击"Next",进入下一配置,如图 4 - 23 所示。

(3) 在配置页面中设置参考时钟频率为"48 MHz",如图 4 - 24 所示。

　　然后设置相关参数,如图 4 - 25 所示。Quartus II 中提供的 PLL 宏模块最多可输出 3 个锁相环时钟,分别为 c0,c1,c2。如果用户在自己的工程中需要用到多个 PLL 输出,设置后单击"Finish"即可生成锁相环模块,本实例仅用 c0、c1 两个输出时钟。

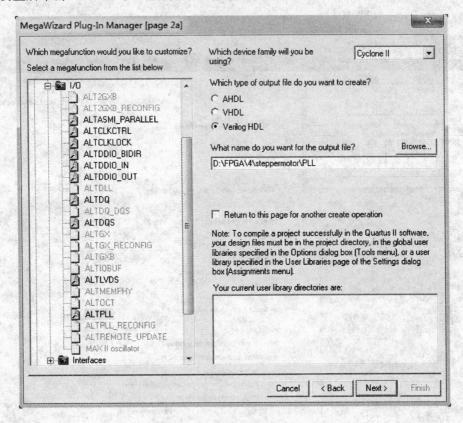

图 4 - 23　PLL 宏模块配置

　　(4) 接下来,在 Quartus II 工程项目内对 PLL 模块进行例化。将例化后的 PLL 模块添加到顶层文件。

2. 添加集成 Nios II 系统至 Quartus II 工程

　　在顶层文件中添加前述步骤创建的 SOPC 处理器模块,再添加相应的输入输出模块引脚,各模块的连接如图 4 - 26 所示。

　　连线完成后,用户选择编辑并运行. tcl 文件为 FPGA 芯片分配引脚,也可以通过菜单选择图形化视窗来分配引脚。

　　保存整个工程项目文件后,即可通过主菜单工具或者工具栏中的编译按钮执行编译,生成程序下载文件。至此,硬件设计部分完成。

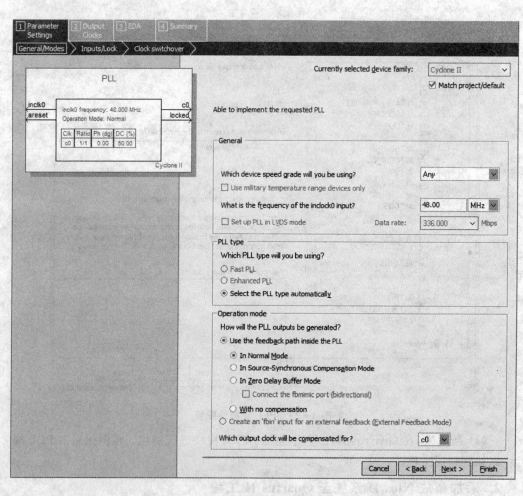

图 4 - 24　参考时钟设置

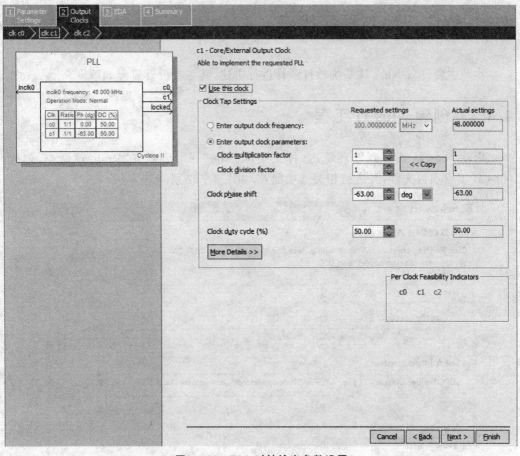

图 4－25　PLL 时钟输出参数设置

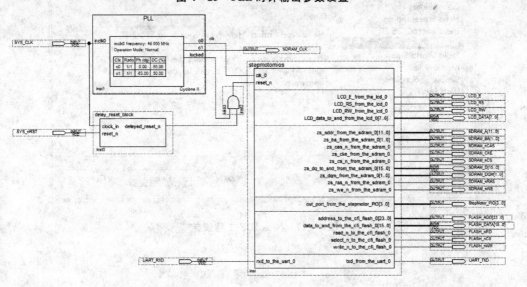

图 4－26　顶层文件各个模块连接图

4.4　软件设计与程序代码

本节主要针对 Nios II 系统软件设计进行讲述,其主要设计流程如下。

4.4.1　创建 Nios II 工程

启动 Nios II IDE 开发环境,选择主菜单"File"→"New"→"Project"命令,创建 Nios II 工程项目文件,并进行相关选项配置,如图 4 - 27 所示。

图 4 - 27　Nios IDE 工程设定

4.4.2　程序代码设计与修改

新 Nios II 工程建立后,单击"Finish"生成工程,添加并修改代码。步进电机驱动系统的主程序软件代码与程序注释如下,限于篇幅 LCD 显示程序省略介绍。

```
#define    A        (1<<0)    // 步进电机驱动端口 1
#define    B        (1<<1)    // 步进电机驱动端口 2
#define    C        (1<<2)    // 步进电机驱动端口 3
#define    D        (1<<3)    // 步进电机驱动端口 4
#define    MCON     0x0f    // MOTO 控制字
#define STEP_MOTOR_PIO_BASE   0x03004020
void  InitPIO(void);
void MOTO_Mode1(alt_u32 time);              // A - B - C - D
void MOTO_Mode2(alt_u32 time);              // AB - BC - CD - DA - AB
void MOTO_Mode3(alt_u32 time);              // A - AB - B - BC - C - CD - D - DA - A


/*****************************************************************
 * 名      称:main()
 * 功      能:控制步进电机运行
 *****************************************************************/
int   main(void)
{
    InitPIO();
    //MOTO_Mode1(150000);                   // A - B - C - D
    //MOTO_Mode2(150000);                   // AB - BC - CD - DA - AB
    MOTO_Mode3(15000);                      // A - AB - B - BC - C - CD - D - DA - A

    return(0);
}
/*****************************************************************
 * 名      称:InitPIO()
 * 功      能:初始化步进电机对应的控制端口为输出
 * 入口参数:无
 * 出口参数:无
 *****************************************************************/
void   InitPIO(void)
{
    /* 步进电机对应的控制端口为输出 */
    IOWR_ALTERA_AVALON_PIO_DIRECTION(STEP_MOTOR_PIO_BASE, MCON);
    /* 禁止所有 PIO 中断 */
    IOWR_ALTERA_AVALON_PIO_IRQ_MASK(STEP_MOTOR_PIO_BASE, 0x00);
    /* 边沿捕获寄存器 */
```

```
    IOWR_ALTERA_AVALON_PIO_EDGE_CAP(STEP_MOTOR_PIO_BASE, 0x00);
}


/*******************************************************************
 *  名    称:MOTO_Mode1()
 *  功    能:单四拍步进电机控制程序
 *  入口参数:alt_u32 time      延时参数,值越大,延时越久
 *  出口参数:无
 *******************************************************************/
void MOTO_Mode1(alt_u32 time)                    // A - B - C - D
{
    while(1)
    {
        /* A */
        PIOSET(A);
        alt_busy_sleep(time);
         /* B */
        PIOSET(B);
        alt_busy_sleep(time);
        /* C */
        PIOSET(C);
        alt_busy_sleep(time);
        /* D */
        PIOSET(D);
        alt_busy_sleep(time);
    }
}


/*******************************************************************
 *  名    称:MOTO_Mode2()
 *  功    能:双四拍步进电机控制程序
 *  入口参数:alt_u32 time      延时参数,值越大,延时越久
 *  出口参数:无
 *******************************************************************/
void MOTO_Mode2(alt_u32 time)                    // AB - BC - CD - DA - AB
{
    while(1)
    {
        /* AB */
        PIOSET(A|B);
        alt_busy_sleep(time);
        /* BC */
```

```
        PIOSET(B|C);
        alt_busy_sleep(time);
        /* CD */
        PIOSET(C|D);
        alt_busy_sleep(time);
        /* DA */
        PIOSET(D|A);
        alt_busy_sleep(time);
    }
}


/* ***************************************************************
 *  名      称:MOTO_Mode3()
 *  功      能:单双八拍步进电机控制程序
 *  入口参数:alt_u32 time        延时参数,值越大,延时越久
 *  出口参数:无
 **************************************************************** */
void MOTO_Mode3(alt_u32 time)                // A - AB - B - BC - C - CD - D - DA - A
{
    while(1)
    {
        /* A */
        PIOSET(A);
        alt_busy_sleep(time);
        /* AB */
        PIOSET(A|B);
        alt_busy_sleep(time);
        /* B */
        PIOSET(B);
        alt_busy_sleep(time);
        /* BC */
        PIOSET(B|C);
        alt_busy_sleep(time);
        /* C */
        PIOSET(C);
        alt_busy_sleep(time);
        /* CD */
        PIOSET(C|D);
        alt_busy_sleep(time);
        /* D */
        PIOSET(D);
        alt_busy_sleep(time);
        /* DA */
```

```
        PIOSET(D|A);
        alt_busy_sleep(time);
    }
}
```

在 Nios II IDE 环境中完成所有程序代码设计与编译参数配置后，即可执行编译和下载，验证系统运行效果。

4.5　实例总结

本章介绍了步进电机的基本工作原理和步进电机驱动系统设计的基本思路，并且基于 SOPC 系统和 Nios II 处理器实现了一个简单的步进电机驱动系统。在实际应用时，读者可以以本实例为基础，添加更多的功能，以适应自己的步进电机驱动应用系统设计任务。

第 **5** 章
工业数字摄像机应用设计

　　工业数字摄像机的使用在当今信息化社会中越来越被重视,它通过外部信号触发采集或连续采集,可以实时采集现场图像信息。工业数字摄像机广泛用于文字识别、显微图像、医学影像采集、证件制作、工业测量与检测、军事安全监控、机器人视觉等领域。本章所介绍的系统主要是基于 FPGA 来实现视频数据转换、SDRAM 缓存控制、VGA 时序控制等功能,并通过 FPGA 灵活的结构实现摄像头图像的采集与数据处理的功能。

5.1　工业数字摄像机概述

　　一个完整工业数字摄像机系统不但要具备图像信号的采集,对图像进行实时显示的功能,而且要求能够完成图像信号的分析、处理算法(如图像压缩等)以及图像处理结果的反馈控制。通常这些算法的运算量大,同时又要满足实时显示的要求,一般处理器无法满足该类系统的设计要求,因此本例采用 FPGA 芯片作为数据核心处理单元。

5.1.1　系统原理及总体设计结构

　　工业数字摄像机系统主要由 3 部分组成:CMOS 图像传感器、FPGA 核心控制、实时显示。CMOS 图像传感器主要负责视频图像数据的获取;FPGA 完成对 CMOS 图像传感器芯片采集部分的控制、数据缓存及传送接口控制,传送接口通过 I^2C 总线控制图像传感器的工作状态;VGA 控制器完成实时图像的输出和显示。工业数字摄像机硬件系统结构图如图 5-1 所示。

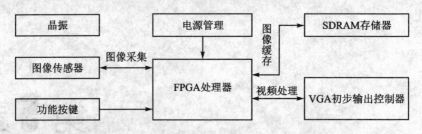

图 5-1 工业数字摄像机硬件系统结构图

5.1.2 图像传感器 MT9P031 简述

本实例的图像传感器采用美国美光（Micron）公司的 MT9P031 图像传感器芯片。美光的 MT9P031 是一种具有 2 592H×1 944V 有源像素阵列的 1/2.5 英寸的 CMOS 数字图像传感器，它的外观图如图 5-2 所示。

图像传感器 MT9P031 集成了一些复杂的相机功能，如窗口大小尺寸设定、分级、列和行跳过模式和快照模式，并通过一个简单的两线串行接口编程。

图像传感器 MT9P031 具有高分辨率、高精度、高清晰度、色彩还原好、低噪声等特点，同时支持单帧或连续捕捉视频的能力，能够满足网络摄像、变焦照相、混合视频/相机等范围的家用或者商用场所应用。

MT9P031 图像传感器芯片的主要特点如下：

- 低功耗，逐行扫描；
- 500 万像素分辨率（2 592H×1 944V）；

图 5-2 图像传感器 MT9P031 外观

- 1/2.5 英寸光学格式；
- 片上 12 位模数转换器（ADC）；
- 取景器和快照模式；
- 可编程增益和曝光；
- 两线串行接口；
- 分级增强浏览。

图像传感器 MT9P031 的内部功能框图如图 5-3 所示。

1. 图像传感器 MT9P031 引脚功能描述

图像传感器 MT9P031 采用的是 10mm×10mm 尺寸的 iLCC-48 引脚封装，其引脚排列如图 5-4 所示，相关引脚功能定义如表 5-1 所列。

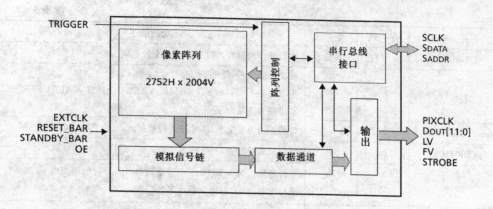

图 5 - 3　图像传感器 MT9P031 功能框图

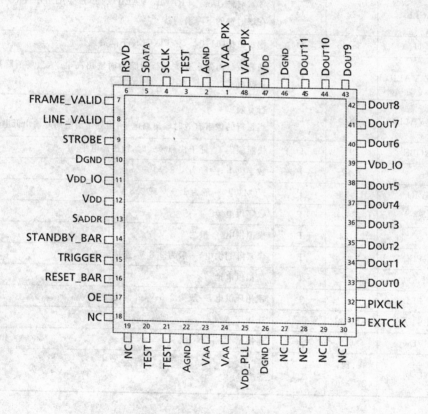

图 5 - 4　图像传感器 MT9P031 引脚排列示意图

表 5 - 1　图像传感器 MT9P031 引脚功能定义

名　称	序　列	类　型	功能描述
RESET#	16	I	低电平时,芯片异步复位,高电平时,恢复出厂设置
EXTCLK	31	I	外部时钟输入

名　称	序　列	类　型	功能描述
SCLK	4	I	串行接口时钟线,需接 1.5 kΩ 上拉电阻
OE#	17	I	输出使能信号,低电平有效 当为高电平时,D_{OUT}、FRAME_VALID 、LINE_VALID、STROBE 输出则为高阻态
STANDBY#	14	I	待机。当为低电平,芯片进入待机模式,可由高电平唤醒
TRIGGER	15	I	快照模式触发
S_{ADDR}	13	I	串行地址。当 MT9P031 响应主设备(BA_H)时输出高电平,当响应串行设备(90_H)时输出低电平
S_{DATA}	5	I/O	串行接口数据线,需接 1.5 kΩ 上拉电阻
PIXCLK	32	O	像素时钟,D_{OUT}、FRAME_VALID 、LINE_VALID、STROBE 输出在该时钟的下降沿捕获
$D_{OUT}[11:0]$	33~45	O	像素数据[11:0]。在 PIXCLK 下降沿捕获
FRAME_VALID	7	O	帧有效。当像素有效及行消隐期时输出高电平,当场消隐期时输出低电平
LINE_VALID	8	O	行有效 当每行的像素有效时输出高电平,当处于消隐期时输出低电平
STROBE	9	O	快照频闪,当处于快照模式时,输出高电平
V_{DD}	7,12	P	数字供电,一般为 1.8 V
V_{DD}_IO	11,39	P	I/O 供电,一般为 1.8 V 或 2.8 V
D_{GND}	10,26,46	P	数字供电地
V_{AA}	23,24	P	模拟供电,一般为 2.8 V
V_{AA}PIX	1,48	P	像素阵列供电,一般为 2.8 V,连接至 V_{AA}
A_{GND}	2,22	P	模拟供电地
V_{DD}_PLL	25	P	锁相环供电,一般为 2.8 V,外部连接至 V_{AA}
TEST	3,20,21	—	连接至 A_{GND}
RSVD	6	—	连接至 D_{GND}
NC	18,19,27~30	—	空脚

2. 图像传感器 MT9P031 像素输出时序

图像传感器 MT9P031 的输出图像划分成帧,每帧又细分成行,默认情况下图像传感器产生 2 592 列×1 944 行。图像传感器 MT9P031 像素输出时序如图 5-5 所示,FV 和 LV 信号分别显示帧之间的边界线,PIXCLK 时钟用于锁存数据,在每个 PIXCLK 时钟周期,12 位像素数据送入 DOUT[11:0],当 FV 和 LV 信号都有效时,图像数据有效。

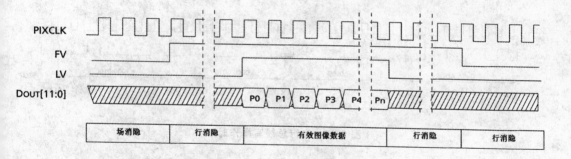

图 5 - 5　图像传感器 MT9P031 像素输出时序

3. 图像传感器 MT9P031 串行接口总线

图像传感器 MT9P031 相关操作通过对应寄存器读/写操作完成,寄存器的读/写由串行接口总线发送指令。该串行接口总线定义了几种不同的传输代码,如表 5 - 2 所列。

表 5 - 2　串行接口传输代码

Start bit	Slave Address	ACK/NoACK	8bit message	Stop bit

- Start bit:起始位,当时钟为高电平时,数据线从高电平转低电平,被定义为起始位。
- Slave Address:8 位串行接口设备地址由 7 个地址位和 1 个方向位组成,当最低有效位(LSB)为"0"时表示写模式(0xBA),为"1"时表示读模式(0xBB)。
- ACK/NoACK:主机产生的应答时钟脉冲,发送方释放数据线,接收方在应答时钟脉冲周期内拉低数据线即表示一个应答位。如果接收方在应答时钟脉冲周期内没有拉低数据线即产生一个无应答位,无应答位用来中断读序列。
- 8 bit message:每个时钟脉冲周期内传送一个数据位,数据每次传送 8 位,其后 1 位是应答位。
- Stop bit:停止位,当时钟为高电平时,数据线从低电平转高电平,被定义为结束位。

图 5 - 6 所示的是串行总线 1 个 16 位的写操作时序,演示了向寄存器 0x09 写入值 0x0284;图 5 - 7 所示的是串行总线 1 个 16 位读操作时序,演示了向寄存器 0x09 读值 0x0284。

4. 图像传感器 MT9P031 外围电路典型应用

图像传感器 MT9P031 典型的外围应用电路如图 5 - 8 所示。控制器通过 SCLK、S_{DATA}、TRIGGER 引脚配置图像传感器,12 位像素数据通过 $D_{OUT}[11:0]$ 引脚输出。

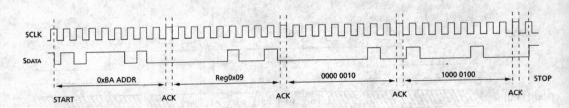

图 5 - 6 串行总线写操作时序

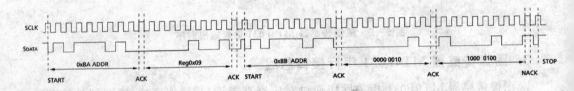

图 5 - 7 串行总线读操作时序

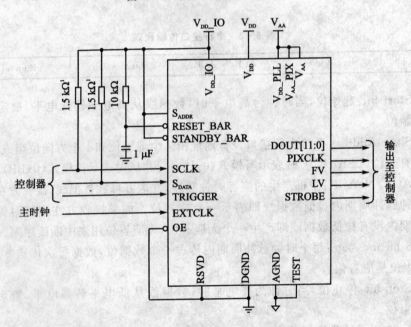

图 5 - 8 图像传感器 MT9P031 典型应用

5.2 图像传感器与 FPGA 硬件接口电路设计

完整的工业数字摄像机硬件电路结构如图 5 - 9 所示,本实例硬件接口电路着重介绍图像传感器 MT9P031 与 FPGA 硬件接口电路,SDRAM 存储器与 VGA 输出电路见本书第 8 章。

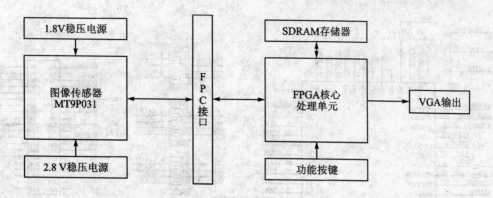

图 5-9 工业数字摄像机硬件电路结构图

（1）电源供电路。

图像传感器 MT9P031 采用两路电源供电，其中一路是 1.8 V，另外一路是 2.8 V，电路原理图如图 5-10 所示。

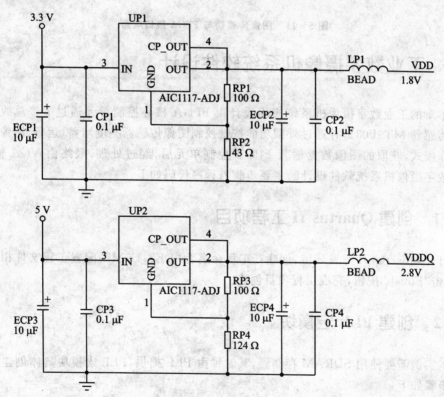

图 5-10 电源供电路原理图

（2）图像传感器与 FPGA 接口电路。

图像传感器 MT9P031 与 FPGA 核心控制单元的接口电路原理图如图 5-11 所示。

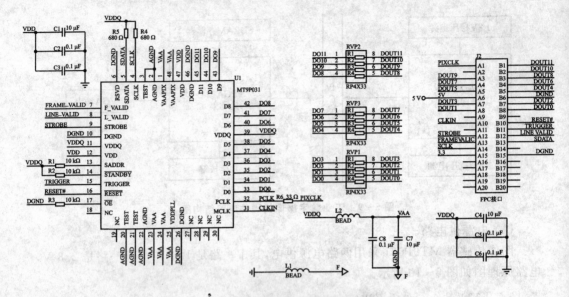

图 5-11　图像传感器与 FPGA 接口电路

5.3　工业数字摄像机系统软件设计

本章的工业数字摄像机系统应用设计由 FPGA 核心控制单元通过 I^2C 总线配置图像传感器 MT9P031,并通过外围功能按键控制图像传感器亮度增益、运行、图像放大等工作模式,获取的图像数据输入 FPGA 控制单元后,经过处理,最终由 VGA 输出。工业数字摄像机系统软件设计的主要步骤与程序代码如下。

5.3.1　创建 Quartus II 工程项目

打开 Quartus II 开发环境,创建新工程命名为"DE2_D5M",配置工程文件相关参数,单击"Finish"按钮,完成工程项目创建。

5.3.2　创建 PLL 宏模块

本实例需要使用 SDRAM 存储器,其时钟由 PLL 提供,PLL 宏模块具体创建的方法和步骤如下:

(1)选择 Quartus II 开发环境,选择主菜单"Tools"→"MegaWizard Plug – In Manager"命令,弹出添加宏模块对话框,选择"Create a new custom magafuction varia-tion"选项,单击"Next",进入下一配置。

(2)在宏模块左侧栏中选择"I/O"→"ALTPLL",完成对应 FPGA 芯片型号信息、文件名及保存路径配置。

（3）PLL 时钟参数配置。

在配置页面中设置参考时钟频率为"50 MHz"，然后设置相关参数。接下来配置时钟相移角度及分频值参数配置，一共设置了 2 个时钟输出 c0、c1，相关参数如图 5-12 和图 5-13 所示。

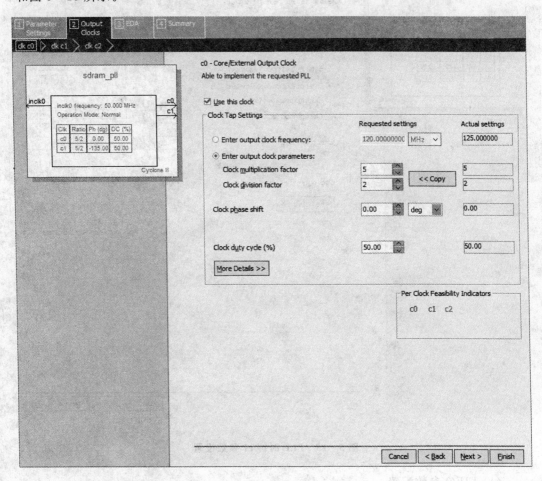

图 5-12　PLL 时钟 c0 输出参数设置

（4）PLL 模块输出文件代码选项设置。

PLL 宏模块输出文件与程序代码选项的相关设置如图 5-14 所示。完成配置后，即可将 Verilog HDL 文件应用于工程项目的顶层文件。

5.3.3　创建 FIFO

本实例需要创建 FIFO，用于读写，FIFO 宏模块创建的主要步骤如下：

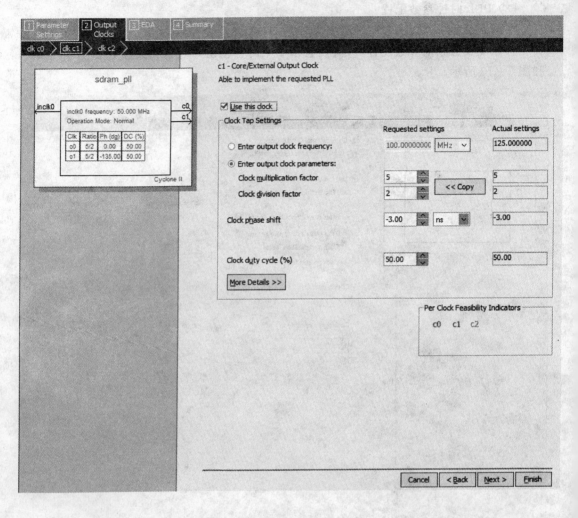

图 5 - 13   PLL 时钟 c1 参数设置

（1）FIFO 参数配置。

FIFO 的宽度和深度如图 5 - 15 所示。

（2）FIFO 输出文件选项。

根据需要调整 FIFO 的其他参数，在完成 FIFO 相关参数配置后，即可设置其输出文件选项，如图 5 - 16 所示。

创建完 FIFO 之后，还需要编写 FIFO 的接口、控制命令、数据通道等程序，限于篇幅，此处省略程序代码部分的介绍。

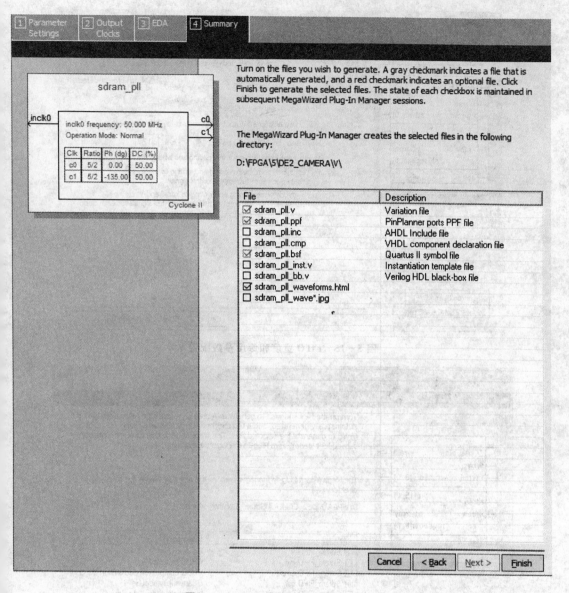

Turn on the files you wish to generate. A gray checkmark indicates a file that is automatically generated, and a red checkmark indicates an optional file. Click Finish to generate the selected files. The state of each checkbox is maintained in subsequent MegaWizard Plug-In Manager sessions.

The MegaWizard Plug-In Manager creates the selected files in the following directory:

D:\FPGA\5\DE2_CAMERA\V\

File	Description
☑ sdram_pll.v	Variation file
☑ sdram_pll.ppf	PinPlanner ports PPF file
☐ sdram_pll.inc	AHDL Include file
☐ sdram_pll.cmp	VHDL component declaration file
☑ sdram_pll.bsf	Quartus II symbol file
☐ sdram_pll_inst.v	Instantiation template file
☐ sdram_pll_bb.v	Verilog HDL black-box file
☑ sdram_pll_waveforms.html	
☐ sdram_pll_wave*.jpg	

图 5 - 14　PLL 模块输出文件选项设置

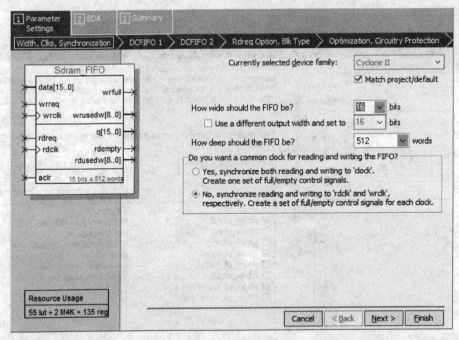

图 5 – 15   FIFO 宽度和深度参数配置

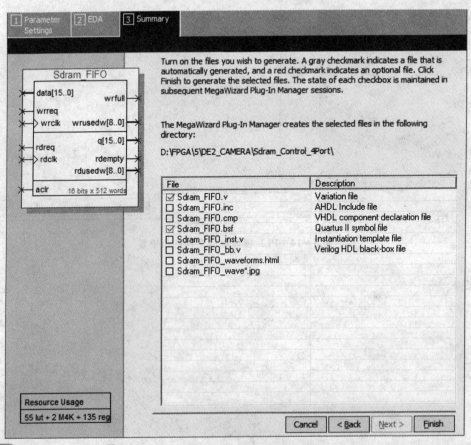

图 5 – 16   FIFO 文件输出选项

5.3.4　I²C 总线接口控制器

本实例的图像传感器 MT9P031 相关配置都需要经过 I²C 总线接口进行。I²C 总线接口控制器的程序代码如下：

```verilog
module I2C_Controller (
    CLOCK,
    I2C_SCLK,
    I2C_SDAT,
    I2C_DATA,
    GO,
    END,
    ACK,
    RESET
);
    input  CLOCK;// /I²C 时钟
    input  [31:0]I2C_DATA;// /I²C 数据(SLAVE_ADDR,SUB_ADDR,DATA)
    input  GO;// /I²C 传输开始
    input  RESET;//复位
     inout  I2C_SDAT;      //I²C 数据线
    output I2C_SCLK; //I²C 时钟线
    output END; //I²C 结束 ->终止位
    output ACK;// /I²C 应答
reg SDO;
reg SCLK;
reg END;
reg [31:0]SD;
reg [6:0]SD_COUNTER;
wire I2C_SCLK = SCLK | ( (((SD_COUNTER > = 4) & (SD_COUNTER < = 39))? ~CLOCK :0 );
wire I2C_SDAT = SDO? 1'bz:0 ;
reg ACK1,ACK2,ACK3,ACK4;
wire ACK = ACK1 | ACK2 |ACK3 |ACK4;
//I²C 计数器
always @(negedge RESET or posedge CLOCK ) begin
if (! RESET) SD_COUNTER = 6'b111111;
else begin
if (GO = = 0)
    SD_COUNTER = 0;
    else
    if (SD_COUNTER < 41) SD_COUNTER = SD_COUNTER + 1;
end
end
```

```
always @ (negedge RESET or  posedge CLOCK ) begin
if (! RESET) begin SCLK = 1;SDO = 1; ACK1 = 0;ACK2 = 0;ACK3 = 0;ACK4 = 0; END = 1; end
else
case (SD_COUNTER)
     6'd0    : begin ACK1 = 0 ;ACK2 = 0 ;ACK3 = 0 ;ACK4 = 0 ; END = 0; SDO = 1; SCLK = 1;end
     //起始位
     6'd1    : begin SD = I2C_DATA;SDO = 0;end
     6'd2    : SCLK = 0;
     //从地址
     6'd3    : SDO = SD[31];
     6'd4    : SDO = SD[30];
     6'd5    : SDO = SD[29];
     6'd6    : SDO = SD[28];
     6'd7    : SDO = SD[27];
     6'd8    : SDO = SD[26];
     6'd9    : SDO = SD[25];
     6'd10   : SDO = SD[24];
     6'd11   : SDO = 1'b1;//应答位
     //子地址
     6'd12   : begin SDO = SD[23]; ACK1 = I2C_SDAT; end
     6'd13   : SDO = SD[22];
     6'd14   : SDO = SD[21];
     6'd15   : SDO = SD[20];
     6'd16   : SDO = SD[19];
     6'd17   : SDO = SD[18];
     6'd18   : SDO = SD[17];
     6'd19   : SDO = SD[16];
     6'd20   : SDO = 1'b1;//ACK 应答位
     //8 位数据
     6'd21   : begin SDO = SD[15]; ACK2 = I2C_SDAT; end
     6'd22   : SDO = SD[14];
     6'd23   : SDO = SD[13];
     6'd24   : SDO = SD[12];
     6'd25   : SDO = SD[11];
     6'd26   : SDO = SD[10];
     6'd27   : SDO = SD[9];
     6'd28   : SDO = SD[8];
     6'd29   : SDO = 1'b1;//ACK 应答位
     //8 位数据
     6'd30   : begin SDO = SD[7]; ACK3 = I2C_SDAT; end
     6'd31   : SDO = SD[6];
     6'd32   : SDO = SD[5];
     6'd33   : SDO = SD[4];
```

```
6'd34  : SDO = SD[3];
6'd35  : SDO = SD[2];
6'd36  : SDO = SD[1];
6'd37  : SDO = SD[0];
6'd38  : SDO = 1'b1;// 应答位
//停止位
6'd39 : begin SDO = 1'b0;      SCLK = 1'b0; ACK4 = I2C_SDAT; end
6'd40 : SCLK = 1'b1;
6'd41 : begin SDO = 1'b1; END = 1; end
endcase
end
endmodule
```

5.3.5　DE2_D5M 主程序

DE2_D5M 是本实例的主程序,其详细程序代码与程序注释如下:

```
module DE2_D5M
    (
        /∗时钟∗/
        CLOCK_50,// 50 MHz
        /∗3个功能按键,分别用于调整亮度大和小以及运行模式∗/
        KEY, //Pushbutton[3:0]
        /∗触发开关∗/
        SW,
        /∗SDRAM 存储器接口∗/
        DRAM_DQ,                        //    SDRAM 数据总线 16 位
        DRAM_ADDR,                      //    SDRAM 地址总线 12 位
        DRAM_LDQM,                      //    SDRAM 低字节数据屏蔽
        DRAM_UDQM,                      //    SDRAM 高字节数据屏蔽
        DRAM_WE_N,                      //    SDRAM 写使能
        DRAM_CAS_N,                     //    SDRAM 列地址选通
        DRAM_RAS_N,                     //    SDRAM 行地址选通
        DRAM_CS_N,                      //    SDRAM 片选信号
        DRAM_BA_0,                      //    SDRAM Bank 地址 0
        DRAM_BA_1,                      //    SDRAM Bank 地址 1
        DRAM_CLK,                       //    SDRAM 时钟
        DRAM_CKE,                       //    SDRAM 时钟使能
        /∗I²C 总线接口∗/
        I2C_SDAT,                       //    I²C 总线接口数据线
        I2C_SCLK,                       //    I²C 总线接口时钟线
/∗VGA 输出控制器,有关 VGA 的详细介绍请阅读本书后续章节,此处仅对接口信号做说明∗/
```

```
                VGA_CLK,                          //      VGA 时钟
                VGA_HS,                           //      VGA 水平同步
                VGA_VS,                           //      VGA 垂直同步
                VGA_BLANK,                        //      VGA 消隐
                VGA_SYNC,                         //      VGA 同步
                VGA_R,                            //      VGA Red[9:0]->红基色
                VGA_G,                            //      VGA Green[9:0]-> 绿基色
                VGA_B,                            //      VGA Blue[9:0]->蓝基色
                /* GPIO 引脚 */
                GPIO_1,
                clk_n,
                clk_p,
                clkout_n,
                clkout_p
           );
    /* 时钟 */
    input              CLOCK_50;                  //      50 MHz
    /* 3 个功能按键,分别用于调整亮度大和小以及运行模式 */
    input       [3:0] KEY;                        //      Pushbutton[3:0]
    /* 双刀双掷触发开关->部分未使用 */
    input       [7:0] SW;
    /* SDRAM 存储器接口 */
    inout       [15:0]    DRAM_DQ;                //      SDRAM 数据总线 16 位
    output      [11:0]    DRAM_ADDR;              //      SDRAM 地址总线 12 位
    output                DRAM_LDQM;              //      SDRAM 低字节数据屏蔽
    output                DRAM_UDQM;              //      SDRAM 高字节数据屏蔽
    output                DRAM_WE_N;              //      SDRAM 写使能
    output                DRAM_CAS_N;             //      SDRAM 列地址选通
    output                DRAM_RAS_N;             //      SDRAM 行地址选通
    output                DRAM_CS_N;              //      SDRAM 片选信号
    output                DRAM_BA_0;              //      SDRAM Bank 地址 0
    output                DRAM_BA_1;              //      SDRAM Bank 地址 1
    output                DRAM_CLK;               //      SDRAM 时钟
    output                DRAM_CKE;               //      SDRAM 时钟使能
    /* I²C 总线接口 */
    inout                 I2C_SDAT;               //      I²C 总线接口数据线->双向
    output                I2C_SCLK;               //      I²C 总线接口时钟线->输出
    /* VGA 输出控制器,有关 VGA 的详细介绍请阅读本书后续章节,此处仅对接口信号做说明 */
    output                VGA_CLK;                //      VGA 时钟
    output                VGA_HS;                 //      VGA 水平同步
    output                VGA_VS;                 //      VGA 垂直同步
    output                VGA_BLANK;              //      VGA 消隐
    output                VGA_SYNC;               //      VGA 同步
```

```
output      [9:0] VGA_R;                    //    红基色[9:0]
output      [9:0] VGA_G;                    //    绿基色[9:0]
output      [9:0] VGA_B;                    //    蓝基色[9:0]
/* GPIO 端口 */
inout      [31:0]    GPIO_1;
input clk_n,clk_p;
output clkout_n,clkout_p;
// REG/WIRE 定义
//    图像传感器
wire      [11:0]    CCD_DATA;
wire               CCD_SDAT;
wire               CCD_SCLK;
wire               CCD_FLASH;
wire               CCD_FVAL;
wire               CCD_LVAL;
wire               CCD_PIXCLK;
wire               CCD_MCLK;                //    图像传感器主时钟

wire      [15:0]    Read_DATA1;
wire      [15:0]    Read_DATA2;
wire               VGA_CTRL_CLK;
wire      [11:0]    mCCD_DATA;
wire               mCCD_DVAL;
wire               mCCD_DVAL_d;
wire      [15:0]    X_Cont;
wire      [15:0]    Y_Cont;
wire      [9:0] X_ADDR;
wire      [31:0]    Frame_Cont;
wire               DLY_RST_0;
wire               DLY_RST_1;
wire               DLY_RST_2;
wire               Read;
reg       [11:0]    rCCD_DATA;
reg                rCCD_LVAL;
reg                rCCD_FVAL;
wire      [11:0]    sCCD_R;
wire      [11:0]    sCCD_G;
wire      [11:0]    sCCD_B;
wire               sCCD_DVAL;
wire      [9:0] VGA_R;                       //    红基色[9:0]
wire      [9:0] VGA_G;                       //    绿基色[9:0]
wire      [9:0] VGA_B;                       //    蓝基色[9:0]
reg       [1:0] rClk;
```

```
wire                sdram_ctrl_clk;
// 结构编码
assign      CCD_DATA[0]     =       GPIO_1[11];
assign      CCD_DATA[1]     =       GPIO_1[10];
assign      CCD_DATA[2]     =       GPIO_1[9];
assign      CCD_DATA[3]     =       GPIO_1[8];
assign      CCD_DATA[4]     =       GPIO_1[7];
assign      CCD_DATA[5]     =       GPIO_1[6];
assign      CCD_DATA[6]     =       GPIO_1[5];
assign      CCD_DATA[7]     =       GPIO_1[4];
assign      CCD_DATA[8]     =       GPIO_1[3];
assign      CCD_DATA[9]     =       GPIO_1[2];
assign      CCD_DATA[10]    =       GPIO_1[1];
assign      CCD_DATA[11]    =       GPIO_1[0];
assign      clkout_n        =       CCD_MCLK;
assign      CCD_FVAL        =       GPIO_1[18];
assign      CCD_LVAL        =       GPIO_1[17];
assign      CCD_PIXCLK      =       clk_n;
assign      GPIO_1[15]      =       1'b1;   // 触发
assign      GPIO_1[14]      =       DLY_RST_1;
assign      VGA_CTRL_CLK    =       rClk[0];
assign      VGA_CLK         =       ~rClk[0];
always@(posedge CLOCK_50)    rClk    <=      rClk+1;
always@(posedge CCD_PIXCLK)
begin
    rCCD_DATA       <=      CCD_DATA;
    rCCD_LVAL       <=      CCD_LVAL;
    rCCD_FVAL       <=      CCD_FVAL;
end
/* VGA 控制器 */
VGA_Controller          u1      (   //      Host 端口
                            .oRequest(Read),
                            .iRed(Read_DATA2[9:0]),
                            .iGreen({Read_DATA1[14:10],Read_DATA2[14:10]}),
                            .iBlue(Read_DATA1[9:0]),
                            //      VGA 端口
                            .oVGA_R(VGA_R),
                            .oVGA_G(VGA_G),
                            .oVGA_B(VGA_B),
                            .oVGA_H_SYNC(VGA_HS),
                            .oVGA_V_SYNC(VGA_VS),
                            .oVGA_SYNC(VGA_SYNC),
                            .oVGA_BLANK(VGA_BLANK),
```

```
                            //      控制信号
                            .iCLK(VGA_CTRL_CLK),
                            .iRST_N(DLY_RST_2)
                  );
/*延时复位*/
Reset_Delay               u2    (     .iCLK(CLOCK_50),
                            .iRST(KEY[0]),
                            .oRST_0(DLY_RST_0),
                            .oRST_1(DLY_RST_1),
                            .oRST_2(DLY_RST_2)
                  );
/*图像传感器对应*/
CCD_Capture               u3    (     .oDATA(mCCD_DATA),
                            .oDVAL(mCCD_DVAL),
                            .oX_Cont(X_Cont),
                            .oY_Cont(Y_Cont),
                            .oFrame_Cont(Frame_Cont),
                            .iDATA(rCCD_DATA),
                            .iFVAL(rCCD_FVAL),
                            .iLVAL(rCCD_LVAL),
                            .iSTART(! KEY[3]),
                            .iEND(! KEY[2]),
                            .iCLK(CCD_PIXCLK),
                            .iRST(DLY_RST_2)
                  );
RAW2RGB                   u4    (     .iCLK(CCD_PIXCLK),
                            .iRST(DLY_RST_1),
                            .iDATA(mCCD_DATA),
                            .iDVAL(mCCD_DVAL),
                            .oRed(sCCD_R),
                            .oGreen(sCCD_G),
                            .oBlue(sCCD_B),
                            .oDVAL(sCCD_DVAL),
                            .iX_Cont(X_Cont),
                            .iY_Cont(Y_Cont)
                  );
/*SDRAM_PLL 模块*/
sdram_pll                 u6    (
                            .inclk0(CLOCK_50),
                            .c0(sdram_ctrl_clk),
                            .c1(DRAM_CLK)
                  );
assign CCD_MCLK = rClk[0];
```

```
/ * SDRAM  控制的 FIFO 端口 * /
Sdram_Control_4Port    u7    (    //         HOST 端
                        .REF_CLK(CLOCK_50),
                        .RESET_N(1'b1),
                        .CLK(sdram_ctrl_clk),
                        //    写 FIFO1
                        .WR1_DATA({1'b0,sCCD_G[11:7],sCCD_B[11:2]}),
                        .WR1(sCCD_DVAL),
                        .WR1_ADDR(0),
                        .WR1_MAX_ADDR(640 * 480),
                        .WR1_LENGTH(9'h100),
                        .WR1_LOAD(! DLY_RST_0),
                        .WR1_CLK(~CCD_PIXCLK),
                        //    写 FIFO2
                        .WR2_DATA(    {1'b0,sCCD_G[6:2],sCCD_R[11:2]}),
                        .WR2(sCCD_DVAL),
                        .WR2_ADDR(22'h100000),
                        .WR2_MAX_ADDR(22'h100000 + 640 * 480),
                        .WR2_LENGTH(9'h100),
                        .WR2_LOAD(! DLY_RST_0),
                        .WR2_CLK(~CCD_PIXCLK),
                        //    读 FIFO1
                        .RD1_DATA(Read_DATA1),
                        .RD1(Read),
                        .RD1_ADDR(0),
                        .RD1_MAX_ADDR(640 * 480),
                        .RD1_LENGTH(9'h100),
                        .RD1_LOAD(! DLY_RST_0),
                        .RD1_CLK(~VGA_CTRL_CLK),
                        //    读 FIFO 2
                        .RD2_DATA(Read_DATA2),
                        .RD2(Read),
                        .RD2_ADDR(22'h100000),
                        .RD2_MAX_ADDR(22'h100000 + 640 * 480),
                        .RD2_LENGTH(9'h100),
                        .RD2_LOAD(! DLY_RST_0),
                        .RD2_CLK(~VGA_CTRL_CLK),
                        //    SDRAM 端
                        .SA(DRAM_ADDR),
                        .BA({DRAM_BA_1,DRAM_BA_0}),
                        .CS_N(DRAM_CS_N),
                        .CKE(DRAM_CKE),
                        .RAS_N(DRAM_RAS_N),
```

```
                    .CAS_N(DRAM_CAS_N),
                    .WE_N(DRAM_WE_N),
                    .DQ(DRAM_DQ),
                    .DQM({DRAM_UDQM,DRAM_LDQM})
                );
/*图像传感器配置*/
I2C_CCD_Config      u8      (       //      Host 端
                    .iCLK(CLOCK_50),
                    .iRST_N(DLY_RST_2),
                    .iZOOM_MODE_SW(SW[7]),
                    .iEXPOSURE_ADJ(KEY[1]),
                    .iEXPOSURE_DEC_p(SW[0]),
                    //      I²C 端
                    .I2C_SCLK(GPIO_1[20]),
                    .I2C_SDAT(GPIO_1[19])
                );
endmodule
```

程序编写完成后,可以将程序代码例化,用于演示原理图连线。

......

限于篇幅,本实例未对工程项目文件中的全部程序代码进行介绍。未列出的文件,请读者参考光盘中的文件代码。

5.3.6　工业数字摄像机系统原理图连线

工业数字摄像机系统原理图连线采用完整的顶层文件例化,本实例的模块例化主要用于演示原理图连线。

选择主菜单"File"→"New"命令,创建一个 Block Diagram/Schematic File 文件并保存。将例化的元件调出连线,如图 5 - 17 所示。

5.3.7　引脚配置

选择主菜单"Assignments"→"Pin"命令,进入引脚分布可视化界面,如图 5 - 18 所示。

在该界面下逐一完成相关引脚编辑。(此种方法只适用于引脚数目较少的情况下,如引脚数量较多,可以采用编写 tcl 文件的方式分配引脚)

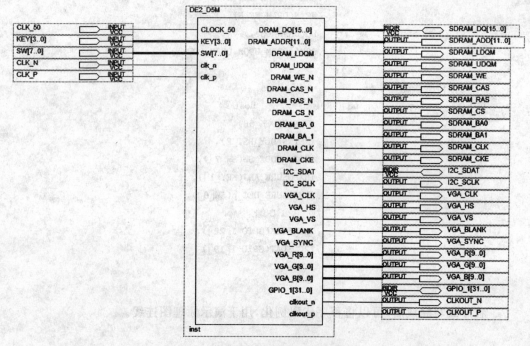

图 5-17 工业数字摄像机系统原理图

		Node Name	Direction	Location	I/O Bank	VREF Group
1		CLK_50	Input	PIN_A4	3	B3_N1
2		CLK_N	Input			
3		CLK_P	Input			
4		CLKOUT_N	Output			
5		CLKOUT_P	Output	PIN_A10	3	B3_N0
6		GPIO_1[31]	Bidir	PIN_A5	3	B3_N1
7		GPIO_1[30]	Bidir			

图 5-18 引脚分配示意图

5.4 实例总结

　　数字摄像机在国防、安防、监控等领域的应用越来越广泛,早期的数字摄像机处理主要通过 FPGA＋DSP 来完成,成本相对较高、系统实现也较复杂,限制了它在道路监控、小区安防方面的应用。基于 FPGA 的嵌入式系统则更好地解决这方面问题,推动了数字摄像机应用技术的发展。

　　本实例基于图像传感器 MT9P031 和 FPGA 开发平台,设计出摄像机模块,并实现了图像尺寸的放大,图像输出的亮度调整等功能,最后通过 VGA 接口输出所要求的视频图像。限于篇幅,省略了 VGA 视频输出相关内容与程序代码介绍,请读者参考本书第 8 章。

第 3 篇　多媒体开发实例

第**6**章

视频采集处理系统设计

随着视频处理技术的发展和日益增强的行业需求，视频图像采集与处理的应用越来越广泛。现场可编程门阵列 FPGA 则是一种高密度可编程逻辑器件，很容易在嵌入式系统的基础上构建视频图像采集、处理及传输系统。本实例采用应用广泛的 SAA7113 和 SAA7121 芯片来实现视频信号的采集和输出。

6.1 视频采集处理系统概述

本实例的视频采集处理系统是基于 Altera–FPGA 的 Cyclone II 处理器的新一代视频处理系统，它对模拟视频信号进行数字化、实时压缩或编码后实现实时图像输出。图 6-1 所示的是一个简单的视频采集处理系统的硬件结构图，SAA7113 视频解码器支持 4 路模拟视频信号输入，由 FPGA 核心处理器控制其完成对模拟输入信号的模数转换（ADC），输出符合 ITU656 等数据格式的数字码流，数字码流输入到 FPGA 核心处理器进行处理，处理完后由 SAA7121 视频编码器组成的视频输出模块输出信号。

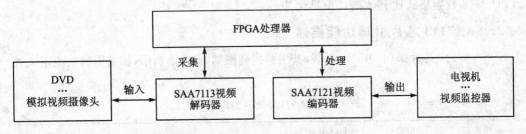

图 6-1 视频采集处理系统硬件结构图

6.1.1 视频采集模块

视频采集芯片选用 Philips 公司的 9 位视频输入处理器 SAA7113，SAA7113 芯片

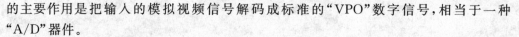

的主要作用是把输入的模拟视频信号解码成标准的"VPO"数字信号,相当于一种"A/D"器件。

SAA7113 芯片兼容全球各种视频标准,在我国应用时必须根据我国的视频标准来配置内部的寄存器,即初始化,否则 SAA7113 芯片就不能按要求输出。可以说对 SAA7113 芯片的应用就是如何初始化。

设计中通过 FPGA 处理器模拟 I^2C 总线时序对 SAA7113 芯片进行配置。配置成功后,DVD 播放器(也可以接 VCD 或模拟摄像头)模拟信号通过 4 路模拟信号输入通道的其中一路送入,SAA7113 芯片将自动解码出符合 ITU - 656 标准的数字码流,这串码流的特征是包含视频信号、定时基准信号和辅助信号等。

1. SAA7113 视频解码芯片概述

SAA7113 是 Philips 公司生产的一种高集成度视频解码芯片,它支持隔行扫描和多种数据输出格式,可通过其 I^2C 接口对芯片内部电路进行控制。该芯片具有如下特点:

- 支持 4 路模拟输入,内置信号源选择器——4 路 CVBS 或 2 路 S 视频(Y/C)信号;
- 有两个模拟预处理通道;
- 内置两个模拟抗混叠滤波器;
- 两个片内 9 位视频 A/D 转换器;
- 兼容 PAL、NTSC、SECAM 多种制式,行/场同步信号自动检测;
- 多种数据输出格式,8 位"VPO"总线输出标准的 ITU - 656、YUV 4:2:2 格式。

SAA7113 芯片内部功能框图如图 6 - 2 所示。SAA7113 芯片的控制主要包括对输入模拟信号的预处理,色度、亮度、对比度及饱和度的控制,输出数据格式及输出图像同步信号的选择控制等。在 SAA7113 芯片所提供的多种数据输出格式中,ITU - 656 格式能直接输出与像素时钟相对应的像素灰度值,因此在对灰度图像进行采集时,ITU -656 数据格式比其他格式更具优势。

2. SAA7113 芯片引脚功能描述

SAA7113 芯片采用 QFP44 封装,其引脚排列图如图 6 - 3 所示,相关引脚功能定义如表 6 - 1 所列。

表 6 - 1 SAA7113 芯片引脚功能定义

引脚名	引脚号	I/O 类型	功能描述
AI22	1	I	模拟输入 22
V_{SSA1}	2	P	模拟通道 1 电源地
V_{DDA1}	3	P	模拟通道 1 电源
AI11	4	I	模拟输入 11
AI1D	5	I	差分模拟输入 AI1 和 AI2 去耦端,串接电容到地

引脚名	引脚号	I/O 类型	功能描述
AGND	6	P	模拟信号地
AI12	7	I	模拟输入 12
TRST	8	I	测试复位输入,低电平有效,用于边沿扫描测试
AOUT	9	O	模拟测试输出
V_{DDA0}	10	P	内部时钟产生电路(CGC)供电
V_{SSA0}	11	P	内部时钟产生电路(CGC)供电地
VPO7 ~VPO4	12~15	O	数字 VPO 总线输出信号[7:4]
V_{SSDE1}	16	P	电源地 1 或数字供电输入 E
LLC	17	O	内部锁相环时钟(27 MHz)
V_{DDDE1}	18	P	数字供电输入 E1
VPO3~ VPO0	19~22	O	数字 VPO 总线输出信号[3:0]
SDA	23	I/O	串行总线数据输入/输出(兼容 5 V)
SCL	24	I	串行总线时钟
RTCO	25	(I/)O	实时控制输出。包含系统时钟频率、场频、奇/偶、解码器状态、副载波频率和相位、PAL 时序等参数
RTS0	26	(I/)O	实时控制输出 0 多功能输出端,由 I^2C 总线位 RTSE03~RTSE00 控制
RTS1	27	I/O	实时控制输出 1,由 I^2C 总线位 RTSE13~ RTSE10 控制
V_{SSDI}	28	P	数字内核供电地
V_{DDDI}	29	P	内核供电
V_{SSDA}	30	P	内部晶振电路地
XTAL	31	O	晶振输出引脚
XTALI	32	I	晶振输入引脚
V_{DDDA}	33	P	内部晶振供电
V_{DDDE2}	34	P	数字供电 E2
V_{SSDE2}	35	P	数字供电输入 E 的地
TDO	36	O	边沿扫描测试数据输出
TCK	37	I	边沿扫描测试时钟
TDI	38	I	边沿扫描测试数据输入
TMS	39	I	边沿扫描测试模式选择
CE	40	I	片选信号
V_{SSA2}	41	P	模拟通道 2 供电地
V_{DDA2}	42	P	模拟通道 2 供电
AI21	43	I	模拟输入 21
AI2D	44	I	差分输入 A21 和 A22 去耦端,串接电容到地

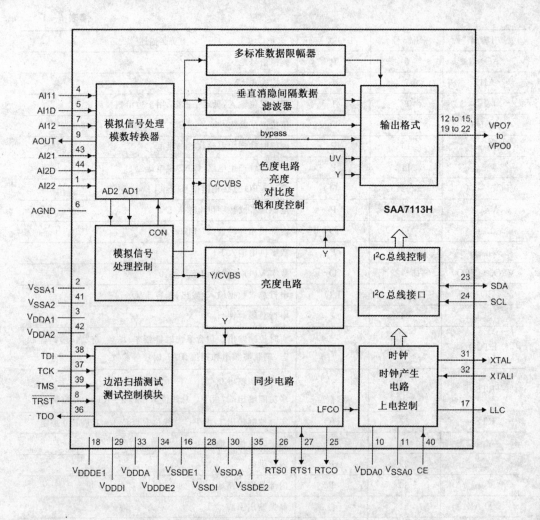

图 6-2 SAA7113 芯片内部功能框图

SAA7113 芯片的模拟与数字部分均采用 3.3 V 供电,数字 I/O 接口可兼容 5 V。SAA7113 芯片需外接 24.576 MHz 晶振,内部锁相环(LLC)则可输出 27 MHz 的系统时钟。芯片具有上电自动复位功能,另有外部片选信号(CE)低电平复位以后输出总线变为三态,待复位信号变高后自动恢复。时钟丢失、电源电压降低都会引起芯片的自动复位。

3. SAA7113 芯片寄存器简述

SAA7113 芯片的寄存器地址从 00H 开始,其中 14H、18H～1EH、20H～3FH、63H～FFH 均为保留地址,00H、1FH、60H～62H 为只读寄存器,只有以下寄存器可以读写:

- 01H～05H(前端输入通道部分);
- 06H～13H、15H～17H(解码部分);

● 40H～60H(常规分离数据部分)。

SAA7113 中的寄存器简要说明如表 6-2 所列,其中默认值为芯片复位后的寄存器默认值,设置值为可以适用于我国 PAL 制式的设置参数,这些参数只供参考,详细信息请读者参考 SAA7113 芯片的数据手册。

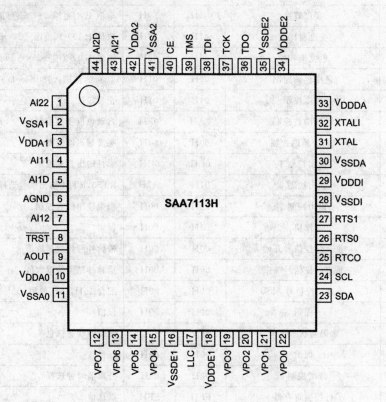

图 6-3　SAA7113 芯片封装示意图

表 6-2　SAA7113 芯片寄存器配置

地 址	寄存器功能	默认值	设置值	功能描述
00H	版本号	只读	—	芯片版本号
01H	水平增量延迟	08H	08H	延时值
02H	模拟输入控制 1	C0H	C0H	选模式 0,输入通道选 AI11,输入复合视频信号
03H	模拟输入控制 2	33H	33H	自动增益通过模式 0～3 控制
04H	模拟输入控制 3	00H	00H	静态增益控制通道 1 取值
05H	模拟输入控制 4	00H	00H	静态增益控制通道 2 取值
06H	水平同步开始	E9H	EBH	延迟时间
07H	水平同步结束	0DH	E0H	延迟时间

地　址	寄存器功能	默认值	设置值	功能描述
08H	同步控制	98H	B8H	正常模式
09H	亮度控制	01H	01H	亮度处理
0AH	亮度辉度	80H	80H	取值 128,范围 0～255 可选
0BH	亮度对比度	47H	47H	取值 1.109 1,范围−2～＋2 可选
0CH	色度饱和度	40H	42H	取值 1.0,范围−2～＋2 可选
0DH	色度色调控制	00H	01H	取值 0,范围−180～＋178 可选
0EH	色度控制	01H	01H	正常带度
0FH	色度增益控制	2AH	0FH	自动色度增益控制
10H	格式/延迟控制	00H	00H	亮度延迟取值 0
11H	输出控制 1	0CH	0CH	彩色输出自动控制
12H	输出控制 2	01H	A7H	RTS0,RTS1 输出信号选择
13H	输出控制 3	00H	00H	模拟输出信号控制
14H	保留	00H	00H	保留
15H	垂直门控信号开始	00H	00H	槽脉冲起始位置取值
16H	垂直门控信号结束	00H	00H	槽脉冲结束位置取值
17H	垂直门控信号 MSB	00H	00H	配合 15H,16H 使用
18H～1EH	保留	00H	00H	保留
1FH	解码器状态字节	只读	—	解码器状态信息
20H～3FH	保留	00H	00H	保留
40H	分离控制 1	02H	02H	分离器时钟选择
41H～57H	行控制寄存器	FFH	FFH	默认值
58H	可编程帧编码	00H	00H	默认值
59H	分离的水平偏移值	54H	54H	默认值
5AH	分离的垂直偏移值	07H	07H	行使 50 Hz,625 行
5BH	场偏移,水平垂直偏移值的 MSB	83H	83H	默认值
5CH 5DH	保留	00H	00H	保留
5EH	分离数据识别码	00H	00H	默认值
5FH	保留	00H	00H	保留
60H	分离器状态字节 1	只读	—	分离器状态信息
61H	分离器状态字节 2	只读	—	分离器状态信息
62H		只读	—	分离器状态信息

6.1.2　视频输出模块

视频输出模块主要由 SAA7121 视频编码芯片组成。视频输出模块将 SAA7113 视频采集模块解码,并将 FPGA 处理器处理后输出的 ITU-RBT.656 格式的数字视频数码流从芯片的视频数据引脚 MP0~MP7 输入,经过 SAA7121 芯片内的数据管理模块分离出 Y、Cb、Cr 信号,然后再送到片内相应的数模转换模块将数字视频信号转换为复合视频信号,最后由 CVBS 或者 Y、C(即 S 端子)输出。简单地说 SAA7121 视频输出模块是实现视频 D/A 转换,完成视频编码的功能,将数字视频信息转换成场频为 50 Hz 的模拟全电视信号。

1. SAA7121 视频编码芯片概述

SAA7121 是 Philips 公司的一种高集成度视频编码芯片,广泛应用于 VCD,DVD 等影碟机。SAA7121 视频编码芯片支持 NTSC-M、PAL-B/G 等电视制式。采用 I²C 控制方式,通过 8 位数据总线接收解压缩的视频数据,再由内置编码器将数字亮度信号与色度信号同时编码成模拟的 CVSB 和 S 视频信号。

该芯片具有如下特点:

- 3 个片内 10 位视频 D/A 转换器分别对应 Y(亮度信号)、C(色度信号)和 CVBS (复合视频信号),两倍过采样;
- 实时载波控制;
- 支持主(Master)和从(Slave)模式;
- 多种数据输出格式,支持 PAL 和 NTSC 视频制式,其像素频率为 13.5 MHz。

SAA7121 视频编码芯片主要由数据管理单元、编码器、输出接口、10 位 D/A 转换器、同步时钟电路和 I²C 总线接口组成,其内部功能方框图如图 6-4 所示。

2. 引脚功能及数据

SAA7121 芯片采用 QFP44 封装,其引脚排列图如图 6-5 所示,相关引脚功能定义如表 6-3 所列。

表 6-3　SAA7121 芯片引脚功能定义

引脚名	引脚号	I/O 类型	功能描述
res.	1,20,22,23,26,29	—	保留
SP	2	I	测试引脚,一般接数字地
AP	3	I	测试引脚,一般接数字地
LLC	4	I	行锁定时钟,为编码器提供 27 MHz 的主时钟
V_{SSD1}	5	P	数字供电地 1
V_{DDD1}	6	P	数字供电 1

引脚名	引脚号	I/O 类型	功能描述
RCV1	7	I/O	视频端口光栅控制 1,用于接收或提供 VS/FS/FSEQ 信号
RCV2	8	I/O	视频端口光栅控制 2,用于提供可编程长度的 HS 脉冲
MP7～MP0	9～16	I	MPEG 视频数据(CCIR656 标准 Cb,Y,Cr 数据)
V_{DDD2}	17	P	数字供电地 2
V_{SSD2}	18	P	数字供电 2
RTCI	19	I	实时控制输入
SA	21	I	I^2C 总线设备从地址选择输入引脚。0＝88H;1＝8CH
C	24	O	色度信号输出
V_{DDA1}	25	O	色度信号 DAC 通道模拟供电
Y	27	O	亮度信号输出
V_{DDA2}	28	O	亮度信号 DAC 通道模拟供电
CVBS	30	O	CVBS 信号输出
V_{DDA3}	31	P	CVBS 信号 DAC 通道模拟供电
V_{SSA1}	32	P	DAC 模拟供电地
V_{SSA2}	33	P	晶振地及参考电压地
XTALO	34	O	晶振输出引脚
XTALI	35	I	晶振输入引脚
V_{DDA4}	36	P	晶振模拟供电
XCLK	37	O	晶振输出外部引脚
V_{SSD3}	38	P	数字供电地 3
V_{DDD3}	39	P	数字供电 3
RESET	40	I	复位引脚,低电平有效
SCL	41	I	I^2C 总线时钟线
SDA	42	I/O	I^2C 总线数据线
TTXRQ	43	O	图文电视输出请求,指示比特流有效
TTX	44	I	图文电视比特流输入

3. SAA7121 图文电视传输时序

SAA7121 图文电视传输时序如图 6-6 所示。

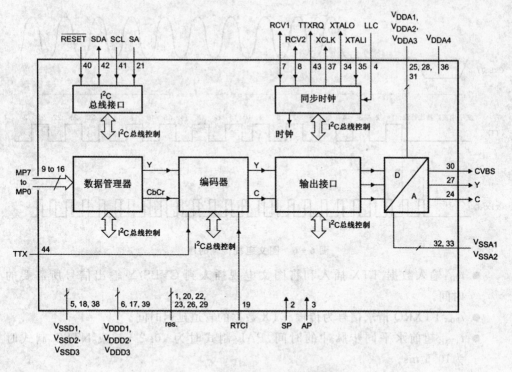

图 6－4　SAA7121 内部功能框图

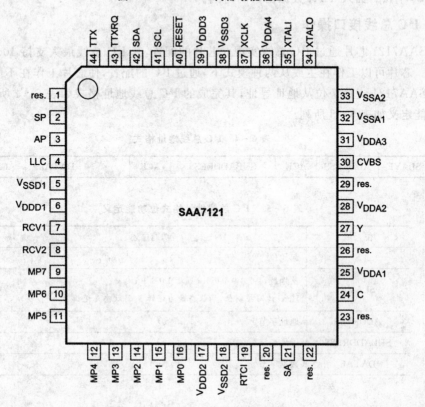

图 6－5　SAA7121 芯片封装示意图

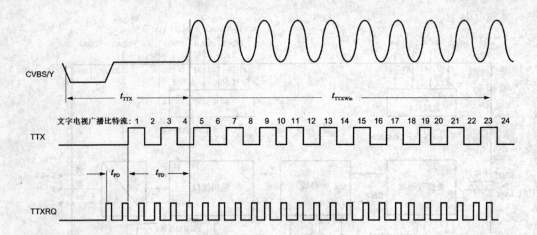

图 6-6   图文电视传输时序

- t_{FD}：输入数据 TTX 插入和将图文电视插入到 CVBS/Y 输出信号所需要的时间。
- t_{PD}：TTXRQ 请求信号为传输 TTX 数据的管道延迟时间。
- t_{TTX}：超前水平同步脉冲的时间，PAL 制式时为 10.2 ms 或 NTSC 制式时为10.5 ms。
- t_{TTXWin}：插入 TTX 数据窗口的时间。

4. I²C 总线接口操作

SAA7121 芯片通过 I²C 总线实现对芯片的配置，其 I²C 总线最大支持 400 kHz 的频率。芯片可以工作在主或从两种模式下，通过 I²C 的配置，使芯片工作在不同的模式下。SAA7121 支持 7 位从地址寻址，其完成的 I²C 总线地址格式如表 6-4 所列，相关位功能定义如表 6-5 所列。

表 6-4   I²C 总线地址格式

S	SLAVE	ADDRESS	ACK	SUBADDRESS	ACK	…	DATAn	ACK

表 6-5   I²C 总线地址格式位功能定义

位 域	功能描述
S	起始位
SLAVE	从地址，1000100x 或 1000110x。 注 x：读写控制位，读状态是为逻辑1，写状态是逻辑0
ADDRESS	地址字节
SUBADDRESS	子地址字节
DATAn	数据字节

位　域	功能描述
…	持续数据和应答
P	停止位
ACK	应答信号,由从设备产生

5. 同步模式

SAA7121 芯片支持两种同步模式,一种是主模式,一种是从模式。

(1) 从模式。

在从模式,电路从端口 RCV1 接收同步场信号;从端口 RCV2 接受行信号的输入,并根据接收的行场信号从 MP0～7 端口接收有效视频数据,芯片内的行场信号需与 RCV1 和 RCV2 一致。

(2) 主模式。

在主模式下,芯片接收 CCIR656 格式的数据,并从接收的数据中解析出行场信号用作整个芯片的行场信号,同时根据 CCIR656 标准格式数据解析出有效的视频数据。

6. 输入电平和格式

SAA7121 芯片要求输入数据格式中 Y、CB、CR 数据满足"CCIR601"标准。针对 C、CVBS 输出,色差信号的振幅偏差可以被独立的增益控制设置补偿,亮度增益可以被设置成预先的值,设置 7.5 IRE 的亮度精度区别,或者不设置。CCIR601 和 CCIR656 标准信号组成分别如表 6 - 6 和 6 - 7 所列。

注:参考电平以彩色条为标准,100％白色,100％振幅,100％色度饱和。

表 6 - 6　CCIR601 信号

颜　色	信　号		
	Y	Cb	Cr
白色	235	128	128
黄色	210	16	146
青色	170	166	16
绿色	145	54	34
紫色	106	202	222
红色	81	90	240
蓝色	41	240	110
黑色	16	128	128

表 6 - 7   CCIR656 标准格式数据信号

时 间	数据信号							
	0	1	2	3	4	5	6	7
采样	Cb0	Y0	Cr0	Y1	Cb2	Y2	Cr2	Y3
亮度像素序号	0		1		2		3	
色差信号像素序号	0				2			

7. SAA7121 典型应用电路

SAA7121 视频编码器典型的应用电路原理图如图 6 - 7 所示。CVBS 模拟信号与 S 端子(Y/C 分量)输出端口都需要串接 75 Ω 终端电阻。

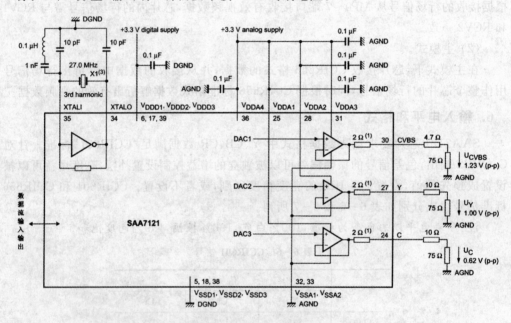

图 6 - 7   SAA7121 典型应用电路

6.2   视频采集处理系统硬件接口电路

本实例的视频采集处理系统硬件的外围电路设计主要包括两个部分:第一个部分是由 SAA7113 芯片组成的视频采集及外围电路,另外一个部分是由 SAA7121 芯片组成的视频编码处理及外围电路。

6.2.1　SAA7113 视频采集电路

SAA7113 视频采集电路如图 6 - 8 所示。视频输入信号源可以是 DVD/VCD 或者是模拟摄像头通过 AI11 通道输入,通过 I^2C 总线接口配置 SAA7113,经过 A/D 转换后输出 8 位"VPO"信号。

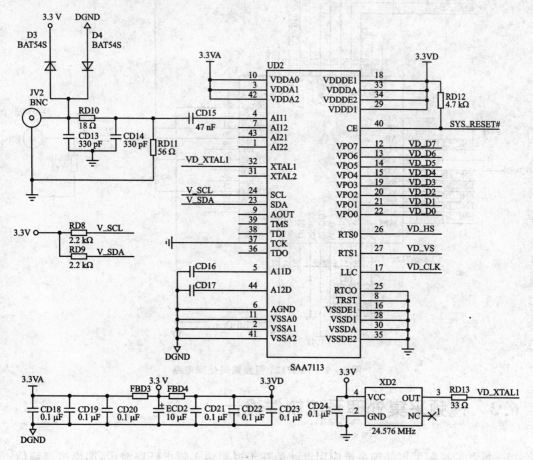

图 6 - 8　SAA7113 视频采集电路

6.2.2　SAA7121 视频编码处理电路

SAA7121 视频编码处理电路如图 6 - 9 所示。数据码流由 MP0～MP7 引脚输入,经过 D/A 编码处理后,输出 CVBS 模块视频信号。

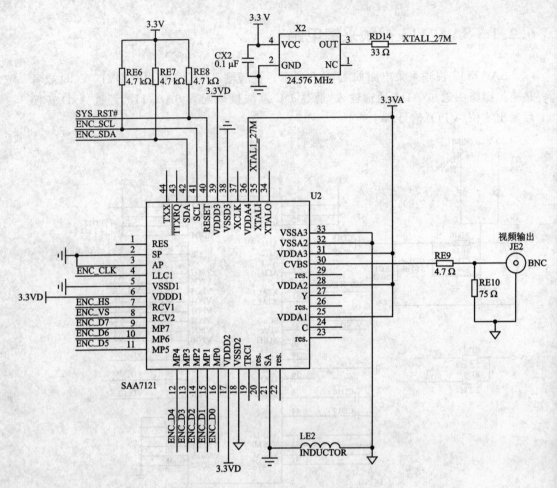

图 6 - 9　SAA7121 视频编码处理电路

6.3　视频采集处理系统软件设计

　　本章的视频采集处理系统应用设计是基于视频输入输出环路演示,即模拟视频信号从视频解码器 SAA7113 进行 A/D 转换,再由 SAA7121 视频编码器进行 D/A 转换,最终输出实时视频图像。FPGA 处理器则通过 I^2C 总线对视频编解码芯片和工作模式进行控制。详细软件设计步骤如下。

6.3.1 创建 Quartus II 工程项目

打开 Quartus II 开发环境,创建新工程并配置工程文件相关参数,单击"Finish"按钮,完成工程项目创建。

6.3.2 创建 PLL 宏模块

本实例需要使用 PLL 时,PLL 宏模块具体创建的方法和步骤如下。

(1) 选择 Quartus II 开发环境,选择主菜单"Tools"→"MegaWizard Plug – In Manager"命令,弹出添加宏模块对话框,选择"Create a new custom magafuction varia-tion"选项,单击"Next",进入下一配置。

(2) 在宏模块左侧栏中选择"I/O"→"ALTPLL",完成对应 FPGA 芯片型号信息、文件名及保存路径配置。

(3) PLL 时钟参数配置。

在配置页面中设置参考时钟频率为"50 MHz",然后设置相关参数。接下来配置时钟相移角度及分频值参数配置,一共设置了 3 个时钟输出 c0、c1、e0,相关参数如图 6 – 10、图 6 – 11、图 6 – 12 所示。

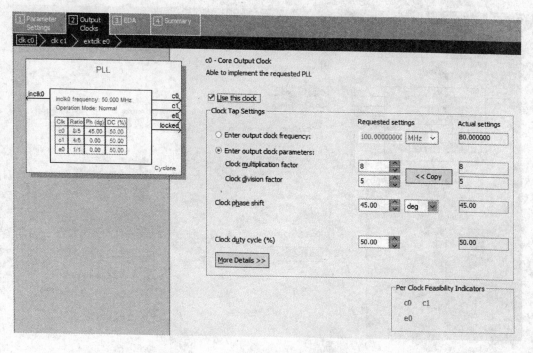

图 6 – 10 PLL 时钟 c0 输出参数设置

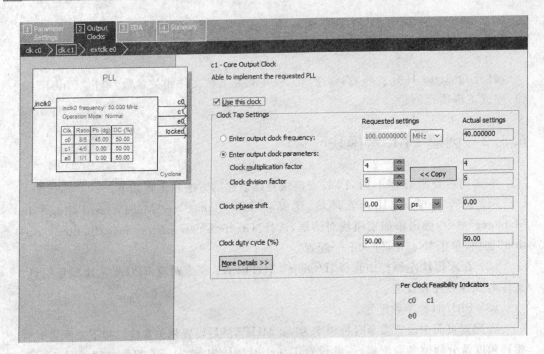

图 6 – 11　PLL 输出 c1 参数设置

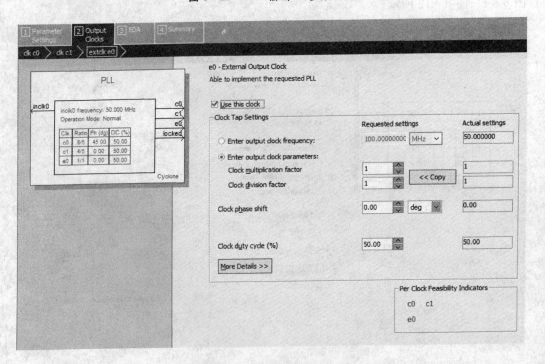

图 6 – 12　PLL 输出 e0 参数设置

（4）PLL 模块输出文件代码选项设置。

PLL 宏模块输出文件与程序代码选项的相关设置如图 6 - 13 所示。完成配置后，在 Quartus II 工程项目中，即可将 PLL 模块添加到新创建的原理图文件。

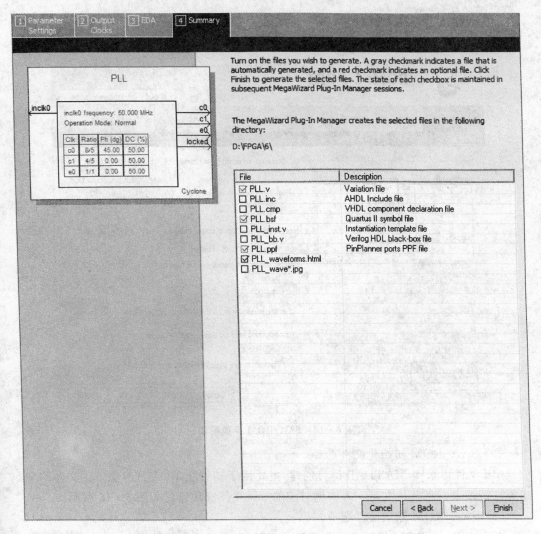

图 6 - 13　PLL 模块输出文件选项设置

6.3.3　创建 ROM 宏模块

本实例需要创建两个 ROM 宏模块，一个用于 SAA7113 寄存器初始化配置，另外一个用于 SAA7121 寄存器初始化配置。ROM 宏模块具体创建的方法和步骤如下。

1. SAA_ROM 创建

创建一个 ROM 宏模块并命名为"SAA_ROM",用于 SAA7113 寄存器初始化配置。

(1) SAA_ROM 参数配置。

SAA_ROM 输出宽度和位数如图 6-14 所示,输出端口位数如图 6-15 所示。

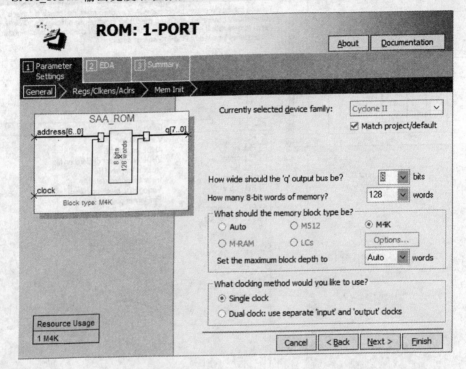

图 6-14　SAA_ROM 参数配置

(2) SAA_ROM 初始化文件选择。

Mif 文件可采用 MATLAB 语言创建,主要用于初始化 ROM。有关 mif 文件的创建方法请读者参考其他文献。本实例对应的 mif 文件选项设置如图 6-16 所示。

(3) SAA_ROM 输出文件选项。

在完成 SAA_ROM 相关参数配置后,即可设置其输出文件选项,如图 6-17 所示。至此完成了 SAA7113 寄存器对应的 ROM 配置。

2. ENC_ROM 创建

创建一个 ROM 宏模块并命名为"ENC_ROM",用于 SAA7121 寄存器初始化配置,ENC_ROM 初始化文件配置如图 6-18 所示。其创建步骤和方法同 SAA_ROM 类似,此处省略介绍。

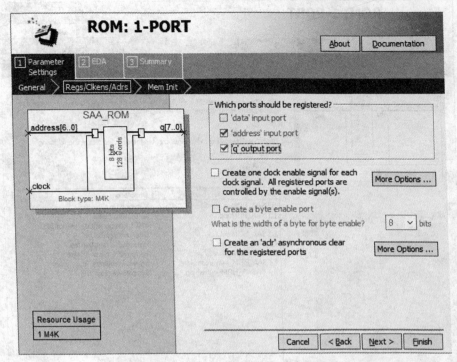

图 6 - 15　SAA_ROM 输出端口参数配置

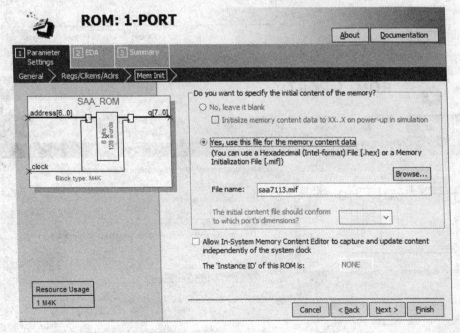

图 6 - 16　SAA_ROM 初始化文件配置

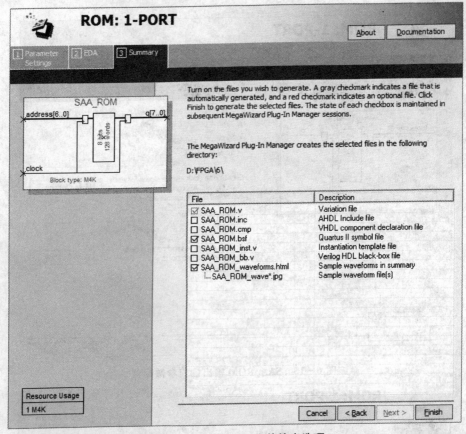

图 6 - 17　SAA_ROM 文件输出选项

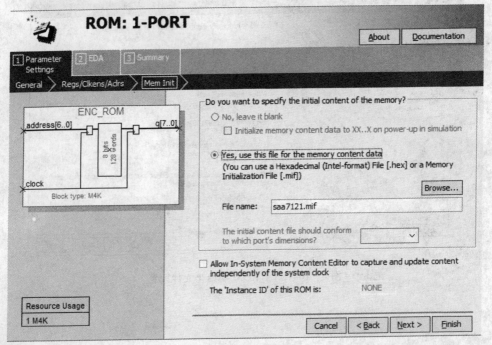

图 6 - 18　ENC_ROM 初始化文件配置

6.3.4　创建 MASK_ROM 宏模块与 ADD_MASK 例化

创建一个 ROM 宏模块并命名为"mask_rom"，如图 6 - 19 所示。其创建步骤和方法同 SAA_ROM 类似，此处省略介绍。

完成 mask_rom 宏模块创建后，新建 Verilog HDL 程序代码"add_mask"，限于篇幅该部分程序代码省略介绍，请读者参考光盘文件，例化后如图 6 - 20 所示。

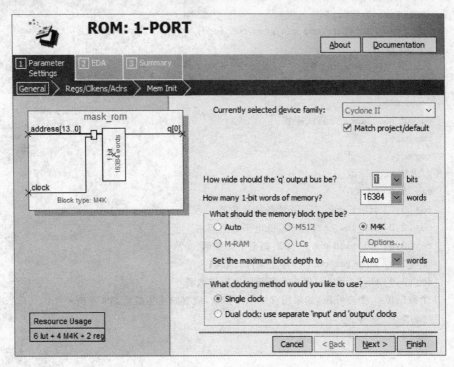

图 6 - 19　mask_rom 参数设置

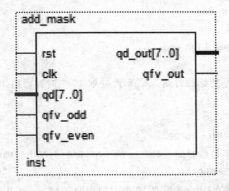

图 6 - 20　ADD_MASK 例化

6.3.5 I²C 总线接口控制器

本实例的 SAA7113 视频解码器和 SAA7121 视频编码器相关配置都需要经过 I²C 总线接口进行,I²C 总线接口控制器的程序代码如下。

```
module i2c_control(clk_in,rst,cmd_gen_start,cmd_gen_stop,cmd_send,data_in,
                    busy,scl,sda,wait_ack);
    input clk_in,rst;
    input cmd_gen_start,cmd_gen_stop,cmd_send;
    output busy;
    input [7:0] data_in;
    output scl;
    inout sda;
    output wait_ack; //测试应答
    reg busy;
    reg scl;
    //内部regs
    reg [9:0] CS,NS;
    reg [3:0] start_cnt;   //开始条件计数器
    reg [2:0] scl_low_cnt; //SCL 低电平计数器
    reg [3:0] scl_high_cnt; //SCL 高电平计数器
    reg [3:0] stop_set_cnt; //停止条件计数器
    reg [3:0] tbuf_cnt; //停止重新开始间隔计数器
/* 7个数据位,1 个应答位,如果用仅用单向传输,应答时由主机将 SDA 置高 */
    reg [8:0] temp_data;
    reg [3:0] bit_cnt; //位计数器
    reg sda_out;
    reg sda_in;
    reg wait_ack;   //等待应答时的标志信号
    reg start_end,stop_end;
    reg wait_end;
    reg scl_low_end,scl_high_end;
    reg send_over;
/* 开始条件 SCL 高电平持续的时间>4 μs,此处取 10 个时钟周期(时钟 2 MHz),即 5 μs 采用减
法计数 */
    reg sending_data;
    parameter START_HOLD = 4'b1000;
/* 开始条件 SCL 低电平持续时间>4.7 μs 的一半,即约为 5 个时钟周期,采用减法计数 */
parameter SCL_LOW_CNT = 3'b011;
/* SCL 高电平持续时间>4 ns,这里取 10 个时钟周期,为 5 μs,采用减法计数 */
parameter SCL_HIGH_CNT = 4'b1000;
    parameter BIT_CNT = 4'b1000;   //位计数值共 8 位
```

/＊停止条件建立时间＞4.0 μs,此处取 10 个时钟周期,即 5 μs 采用减法计数＊/

parameter STOP_SETUP = 4'b1000;

/＊停止和启动条件之间的总线空闲时间＞4.7 μs,取 10 个时钟周期,为 5 μs,采用减法计数/

＊parameter TUBF = 4'b1000;

/＊开始条件 SCL 高电平持续的时间＞4 μs,此处取 100 个时钟周期(时钟为 20 MHz),即 5 μs 采用减法计数＊/

parameter START_HOLD   = 7'b110_0010;

/＊开始条件 SCL 低电平持续时间＞4.7 μs 的一半,即约为 50 个时钟周期,采用减法计数＊/

parameter SCL_LOW_CNT   = 6'b11_0000;

/＊SCL 高电平持续时间＞4 ns,这里取 100 个时钟周期为 5 μs,采用减法计数＊/

parameter SCL_HIGH_CNT   = 7'b110_0010;

    parameter BIT_CNT   = 4'b1000;   //位计数值共 8 位

/＊停止条件建立时间＞4.0 μs,此处取 100 个时钟周期,即 5 μs 采用减法计数＊/

    parameter STOP_SETUP   = 7'b110_0010;

/＊停止和启动条件之间的总线空闲时间＞4.7 μs,取 100 个时钟周期为 5 μs,采用减法计数＊/

```
    parameter TUBF              = 7'b110_0010;
    parameter     IDLE           =     10'b00_0000_0000,
                  GEN_START       =     10'b00_0000_0001,
                  SCL_AFTER_START =     10'b00_0000_0010,
                  WAIT_CMD        =     10'b00_0000_0100,
                  READ_DATA       =     10'b00_0000_1000,
                  SCL_LOW1        =     10'b00_0001_0000,
                  SCL_HIGH        =     10'b00_0010_0000,
                  SCL_LOW2        =     10'b00_0100_0000,
                  SCL_BEFOR_STOP  =     10'b00_1000_0000,
                  GEN_STOP        =     10'b01_0000_0000,
                  STOP_WAIT       =     10'b10_0000_0000;
/*************I²C 总线控制状态机*********************/
    always @ (posedge clk_in or negedge rst)
    begin
        if(~rst)
            CS<= IDLE;
        else
            CS<= NS;
    end
    always @ (CS or cmd_gen_start or cmd_send or cmd_gen_stop or scl_low_end or scl_high
_end or start_end or send_over or stop_end or wait_end)
    begin
        case(CS)
            IDLE:
            begin
                if(cmd_gen_start)
```

```
                    NS = GEN_START;
            else
                    NS = IDLE;
    end
    GEN_START: //产生开始条件
    begin
            if(start_end)
                    NS = SCL_AFTER_START;
            else
                    NS = GEN_START;
    end
    SCL_AFTER_START:
    begin
            if(scl_low_end)
                    NS = SCL_LOW1;
            else
                    NS = SCL_AFTER_START;
    end
    WAIT_CMD:
    begin
            if(cmd_gen_start)
                    NS = GEN_START;
            else if(cmd_send)
                    NS = READ_DATA;
            else if(cmd_gen_stop)
                    NS = SCL_BEFOR_STOP;
            else
                    NS = WAIT_CMD;
    end
    READ_DATA:
    begin
            NS = SCL_LOW1;
    end
    SCL_LOW1: //SCL_LOW1 - - SCL_HIGH - - SCL_LOW2 为传送 1 bit 的一个周期
    begin
            if(scl_low_end)
                    NS = SCL_HIGH;
            else
                    NS = SCL_LOW1;
    end
    SCL_HIGH:
    begin
        if(scl_high_end)
```

```
                        NS = SCL_LOW2;
                else
                        NS = SCL_HIGH;
        end
        SCL_LOW2:
        begin
                if(scl_low_end)
```
/ * 如果 8 位数据发送完毕,并且收到 ACK 信号就回到 IDLE 状态,等待命令 * /
```
                        if(send_over)
                                NS = WAIT_CMD;
                        else
                                NS = SCL_LOW1;
                else
                        NS = SCL_LOW2;
        end
        SCL_BEFOR_STOP:
        begin
                if(scl_low_end)
                        NS = GEN_STOP;
                else
                        NS = SCL_BEFOR_STOP;
        end
        GEN_STOP:
        begin
                if(stop_end)
                        NS = STOP_WAIT;
                else
                        NS = GEN_STOP;
        end
        STOP_WAIT:
        begin
                if(wait_end)
                        NS = IDLE;
                else
                        NS = STOP_WAIT;
        end
        default:
                NS = IDLE;
    endcase
end
always @ (posedge clk_in or negedge rst)
begin
    if(~rst)
```

```
            begin
                scl< = 1;
                busy< = 0;
                sda_out< = 1;
                sda_in< = 1'bz;
                start_cnt< = 4'b0;
                scl_low_cnt< = 3'b0;
                scl_high_cnt< = 4'b0;
                stop_set_cnt< = 0;
                tbuf_cnt< = 4'b0;
                bit_cnt< = 8'b0;
                start_end< = 0;
                scl_low_end< = 0;  //标示 SCL 低电平结束
                scl_high_end< = 0;   //标示 SCL 高电平结束
                stop_end< = 0;
                send_over< = 0;   //标示 8 bit 数据传输完毕
                temp_data< = 0;
                sending_data< = 0;
            end
        else
            case(NS)
                IDLE:
                begin
                    scl< = 1;
                    busy< = 0;
                    sda_out< = 1;
                    sda_in< = 1'bz;
                    start_cnt< = START_HOLD;
                    scl_low_cnt< = SCL_LOW_CNT;
                    scl_high_cnt< = SCL_HIGH_CNT;
                    stop_set_cnt< = STOP_SETUP;
                    tbuf_cnt< = TUBF;
                    bit_cnt< = 0;
                    start_end< = 0;
                    scl_low_end< = 0;
                    scl_high_end< = 0;
                    stop_end< = 0;
                    send_over< = 0;
                    wait_ack< = 0;
                    wait_end< = 0;
                    temp_data< = 0;
                end
                GEN_START:
```

```verilog
begin
    scl<=1;
    busy<=1;   //通知 CMD 模块,总线忙
    sda_out<=0;
    start_end<=0;
    temp_data<={data_in[7:0],1'b1};
    if(&start_cnt)
    begin
        start_cnt<=START_HOLD;
        start_end<=1;
    end
    else
        start_cnt<=start_cnt-1;
end
SCL_AFTER_START://产生开始条件之后的 SCL 低电平
begin
    scl<=0;
    busy<=1;
    sda_out<=0;
    start_end<=0;
    if(&scl_low_cnt)
    begin
        scl_low_cnt<=SCL_LOW_CNT;
        scl_low_end<=1;
    end
    else
        scl_low_cnt<=scl_low_cnt-1;
end
WAIT_CMD:
begin
    scl<=0;
    sda_out<=0;
    busy<=0;
    start_cnt<=START_HOLD;
    scl_low_cnt<=SCL_LOW_CNT;
    scl_high_cnt<=SCL_HIGH_CNT;
    stop_set_cnt<=STOP_SETUP;
    tbuf_cnt<=TUBF;
    bit_cnt<=0;
    start_end<=0;
    scl_low_end<=0;
    scl_high_end<=0;
    stop_end<=0;
```

```
            send_over<= 0;
            wait_ack<= 0;
            wait_end<= 0;
        end
    READ_DATA:
    begin
            scl<= 0;
            sda_out<= 0;
            busy<= 0;
            wait_ack<= 0;
            temp_data<= {data_in[7:0],1'b1};   //从 CMD 模块中读取要发送的
                                                        数据
    end
    SCL_LOW1:
    begin
            scl<= 0;
            busy<= 1; //通知总线忙
            start_end<= 0;
            sending_data<= 1;
            sda_out<= temp_data[8];
            scl_low_end<= 0;
            if(&scl_low_cnt)
            begin
                scl_low_cnt<= SCL_LOW_CNT;
                scl_low_end<= 1;
            end
            else
                scl_low_cnt<= scl_low_cnt-1;
    end
    SCL_HIGH:
    begin
            scl<= 1;
            busy<= 1;
            scl_low_end<= 0;
            scl_high_end<= 0;
            sending_data<= 1;
            if(wait_ack)   //如果是等待接收应答位,由 sda_in 接收应答信号
                sda_in<= sda;
            if(&scl_high_cnt)
            begin
                scl_high_cnt<= SCL_HIGH_CNT;
                scl_high_end<= 1;
            end
```

```
        else
            scl_high_cnt< = scl_high_cnt - 1;
end
SCL_LOW2:
begin
    scl< = 0;
    busy< = 1;
    scl_high_end< = 0;
    scl_low_end< = 0;
    send_over< = 0;
    sending_data< = 1;
    if(&scl_low_cnt)
    begin
        scl_low_end< = 1;
        scl_low_cnt< = SCL_LOW_CNT;
        temp_data < = {temp_data[7:0],1'b0};
        if(bit_cnt = = BIT_CNT - 1)
            wait_ack< = 1;
        if(bit_cnt = = BIT_CNT)
        begin
            bit_cnt< = 0;
            sending_data< = 0;
```
/ * 发送完一个字节后,如果收到应答信号,就给出信号标示一个字节数据传送完毕 * /
```
            if(~sda_in)
            begin
                send_over< = 1;
                sending_data< = 0;
                wait_ack< = 0;
            end
        end
        else
            bit_cnt< = bit_cnt + 1;
    end
    else
        scl_low_cnt< = scl_low_cnt - 1;
end
SCL_BEFOR_STOP:
begin
    scl< = 0;
    sda_out< = 0;
    busy< = 1;
    scl_low_end< = 0;
    if(&scl_low_cnt)
```

```
                begin
                    scl_low_end< = 1;
                    scl_low_cnt< = SCL_LOW_CNT;
                end
                else
                    scl_low_cnt< = scl_low_cnt - 1;
        end
        GEN_STOP: //产生停止条件
        begin
            scl< = 1;
            sda_out< = 0;
            busy< = 1;
            scl_low_end< = 0;
            if(&stop_set_cnt)
            begin
                stop_set_cnt< = STOP_SETUP;
                stop_end< = 1;
            end
            else
                stop_set_cnt< = stop_set_cnt - 1;
        end
        STOP_WAIT: //停止后,要开始,需要等待一段时间
        begin
            scl< = 1;
            sda_out< = 1;
            busy< = 1;
            stop_end< = 0;
            if(&tbuf_cnt)
            begin
                tbuf_cnt< = TUBF;
                wait_end< = 1;
            end
            else
                tbuf_cnt< = tbuf_cnt - 1;
        end
        default:
        begin
            scl< = 1;
            busy< = 0;
            sda_out< = 1;
            sda_in< = 1'bz;
            start_cnt< = START_HOLD;
            scl_low_cnt< = SCL_LOW_CNT;
```

```
                        scl_high_cnt< = SCL_HIGH_CNT;
                        tbuf_cnt< = TUBF;
                        bit_cnt< = 0;
                        start_end< = 0;
                        scl_low_end< = 0;
                        scl_high_end< = 0;
                        send_over< = 0;
                        wait_ack< = 0;
                        wait_end< = 0;
                        sending_data< = 0;
                    end
                endcase
        end
    assign sda = wait_ack? 1'bz;sda_out;
endmodule
```

程序编写完成后,将 I^2C 总线接口控制器的程序代码例化。

6.3.6　SAA7113 芯片 I^2C 命令集

SAA7113 视频解码器相关的控制需要 FPGA 处理器通过 I^2C 总线接口发送指令,SAA7113 芯片 I^2C 控制命令的程序代码如下。

```
module i2c_cmd_7113(clk_in,rst,cmd_gen_start,cmd_send,cmd_gen_stop,data_to_i2c,
                    busy,ram_addr,ram_data,end_7113,led1,led2);
    input clk_in,rst;
    input busy;   //来自 i2c_control 模块,标示总线状态
    input [7:0] ram_data;
    /* 产生开始条件,发送数据,结束条件的命令信号 */
    output cmd_gen_start,cmd_send,cmd_gen_stop;
    output [7:0] data_to_i2c;
    output [6:0] ram_addr;
    output end_7113;
    output led1,led2;//LED 指示灯,用于指示状态
    //regs 输出
    reg cmd_gen_start,cmd_gen_stop,cmd_send;
    reg [7:0] data_to_i2c;
    reg [6:0] ram_addr;
    reg end_7113;
    //内部 regs
    reg group_addr;
    reg [8:0] state;
    reg led1,led2;
```

```verilog
parameter DEV_ADDR = 8'h4A;
/* SAA7113 芯片 I²C 命令状态机 */
parameter
    IDLE                =       9'b0_0000_0000,
    GEN_START           =       9'b0_0000_0001,
    WAIT_START_END      =       9'b0_0000_0010,
    SEND_SUB_ADDR       =       9'b0_0000_0100,
    WAIT_SUBADDR_ACK    =       9'b0_0000_1000,
    SEND_DATA           =       9'b0_0001_0000,
    WAIT_DATA_ACK       =       9'b0_0010_0000,
    GEN_STOP            =       9'b0_0100_0000,
    WAIT_STOP_END       =       9'b0_1000_0000,
    HALT                =       9'b1_0000_0000;
always @ (posedge clk_in or negedge rst)
begin
    if(~rst)
    begin
        cmd_gen_start < = 0;
        cmd_send < = 0;
        cmd_gen_stop < = 0;
        group_addr < = 0;
        ram_addr < = 0;
        state < = IDLE;
        end_7113 < = 0;
        led1 < = 1;
        led2 < = 1;
    end
    else
        case(state)
            IDLE:
            begin
                cmd_send < = 0;
                cmd_gen_stop < = 0;
                group_addr < = 0;
                ram_addr < = 0;
                if(~busy)
                begin
                    state < = GEN_START;
                    cmd_gen_start < = 1;
                    data_to_i2c < = DEV_ADDR;
                end
            end
            GEN_START:
```

```
begin
    if(busy)
    begin
        cmd_gen_start< = 0;
        state< = WAIT_START_END;
    end
    else
        state< = GEN_START;
end
WAIT_START_END:
begin
    if(~busy)
    begin
        state< = SEND_SUB_ADDR;
        cmd_send< = 1;
        data_to_i2c< = group_addr? 8'h40:8'h01;
        ram_addr< = group_addr? 7'h40:8'h01;
        led2< = 0;
    end
end
SEND_SUB_ADDR:
begin
    if(busy)
    begin
        cmd_send< = 0;
        state< = WAIT_SUBADDR_ACK;
    end
end
WAIT_SUBADDR_ACK:
begin
    if(~busy)
    begin
        state< = SEND_DATA;
        cmd_send< = 1;
        data_to_i2c< = ram_data;
    end
end
SEND_DATA:
begin
    if(busy)
    begin
        cmd_send< = 0;
        ram_addr < = ram_addr + 1;
```

```
                                          state< = WAIT_DATA_ACK;
                end
        end
        WAIT_DATA_ACK:
        begin
                if(~busy)
                begin
if((ram_addr = = 7'h18&&~group_addr)|(ram_addr = = 7'h60&&group_addr))
                        begin
                                state< = GEN_STOP;
                                cmd_gen_stop< = 1;
                        end
                        else
                        begin
                                state< = SEND_DATA;
                                cmd_send < = 1;
                                data_to_i2c < = ram_data;
                        end
                end
        end
        GEN_STOP:
        begin
            if(busy)
            begin
                cmd_gen_stop< = 0;
                state< = WAIT_STOP_END;
            end
        end
        WAIT_STOP_END:
        begin
            if(~busy)
            begin
                if(~group_addr)
                begin
                        state< = GEN_START;
                        cmd_gen_start< = 1;
                        group_addr< = 1;
                        data_to_i2c< = DEV_ADDR;
                end
                else
                        state< = HALT;
            end
            else
```

```
                        state< = WAIT_STOP_END;
                end
                HALT:
                begin
                        state< = HALT;
                        led1< = 0;
                        end_7113< = 1;
                end
                default:
                        state< = IDLE;
            endcase
    end
endmodule
```

程序编写完成后,需要将程序代码例化。

6.3.7　SAA7121 芯片 I²C 命令

SAA7121 芯片的控制类似于 SAA7113,它也需要 FPGA 处理器通过 I²C 总线接口发送指令,SAA7121 芯片 I²C 控制命令的程序代码如下。

```
module i2c_cmd_7121(clk_in,rst,cmd_gen_start,cmd_send,cmd_gen_stop,data_to_i2c,
                    busy,ram_addr,ram_data,end_7121,led3,led4);
    input clk_in,rst;
    input busy;
    input [7:0] ram_data;
    output cmd_gen_start,cmd_send,cmd_gen_stop;
    output [7:0] data_to_i2c;
    output [6:0] ram_addr;
    output end_7121;
    output led3,led4;
    //regs 输出
    reg cmd_gen_start,cmd_gen_stop,cmd_send;
    reg [7:0] data_to_i2c;
    reg [6:0] ram_addr;
    reg end_7121;
    //内部 regs
    reg group_addr;
    reg [8:0] state;
    reg led3,led4;//LED 指示灯,用于指示状态.
    parameter DEV_ADDR   = 8'h88;   //SAA7121 地址 = 88H.
/*SAA7121 芯片 I²C 命令状态机*/
    parameter
```

```verilog
            IDLE               =    9'b0_0000_0000,
        GEN_START              =    9'b0_0000_0001,
        WAIT_START_END         =    9'b0_0000_0010,
        SEND_SUB_ADDR          =    9'b0_0000_0100,
        WAIT_SUBADDR_ACK       =    9'b0_0000_1000,
        SEND_DATA              =    9'b0_0001_0000,
        WAIT_DATA_ACK          =    9'b0_0010_0000,
        GEN_STOP               =    9'b0_0100_0000,
        WAIT_STOP_END          =    9'b0_1000_0000,
        HALT                   =    9'b1_0000_0000;
always @ (posedge clk_in or negedge rst)
begin
    if(~rst)
    begin
        cmd_gen_start<= 0;
        cmd_send<= 0;
        cmd_gen_stop<= 0;
        group_addr<= 0;
        ram_addr<= 0;
        end_7121<= 0;
        state<= IDLE;
        led3<= 1;
        led4<= 1;
    end
    else
        case(state)
            IDLE:
            begin
                cmd_send<= 0;
                cmd_gen_stop<= 0;
                group_addr<= 0;
                ram_addr<= 0;
                if(~busy)
                begin
                    state<= GEN_START;
                    cmd_gen_start<= 1;
                    data_to_i2c<= DEV_ADDR;
                end
            end
            GEN_START:
            begin
                if(busy)
                begin
```

```verilog
                cmd_gen_start< = 0;
                state< = WAIT_START_END;
            end
            else
                state< = GEN_START;
    end
WAIT_START_END:
begin
    if(~busy)
    begin
        state< = SEND_SUB_ADDR;
        cmd_send< = 1;
        data_to_i2c< = group_addr? 8'h43:8'h26;
        ram_addr < = group_addr? 7'h43:7'h26;
        led4< = 0;
    end
end
SEND_SUB_ADDR:
begin
    if(busy)
    begin
        cmd_send< = 0;
        state< = WAIT_SUBADDR_ACK;
    end
end
WAIT_SUBADDR_ACK:
begin
    if(~busy)
    begin
        state< = SEND_DATA;
        cmd_send< = 1;
        data_to_i2c< = ram_data;
    end
end
SEND_DATA:
begin
    if(busy)
    begin
        cmd_send< = 0;
        ram_addr < = ram_addr + 1;
        state< = WAIT_DATA_ACK;
    end
end
```

```
            WAIT_DATA_ACK:
            begin
                    if(~busy)
                    begin
if((ram_addr == 7'h3B&&~group_addr)|(ram_addr == 7'h80&&group_addr))
                        begin
                            state<= GEN_STOP;
                            cmd_gen_stop<= 1;
                        end
                        else
                        begin
                            state<= SEND_DATA;
                            cmd_send <= 1;
                            data_to_i2c <= ram_data;
                        end
                    end
            end
            GEN_STOP:
            begin
                if(busy)
                begin
                    cmd_gen_stop<= 0;
                    state<= WAIT_STOP_END;
                end
            end
            WAIT_STOP_END:
            begin
                if(~busy)
                begin
                    if(~group_addr)
                    begin
                        state<= GEN_START;
                        cmd_gen_start<= 1;
                        group_addr<= 1;
                        data_to_i2c<= DEV_ADDR;
                    end
                    else
                        state<= HALT;
                end
                else
                    state<= WAIT_STOP_END;
            end
            HALT:
```

```
        begin
            state< = HALT;
            led3< = 0;
            end_7121< = 1;
        end
        default:
            state< = IDLE;
    endcase
end
endmodule
```

程序编写完成后,需要将程序代码例化,以备原理图连线。

……

限于篇幅,这里未对工程项目文件中的全部程序代码进行介绍。未列出的文件,请读者参考光盘中文件代码。

6.3.8　视频采集处理系统原理图连线

选择主菜单"File"→"New"命令,创建一个 Block Diagram/Schematic File 文件并保存。将创建的模块与例化的各种模块连线。

SAA7113 视频采集模块原理图如图 6 - 21 所示,SAA7121 视频处理输出模块原理图如图 6 - 22 所示,完整的原理图请参考光盘中的文件。

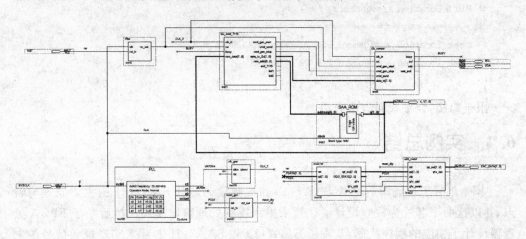

图 6 - 21　SAA7113 视频采集模块原理图

6.3.9　引脚配置

编写引脚配置文件 Video_pin. tcl 给相关信号配置引脚,并将空脚配置成三态,引

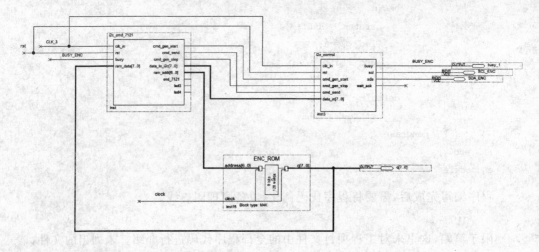

图 6 - 22 SAA7121 视频处理输出模块原理图

脚配置文件代码如下。

```
# Setup.tcl
set_global_assignment - name FAMILY "Cyclone II"
set_global_assignment - name DEVICE EP2C20F484C6
set_global_assignment - name RESERVE_ALL_UNUSED_PINS "AS INPUT TRI - STATED"
set_global_assignment - name RESERVE_ASDO_AFTER_CONFIGURATION "AS OUTPUT DRIVING AN UN-
SPECIFIED SIGNAL"
# Pin & Location Assignments
# =========================
    set_location_assignment PIN_P1 - to SYSCLK
    set_location_assignment PIN_P2 - to RST
...
```

限于篇幅,详细代码省略介绍。

6.4 实例总结

本章介绍了视频解码芯片 SAA7113 和视频编码芯片 SAA7121 的主要原理与特点,并以这两个芯片为核心设计了视频采集和视频处理输出模块。然后基于 FPGA 处理器设计了相应的程序代码,实现了 SAA7113 和 SAA7121 芯片来实现视频信号的采集和输出。

读者可以在本实例提供的硬件和软件资源的基础上,稍加修改,丰富功能,如利用 SAA7113 的多通道视频信号输入实现多通道视频采集处理系统等。

第 **7** 章

音频采集系统设计

语音信号的采集与处理是应用数字信号处理技术对语音信号进行处理的一门学科。随着计算机技术、电子技术和通信技术的迅猛发展,音频信号处理技术也在众多领域中得到广泛应用。伴随着 FPGA 芯片性能的提高,应用 FPGA 可编程芯片来控制实现对各种音乐格式的解码和播放已成为一种潮流。

本章介绍如何通过数字音频组件芯片 TLV320AIC23B 和 FPGA 芯片组合的方案,运用可编程组件性能的扩展空间和设计的灵活性,来完成高质量语音信号采集和处理的数字音频系统的设计。

7.1 音频采集系统概述

完成高质量的语音信号采集和处理的音频系统设计,主要是依赖 FPGA 芯片的处理能力来控制实现音频编解码过程。一般音频编解码常用的实现方案有很多种。本实例采用专用的数字立体声音频编解码芯片 TLV320AIC23B 对语音信号进行采集和处理,音频编解码算法处理全部集成在芯片的硬件内部。使用这种方案的优点是处理速度快,设计周期短,性能可靠且稳定,可以通过较简单的程序设计完成复杂的音频采集设计。

7.1.1 音频编解码工作原理

目前,越来越多的嵌入式系统产品和设备,如 CD、MP3、手机、VCD、DVD、数字电视、数字视频广播(DVB)、数字音频广播(DAB)、多媒体计算机等,都引入了数字音频系统。这些产品中的数字化语音信号由一系列功能模块的集成电路处理。常用的数字语音处理集成电路需要包括的功能主要有 A/D 转换器、D/A 转换器、数字信号处理、数字滤波器和数字音频输入输出接口(如麦克风、话筒等)。麦克风输入的数据经音频编解码器完成 A/D 转换。解码后的音频数据通过音频控制器数字信号处理器进行相

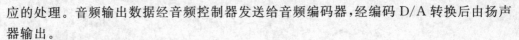

应的处理。音频输出数据经音频控制器发送给音频编码器,经编码 D/A 转换后由扬声器输出。

数字音频数据有多种不同的格式。较常用的格式有 3 种:采样数字音频(PCM)、MPEG Layer3 音频(简称 MP3)及 ATSC 数字音频压缩标准(AC3)。

- PCM 采样数字音频是 CD‐ROM 或 DVD 采用的格式。对左右声道的音频信号采样得到 PCM 数字信号,采样率为 44.1 kHz,精度为 16 位或 32 位。因此,当精度为 16 位时,PCM 音频数据速率为 1.41 Mbps;在精度为 32 位时音频数据速率为 2.42 Mbps。
- MP3 是 MP3 播放器采用的音频格式,对 PCM 音频数据进行压缩编码。立体声 MP3 数据速率为 112 kbps 至 128 kbps,在该速率范围内解码后的 MP3 声音效果与 CD 数字音频的质量相同。
- AC3 是数字电视、HDTV 和电影数字音频编码标准。立体声 AC3 编码后的数据速率为 192 kbps。

7.1.2 音频编码过程介绍

自然界中的声音非常复杂,波形极其复杂,模拟信号的数字化就是将连续的模拟信号转换成离散的数字信号。音频编码的方式有多种,通常我们采用的是脉冲代码调制编码,即 PCM 编码(Pulse Code Modulation)。PCM 通过抽样、量化、编码 3 个步骤将连续变化的模拟信号转换为数字编码。PCM 编码广泛应用于数字音频信号的处理,它的最大优点就是音质好,缺点是没有压缩,体积较大,存储空间大。

1. 音频抽样

抽样(亦称为采样)就是从一个时间上连续变化的模拟信号取出若干个有代表性的样本值,来代表这个连续变化的模拟信号,再转变为在时间轴上离散的抽样信号的过程。

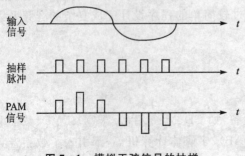

图 7‐1 模拟正弦信号的抽样

根据奈奎斯特采样定理:要从采样值序列完全恢复原始的波形,采样频率必须大于或等于原始信号最高频率的 2 倍。例如,话音信号带宽被限制在 0.3 kHz～ 3.5 kHz 内,用 8 kHz 的抽样频率(f_s),就可获得能取代原来连续话音信号的抽样信号。对一个正弦信号进行抽样所获得的抽样信号是一个脉冲幅度调制(PAM)信号,如图 7‐1 所示为模拟正弦信号的抽样。对抽样信号进行检波和平滑滤波,即可还原出原来的模拟信号。

常用的音频采样频率有:8 kHz、11.025 kHz、22.05 kHz、16 kHz、37.8 kHz、

44.1 kHz、48 kHz 等。

2. 音频量化

抽样虽然把模拟信号变成了时间上离散的样值序列,但每个样值的幅度仍然是一个连续的模拟量,其样值在一定的取值范围内,可有无限多个值。因此还必须对其进行离散化处理,使一定取值范围内的样值由无限多个值变为有限个值,将其转换为限个离散值后,才能最终用数字编码来表示其幅值。

量化过程是将采样值在幅度上再进行离散化处理的过程。所有的抽样值可能出现的范围被划分成有限多个量化阶的集合,把凡是落在某个量化阶内的抽样值都赋予相同的值,即量化值。通常这个量化值用二进制来表示,用 N 位二进制码字可以表示 2^N 个不同的量化电平。存储数字音频信号的比特率为:

$$I = N \cdot f_s \qquad\qquad (公式 7-1)$$

式中,f_s 是抽样频率,N 是每个抽样值的比特数。

表示抽样值的二进制的位数为量化位数,它反映出各抽样值的精度,如 3 位能表示抽样值的 8 个等级,8 位能反映 256 个等级,其精度为音频信号最大振幅的 1/256。量化位数越多,量化值越接近于抽样值,其精度越高,但要求的信息存储量就越大。

量化后的抽样信号与量化前的抽样信号相比较,当然有所失真,且不再是模拟信号。这种量化失真在接收端还原模拟信号时表现为噪声,并称为量化噪声。量化噪声的大小取决于把样值分级"取整"的方式,分的级数越多,即量化级差或间隔越小,量化噪声也越小。

数字音频的质量取决于抽样频率和量化位数。采样频率越高,量化位数越多,数字化后的音频质量越高。

3. 音频编码

采样、量化后的信号还不是数字信号,需要把它转换成数字脉冲,这一过程称为编码。最简单的编码方式是二进制编码。具体说就是用 n 比特的二进制编码来表示已经量化了的样值,每个二进制数对应一个量化电平,然后把它们排列,得到由二值脉冲串组成的数字信息流。用这种方式组成的二值脉冲的频率等于采样频率与量化比特数的乘积,称为数字信号的数码率。采样频率越高,量化比特数越大,数码率就越高,所需要的传输带宽就越宽。例如,话音 PCM 的抽样频率为 8 kHz,每个量化样值对应一个 8 位二进制码,故话音数字编码信号的速率为 8 bit×8 kHz=64 kbps。

音频编码方法归纳起来可以分成 3 大类:波形编码、参数编码、混合编码。波形编码是尽量保持输入波形不变,即重建的语音信号基本上与原始语音信号波形相同,压缩比较低;参数编码是要求重建的信号听起来与输入语音一样,但其波形可以不同,它是以语音信号所产生的数学模型为基础的一种编码方法,压缩比较高;混合编码是综合了波形编码的高质量潜力和参数编码的高压缩效率的混合编码的方法,这类方法也是目前低码率编码的方向。

7.1.3　IIS 音频接口总线

音频数据的编码或解码常用的串行数字接口是 IIS 音频（Inter - IC Sound）总线，它为数字音频的应用提供了一个标准的通信接口。该总线用于音频设备之间的数据传输，广泛应用于各种多媒体系统。

1．IIS 总线简介

IIS 总线是 Philips 公司提出的音频总线协议，全称是数字音频电路通信总线（Inter - IC Sound Bus），它是一种串行的数字音频总线协议。

IIS 总线只处理声音数据，其他控制信号则需要单独传输。IIS 使用了 3 根串行总线：即 1 个双向数据传输线 SD（Serial Data）、一个声道选择线 WS（Word Select）和 1 个时钟线 SCK（Serial Clock）。

在数据传输过程中，发送方和接收方都具有相同的时钟信号。发送方作为主设备（Master）时，产生位时钟信号、声道选择信号及需要传输的数据信号，接收方被动响应。为了实现全双工传输模式，一些 IIS 实现时只使用了 SDout 和 SDin 两个数据线。复杂的数字音频系统可能会有多个发送方和接收方，因此很难定义哪个是主设备。这种系统一般会有一个独立控制器作为系统主控制器，用于控制数字音频数据在不同集成电路间的传输。引入的主控制器，数据发送方就需要在主控制器的协调下发送数据。图 7 - 2 为几种传输模式示意图，这些模式的配置一般需要通过软件来实现。

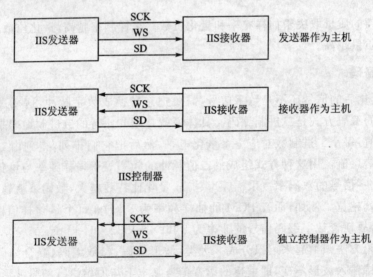

图 7 - 2　IIS 数据传输模式

2．IIS 总线协议

IIS 总线的数据传输时序图如图 7 - 3 所示。通过该图可以看出 IIS 总线中串行数据传输、时钟信号和字段选择信号之间的同步关系。

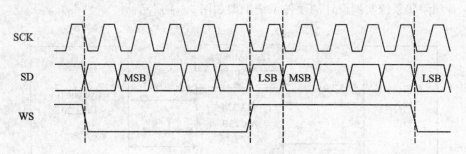

图 7 - 3　IIS 数据传输时序图

（1）串行数据传输（SD）。

串行数据的传输由时钟信号同步控制，传输时先将数据分成字节，如 8 位、16 位等，每个字节的数据传输从左边的二进制位最高有效位（Most Significant Bit，MSB）开始。当接收方和发送方的数据字段宽度不一样时，发送方不考虑接收方的数据字段宽度；当发送方发送的数据字段宽度小于系统字段宽度，就在低位补 0；如果发送方的数据宽度大于接收方的宽度，则超过最低有效位（Least Significant Bit，LSB）的部分被截断。

（2）字段选择（WS）。

音频一般由左声道和右声道组成，使用字段选择（WS）信号线指出正在发送的数据通道。使用如下标准：

● WS＝0：选择通道 1 或左声道。

● WS＝1：选择通道 2 或右声道。

WS 信号由接收方在 SCK 的上升沿采样，下一个数据字在 MSB 在 WS 信号改变后的下一个 SCK 周期发送。WS 信号改变后一个周期的延时可以让接收方有时间存储以前发送给它的字，并准备好接收下一个字。

（3）时钟信号（SCK）。

IIS 总线中，任何一个能够产生时钟信号 SCK 的集成电路都可以充当主设备，主设备产生 SCK 和 WS 信号，从设备从外部时钟的输入得到时钟信号。

7.2　音频采集系统硬件设计

本章的音频采集系统硬件由 FPGA 芯片 EP2C20 与数字立体声音频芯片 TLV320AIC23B 两个主要功能模块组成的。EP2C20 是属于 Cyclone II 器件，它由 18 752 个逻辑单元、52 个 M4K RAM 块（4K 比特＋512 校验比特）、26 个嵌入式 18× 18 乘法器、4 个 PLLs 等构成。

音频采集系统硬件电路设计的主要包括数字立体声音频芯片 TLV320AIC23B 的外围电路以及与 FPGA 接口电路的设计，其中数字立体声音频芯片 TLV320AIC23B

是本实例硬件设计应用的重点。

音频采集系统实例设计的硬件系统框架如图 7-4 所示。

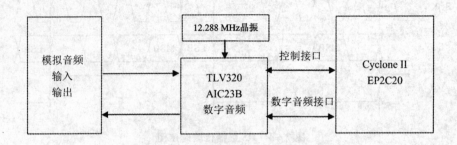

图 7-4　音频采集硬件结构框图

7.2.1　数字立体声音频编解码芯片 AIC23 应用介绍

TLV320AIC23B(简称 AIC23)是 TI 推出的一款高性能的数字立体声音频编解码芯片,具有 48 kHz 带宽,内置耳机输出放大器,支持 MIC 和 LINE IN 两种输入方式(二选一),且对输入和输出都具有可编程增益调节,可以满足包括噪声信号在内的声音信号的采集要求。

AIC23 的模数转换(ADCs)和数模转换(DACs)部件高度集成在芯片内部,可以在 8 kHz 到 96 kHz 的频率范围内提供 16 bit、20 bit、24 bit 和 32 bit 的采样,ADC 和 DAC 的输出信噪比分别可以达到 90 dB 和 100 dB。与此同时,AIC23 还具有很低的能耗,由于具有上述优点,使得 AIC23 可以很好的应用在随声听(如 CD,MP3……)、录音机等数字音频领域。

AIC23 芯片的主要特征如下:

● 能通过软件控制与 TI 的 MCBSP 兼容;
● 音频数据可通过与 TI MCBSP 兼容的可编程音频接口输入输出(支持 IIS 兼容接口及标准 IIS 协议);
● 内部集成了驻极体话筒的偏置电压和缓冲器;
● 带有立体声线路输入;
● 具有模数转换器的多种输入(立体声线路输入和麦克风输入);
● 具有立体声线路输出;
● 内含静音功能的模拟音量控制功能;
● 带有高效率线性耳机放大器。

本小节主要介绍 AIC23 数字立体声音频编解码芯片。该芯片的内部结构框图如图 7-5 所示。

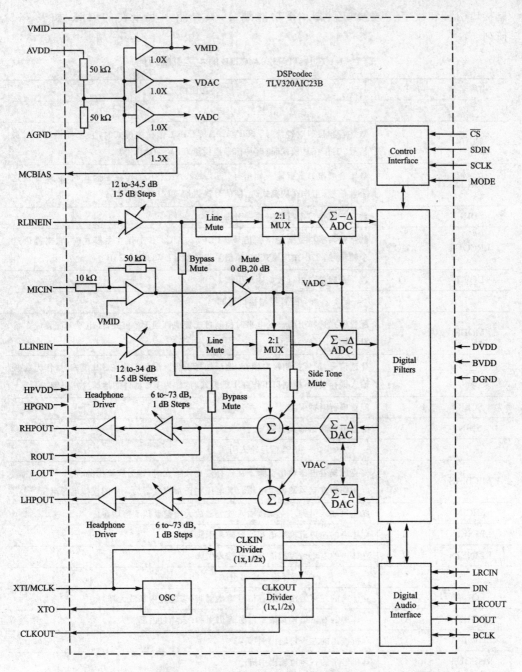

图 7 - 5　TLV320AIC23B 芯片结构图

1. 芯片 AIC23 引脚功能

　　芯片 TLV320AIC23B 提供多种引脚的应用封装,常用的封装是 TSSOP - 28,其引脚根据功能可以分为电源及时钟引脚、语音信号输入引脚、语音信号输出引脚、配置控

制接口引脚和数字音频接口引脚。按功能划分,只介绍一些重要的引脚,如表 7 - 1
所列。

表 7 - 1　芯片 TLV320AIC23B 的主要引脚功能

引脚名称	I/O	功能描述
数字音频接口引脚		
BCLK	I/O	数字音频接口时钟信号。TLV320AIC23B 工作在主模式时,它来提供这个时钟信号;工作在从模式时,时钟信号提供给 TLV320AIC23B
LRCIN	I/O	数字音频接口数据输入帧信号。TLV320AIC23B 工作在主模式时,它来提供这个帧信号;工作在从模式时,帧信号提供给 TLV320AIC23B
DIN	I	数字音频接口串行数据输入引脚
LRCOUT	I/O	数字音频接口数据输出帧信号。TLV320AIC23B 工作在主模式时,它来提供这个帧信号;工作在从模式时,帧信号提供给 TLV320AIC23B
DOUT	O	数字音频接口串行数据输出引脚
配置控制接口引脚		
MODE	I	配置模式选择引脚。低电平时控制口配置成两线 I^2C 模式,高电平时配置成 3 线 SPI 模式
$\overline{CS}$	I	片选信号,配置控制接口锁存/地址选择引脚。配置工作在 SPI 模式时,作为数据输入锁存引脚;控制口工作在 I^2C 模式时,作为 I^2C 器件的地址选择引脚
SCLK	I	配置串行时钟引脚
SDIN	I	配置串行数据输入引脚
语音信号输入引脚		
MICBIAS	O	麦克风偏置电压输出引脚。在选择麦克风输入时,该引脚输出的电压作为麦克风的偏置电压。其电压在正常模式下为 3/4 的模拟电源电压
MICIN	I	麦克风输入引脚。麦克风输入放大器放大增益默认 5 倍增益
LLINEIN	I	立体声的左声道模拟语音信号输入引脚
RLINEIN	I	立体声的右声道模拟语音信号输入引脚
语音信号输出引脚		
LOUT	O	立体声的左声道模拟语音信号输出引脚(未经过内部放大器)
ROUT	O	立体声的右声道模拟语音信号输出引脚(未经过内部放大器)
LHPOUT	O	耳机输出的左声道输出引脚
RHPOUT	O	耳机输出的右声道输出引脚
时钟引脚		
MCLK	I	芯片时钟输入引脚(12.288 MHz、11.289 6 MHz、18.432 MHz、16.934 4 MHz 可选)
CLKOUT	O	时钟输出,可以为 MCLK 或者 MCLK/2(详见下节寄存器配置)

2. 芯片 AIC23 寄存器配置

芯片 TLV320AIC23B 有 11 个控制寄存器,用于设置其工作方式。下面是关于各个寄存功能的简单介绍,如表 7-2 所列。各个控制位的详细的功能定义请读者查阅 TLV320AIC23B 数据手册。

表 7-2　芯片 TLV320AIC23B 控制寄存器简介

寄存器地址	寄存器名称	寄存器功能
0000000	立体声左声道输入音量控制寄存器	控制立体声左声道输入的音量
0000001	立体声右声道输入音量控制寄存器	控制立体声右声道输入的音量
0000010	耳机左声道输出音量控制寄存器	控制耳机左声道输出音量
0000011	耳机右声道输出音量控制寄存器	控制耳机右声道输出音量
0000100	模拟音频路径控制寄存器	模拟接口方式选择控制
0000101	数字音频路径控制寄存器	控制芯片内部 ADC 和 DAC 的工作方式
0000110	断电控制寄存器	控制芯片内部各个功能单元的开或者关
0000111	数字接口模式控制寄存器	控制数字口的接口方式
0001000	采样频率控制寄存器	设置 A/D 转换的采样频率
0001001	数字接口激活寄存器	用于激活数字接口
0001111	复位寄存器	用于复位整个芯片

3. 芯片 AIC23 控制接口配置介绍

芯片 TLV320AIC23B 的控制接口有两种工作方式,通过 MODE 引脚高低电平的配置来控制。当 MODE 接低电平时设置为 2 线制的 I^2C 方式;MODE 接高电平时设置为 3 线制的 SPI 方式。

在 SPI 工作方式下,SDIN 是串行数据,SCLK 是串行时钟,$\overline{CS}$ 是控制位。串行数据由 16 位组成,高位在前,低位在后。串行数据的前 7 位表示 TLV320AIC23B 的某个寄存器的地址,后 9 位表示写到这个寄存器的数据。SPI 工作方式的时序如图 7-6 所示。

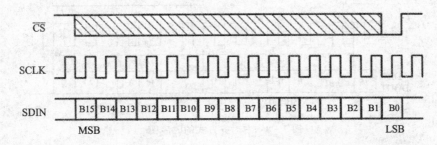

图 7-6　SPI 工作方式的时序图

在 I²C 工作方式下,数据传输使用 SDI 作为串行数据引脚,SCLK 作为串行时钟引脚。在 SCLK 为高电平、SDIN 处于下降沿时,作为起始条件;在 SCLK 为高电平、SDIN 处于上升沿时,作为终止传输条件。串行数据序列分为位[15:9],位[8:0]两个部分。I²C 工作方式的时序图如图 7-7 所示。

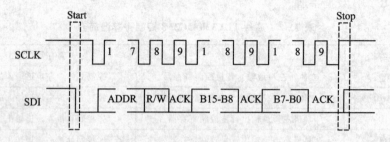

图 7-7 I²C 工作方式的时序图

4. 芯片 AIC23 数字音频接口模式介绍

芯片 AIC23 的数字音频接口支持下面 4 种模式:

- 右对齐;
- 左对齐;
- IIS 模式;
- DSP 模式。

这 4 种模式都是最高有效位 MSB 在前,除右对齐模式之外都可在 16 位~32 位字宽度范围内操作。如前面的表 7-1 数字音频接口引脚所述,数字音频接口是由 BCLK、DIN、DOUT、LRCIN、LRCOUT 等 5 个引脚组成,BCLK 在主模式下是输出,在从模式下为输入。

(1) 右对齐。

右对齐模式下,最低有效位 LSB 是在 BCLK 的上升沿及上一个 LRCIN 或 LRCOUT 的下降沿时才有效,其工作时序图如图 7-8 所示。

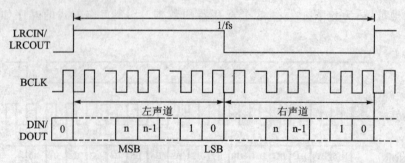

图 7-8 右对齐方式的时序图

(2) 左对齐。

左对齐模式下,最高有效位 MSB 是在 BCLK 及 LRCIN 或 LRCOUT 的上升沿时有效,其工作时序图如图 7 - 9 所示。

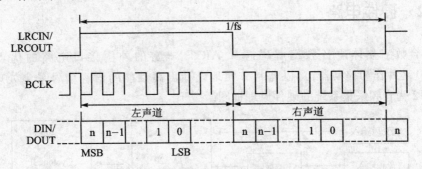

图 7 - 9　左对齐方式的时序图

(3) IIS 模式。

IIS 模式下,最高有效位 MSB 是在 LRCIN 或 LRCOUT 的下降沿之后第 2 个 BCLK 上升沿时才有效,其工作时序图如图 7 - 10 所示。

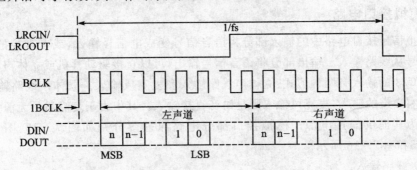

图 7 - 10　IIS 方式的时序图

(4) DSP 模式。

DSP 模式是与 TI 的多通道缓冲串行口(McBSP)兼容的模式。LRCIN/LRCOUT 是帧信号,它连接到 TI 的数字处理器(DSP)的 McBSP 的帧同步信号引脚,BCLK 是串行时钟,DIN/DOUT 上是串行数据。串行数据是左声道数据在前,右声道数据在后,高位在前,低位在后。其工作时序图如图 7 - 11 所示。

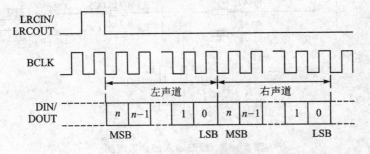

图 7 - 11　DSP 方式的时序图

7.2.2 硬件电路

结合数字立体声音频编解码芯片 AIC23 丰富的外围接口电路的优点,利用 EP2C20 芯片作为控制器,可以非常方便地设计出高性能的语音信号采集处理系统。图 7-12 为音频采集系统的硬件原理框图。

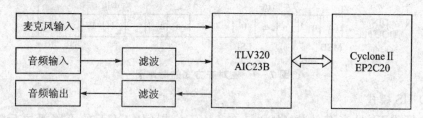

图 7-12 音频采集系统的硬件原理框图

1. 模拟接口电路

模拟信号接口电路中的输入部分将语音信号变成电信号输入,或者直接把立体声的电信号从线路输入。输出部分将语音信号输出,可以直接驱动耳机或立体声设备。

AIC23 的输入有两种形式:立体声线路输入和麦克风输入。立体声线路输入主要包括左右声道的输入,麦克风输入则是语音直接输入。其中由于麦克风是无源元器件,所以要为其提供偏置电源。模拟接口部分电路原理图分别如图 7-13、图 7-14、图 7-15 和图 7-16 所示。

(1) 线路输入。

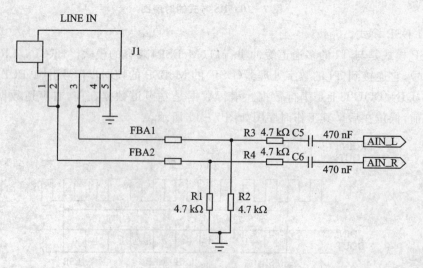

图 7-13 线路输入部分原理图

（2）麦克风输入。

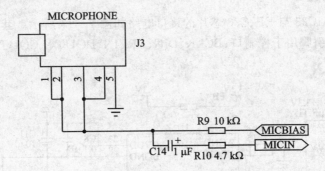

图 7 - 14　麦克风输入部分原理图

（3）线路输出。

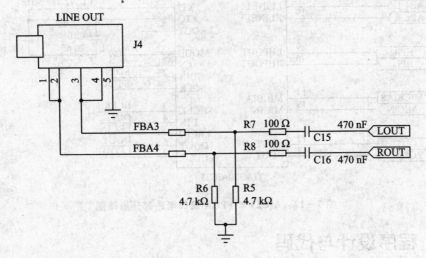

图 7 - 15　线路输出部分原理图

（4）耳机输出。

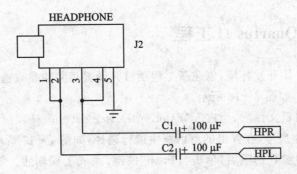

图 7 - 16　耳机输出部分原理图

2. 数字接口电路

本系统中 AIC23 与 EP2C20 芯片的接口电路如图 7 - 17 所示。其中 MODE、CS、SDIN、SCLK 等引脚用于控制口；BCLK、DIN、LRCIN、DOUT、LCOUT 等引脚用于数据口。

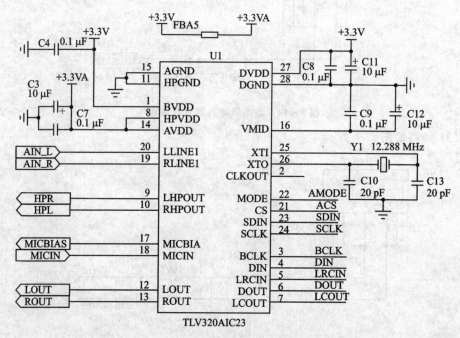

图 7 - 17　AIC23 与 FPGA 接口电路部分原理图

7.3　程序设计与代码

本节主要介绍语音信号的采集与处理程序的设计与验证。

7.3.1　创建 Quartus II 工程

打开 Quartus II 开发环境，创建新工程项目并设置相关的参数选项，本实例的工程名设置为 AIC23B，如图 7 - 18 所示。

创建新工程项目文件后，当进入"Family & Device Setting"选项时，选择与工程项目对应的 FPGA 芯片型号，在弹出的对话框中进行选择，如图 7 - 19 所示。

设置完相关的参数选项后，单击"Finish"按键，完成工程创建。如果在 Quartus II 新建的工程项目中使用的芯片与实际的应用有所不同，可以在"Project Navigator"区下方双击弹出"Settings"对话框，再做调整，如图 7 - 20 所示。

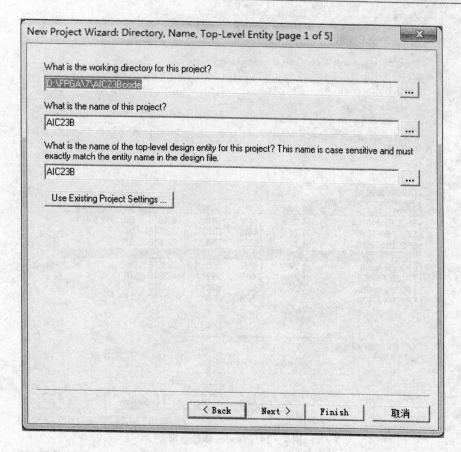

图 7-18　新工程项目创建

7.3.2　创建宏模块

本实例需要使用片内锁相环 PLL 和 ROM 宏模块,本例的时钟锁相环 PLL 和 ROM 的设置通过在 Quartus II 开发环境中添加宏模块完成。具体添加步骤如下文所述。

1. 创建 PLL 模块

PLL 模块创建的具体方法和步骤如下。

(1) 选择 Quartus II 开发环境,选择主菜单"Tools"→"MegaWizard Plug - In Manager"命令,弹出添加宏模块对话框,选择"Create a new custom magafuction variation"选项,单击"Next",进入下一配置,如图 7-21 所示。

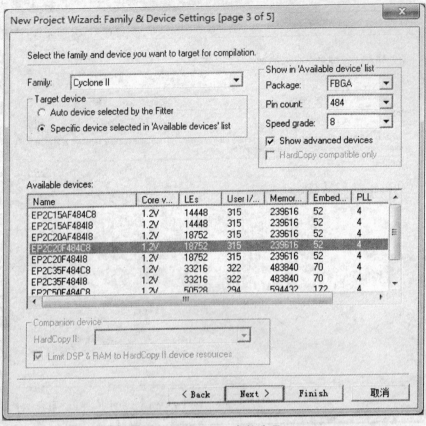

图 7 - 19　Device 参数选项

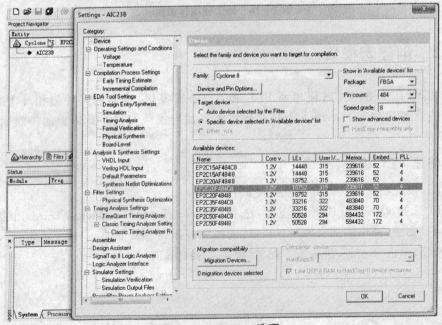

图 7 - 20　Settings 选项

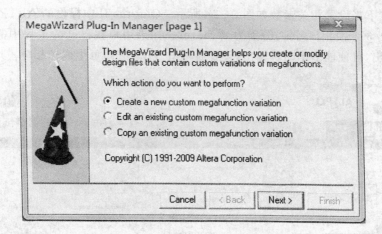

图 7 - 21　宏模块添加对话框

（2）在宏模块左侧栏中选择"I/O"→"ALTPLL"，完成对应 FPGA 芯片型号信息、生成代码格式、文件名及保存路径配置后。单击"Next"，进入下一配置，在配置页面中设置参考时钟频率为"50 MHz"，如图 7 - 22 所示。

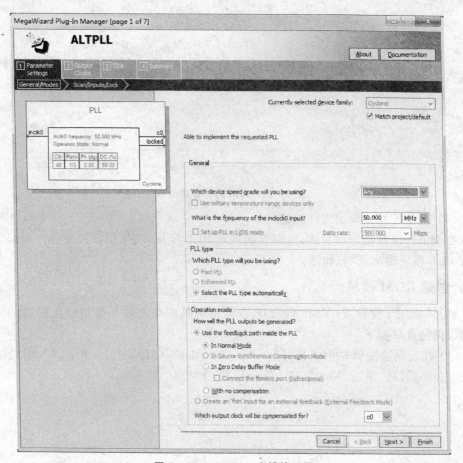

图 7 - 22　ALTPLL 宏模块配置

（3）接下来设置相关参数如图 7－23 所示。Quartus II 中提供的 ALTPLL 宏模块最多可输出 3 个锁相环时钟，分别为 c0，c1，c2。如果用户在自己的工程中需要用到多个 PLL 输出，可使能多个时钟输出，设置后单击"Finish"即可生成锁相环模块。

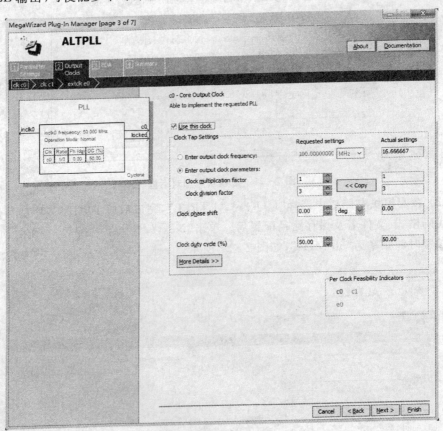

图 7 - 23　PLL 时钟参数设置

（4）PLL 宏模块输出文件配置。

在 Quartus II 工程项目内，可以直接调用 PLL 模块，添加到顶层文件。根据需要设置 PLL 模块输出选项，如图 7－24 所示。

2. 创建 ROM 模块

ROM 宏用于保存 TLV320AIC23B 音频编解码芯片的寄存器初始化值，其 ROM 宏模块创建步骤如下。

（1）在宏模块左侧栏中选择"Memory Compiler"→"ROM：1－PORT"，配置文件名及保存路径后。单击"Next"，进入下一配置，如图 7－25 所示。

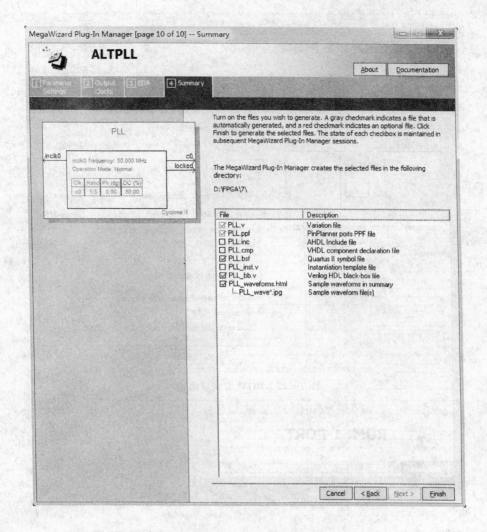

图 7 - 24　PLL 输出设置

（2）ROM 宏模块基本参数设置。

接下来设置 ROM 宏模块的基本参数，如图 7 - 26 所示。

（3）初始化参数。

接下来需要配置对应的 ROM 初始化参数文件，如图 7 - 27 所示。

（4）ROM 宏模块输出文件配置。

在 Quartus II 工程项目内，也可以直接调用 ROM 模块，添加到顶层文件。根据需要设置 ROM 模块输出文件选项，如图 7 - 28 所示。

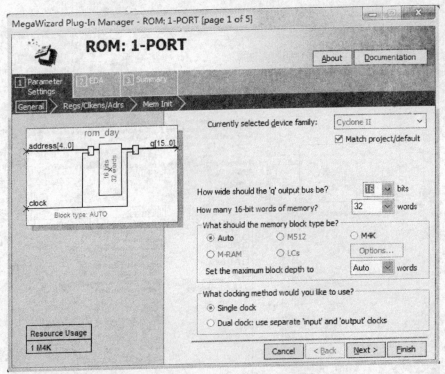

图 7 – 25   ROM 宏模块添加

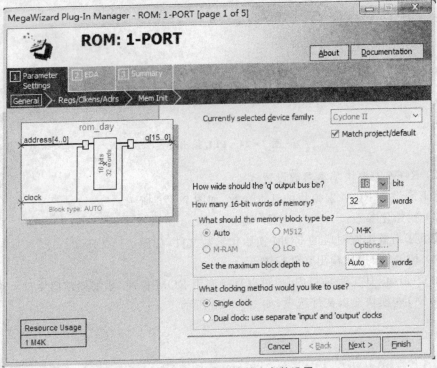

图 7 – 26   ROM 宏模块基本参数设置

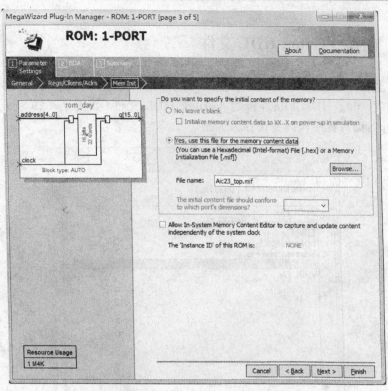

图 7 - 27　ROM 初始化文件设置

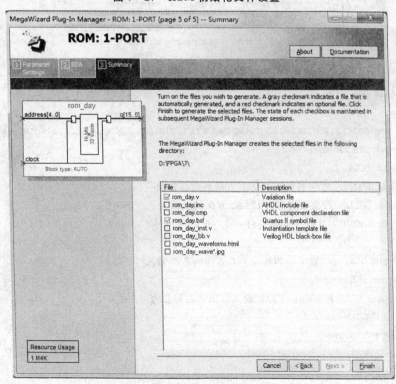

图 7 - 28　ROM 模块输出文件选项设置

7.3.3 创建 Verilog HDL 文件

选择"File"→"New"命令或单击工具导航栏中的对应图标,在弹出的"New"对话框中选择"Verilog HDL File",新建 Verilog HDL 文件(如图 7-29 所示),命名为"Aic23_top",编写程序代码并保存如下。

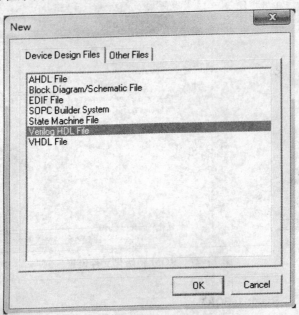

图 7-29 创建 Verilog HDL 文件

```verilog
`timescale 1ns / 1ps
module
Aic23_top(SYSCLK,RST,BCLK,DOUT,LRCIN,LRCOUT,DIN,ACS,AMODE,A_SCLK,A_SDIN,clk_3);
    input SYSCLK,RST;
    input BCLK;
    input DOUT;//数字音频接口 ADC 方向的数据输出
    input LRCIN; //数字音频接口 DAC 方向的帧信号
    input LRCOUT; //数字音频接口 ADC 方向的帧信号
    input clk_3;
    output DIN;  //数字音频接口 DAC 方向的数据输入
    output ACS,AMODE;
    inout A_SCLK,A_SDIN; //配置输入数据和时钟信号
    wire SYSCLK_BUFOUT;
    wire rst_out;
    wire clk_3;
    wire [4:0]  wb_adr;
```

```verilog
wire [31:0] wb_wdb;
wire [31:0] wb_rdb;
wire [3:0]  wb_sel;
wire wb_we;
wire wb_stb;
wire wb_cyc;
wire wb_ack;
wire miso_pad_i;
wire [7:0] cs;
wire [4:0] r_rom_rab;
wire [15:0] r_rom_rdb;
assign miso_pad_i = 0;
assign ACS = cs[0];
assign AMODE = 1;
/* ROM 宏模块 */
rom_day n2 (
.address(r_rom_rab),
.clock(clk_3),
.q(r_rom_rdb)
            );
/* 复位功能,用于消除抖动 */
filter filter(
    .clk(SYSCLK),
    .rst_in(RST),
    .rst_out(rst_out)
);
/* SPI_Master 主机 */
spi_master spi_master(
    .clk(clk_3),
    .rst(rst_out),
    .r_rom_rab(r_rom_rab),
    .r_rom_rdb(r_rom_rdb),
    .wb_adr(wb_adr),
    .wb_rdb(wb_rdb),
    .wb_wdb(wb_wdb),
    .wb_sel(wb_sel),
    .wb_we(wb_we),
    .wb_stb(wb_stb),
    .wb_cyc(wb_cyc),
    .wb_ack(wb_ack)
  );
  /* SPI 顶层 */
  spi_top spi_top(
```

```
            // SPI 内部处理信号
            .wb_clk_i(clk_3),
            .wb_rst_i(~rst_out),
            .wb_adr_i(wb_adr),
            .wb_dat_i(wb_wdb),
            .wb_dat_o(wb_rdb),
            .wb_sel_i(wb_sel),
            .wb_we_i(wb_we),
            .wb_stb_i(wb_stb),
            .wb_cyc_i(wb_cyc),
            .wb_ack_o(wb_ack),
            .wb_err_o(),
            .wb_int_o(),
            // SPI 接口信号
            .ss_pad_o(cs),
            .sclk_pad_o(A_SCLK),
            .mosi_pad_o(A_SDIN),
            .miso_pad_i(miso_pad_i)
        );
    Endmodule
```

Filter 子模块主要用于复位和消除抖动,用来提高抗干扰能力,该子模块的程序代码如下。

```
module filter(clk,rst_in,rst_out);
input    clk,rst_in;
output   rst_out;
reg      rst_out;
wire     clk_r;
reg[15:0] cnt;
always  @(posedge clk or negedge rst_in)
begin
    if(~rst_in)
        cnt   <= 0;
    else
        cnt <= cnt + 1'b1;
end
assign clk_r = cnt[15];
always  @(posedge clk_r)
begin
  if(rst_in)
    rst_out <= 1'b1;
  else
    rst_out <= 1'b0;
```

```
end
endmodule
```

程序文件 Aic23_top 是工程的顶层文件,除此之外还有 spi_maste. v, spi_top. v 以及 SPI 接口所包括的协议文件等。这部分为 www. opencores. org 提供的开源代码,限于篇幅,此处省略介绍。

AIC23 芯片相关寄存器功能初始化及配置由"Aic23Regs. mif"文件提供。其初始化代码值如下所示。

```
WIDTH = 16;//16 位数据宽度
DEPTH = 32;//32 个字
ADDRESS_RADIX = HEX;
DATA_RADIX = HEX;
CONTENT BEGIN
    / * 初始化值 * /
    00  :    0017;
    01  :    0217;
    02  :    05F9;
    03  :    07F9;
    04  :    0811;
    05  :    0A00;
    06  :    0C00;
    07  :    0E43;
    08  :    1000;
    09  :    1201;
    [0a..0e]  :    0000;
    0f  :    1E00;
    [10..1f]  :    0000;
END;
```

7.3.4　创建硬件模块原理图

打开 Quartus II 开发环境,选择主菜单"File"→"New"命令,创建一个 Block Diagram/Schematic File 文件,并保存。其硬件模块的连线图如图 7 - 30 所示。

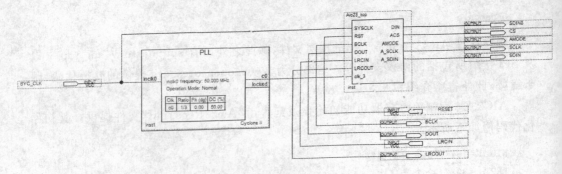

图 7-30 硬件模块连线图

7.3.5 软件仿真与验证

程序经过功能和时序仿真后,进行锁定引脚,即可下载到硬件开发平台上进行验证实现。此处省略对软件功能和时序仿真等软件操作方面的介绍。

7.4 实例总结

本章首先对音频编解码的基本原理进行了概述,并对数字立体声音频编解码芯片 TLV320AIC23B 做了相关介绍,然后实现了音频采集系统硬件电路和软件程序的设计。通过本例可以很容易实现 8 kHz 到 96 kHz 多种采样频率,16 位、20 位、24 位、32 位多种采样位数的音频信号的采集、存储和回放,而且语音清晰、失真小。另外,系统还为更进一步的语音信号处理提供了一个很好的硬件平台,可以很方便地进行语音编码解码及其他语音技术处理。

第**8**章

VGA 视频输出应用

由于良好的性能,VGA(视频图形阵列)迅速开始流行使用。大多数计算机与外部设备之间都采用 VGA 接口,用于实时显示图像画面信息。随着电子技术的发展,目前在很多嵌入式平台上,也相继扩展了 VGA 视频接口。

本章将基于 FPGA 处理器对 VGA 接口设计、VGA 接口时序和系统设计等进行介绍,并在 FPGA 硬件平台下实现一维与二维信号的显示。

8.1　VGA 接口概述

VGA 的英文全称是 Video Graphic Array,即视频图形阵列。VGA 接口就是显卡上输出模拟信号的接口,该接口类型在显卡输出连接中应用最为广泛,绝大多数的显卡都带有此种接口。大部分的计算机显卡与外部显示设备之间都通过这种模拟 VGA 接口连接。计算机内部以数字方式生成的显示图像信息,被显卡中的 D/A 转换器转变为 R、G、B 三基色信号和行、场同步信号,信号通过电缆传输到显示设备中。

8.1.1　VGA 接口定义

VGA 接口采用非对称分布的 15 针连接方式,也叫 D-Sub 接口,是 15 针的梯形插头,分成 3 排,每排 5 个。显示器 VGA 接口示意如图 8-1 所示,其引脚定义如表 8-1 所列。

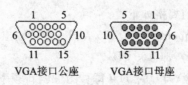

图 8-1　VGA 接口示意图

表 8-1　显示器 VGA 接口引脚定义

管　脚	定　义	管　脚	定　义
1	红基色 R	9	保留（各家定义不同）
2	绿基色 G	10	数字地
3	蓝基色 B	11	地址码
4	地址码 ID	12	地址码
5	自测试（各家定义不同）	13	行同步
6	红地	14	场同步
7	绿地	15	地址码（各家定义不同）
8	蓝地		

8.1.2　VGA 显像原理

VGA 接口的工作原理是先通过将显卡的数字信号转换成模拟信号，经由 D-Sub 线缆进行数据传输，然后再输出到显示设备，对于模拟 CRT 显示器，信号被直接送到相应的处理电路，驱动控制显像管生成图像。

常见的彩色显示器，一般由 CRT 构成，彩色是由 RGB 三基色组成。显示是采用逐行扫描的方式，阴极射线枪发出电子束打在涂有荧光粉的荧光屏上，产生 RGB 三基色，合成一个彩色像素。扫描从屏幕的左上方开始，从左到右，从上到下，进行扫描，每扫完一行，电子束回到屏幕的左边下一行的起始位置。在这期间，CRT 对电子束进行消隐，每行结束时，用行同步信号进行行同步；扫描完所有行，用场同步信号进行场同步，并使扫描回到屏幕的左上方，同时进行场消隐，预备下一场的扫描。最后可以显示稳定的图像。

8.1.3　VGA 工业标准与工作时序

对于普通的 VGA 显示器，其引出线共含 5 个信号：三基色信号 RGB、行同步信号 HS、场同步信号 VS。VGA 显示器的 5 个信号时序驱动，要严格遵循"VGA 工业标准"，即 640×480×60 Hz 模式。

VGA 工业标准所要求的规格如下。

● 时钟频率（Clock frequency）：25.175 MHz（像素输出的频率）。

● 行频（Line frequency）：31 469 Hz。

● 场频（Field frequency）：59.94 Hz（每秒图像刷新频率）。

VGA 的时序包括水平时序和垂直时序，两者都包含的时序参数有：水平/垂直同步脉冲、水平/垂直同步脉冲结束到有效显示图像数据区开始之间的宽度（后沿）、有效显示图像区宽度、有效图像数据显示区结束到水平/垂直同步脉冲开始之间的宽度（前沿）。水平有效显示区宽度与垂直有效显示区宽度逻辑与的区域为可视区域，其他区域为消隐区。VGA 行扫描、场扫描时序图如图 8-2 所示。行扫描时序要求和场扫描时序要求分别如表 8-2 和表 8-3 所列。

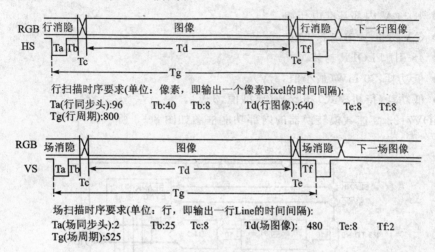

图 8-2　VGA 行扫描、场扫描时序图

表 8-2　行扫描时序要求（单位:像素,即每秒图像刷新频率）

对应位置	行同步头				行图像		行周期
	Tf	Ta	Tb	Tc	Td	Te	Tg
时间(Pixels)	8	96	40	8	640	8	800

表 8-3　场扫描时序要求（单位:行,即输出一行的时间间隔）

对应位置	场同步头				场图像		场周期
	Tf	Ta	Tb	Tc	Td	Te	Tg
时间(Lines)	2	2	25	8	480	8	525

8.2　VGA 芯片 ADV7123 概述

ADV7123 是 Analog Devices 公司生产的一款单芯片、3 通道、高速数模转换器。ADV7123 内置 3 个高速、10 位、带互补输出的视频数模转换器、1 个标准 TTL 输入接口以及 1 个高阻抗、模拟输出电流源。ADV7123 芯片的主要特性如下:

- 吞吐率:330 MSps。
- 3 通道、10 位数模转换器。
- 无杂散动态范围(SFDR)。

- RS-343A/RS-170 兼容输出。
- 互补输出。
- DAC 输出电流范围:2 mA 至 26 mA。
- TTL 兼容输入。
- 1.23 V 内部基准电压源。
- 5 V/3.3 V 单电源供电。
- 48 引脚 LQFP 封装。
- 低功耗:30 mW(最小值,3 V)。
- 低功耗(待机模式):6 mW(典型值,3 V)。

ADV7123 高速数模转换器的内部功能框图如图 8-3 所示。

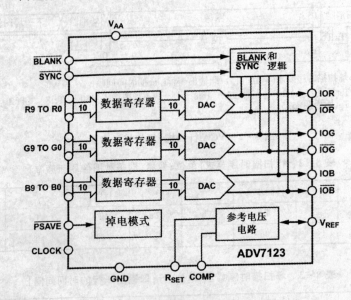

图 8-3 ADV7123 芯片内部功能框图

8.2.1 ADV7123 引脚功能描述

ADV7123 高速数模转换器采用 48 引脚 LQFP 封装,其封装示意图如图 8-4 所示,相关引脚功能定义如表 8-4 所列。

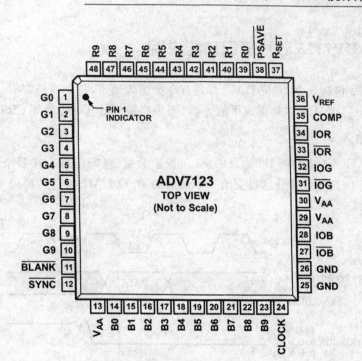

图 8 - 4　ADV7123 芯片封装示意图

表 8 - 4　ADV7123 芯片引脚功能定义

引脚号	引脚名	功能描述
1～10 14～23 39～48	G0～G9 B0～B9 R0～R9	红绿蓝像素数据输入,像素数据在 CLOCK 上升沿锁存。 G0,R0,B0 是最低有效数据位。 如像素数据输入端不使用,须将不用的引脚接电源或地
11	$\overline{BLANK}$	复合白电平控制,输入逻辑 0 时驱动 IOB,IOG,IOR 输出白电平 G0～G9, B0～B9,R0～R9 像素数据输入无效,该信号在 CLOCK 的上升沿锁存
12	$\overline{SYNC}$	复合同步控制输入,输入逻辑 0 时将切断 40IRE 电流源。该信号在 CLOCK 的上升沿锁存
13,29,30	V_{AA}	模拟部分供电(5 V)
24	CLOCK	时钟输入端,该信号上升沿锁存所有其他信号
25,26	GND	电源地
27,31,33	$\overline{IOB},\overline{IOG},\overline{IOR}$	红,绿,蓝差分电流输出
28,32,34	IOB,IOG,IOR	红,绿,蓝电流输出
35	COMP	互补引脚。须 COMP 和 V_{AA} 引脚间串 0.1 μF 电容
36	V_{REF}	1.235 V DAC 参考电压输入或参考电压输出
37	R_{SET}	一个电阻(R_{SET})须串接在该引脚和 GND 之间控制视频信号的幅度
38	$\overline{PSAVE}$	省电模式控制引脚

注:IRE 为视频信号单位,以 IRE 值来代表不同的画面亮度。

8.2.2 ADV7123 芯片接口功能说明

ADV7123 包括 3 个 10 位 DAC,并具有 3 个输入通道,每个通道都有 10 位的数据寄存器,同时 ADV7123 芯片集成了放大器、同步控制与白电平控制等 CRT 控制功能。

1. 数字输入

R0~R9,G0~G9,B0~B9 输入的 30 位像素数据(色彩信息),在每个时钟周期的上升沿被锁存。这些数据分别提交给 3 个通道的 10 位 DAC,最后转换成 RGB 模拟输出信号,如图 8-5 所示。

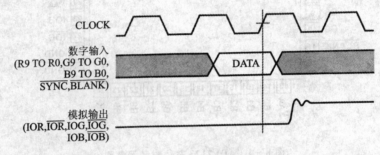

图 8-5 视频输入输出

2. 视频同步与控制

ADV7123 具有一个同步输入控制,许多图形处理器和 CRT 控制器具有产生水平同步(HSYNC),垂直同步(VSYNC)和复合同步的能力。一些图形系统不能自动产生复合同步信号,可通过使能激活该功能。

3. 参考输入

ADV7123 内部集成了一个 1.235 V 参考电压,由串接在 R_{SET} 与 GND 引脚之间的电阻决定输出视频的幅度,其计算公式如下。

$$I_{OG}(\text{mA}) = 11\ 445 \times V_{REF}(\text{V})/R_{SET}(\Omega) \tag{1}$$

$$I_{OR},\ I_{OB}(\text{mA}) = 7\ 989.6 \times V_{REF}(\text{V})/R_{SET}(\Omega) \tag{2}$$

调整 R_{SET} 电阻值能够精确调整模拟视频信号的输出电平,图 8-6 所示的是 $R_{SET}=530\ \Omega$ 时,模拟视频信号输出电平典型值。

4. 模拟输出

ADV7123 有 3 个模拟信号输出端,分别对应红、绿、蓝视频信号。ADV7123 输出红色、绿色和蓝色模拟信号,是高阻抗电流源。任意一个 RGB 输出电流能直接驱动 37.5 Ω 负载。

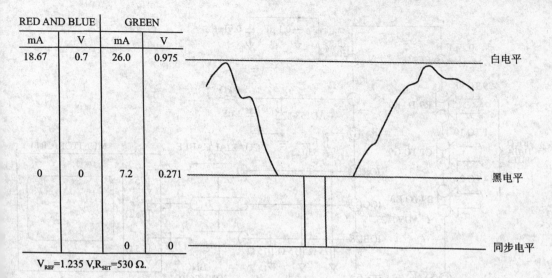

RED AND BLUE		GREEN	
mA	V	mA	V
18.67	0.7	26.0	0.975
0	0	7.2	0.271
		0	0

V_{REF}=1.235 V,R_{SET}=530 Ω.

白电平

黑电平

同步电平

图 8-6　模拟视频信号输出电平典型值

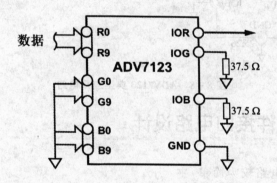

图 8-7　单色输出电路配置

5. 单色输出

ADV7123 既支持复合 RGB 视频信号输出,又支持 R、G、B 单色信号输出。任意一个 RGB 通道可作为数字视频数据,当使用其中一个通道作为输入后,另外两个通道则接地,如图 8-7 所示。

6. ADV7123 典型应用电路

ADV7123 典型应用电路原理图如图 8-8 所示。

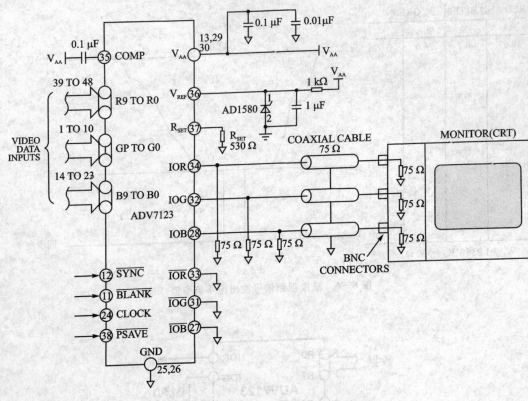

图 8 - 8   ADV7123 典型应用电路

8.3   VGA 硬件接口电路设计

本实例的硬件电路较为简单,主要分为两个部分,第一个部分为 VGA 视频输出接口,如图 8 - 9 所示;第二个部分是 ADV7123 芯片硬件电路原理,它的数字数据输入端口 R2~R9、G2~G9、B2~B9 与 FPGA 芯片连接,用于数字信号输入,如图 8 - 10 所示。

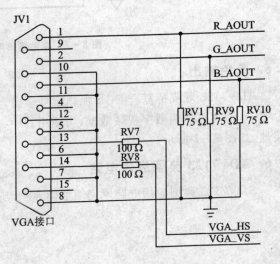

图 8 - 9   VGA 输出接口电路

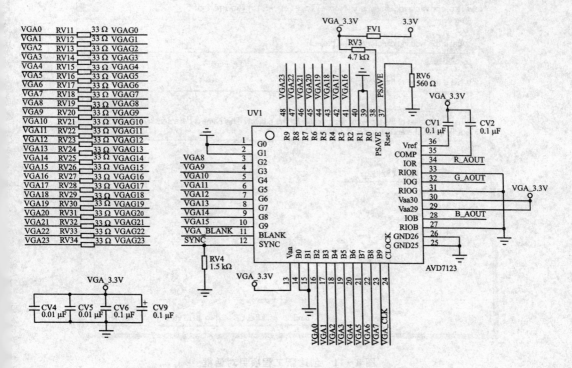

图 8 - 10　ADV7123 硬件电路

8.4　VGA 硬件系统与程序设计

　　VGA 硬件系统设计主要集中在行同步和场同步时序的建立,硬件系统创建及程序代码设计过程如下文介绍。

8.4.1　创建 Quartus II 工程项目

　　打开 Quartus II 开发环境,创建新工程并设置相关的信息,如图 8 - 11 所示。

　　配置工程文件相关参数后,如图 8 - 12 所示,单击"Finish"按钮,完成工程项目创建。如果在 Quartus II 的"Project Navigator"中显示的 FPGA 芯片与实际应用有差异,则可选择"Assignments"→"Device"命令,在弹出的窗体中进行相应设置。

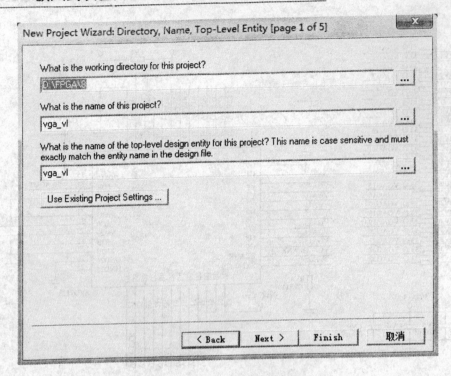

图 8-11　创建新工程项目对话框

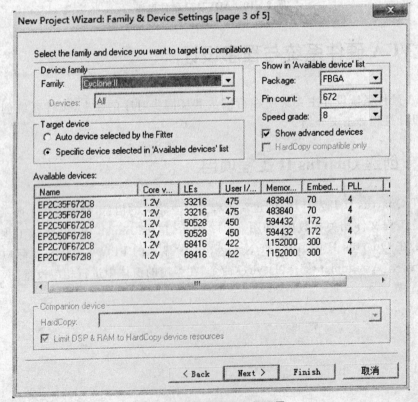

图 8-12　工程项目参数配置

8.4.2　创建 PLL 宏模块

本实例需要使用 PLL 时,可以通过 QUARTUS 开发环境中添加 ALTPLL 宏模块的方式实现时钟锁相环。PLL 模块具体创建的方法和步骤如下。

(1)选择 Quartus Ⅱ 开发环境,选择主菜单"Tools"→"MegaWizard Plug - In Manager"命令,弹出添加宏模块对话框,选择"Create a new custom magafuction varia-tion"选项,单击"Next",进入下一配置,如图 8 - 13 所示。

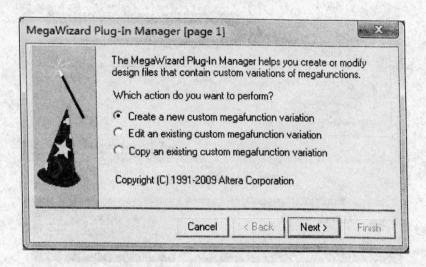

图 8 - 13　宏模块添加对话框

(2)在宏模块左侧栏中选择"I/O"→"ALTPLL",完成对应 FPGA 芯片型号信息、文件名及保存路径配置,如图 8 - 14 所示。

(3)PLL 时钟参数配置。

单击"Next",进入下一配置,在配置页面中设置参考时钟频率为"50 MHz",然后设置相关参数。

(4)PLL 输出角度参数配置。

接下来配置时钟相移角度及分频值参数配置,如图 8 - 16 所示。

(5)PLL 模块输出文件代码选项设置。

PLL 宏模块输出文件与程序代码选项的相关设置如图 8 - 17 所示。完成配置后,在 Quartus Ⅱ 工程项目中即可将 PLL 模块添加到新创建的原理图文件。

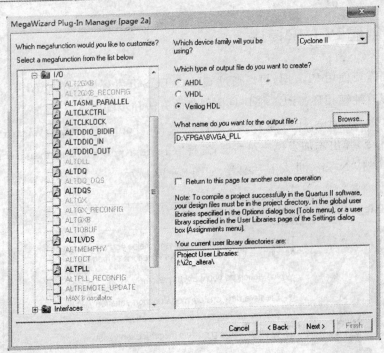

图 8 - 14　设置文件名称

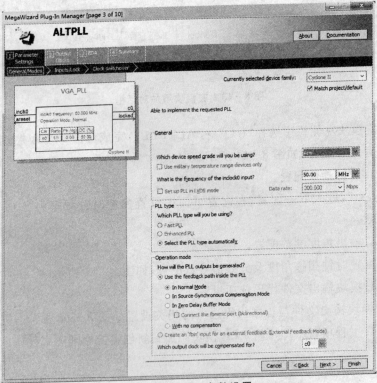

图 8 - 15　PLL 参数设置

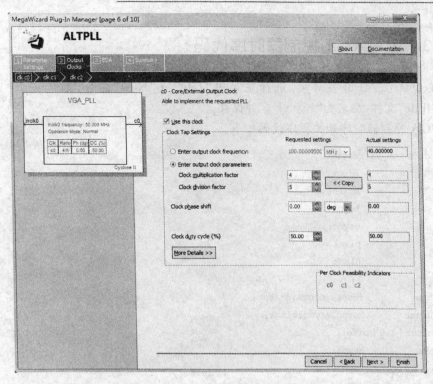

图 8 - 16　PLL 输出相移角度参数设置

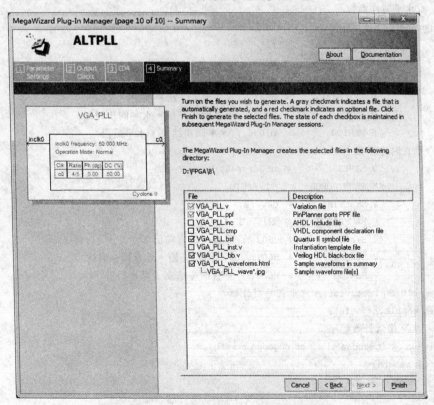

图 8 - 17　PLL 模块输出文件代码选项设置

8.4.3 编写 VGA 控制器时序代码

在 Quartus II 开发环境,选择主菜单"File"→"New"命令,创建一个"Verilog HDL" File"文件,命名为"vga_vl. v"并保存。

VGA 控制器时序相关程序代码如下。

```verilog
module vga_vl(resetn,
              clock,
              orient,
              hsync,
              vsync,
              pixel,
              blank
              );
    input       resetn,clock,orient;
    output      hsync,vsync,blank;
    output [2:0] pixel;
    wire        hsync;
    reg         vsync;
    reg    [2:0] pixel;
    //水平时序参数
    parameter H_PIXELS    = 'd806,//'d640,
              H_FRONTPORCH = 'd37,//16,
              H_SYNCTIME   = 'd128,//'d96,
              H_BACKPORCH  = 'd85,//48,
              H_SYNCSTART  = 'd843,//水平像素 + 水平前沿
              H_SYNCEND    = 'd971,//水平同步开始 + 水平同步时间
              H_PERIOD     = 'd1056,//水平同步结束 + 水平后沿
    //垂直时序参数
              V_LINES      = 'd604,//48,
              V_FRONTPORCH = -1,//'d10,
              V_SYNCTIME   = 'd4,//2,
              V_BACKPORCH  = 'd21,//33,
              V_SYNCSTART  = 'd603, //垂直 + 垂直前沿
              V_SYNCEND    = 'd607,//垂直同步开始 + 垂直同步时间
              V_PERIOD     = 'd628; //垂直同步结束 + 垂直后沿
    reg [10:0] hcnt,vcnt;//水平和垂直计数
    reg enable,hsyncint;
    //水平像素计数器
    always @ (posedge clock or negedge resetn)
    if(! resetn)
        hcnt <= 0;
```

```
else if(hcnt<H_PERIOD)
    hcnt <= hcnt + 1;
else
    hcnt <= 0;
//内部水平同步脉冲发生器(负极)
always @ (posedge clock or negedge resetn)
if(! resetn)
    hsyncint<= 1;
else if(hcnt >= H_SYNCSTART && hcnt < H_SYNCEND)
    hsyncint <= 0;
else
    hsyncint<= 1;
 //水平同步脉冲输出
assign hsync = hsyncint;
 //垂直行计数
always @ (posedge hsyncint or negedge resetn)
if(! resetn)
    vcnt<= 0;
else if(vcnt < V_PERIOD)
    vcnt <= vcnt + 1;
else
    vcnt<= 0;
//内部垂直同步脉冲发生器(负极)
always @ (posedge hsyncint or negedge resetn)
if(! resetn)
    vsync <= 1;
else if(vcnt >= V_SYNCSTART && vcnt < V_SYNCEND)
    vsync <= 0;
else
    vsync <= 1;
//使能彩色输出
always @ (posedge clock or negedge resetn)
if(! resetn)
    enable<= 0;
else if(hcnt >= H_PIXELS || vcnt >= V_LINES)
    enable<= 0;
else
    enable<= 1;
//输出图像生成(水平或垂直的彩色条纹)
always @ ( enable or orient or hcnt or vcnt)
if(enable == 0)
    pixel = 0;
else
```

```
    if(orient)
     begin
     if(vcnt<75)
        pixel = 'h1;
     else
        if(vcnt<150)
           pixel = 'h2;
        else
           if(vcnt<225)
             pixel = 'h3;
           else
             if(vcnt<300)
               pixel = 'h4;
             else
               if(vcnt<375)
               pixel = 'h5;
               else
               if(vcnt<450)
                  pixel = 'h6;
               else
                  if(vcnt<525)
                     pixel = 'h7;
                  else
                     pixel = 'h0;
     end
    else
     begin
     if(hcnt<100)
        pixel = 'h1;
     else
        if(hcnt<200)
           pixel = 'h2;
        else
           if(hcnt<300)
             pixel = 'h3;
           else
             if(hcnt<400)
               pixel = 'h4;
             else
               if(hcnt<500)
               pixel = 'h5;
               else
               if(hcnt<600)
```

```
                pixel = ˊh6；
        else
            if(hcnt<700)
                    pixel = ˊh7；
        else
                    pixel = ˊh0；
    end
        assign blank = enable；
endmodule
```

将文件编译成功后，并例化。

8.4.4　模块原理图连线

选择主菜单"File"→"New"命令，创建一个 Block Diagram/Schematic File 文件作为顶层文件，并保存。将创建的模块与例化的 VGA 控制器模块连线如图 8-18 所示。

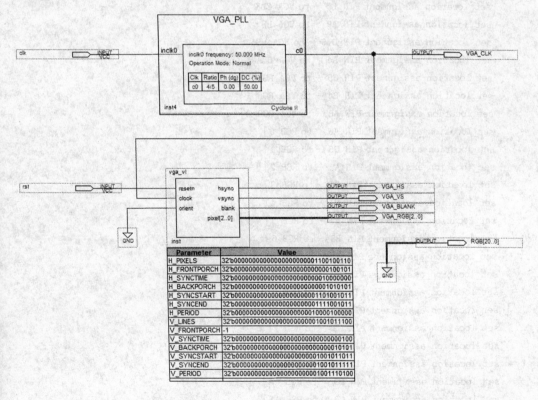

图 8-18　顶层文件各个模块连接原理图

8.4.5 引脚配置

编写引脚配置文件 vga_pin. tcl 给相关信号配置引脚,并将空脚配置成三态,引脚配置文件代码如下。

```
# Setup. tcl
set_global_assignment - name FAMILY "Cyclone II"
set_global_assignment - name DEVICE EP2C35F672C8
set_global_assignment - name RESERVE_ALL_UNUSED_PINS "AS INPUT TRI - STATED"
set_global_assignment - name RESERVE_ASDO_AFTER_CONFIGURATION "AS OUTPUT DRIVING AN UN-
SPECIFIED SIGNAL"
# Pin & Location Assignments
# =========================
set_location_assignment PIN_P1 - to clk
set_location_assignment PIN_P2 - to rst
set_location_assignment PIN_E5 - to VGA_CLK
set_location_assignment PIN_A9 - to VGA_HS
set_location_assignment PIN_B10 - to VGA_VS
set_location_assignment PIN_A4 - to VGA_BLANK
set_location_assignment PIN_C5 - to VGA_RGB[0]
set_location_assignment PIN_B4 - to VGA_RGB[1]
set_location_assignment PIN_A8 - to VGA_RGB[2]
set_location_assignment PIN_A6 - to RGB[0]
set_location_assignment PIN_B6 - to RGB[1]
set_location_assignment PIN_A5 - to RGB[2]
set_location_assignment PIN_B5 - to RGB[3]
set_location_assignment PIN_A7 - to RGB[4]
set_location_assignment PIN_B7 - to RGB[5]
set_location_assignment PIN_B8 - to RGB[6]
set_location_assignment PIN_E1 - to RGB[7]
set_location_assignment PIN_E2 - to RGB[8]
set_location_assignment PIN_D1 - to RGB[9]
set_location_assignment PIN_D2 - to RGB[10]
set_location_assignment PIN_C2 - to RGB[11]
set_location_assignment PIN_B2 - to RGB[12]
set_location_assignment PIN_B3 - to RGB[13]
set_location_assignment PIN_B9 - to RGB[14]
set_location_assignment PIN_C3 - to RGB[15]
set_location_assignment PIN_C4 - to RGB[16]
set_location_assignment PIN_D5 - to RGB[17]
set_location_assignment PIN_F1 - to RGB[18]
set_location_assignment PIN_F2 - to RGB[19]
```

```
set_location_assignment PIN_C6 - to RGB[20]
```

8.4.6　程序仿真

将原理图文件完成编译后,创建"SignalTap II Logic Analyzer File",如图 8 - 19 所示。加载需要仿真的节点,运行仿真,其结果如图 8 - 20 所示。

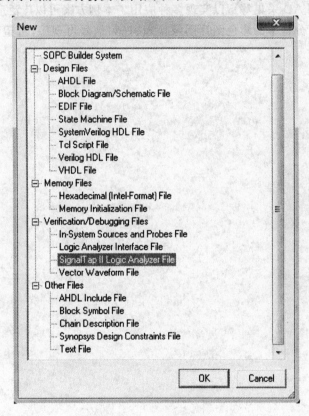

图 8 - 19　创建仿真文件

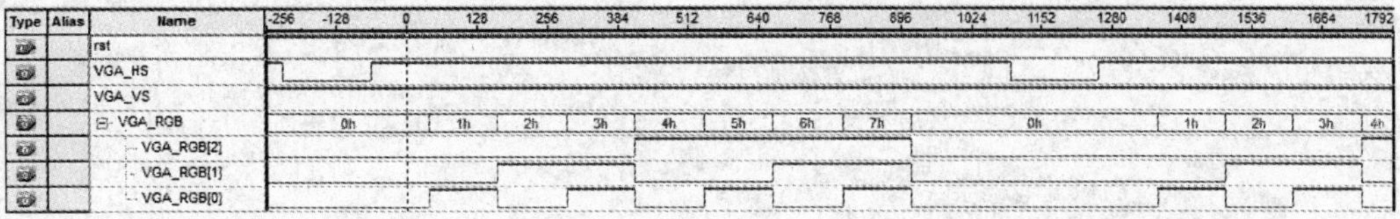

图 8 - 20　仿真结果

8.5　实例总结

　　VGA 接口显示器给我们提供了一个方便的显示方案,通过 FPGA 构造显示时序、以及 ADV7123 实现数模转化,在面积和速度上能够满足我们大部分的显示应用。本章演示了如何基于 ADV7123 实现 DAC 转换输出彩条信号。读者可在原硬件基础上加以修改(如添加 AD 采集等),以实现多种应用。本例方案可以广泛应用于各种仪器、数字视频系统、高分辨率的彩色图片图像处理、视频信号再现等,希望读者学习后举一反三。

第4篇　消费电子开发实例

第**9**章

压力传感器数据采集系统

工业控制系统中需要测量和控制的参数往往都是连续变化的模拟量信号,如温度、压力、流量、速度等。这些物理量和控制参数往往都是连续变化的电压和电流,因此,必须将其变换成数字量,才能被数字计算机所识别。模拟量转换为数字量时必然使用到A/D转换器,本章讲述如何应用 A/D 转换器实现压力传感器数据采集系统的设计。

9.1　压力传感器数据采集系统概述

市场上传统的压力传感器信号的采集和处理,多数是以单片机或微处理器为控制核心,虽然编程简单、控制灵活,但缺点是单片机的速度慢、控制周期长。

FPGA 的时钟频率超过 100 MHz,以高集成度的 FPGA 芯片为控制核心,进行数据采集控制、数据时序控制等。基于 FPGA 的数据采集系统设计具有开发周期短、灵活性强、通用能力好、易于开发、扩展等优点,既降低了设计难度,又加快了产品的开发周期。基于 FPGA 的压力传感器数据采集系统设计能使其信号采集速度、转换速率以及内部处理能力都要远远超过传统的单片机。

图 9-1 所示的是一个简单的基于 FPGA 压力传感器数据采集系统的硬件结构图,它由 4 个主要部分组成:压力传感器,增益放大器,模数转换器(ADC)以及 FPGA 核心控制单元等组成。

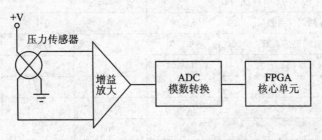

图 9-1　压力传感器数据采集系统结构图

压力传感器是一种硅压阻式压力传感器产品,可提供指定压力满量程的模拟电平输出信号(典型值为 0~25 mV)。增益放大器则将压力传感器输出的弱信号放大到足够的电压幅度,用于模数转换器的模拟输入。模数转换器将足够幅度的模拟输入电平信号转换成数字信号,其工作过程受 FPGA 核心控制单元控制。最后由 FPGA 核心控制单元完成对数字信号的处理与分析。

9.1.1 压力传感器概述

压力传感器用于非腐蚀性、非离的工作流体,如空气和各种干气体等。压力传感器一般采用硅压敏电阻技术的惠斯通电桥结构,内部包含的感应元件由 4 个压电电阻组成,它们埋藏在一个化学蚀刻而成的薄硅隔膜表面下。压力的变化使得隔膜产生形变,产生一个拉扯或扭曲力,这样电阻的阻值就随之发生改变,通过电路产生一个模拟输出电信号。模拟输出电信号在补偿供电范围内与供电电压成比例,分辨率高、应用灵活、结构简单、并易于最终产品设计。

1. 压力传感器 MPX2010 简述

MPX2010 是 Freescale 公司生产的硅压力传感器,压力测量范围 0~10 kPa,具有片上温度补偿和校准功能。MPX2010 的产品性能特性如表 9-1 所列,其引脚定义与引脚排列如表9-2所列。

表 9-1　MPX2010 压力传感器的性能特性

参　数	Min.	Typ.	Max.	单　位
压力范围	0	—	10	kPa
供电电压(DC)	—	10	16	V
满量程	24	25	26	mV
零点偏置	−1.0	—	+1.0	mV
灵敏度	—	2.5	—	mV/ kPa
线性度	−1.0	—	+1.0	％满量程
压力迟滞性(0~10 kPa)	—	±0.1	—	％满量程
温度迟滞性(−40~+125℃)	—	±0.5	—	％满量程
满量程的温度系数	−1.0	—	+1.0	％满量程
零点偏置的温度系数	−1.0	—	+1.0	％满量程
输入阻抗	1 300	—	2 550	Ω
输出阻抗	1 400	—	3 000	Ω
响应时间	—	1.0	—	ms
预热时间	—	20	—	ms
零点漂移稳定性	—	± 0.5	—	％满量程

表 9 - 2　MPX2010 引脚定义

引脚号	功能名称
1	供电电源
2	输出（＋）
3	供电地
4	输出（－）

2. 压力传感器相关的术语

压力传感器相关的技术指标与术语分别如下。

（1）额定压力范围。

全部技术指标都能够满足的范围。如 MPX2010 的额定压力范围是 0～10 kPa。

（2）超压使用范围（过压使用范围）。

除了线性度和滞后特性之外的其他技术指标都能够得到满足，并且能够长时间承受的最大压力。

在使用半导体压力传感器的情况下，由于线性度和温度特性的原因而故意将其额定压力范围设定得比较窄。因此即使在额定压力以上，尽管精度会偏离额定值，但却可以不受损坏地施加连续压力进行测量。通常超压使用范围为额定压力范围的 2～3 倍。

（3）最大承受压力（损坏压力）。

即使瞬间施压，也会导致压力传感器损坏的压力。就是说，这是压力传感器能够承受的压力极限值，通常为额定压力的 10 倍左右。

（4）线性度。

线性度是输出电压偏离基准直线的程度，用偏离的最大值（％FS）表示。

（5）滞后特性。

滞后特性的含义是当压力增加时与压力减小时感知压力与实际压力的偏差，它用偏离的最大值（％FS）表示。

（6）温度范围。

压力传感器的温度范围包括补偿温度范围和工作温度范围两种类型。

补偿温度范围表示通过对压力传感器进行量程温度补偿和零点温度补偿，其精度可以达到技术指标的温度范围。

工作温度范围表示压力传感器在正常工作条件下，由某个温度点返回到常温时，其特性仍然可以恢复至常温状态时特性的温度。

（7）测量对象的种类。

半导体压力传感器的使用，几乎都是在空气等非腐蚀性气体中进行的。不过部分

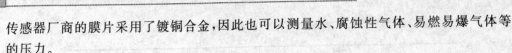

传感器厂商的膜片采用了镀铜合金,因此也可以测量水、腐蚀性气体、易燃易爆气体等的压力。

(8)压力传感器的种类和使用范围。

压力传感器一般分为 3 种:表压压力传感器,绝对压力传感器,差压压力传感器。它们都有对应的使用范围和条件。

表压压力传感器,就是将大气的压力取为零,当做基准压力进行压力测量的传感器。在不需要与其他类型的压力计(如弹簧管压力计,水银压力计等)相区分的时候,也简称为表压压力计,或者称之为压力计。

绝对压力传感器,是指以真空为基准压力的压力传感器。它的作用是测量大气压,在不需要与其他类型的压力计(如弹簧管压力计,水银压力计等)相区分的时候,也简称为绝对压力计。

差压压力传感器,它是用来测量两种压力之差的压力传感器。在不需要与其他类型的压力计(如弹簧管压力计,水银压力计等)相区分的时候,简称为差压压力计。它与运算放大器中的差动放大器相类似,在压力传输设备中,需要保持一个相对恒定的在线压力,差压传感器就把这个压力作为基准压力,即零压力。差压传感器可以检测出非常微小的压力变化,这一点是其他类型的压力传感器不容易做到的。

3. 压力单位计量换算

压力是工业流量计量中的常用参量,其计量单位相对比较多,常用压力计量单位就有 10 多种。为了便于深入学习和讨论压力传感器的技术指标,表 9-3 列出了常见的压力单位换算关系。

表 9-3 常见压力单位换算表

压力单位	$Pa(N/m^2)$	atm	mmHg	mmH^2O kgf/m^2	kgf/cm^2 (at)	bar	psi
帕斯卡(Pa)	1	9.869×10^{-6} $\approx 10^{-5}$	7.5×10^{-3}	$0.102 \approx 10^{-1}$	1.02×10^{-5} $\approx 10^{-5}$	10^{-5}	1.45×10^{-4}
标准大气压 (atm)	$1.013\ 25 \times 10^5$	1	760	1.033×10^4 $\approx 10^4$	$1.033 \approx 1$	$1.033 \approx 1$	14.706
毫米汞柱 (mmHg)	$1.333\ 22 \times 10^2$	1.316×10^{-3}	1	13.60	1.36×10^{-3}	1.333×10^{-3}	1.933×10^{-2}
毫米水柱 (mmH^2O)	$9.806\ 375 \approx 10$	0.968×10^{-4} $\approx 10^{-4}$	7.36×10^{-2}	1	10^{-4}	$9.803\ 75 \times 10^{-5} \approx 10^{-4}$	1.422×10^{-3}
千克力/厘米² (工程大气压) (at)	$9.806\ 65 \times 10^4$	0.967 84	735.559	10^4	1	0.980 665	14.223
巴 (bar)	10^5	$0.986\ 65 \approx 1$	750.062	$1.019\ 72 \times 10^4 \approx 10^4$	$1.019\ 72 \approx 1$	1	14.503 8

续表 9 – 3

压力单位	Pa(N/m^2)	atm	mmHg	mmH^{2}O kgf/m^2	kgf/cm^2 （at）	bar	psi
磅/英寸^2 （psi）	6.895×10^3	6.8×10^{-2}	51.715	7.039×10^2	7.031×10^{-2}	6.895×10^{-2}	1

注：此外同单位换算关系还有 1 Mbar＝10^6 bar；1 kPa＝10^3 Pa 等。

依据上述单位换算关系，如 3.0 atm $\approx \dfrac{14.70}{\text{atm}} = 44.1$ psi；如 6.0 psi $\times \dfrac{68.95 \text{ Mbar}}{\text{psi}} =$

413.7 Mbar。

9.1.2　增益放大器

如果要测量的信号太小（与 ADC 的测量范围相比），则最好使用一个外部的前级增益放大器，同时根据信号强弱决定是否需要使用多级增益放大。例如：如果要测量的信号变化范围是 0 mV 至 25 mV 之间，而 VDD 是 3 V，这个信号就可以由多级增益放大器来进行放大，使它的峰—峰幅度与 VDD 的数值相同，增益为 120。图 9 – 2 所示为这个例子的示范，这个放大器可以把输入信号的范围转换至 ADC 的范围。它同样可以在输入信号与 ADC 输入之间引入偏移量。

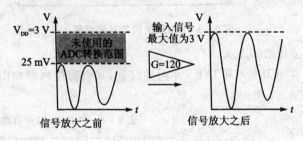

图 9 – 2　前置放大器

9.1.3　模数转换器(ADC)

模数转换器将输入的连续模拟信号转换成数字信号，本章的模数转换器采用 TLC549。

1. TLC549 芯片概述

TLC549 是 TI 公司的一款 8 位分辨率的开关电容式逐次逼近模数转换芯片。该芯片有一个模拟输入端口和三态的数据输出端口，通过串行接口可以方便地和微处理器或外围设备连接，并通过输入/输出时钟(I/O CLOCK)和片选($\overline{\text{CS}}$)信号控制数据输出(DATA OUT)。TLC549 的输入/输出时钟频率可达 1.1 MHz。

TLC549 模数转换器的主要特点如下：

● 片上软件控制采样和保持功能。

● 非校准误差：±0.5 LSB。

● 宽电压供电：3～6 V。

● 低功耗：最大 15 mW。

● 内部系统时钟 4 MHz。

输入输出完全兼容 TTL 和 CMOS 电路。

模数转换器 TLC549 的内部功能框图如图 9-3 所示。

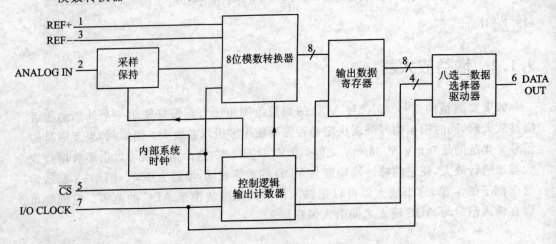

图 9-3　TLC549 内部功能框图

(1) TLC549 芯片引脚定义。

TLC549 芯片有 SOP-8 和 DIP-8 两种封装，其引脚排列图如图 9-4 所示，相关引脚功能描述如表 9-4 所列。

表 9-4　TLC549 芯片引脚功能定义

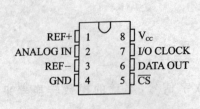

图 9-4　TLC549 引脚封装示意图

引脚号	引脚名	功能描述
1	REF+	正基准电压
2	ANALOG IN	模拟信号输入
3	REF−	负基准电压
4	GND	电源地
5	$\overline{CS}$	片选信号
6	DATA OUT	串行移位数据输出
7	I/O CLOCK	串行移位脉冲输入
8	V_{CC}	供电电源

(2) TLC549 模数转换工作原理。

TLC549 与控制单元通过 SPI 接口连接，即通过 I/OCLOCK、CS、DATA OUT 3

个引脚。TLC549 有片内系统时钟,该时钟与 I/O CLOCK 相互独立工作,无须特殊速度和相位匹配,其工作时序如图 9-5 所示。

当 $\overline{CS}$ 变成低电平后,ADC 前一次转换的数据(A)的最高位 A7 立即出现在数据线 DATA OUT 上,其余的 7 位数据 A6～A0 在 I/O CLOCK 的下降沿依次随时钟同步输出。读完 8 位数据后,ADC 开始转换采样数据(B),以便下一次读取,转换时片选信号 $\overline{CS}$ 置为高电平,且转换的时间不超过 17 μs。从 $\overline{CS}$ 变为低电平到 I/O CLOCK 第一个时钟到来至少要等待 1.4 μs。TLC549 的 ADC 没有启动控制端,只要读取前一次数据后马上就可以开始新的 A/D 转换,转换完成后就进入保持状态。

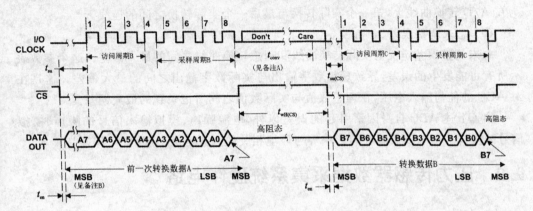

图 9-5　TLC549 模数转换工作时序

备注:

A.　转换周期,需要 36 个内部系统时钟周期(最多 17 μs),在 I/O CLOCK 下降沿及 $\overline{CS}$ 变低电平后初始化通道地址。

B.　当 $\overline{CS}$ 变成低电平后,最高有效位 A7 自动移入 DATA OUT 总线,A6～A0 依序在 I/O CLOCK 下降沿移入,B7～B0 数据移入方式也是相同的。

2. ADC 误差种类

在需要模拟/数字转换的应用中,ADC 转换的精度影响到整个系统的质量和效率。通常,精度误差是以 LSB 为单位表示。电压的分辨率与参考电压相关。电压误差是按照 LSB 的倍数计算:1 LSB ＝ VREF＋ / 2^n 或 VDD / 2^n($n=8$,本章的 ADC 芯片 TLC549 是 8 位分辨率)。

本小节就 ADC 误差种类做一下简单介绍。

(1)偏移误差。

偏移误差定义为从第一次实际的转换至第一次理想的转换之间的偏差。当 ADC 转换的数字输出从 0 变为 1 的时刻,发生了第一次转换。理想情况下,当模拟输入信号介于 0.5 LSB 至 1.5 LSB 表达的范围之内时,数字输出应该为 1;即理想情况下,第一次转换应该发生在输入信号为 0.5 LSB 时。

（2）增益误差。

增益误差定义为最后一次实际转换与最后一次理想转换之间的偏差。

（3）微分线性误差。

微分线性误差定义为实际步长与理想步长之间的最大差别。理想情况下，当模拟输入电压改变 1 LSB 时应该在数字输出上同时产生一次改变。如果数字输出上的改变需要输入电压大于 1 LSB 的改变，则 ADC 具有微分线性误差。

（4）积分线性误差。

积分线性误差是所有实际转换点与终点连线之间的最大差别。终点连线可以理解为在 A/D 转换曲线上，第一个实际转换与最后一个实际转换之间的连线。

（5）总未调整误差。

总未调整误差定义为实际转换曲线和理想转换曲线之间的最大偏差。这个参数表示所有可能发生的误差，导致理想数字输出与实际数字输出之间的最大偏差。这是在对 ADC 的任何输入电压，在理想数值与实际数值之间所记录到的最大偏差。

除了上述 ADC 自身因素引起的误差以外，电源噪声、模拟输入信号的噪声、模拟信号源阻抗的影响以及温度的影响等与环境相关的因素也会引起 ADC 误差。

9.2　压力传感器数据采集系统硬件电路

压力传感器数据采集系统与 FPGA 的硬件电路原理图主要包括两个部分：压力传感器及增益放大电路，模数转换器 TL549 及其与 FPGA 的硬件接口电路。

（1）压力传感器运放电路。

压力传感器 MPX2010 与增益放大电路的原理图如图 9-6 所示。MPX2010 采用

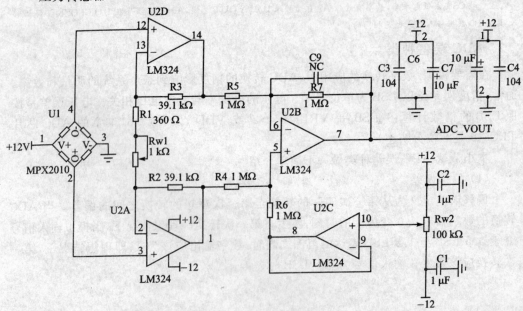

图 9-6　传感器与运放电路原理

12 V 供电,LM324 采用＋12 V,－12 V 双电源供电(电源电路原理图请见光盘中电路原理图文件,此处省略介绍),需要保证放大后的模拟信号幅度最大不超过 3.3 V 的范围,即满量程电压≈3.3 V。

(2) 模数转换器 TL549 电路。

模数转换器 TL549 电路原理图如图 9－7 所示,它的引脚 5、6、7 是串行接口,与 FPGA 核心单元相连接,引脚 2 则是模拟信号输入端。

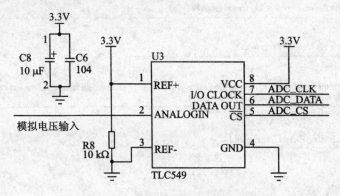

图 9－7　TLC549 模数转换部分原理图

9.3　压力传感器硬件系统设计

本实例的压力传感器数据采集系统设计,基于 Altera 公司的 Cyclone II 系列 EP2C8 芯片。压力传感器数据采集硬件系统结构图如图 9－8 所示。

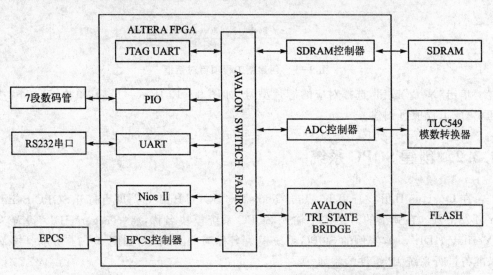

图 9－8　压力传感器数据采集硬件系统结构图

压力传感器数据采集硬件系统设计部分的主要流程如下所述。

9.3.1　创建 Quartus II 工程项目

打开 Quartus II 开发环境,创建新工程并设置相关的信息。本实例的工程项目名为"adc",如图 9 - 9 所示。

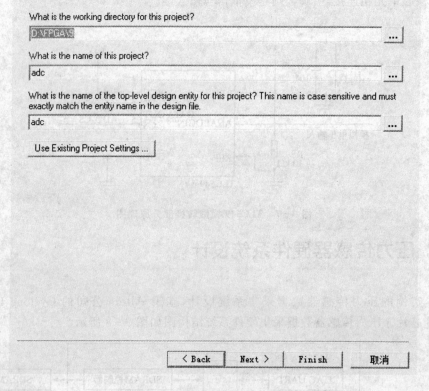

What is the working directory for this project?

`D:\FPGA\9`

What is the name of this project?

`adc`

What is the name of the top-level design entity for this project? This name is case sensitive and must exactly match the entity name in the design file.

`adc`

Use Existing Project Settings ...

〈 Back　　Next 〉　　Finish　　取消

图 9 - 9　创建新工程项目对话框

单击"Next"按钮,选择对应的芯片型号,如图 9 - 10 所示。最后,单击"Finish"按钮,完成工程项目创建。

9.3.2　创建 SOPC 系统

在 Quartus II 开发环境下,点击"Tools"→"SOPC Builder",即可打开 SOPC Builder 开发工具。在弹出的对话框中输入 SOPC 系统模块名称,将"Target HDL"设置为"Verilog HDL"。本实例的 SOPC 系统模块名称为"adcnios",如图 9 - 11 所示。接下来准备进行系统 IP 组件的添加。

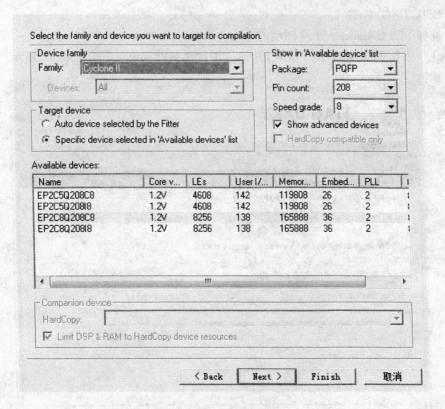

图 9 - 10 选择芯片型号

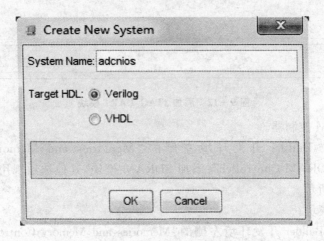

图 9 - 11 创建新 SOPC 工程项目 adcnios

(1) Nios II CPU 型号。

选择 SOPC Builder 开发环境左侧的"Nios II Processor",添加 CPU 模块,在"Core Nios II"栏选择"Nios II/s",其他配置均选择默认设置即可。

(2) JTAG_UART。

选择 SOPC Builder 开发环境左侧的"Interface Protocols"→"Serial"→"JTAG_UART",添加 JTAG_UART 模块,其他选项均选择默认设置,如图 9-12 所示。

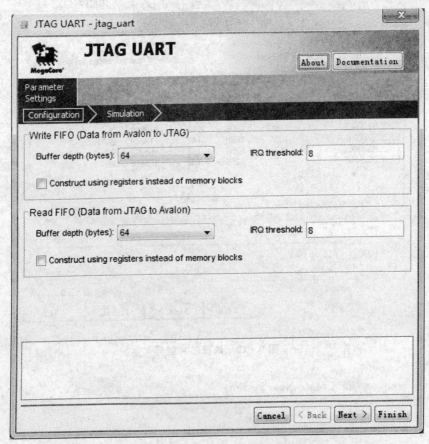

图 9-12　添加 JTAG_UART 模块

(3) SDRAM 控制器。

选择 SOPC Builder 开发环境左侧的"Memories and Memory Control"→"SDRAM"→"SDRAM Controller",添加 SDRAM 模块,其他选项视用户具体需求设置,如图 9-13 所示。

(4) Flash 模块。

选择 SOPC Builder 开发环境左侧的"Memories and Memory Control"→"Flash"→"Flash Memory Interface(CFI)",添加 Flash 控制器模块,其他选项视用户具体需求设置,如图 9-14 所示。

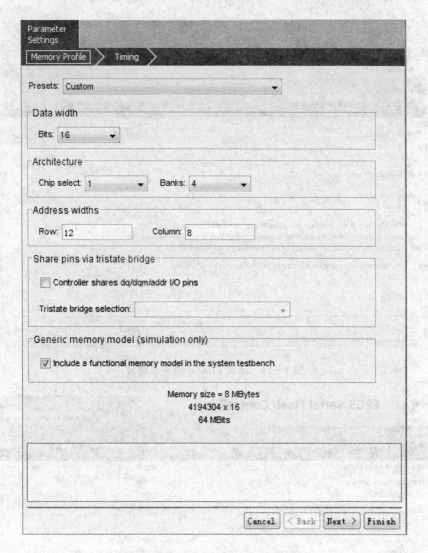

图 9 - 13　添加 SDRAM 控制器模块

（5）EPCS Serial Flash Controller。

选择 SOPC Builder 开发环境左侧的"Memories and Memory Control"→"Flash"→ "EPCS Serial Flash Controller"，添加 EPCS Serial Flash Controller 模块，其他选项按默认设置，如图 9 - 15 所示。

（6）Avalon - MM Tristate Bridge。

由于 Flash 的数据总线是三态的，所以 Nios II CPU 与 Flash 进行连接时需要添加 Avalon 总线三态桥。

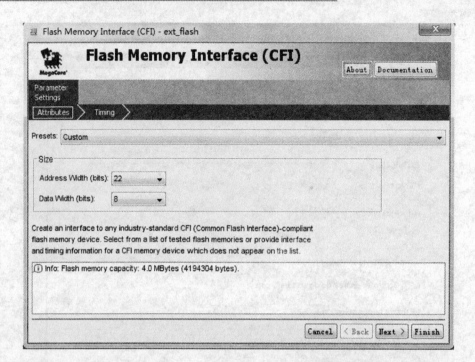

图 9 – 14　添加 FLASH 控制器模块

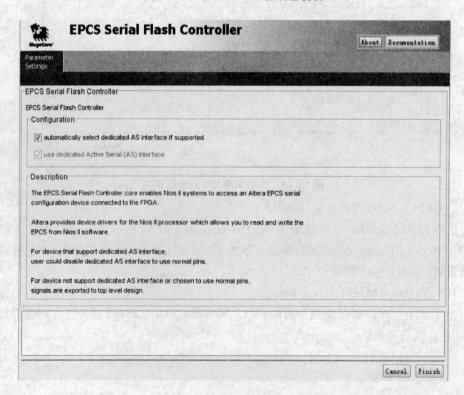

图 9 – 15　添加 EPCS 控制器模块

选择 SOPC Builder 开发环境左侧的"Bridges and Adapters"→"Memory Mapped"→ "Avalon-MM Tristate Bridge",添加 Avalon 三态桥,并在提示对话框中选中"Registered"完成设置,如图 9-16 所示。

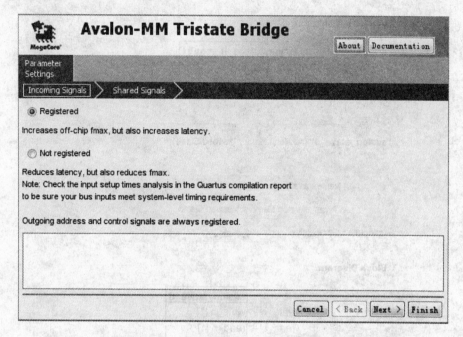

图 9-16 添加 Avalon-MM 三态桥

(7) 7 段数码管显示构件。

本实例添加一个 7 段数码显示管驱动构件,主要用于 7 段数码管段位显示控制等功能,从菜单添加新构件后,如图 9-17 所示。

该构件是自设构件,其构件程序代码如下所示。

```
module seg78led(clk,reset_n,address,write_n,writedata,read_n,readdata,seg_data,seg_com);
input clk;//时钟
input reset_n;//复位
input write_n;//写
input read_n;//读
input [2:0]address;//地址
input [7:0]writedata;//写数据
output [7:0]readdata;//读数据
output [7:0]seg_data;//7 段数码管位
output [7:0]seg_com;//77 段数码管段控制
reg [7:0]outdata;
reg [7:0]datain[7:0];
reg [7:0]seg_com;
reg [7:0]seg_data;
```

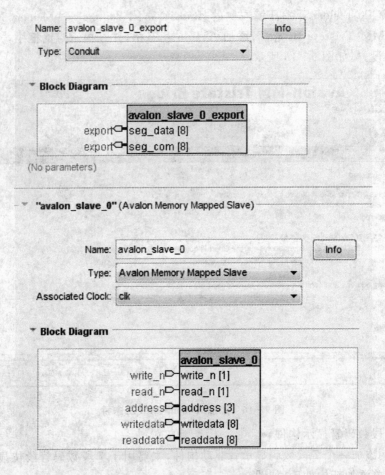

图 9 - 17　添加 7 段数码管构件

```
reg [7:0]bcd_led;
reg [36:0]count;
assign readdata = outdata;
always @(posedge clk)
begin
    if(! reset_n)
    /*清零*/
begin
        datain[0]<= 8'b00000000;
        datain[1]<= 8'b00000000;
        datain[2]<= 8'b00000000;
        datain[3]<= 8'b00000000;
        datain[4]<= 8'b00000000;
        datain[5]<= 8'b00000000;
        datain[6]<= 8'b00000000;
        datain[7]<= 8'b00000000;
```

```verilog
        end
    else if(! read_n)
        begin
            outdata< = datain[address];
        end
        else if(! write_n)
        begin
            datain[address]< = writedata;
        end
end
always @(posedge clk)
begin
    count = count + 1;
end
always @(count[17:15])
/ * 7 段数码管输出状态机 * /
begin
    case(count[17:15])
        3'b000：
            begin
             bcd_led = datain[0];//第 1 种输出状态
             seg_com  = 8'b1111_1110;//对应段控制
            end
        3'b001：
            begin
             bcd_led = datain[1]; //第 2 种输出状态
             seg_com = 8'b1111_1101; //对应段控制
            end
        3'b010：
            begin
             bcd_led = datain[2]; //第 3 种输出状态
             seg_com = 8'b1111_1011; //对应段控制
            end
        3'b011：
            begin
             bcd_led = datain[3]; //第 4 种输出状态
             seg_com = 8'b1111_0111; //对应段控制
            end
        3'b100：
            begin
             bcd_led = datain[4]; //第 5 种输出状态
             seg_com = 8'b1110_1111; //对应段控制
            end
```

```
        3'b101:
            begin
            bcd_led = datain[5]; //第 6 种输出状态
            seg_com = 8'b1101_1111; //对应段控制
            end
        3'b110:
            begin
            bcd_led = datain[6]; //第 7 种输出状态
            seg_com = 8'b1011_1111; //对应段控制
            end
        3'b111:
            begin
            bcd_led = datain[7]; //第 8 种输出状态
            seg_com = 8'b0111_1111; //对应段控制
            end
    endcase
end
always @(seg_com)
/* 数码管段控制状态机*/
begin
    case(bcd_led[3:0])
        4'h0:seg_data = 8'hc0;
        4'h1:seg_data = 8'hf9;
        4'h2:seg_data = 8'ha4;
        4'h3:seg_data = 8'hb0;
        4'h4:seg_data = 8'h99;
        4'h5:seg_data = 8'h92;
        4'h6:seg_data = 8'h82;
        4'h7:seg_data = 8'hf8;
        4'h8:seg_data = 8'h80;
        4'h9:seg_data = 8'h90;
        4'ha:seg_data = 8'h88;
        4'hb:seg_data = 8'h83;
        4'hc:seg_data = 8'hc6;
        4'hd:seg_data = 8'ha1;
        4'he:seg_data = 8'h86;
        4'hf:seg_data = 8'h8e;
    endcase
end
endmodule
```

(8) UART 串口。

选择 SOPC Builder 开发环境左侧的"Interface Protocols"→"Serial"→"UART

（RS-232 Serial Port）",添加串口模块,完成设置,如图 9-18 所示。

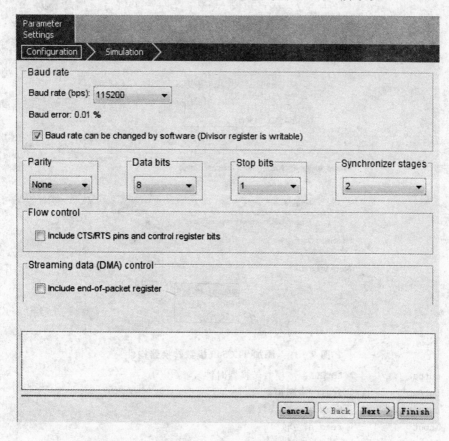

图 9-18　添加 UART 串口

（9）TCL549 模数转换器。

TCL549 模数转换器是本实例最主要的功能构件,其作用是将压力传感器经增益放大器放大后的模拟信号进行 A/D 转换,该构件是自设构件,从菜单添加新构件后,如图 9-19 所示。其构件程序代码如下所示。

```
`timescale 1ns / 1ps
module ADC_TLC549 (
                clk,
                read_n,
                AD_DATA,
                AD_CS,
                AD_CLK,
                irq,
                readdata
            );
    input        AD_DATA;//模数转换器 DATA OUT 端口
    output       AD_CS; //模数转换器片选信号
```

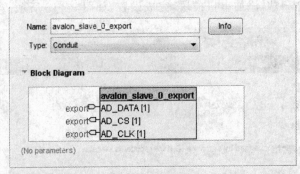

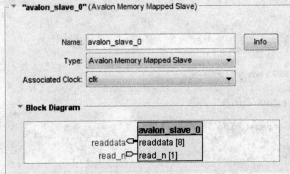

图 9 - 19　添加 TLC549 模数转换器构件

```
output            AD_CLK;// 模数转换器时钟
output            irq;//中断请求
output   [7:0]   readdata;//读数据
input            read_n;//读
input            clk;//时钟
wire             AD_DATA;
reg              AD_CS;
reg              AD_CLK_r;
reg              AD_CLK_EN;
reg    [10:0]    DCLK_DIV;
reg    [4:0]     COUNTER;
reg    [7:0]     data_out;
reg    [7:0]     data_reg;
reg              irq;
wire   [7:0]     readdata;
/* 时钟频率参数 */
parameter CLK_FREQ = D50_000_000;
parameter DCLK_FREQ = D1_000_000;
assign readdata =  data_out;
always @(posedge clk)
  if(DCLK_DIV < (CLK_FREQ / DCLK_FREQ))//分频因子判定
    DCLK_DIV <= DCLK_DIV + 1'b1;//确定分频因子
  else
```

```
begin
    DCLK_DIV <= 0;//不分频
    AD_CLK_r <= ~AD_CLK_r;//确定时钟频率
end
always @(posedge AD_CLK_r)
    COUNTER <= COUNTER + 1'b1;//计数器加 1
always @(posedge AD_CLK_r)
    if(COUNTER == 0)//计数值为 0
      begin
        AD_CS <= 1'b0;//片选为低电平
        irq <= 0;
      end
      else if(COUNTER >= 'd2 && COUNTER <= 'd9)//有计数值
        begin
          data_reg[0] <= AD_DATA;//数据位 0
          data_reg[7:1] <= data_reg[6:0];//数据位 7:1
          AD_CLK_EN <= 1;
        end
      else if(COUNTER > 9)//计数值大于 9
        begin
          data_out <= data_reg;
          irq <= 1;
          AD_CS <= 1'b1;
          AD_CLK_EN = 1'b0;
        end
assign AD_CLK =  AD_CLK_EN ? AD_CLK_r : 1'b1;
endmodule
```

将 Cfi_Flash 控制器与 Avalon - MM 三态桥建立连接后,至此,本实例中所需要的
CPU 及 IP 模块均添加完毕,如图 9 - 20 所示。

Use	Connectio...	Module Name	Description	Clock	Base	End	Tags	IRQ
☑		⊟ cpu_0	Nios II Processor					
		instruction_master	Avalon Memory Mapped Master	clk				
		data_master	Avalon Memory Mapped Master		IRQ 0	IRQ 31		
		jtag_debug_module	Avalon Memory Mapped Slave		0x02000800	0x02000fff		
☑		⊟ tri_state_bridge_0	Avalon-MM Tristate Bridge					
		avalon_slave	Avalon Memory Mapped Slave	clk				
		tristate_master	Avalon Memory Mapped Tristate Master					
☑		⊟ flash	Flash Memory Interface (CFI)					
		s1	Avalon Memory Mapped Tristate Slave	clk	0x01000000	0x017fffff		
☑		⊟ lcd_tri_12864_0	lcd_tri_12864					
		avalon_tristate_slave_0	Avalon Memory Mapped Tristate Slave		0x02001030	0x0200103f		
☑		⊟ sdram	SDRAM Controller					
		s1	Avalon Memory Mapped Slave	clk	0x01800000	0x01ffffff		
☑		⊟ uart	UART (RS-232 Serial Port)					
		s1	Avalon Memory Mapped Slave	clk	0x02001000	0x0200101f		
☑		⊟ seg78led_pio	seg78led					
		avalon_slave_0	Avalon Memory Mapped Slave	clk	0x02001040	0x0200104f		
☑		⊟ adc_tlc549_0	ADC_TLC549					
		avalon_slave_0	Avalon Memory Mapped Slave	clk	0x02001058	0x02001058		
☑		⊟ jtag_uart	JTAG UART					
		avalon_jtag_slave	Avalon Memory Mapped Slave	clk	0x02001050	0x02001037		

图 9 - 20　构建完成的 SOPC 系统

9.3.3　生成 Nios II 系统

在 SOPC Builder 开发环境中，分别选择菜单栏的"System"→"Auto – Assign Base Address"和"System"→"Auto – Assign IRQs"，分别进行自动分配各组件模块的基地址和中断标志位操作。

双击"Nios II Processor"后在"Parameter Settings"菜单下配置"Reset Vector"为"flash"，设置"Exception Vector"为"sdram"，完成设置，如图 9 – 21 所示。

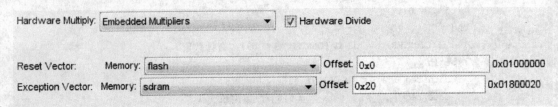

图 9 – 21　Nios II CPU 向量设置

配置完成后，选择"System Generation"选项卡，单击下方的"Generate"，启动系统生成。

9.3.4　创建顶层原理图模块

打开 Quartus II 开发环境，选择主菜单"File"→"New"命令，创建一个 Block Diagram/Schematic File 文件作为顶层文件，并命名为"adc_top"后保存。

本实例使用 SDRAM 芯片作为存储介质，需要使用片内锁相环 PLL 来完成 SDRAM 控制器与 SDRAM 芯片之间的时钟相位调整。

1．添加 PLL 模块

本例使用的 PLL 模块从其他现成的工程项目文件中复制过来。复制过来的 PLL 模块可以直接添加到工程的顶层原理图文件中。

2．添加集成 Nios II 系统至 Quartus II 工程

在顶层文件中添加 adcnios 模块，并完成各模块的原理图线路连线，如图 9 – 22 所示。

连线完成后，用户选择编辑并运行 pinset. tcl 文件为 FPGA 芯片分配引脚，也可以通过菜单选择图形化视窗来分配引脚。

保存整个工程项目文件后，即可通过主菜单工具或者工具栏中的编译按钮执行编译，生成程序下载文件。至此，硬件设计部分完成。

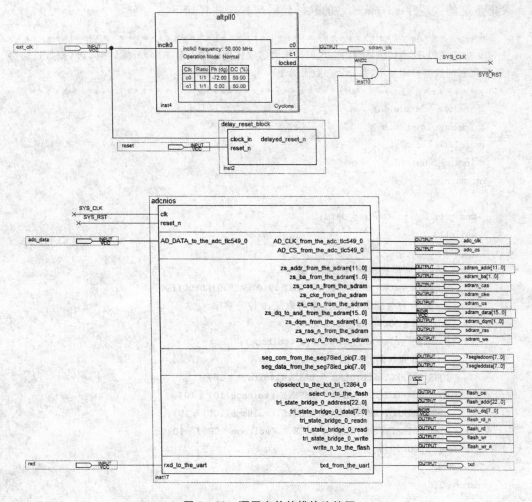

图 9 - 22 顶层文件的模块连接图

9.4 压力传感器软件系统设计与程序代码

本节主要针对 Nios II 系统软件设计进行讲述,其主要设计流程如下。

9.4.1 创建 Nios II 工程

启动 Nios II IDE 开发环境,选择主菜单"File"→"New"→"Project"命令,创建 Nios II 工程项目文件,并进行相关选项配置。

9.4.2 程序代码设计

Nios II 新工程建立后,单击"Finish"生成工程,添加并修改代码。压力传感器数据采集系统的主程序 ad_main.C 的软件代码与程序注释如下。

```
/*******************************************************
* 功能说明:压力传感器输出电压值与压力值成比例地输入至 TLC549,测试 TLC549 模数转换功
能,采集到的数据打印显示,并显示在数码管上
*******************************************************/
# include <stdio.h>
# include "system.h"
# include "io.h"
# include "unistd.h"
int main()
{
    unsigned int voltage,ad_data;
    while(1)
    {
        /* 读取模数转换器中的数据 */
        ad_data = IORD_8DIRECT(ADC_TLC549_0_BASE,0)&0x00ff;
        /* 转换为电压值 = 3.3 V 参考电压,8 位分辨率 */
        voltage = 3300 * ad_data/256;
        printf("voltage =  %4dmV\n",voltage);
        /* 输出到数码管显示 */
        IOWR_8DIRECT(SEG78LED_0_BASE,4,voltage%10);
        IOWR_8DIRECT(SEG78LED_0_BASE,5,(voltage/10)%10);
        IOWR_8DIRECT(SEG78LED_0_BASE,6,(voltage/100)%10);
        IOWR_8DIRECT(SEG78LED_0_BASE,7,(voltage/1000)%10);
    usleep(1000000);
    }
    return 0;
}
```

在 Nios II IDE 环境中完成所有程序代码设计与编译参数配置后,即可执行编译和
下载,验证系统运行效果。

9.5 实例总结

本章讲述了 TLC549 芯片和压力传感器 MPX2010 的主要参数和工作原理。本章
采用简单而实用的硬件电路设计了压力传感器数据采集系统,使系统在准确完成数据
采集的前提下,有效节约硬件资源,同时使系统功能也易于拓展。

实例中需要将压力传感器增益放大电路的模拟电压输入至 TLC549 模数转换器,
因此请注意增益放大器的增益调节范围,不要超出 TLC549 及 FPGA 的 I/O 引脚的正
常电压范围。

第 **10** 章
SD 卡音乐播放器设计

多媒体/音视频播放器经常采用大容量的 SD 存储卡来存储音乐或者视频文件。本实例主要利用 Nios II 处理器、内部硬件资源以及外围音频解码芯片等资源,实现一个 SD 卡音乐播放器。SD 卡音乐播放器读取存储在 SD 卡里面的音频格式文件,并通过立体声音频解码芯片输出。

10.1   SD 存储卡概述

SD 存储卡(Secure Digital Memory Card)是一种基于半导体快闪存储器的新一代高速存储设备。SD 存储卡的技术是从 MMC 卡(MultiMedia Card)格式上发展而来,在兼容 SD 存储卡基础上发展了 SDIO(SD Input/Output)卡,此兼容性包括机械,电子,电力,信号和软件,通常将 SD、SDIO 卡俗称 SD 存储卡。

SD 卡具有高记忆容量、快速数据传输率、极大的移动灵活性以及很好的安全性。它被广泛地应用于便携式装置上,例如数码相机、个人数码助理(PDA)和多媒体播放器等。

SD 卡的结构能保证数字文件传送的安全性,也很容易重新格式化,所以有着广泛的应用领域。音乐、电影等多媒体文件都可以方便地保存到 SD 卡中。

目前市场上 SD 卡的品牌很多,诸如:SANDISK,Kingmax,Panasonic 和 Kingston。SD 卡作为一种新型的存储设备,具有以下特点:

- 高存储容量,最常用的容量:1 GB,2 GB,4 GB,8 GB,16 GB,32 GB。
- 内置加密技术,适应基于 SDMI 协议的著作版权保护功能。
- 高速数据传送;最大读写速率为 10 MB/s。
- 体积轻小,便于携带,具有很强的抗冲击能力。

10.1.1   SD 存储卡物理结构与接口规范

SD 存储卡尺寸为 32 mm×24 mm×2.1 mm,相当于邮票大小。这样尺寸的存储卡用在数码相机、DV 机中还算合适,但如果用于尺寸空间要求严格的手机数码产品,则显得过分"庞大"。

为了满足数码产品不断缩小存储卡体积的要求,SD 卡还逐渐演变出了 Mini SD,Micro SD 两种规格。它们与标准 SD 卡相比,外形上更加小巧。尽管 Mini SD 和 Micro SD 卡的外形大小及接口形状与原来的 SD 卡有所不同,但接口规范保持不变,确保了兼容性。本小节针对 SD 卡物理性能构造以及接口引脚规范进行简单介绍。

1. SD/SDIO 存储卡的物理结构

SD/SDIO 存储卡的物理结构如图 10-1 所示。

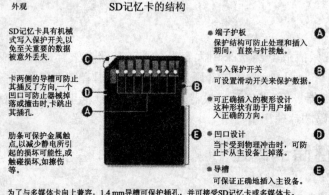

图 10-1　SD 存储卡物理结构

2. SD/SDIO 卡接口规范及引脚定义

SDIO 版本 2.0 规范定义了两种类型的 SDIO 卡:全速卡和低速卡。

图 10-2　SDIO 卡引脚分布示意图

全速卡在 0～25 MHz 的时钟范围内支持 SPI 传输模式、1 位 SD 传输模式以及 4 位 SD 传输模式。全速的 SDIO 卡的数据传输速率超过 10 MB/s。

低速 SDIO 卡只需要 SPI 和 1 位 SD 传输模式,但也可以支持 4 位传输模式。此外,低速的 SDIO 卡支持 0～400 kHz 的时钟范围。低速卡的用途主要是支持低速 I/O 硬件设备。比如,调制解调器等功能,条形码扫描仪,GPS 接收机等。

SDIO 卡引脚分布示意图如图 10-2 所示。

SDIO 卡接口一共有 9 个引脚,引脚功能定义如表 10-1 所列。

表 10-1　SDIO 卡引脚功能定义

引脚	SD 模式			SPI 模式		
	信　号	类　型	说　明	信　号	类　型	说　明
1	CD/DAT3	I/O/PP	卡检测/数据位 3	CS	I	片选
2	CMD	PP	命令/响应	DI	I	数据输入
3	V_{SS1}	S	电源地	V_{SS1}	S	电源地
4	V_{DD}	S	电源	V_{DD}	S	电源
5	CLK	I	时钟	SCLK	I	时钟
6	V_{SS2}	S	电源地	V_{SS2}	S	电源地
7	DAT0	I/O/PP	数据位 0	DO	O/PP	数据输出
8	DAT1	I/O/PP	数据位 1	RSV	—	保留
9	DAT2	I/O/PP	数据位 2	RSV	—	保留

注:S:电源;I:输入;O:输出上拉;PP:输入/输出上拉。

10.1.2　SD 存储卡总线协议

SD 存储卡的接口可以支持 SD 总线传输模式(简称 SD 模式)和 SPI 接口总线传输模式(简称 SPI 模式)两种操作模式,主机系统可以选择其中任一模式。SD 模式允许 4 位数据宽度的高速数据传输;SPI 模式允许使用简单通用的 SPI 外设接口,相对于 SD 模式来说传输速度较低。

1. SD 总线传输模式

SD 传输模式允许 1 到 4 位数据信号设置。上电后,SD 卡默认地使用 DAT0。初始化之后,主机可以改变数据宽度。SD 总线上的通讯是以命令帧、反馈帧和数据帧进行的,这几种帧格式都包含起始位和停止位。

● 命令帧。

命令帧用来传输了一个操作命令的令牌。

● 反馈帧。

反馈帧是从地址卡或者所有连接卡发送给主机的作为对接收到的命令帧做出应答的令牌。

● 数据帧。

数据帧用来在卡和主机之间进行真正的有用的数据传输。数据是通过数据链路进行传输的。SD 总线协议的数据传输是以数据块的方式进行的。数据块之后通常跟着 CRC 校验码。

在协议中定义了数据传输的方式可以是单块和多块传输。多块传输在进行写卡操作时的速度比单块传输快得多。多块传输会在 CMD 信号上出现一个停止命令帧时中断传输。SD 传输模式下读操作的数据块传输时序图如图 10 - 3 所示。

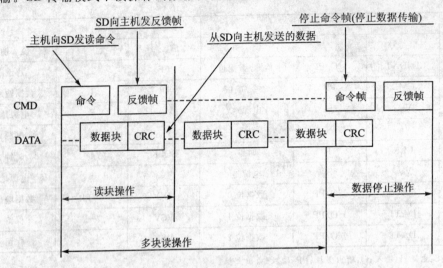

图 10 - 3　SD 模式读操作时的数据块传输时序

写操作和读操作在时序上的不同,在于数据线 DAT0 上多了一个写操作忙的信号。SD 传输模式下写操作时的数据块传输时序图如图 10 - 4 所示。

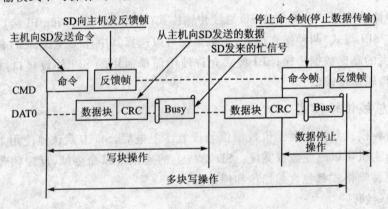

图 10 - 4　SD 模式写操作时的数据块传输时序

2. SPI 接口总线传输模式

SPI 接口总线传输模式是一种通过 SPI 接口访问 SD 卡的兼容方式。SPI 标准仅定义了物理连接方式,并未包括完整的数据传输协议。SD 卡的 SPI 接口总线传输方式使用了和 SD 总线传输模式相同的命令集。

SPI 传输模式是面向字节的传输,它的命令和数据块都是以 8 个比特为单位进行分组的。与 SD 总线传输协议相似,SPI 接口总线传输的信息也分为控制帧,反馈帧和数据帧。所有主机和卡之间的通讯都由主机进行控制,主机通过拉低片选信号启动一个总线事务。

SPI 接口总线传输的反馈方式和 SD 总线传输模式协议相比有以下 3 个方面的不同：

（1）被选中的卡必须时刻对命令帧做出响应；

（2）使用两种新的响应结构（8 位或 16 位）；

（3）当卡获取数据出问题时，它将发出一个出错反馈帧通知主机，而不是使用超时检测的方式。

除了需要对命令帧做出反馈之外，在进行写卡操作期间，还需要对每一个发送到卡的数据块发一个专门的数据反馈令牌。

SPI 接口总线传输模式下读操作时的数据块传输时序图如图 10－5 所示。

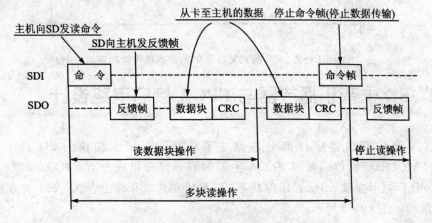

图 10－5　SPI 模式写操作时的数据块传输时序

一旦数据读取出现错误，卡就不会再传输数据，取而代之的是发送一个数据出错令牌给主机。数据读取出错时的处理时序图如图 10－6 所示。

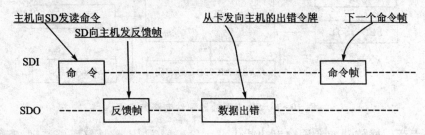

图 10－6　SPI 模式数据读取出错时的处理时序

在 SPI 模式中也支持单块和多块的数据写命令，卡从主机端接收到一个数据块之后，它就会发一个数据响应令牌给主机，如果接收的数据经校验无错，就把数据写入存储卡介质中；如果卡处于忙状态，它会持续发一个"工作忙"的令牌给主机。SPI 接口总线传输模式下写操作时的数据块传输时序图如图 10－7 所示。

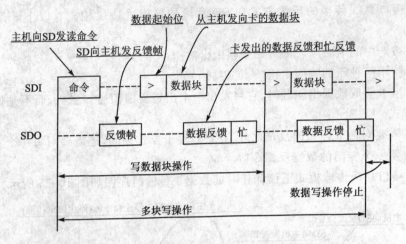

图 10-7 SPI 模式写操作时的数据块传输时序

10.2　SD 卡音乐播放器与 FPGA 接口电路设计

　　SD 卡音乐播放器硬件部分电路主要由 SD 存储卡模块、LCD 显示模块、TLV320AIC23B 音频解码器和 FPGA 主控制器等部分组成。由 FPGA 控制在 LCD 上显示 SD 存储卡播放 MP3 音乐的状态，TLV320AIC23B 输出音乐。SD 卡播放器硬件电路结构如图 10-8 所示。

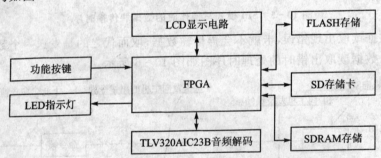

图 10-8　SD 卡播放器硬件电路结构图

　　SD 卡音乐播放器的音乐输出功能由 TLV320AIC23B 音频解码器实现，其硬件电路原理图参考第 7 章介绍。本实例仅介绍字符型 LCD 显示电路及 SD 存储卡接口电路部分硬件原理图。

10.2.1　SD 存储卡硬件接口电路

　　SD 储存卡采用 SPI 外设接口与 FPGA 连接，其硬件接口电路原理图如图 10-9 所示。

- SD_DAT3 是片选信号(SD 卡槽引脚 1);
- SD_CMD 是 SPI 接口数据输入信号(SD 卡槽引脚 2);
- SD_CLK 是 SPI 接口时钟输入信号(SD 卡槽引脚 5);
- SD_DAT 是 SPI 接口数据输出信号(SD 卡槽引脚 7),其他数据引脚空置。

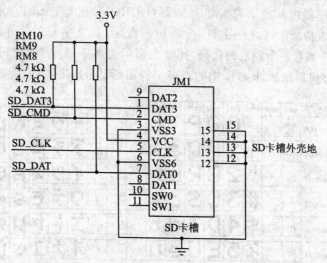

图 10 - 9　SD 存储卡硬件接口电路原理图

10.2.2　字符型 LCD 硬件电路

图 10 - 10 所示的是一个 16×2 字符型液晶显示器,可以显示两行且每行可以显示 16 个字符。其主要引脚功能定义如下所述。

- 第 3 脚:Vo 为液晶显示器对比度调整端,接正电源时对比度最弱,接电源地时对比度最高,对比度过高时会产生"拖影",使用时可以通过 1 个 10 kΩ 的电位器调整对比度。
- 第 4 脚:LCD_RS 为寄存器选择引脚,高电平时选择数据寄存器,低电平时选择指令寄存器。
- 第 5 脚:LCD_RW 为读写信号线,高电平时进行读操作,低电平时进行写操作。当 LCD_RS 和 LCD_RW 共同为低电平时可以写入指令或者显示地址,当 LCD_RS 为低电平 LCD_RW 为高电平时可以读忙信号,当 LCD_RS 为高电平 LCD_RW 为低

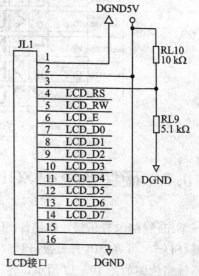

图 10 - 10　字符型 LCD 硬件原理图

电平时可以写入数据。

- 第 6 脚：LCD_E 端为使能端，当 LCD_E 端由高电平跳变成低电平时，液晶模块执行命令。
- 第 7～14 脚：LCD_D0～D7 为 8 位双向数据线。

1602 液晶模块内部的字符发生存储器（CGROM）已经存储了点阵字符图形，如图 10-11 中的表格所示。这些字符有：阿拉伯数字、英文字母的大小写、常用的符号等。每一个字符都有一个固定的代码，比如大写的英文字母"A"的代码是 0100_0001B（41H）。显示时模块把地址 41H 中的点阵字符图形显示出来，我们就能看到字母"A"。

图 10-11　点阵字符图形标准库

10.3　硬件系统的 SOPC 设计

SD 存储卡音乐播放器硬件 SOPC 系统构件组成主要包括字符型 LCD、音频解码器、SD 卡。3 条 SPI 外设接口对应时钟与数据信号构件、功能按键等。其完整的硬件系统结构图如图 10-12 所示。

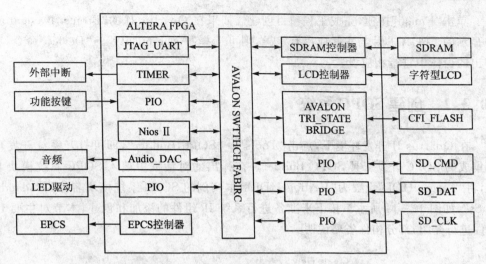

图 10 - 12　SD 存储卡音乐播放器硬件系统结构图

SOPC 硬件系统设计主要构件创建过程如下文介绍。

10.3.1　创建 Quartus II 工程项目

打开 Quartus II 开发环境,创建新工程并设置相关的信息,如图 10 - 13 所示。

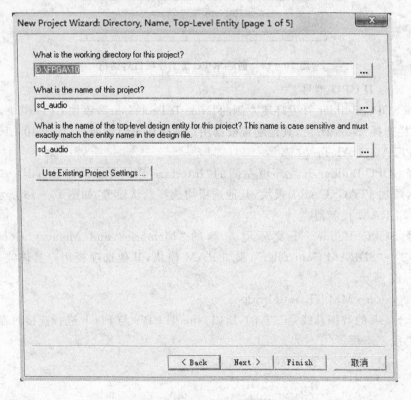

图 10 - 13　创建新工程项目对话框

单击"Finish"按钮,完成工程项目创建。如果在 Quartus II 的"Project Navigator"中显示的 FPGA 芯片与实际应用有差异,则可选择"Assignments"→"Device"命令,在弹出的窗体中进行相应设置。

10.3.2　创建 SOPC 系统

在 Quartus II 开发环境下,点击"Tools"→"SOPC Builder",即可打开系统开发环境集成的 SOPC 开发工具 SOPC Builder。在弹出的对话框中填入 SOPC 系统模块名称,将"Target HDL"设置为"Verilog HDL",本实例的 SOPC 系统模块名称为"sdaudionios",如图 10-14 所示。接下来准备进行系统 IP 组件的添加和创建,本节对主要 IP 组件进行介绍,部分构件省略说明。

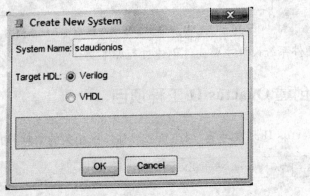

图 10-14　创建 SOPC 新工程项目对话框

（1）Nios II CPU 型号。

选择 SOPC Builder 开发环境左侧的"Nios II Processor",添加 CPU 模块,在"Core Nios II"栏选择"Nios II/s",其他配置根据用户需求调整设置即可,如图 10-15 所示。

（2）JTAG_UART。

选择 SOPC Builder 开发环境左侧的"Interface Protocols"→"Serial"→"JTAG_UART",添加 JTAG_UART 模块,其他选项均选择默认设置,如图 10-16 所示。

（3）SDRAM 控制器。

选择 SOPC Builder 开发环境左侧的"Memories and Memory Control"→"SDRAM"→"SDRAM Controller",添加 RAM 模块,其他选项视用户具体需求设置,如图 10-17 所示。

（4）Avalon-MM Tristate Bridge。

由于 Flash 的数据总线是三态的,所以 Nios II CPU 与 Flash 进行连接时需要添加 Avalon 总线三态桥。

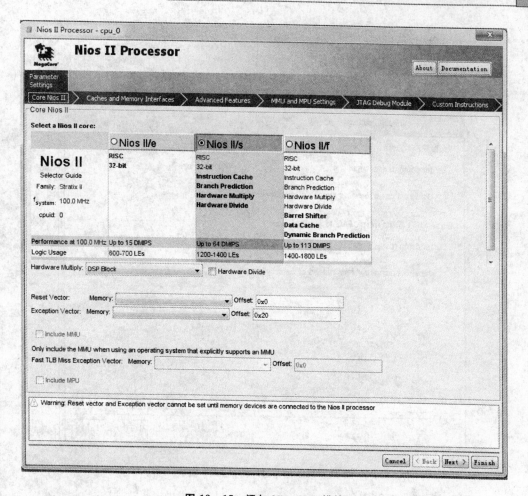

图 10-15　添加 Nios CPU 模块

选择 SOPC Builder 开发环境左侧的"Bridges and Adapters"→"Memory Mapped"→"Avalon-MM Tristate Bridge",添加 Avalon 三态桥,并在提示对话框中选中"Registered"完成设置,如图 10-18 所示。

(5) Cfi-Flash。

选择 SOPC Builder 开发环境左侧的"Memories and Memory Control"→"Flash"→"Flash Memory Interface(CFI)",添加 Flash 模块,其他选项视用户具体需求设置,如图 10-19 所示。

(6) LED-PIO。

SOPC Builder 提供的 PIO 控制器主要用于完成 Nios II 处理器并行输入输出信号的传输。选择左侧的"Peripherals"→"Microcontroller Peripherals"→"PIO(Parallel I/O)",添加 PIO 控制器模块,单击"Finish"完成设置并重命名为"led_red",如图 10-20 所示。

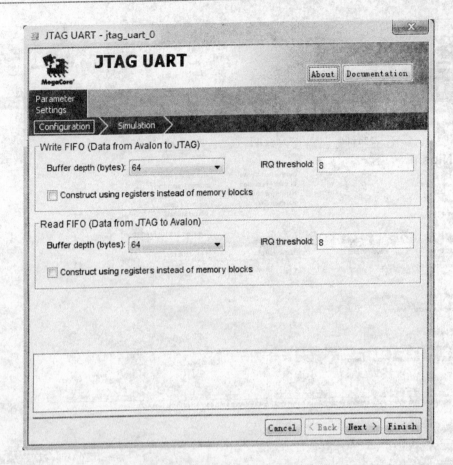

图 10 - 16 添加 JTAG_UART 模块

（7）SD_DAT - PIO。

SOPC Builder 提供的 PIO 控制器主要用于完成 Nios II 处理器并行输入输出信号的传输。选择左侧的"Peripherals"→"Microcontroller Peripherals"→"PIO(Parallel I/O)"，添加 PIO 控制器模块，单击"Finish"完成设置并重命名为"SD_DAT"，如图10 - 21 所示。

（8）SD_CMD - PIO。

SOPC Builder 提供的 PIO 控制器主要用于完成 Nios II 处理器并行输入输出信号的传输。选择左侧的"Peripherals"→"Microcontroller Peripherals"→"PIO(Parallel I/O)"，添加 PIO 控制器模块，单击"Finish"完成设置并重命名为"SD_CMD"，如图10 - 22 所示。

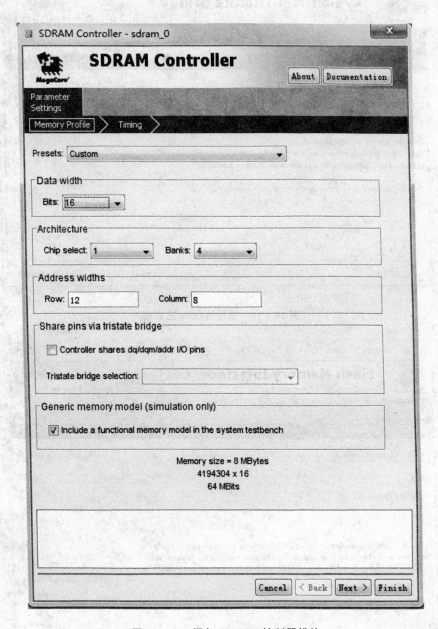

图 10 - 17　添加 SDRAM 控制器模块

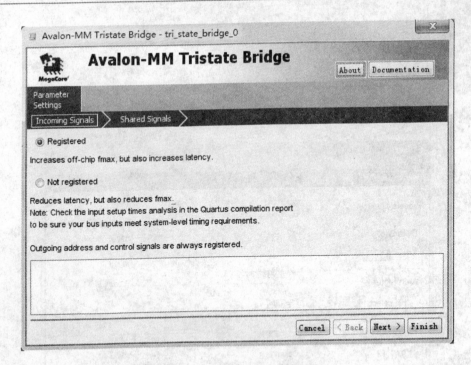

图 10 - 18　添加 Avalon 三态桥

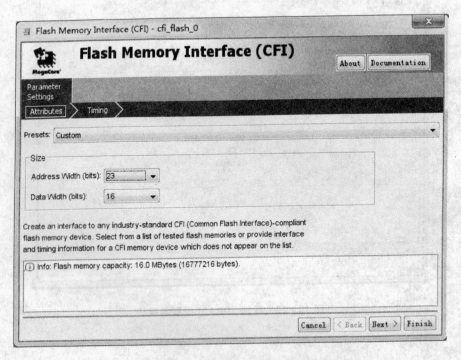

图 10 - 19　添加 FLASH 控制器模块

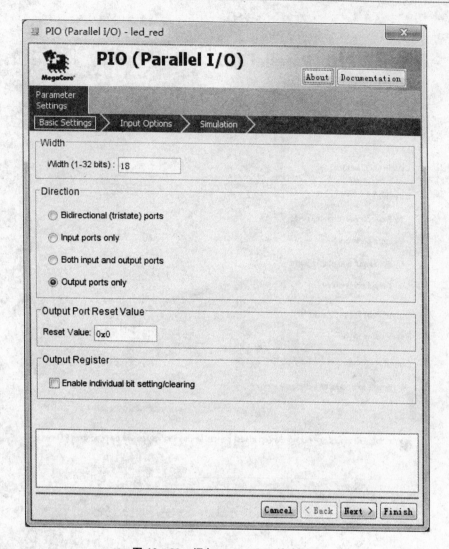

图 10 - 20　添加 LED－PIO 输出端口

（9）SD_CLK - PIO。

SOPC Builder 提供的 PIO 控制器主要用于完成 Nios II 处理器并行输入输出信号的传输。选择左侧的"Peripherals"→"Microcontroller Peripherals"→"PIO(Parallel I/O)"，添加 PIO 控制器模块，单击"Finish"完成设置并重命名为"SD_CLK"，如图 10 - 23 所示。

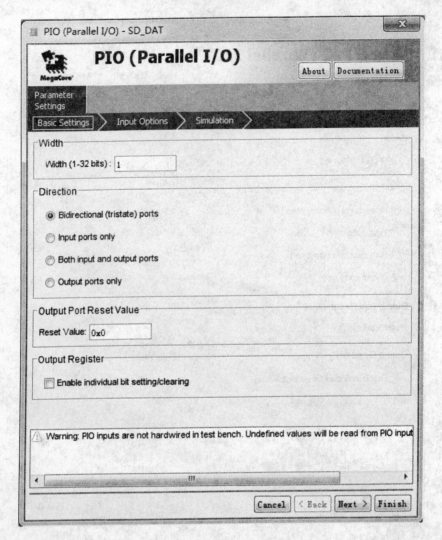

图 10 - 21　添加 SD_DAT－PIO 双向数据端口

(10) SWITCH - PIO。

SOPC Builder 提供的 PIO 控制器主要用于完成 Nios II 处理器并行输入输出信号的传输。选择左侧的"Peripherals"→"Microcontroller Peripherals"→"PIO(Parallel I/O)",添加 PIO 控制器模块,单击"Finish"完成设置并重命名为"SWITCH_PIO",如图 10 - 24 所示。

(11) 字符型 LCD。

选择 SOPC Builder 开发环境左侧的"Peripherals"→"Display"→"Character LCD",添加 LCD 控制器模块,完成设置,如图 10 - 25 所示。

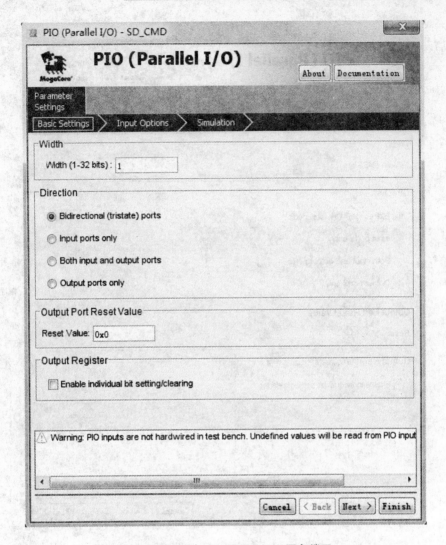

图 10 - 22　添加 SD_CMD - PIO 双向端口

（12）Interval Timer。

SOPC Builder 提供的 Interval Timer 控制器主要用于完成 Nios II 处理器的定时中断控制。选择左侧的"Peripherals"→"Microcontroller Peripherals"→"Interval Timer"，添加 Interval Timer 定时器模块，相关参数根据使用要求设置，如图 10 - 26 所示。

（13）EPCS Serial Flash Controller。

选择 SOPC Builder 开发环境左侧的"Memories and Memory Control"→"Flash"→"EPCS Serial Flash Controller"，添加 EPCS Serial Flash Controller 模块，其他选项按默认设置，如图 10 - 27 所示。

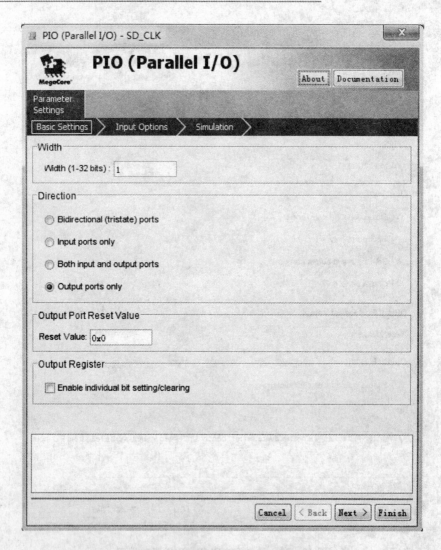

图 10-23 添加 SD_CLK—PIO 输出端口

将所有添加的模块添加完毕,并将 CFI_FLASH 与 Avalon-MM 三态桥建立连接。至此,本实例中所需要的 CPU 及 IP 模块构件均添加完毕,如图 10-28 所示。

10.3.3 生成 Nios II 系统

在 SOPC Builder 开发环境中,分别选择菜单栏的"System"→"Auto-Assign Base Address"和"System"→"Auto-Assign IRQs",分别进行自动分配各组件模块的基地址和中断标志位操作。

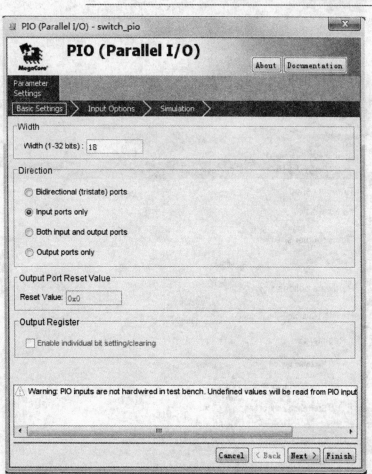

图 10 - 24　添加 SWITCH - PIO 输入端口

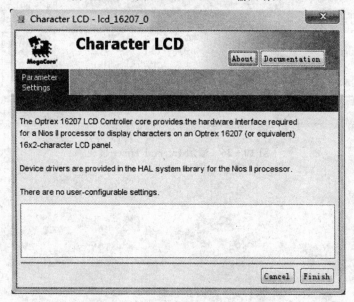

图 10 - 25　添加字符型 LCD 控制器

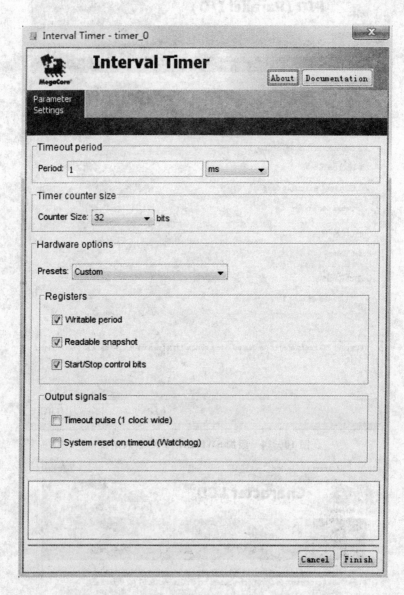

图 10 - 26　添加 Interval Timer 模块

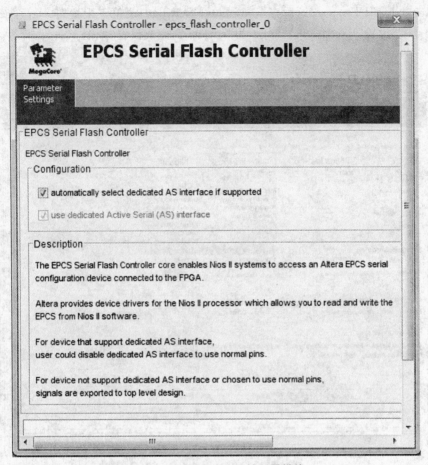

图 10 – 27 添加 EPCS 控制器模块

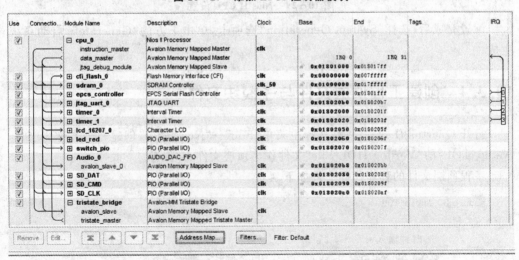

图 10 – 28 构建完成的 SOPC 系统

双击"Nios II Processor"后在"Parameter Settings"菜单下配置"Reset Vector"为"cfi_flash0";设置"Exception Vector"为"sdram0",完成设置,如图 10-29 所示。

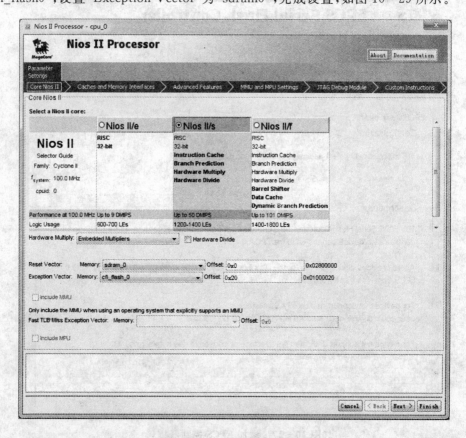

图 10-29　Nios II CPU 设置

配置完成后,选择"System Generation"选项卡,单击下方的"Generate",启动系统生成。

10.3.4　创建工程顶层文件与子模块文件

打开 Quartus II 开发环境,选择主菜单"File"→"New"命令,创建一个名称为"SD_Audio_TOP"的"Verilog HDL File"文件作为顶层文件,并保存。

工程顶层文件的程序代码文件如下。

```
module SD_Audio_TOP
    (
        /* 时钟输入 */
        CLOCK_50_audio,          //   电路板上 27 MHz
        CLOCK_50,                //   电路板上 50 MHz
        EXT_CLOCK,               //   外接时钟
```

```
        KEY,                    //      功能按键
        led_out,
        LEDR,                   //      LED 指示灯
        DRAM_DQ,                //      SDRAM  数据总线 16 位
        DRAM_ADDR,              //      SDRAM 地址总线 12 位
        DRAM_LDQM,              //      SDRAM 低字节数据屏蔽
        DRAM_UDQM,              //      SDRAM 高字节数据屏蔽
        DRAM_WE_N,              //      SDRAM 写使能
        DRAM_CAS_N,             //      SDRAM 列地址
        DRAM_RAS_N,             //      SDRAM 行地址
        DRAM_CS_N,              //      SDRAM 片选
        DRAM_BA_0,              //      SDRAM Bank 地址  0
        DRAM_BA_1,              //      SDRAM Bank 地址 1
        DRAM_CLK,               //      SDRAM 时钟
        DRAM_CKE,               //      SDRAM 时钟使能
/ * 16 x 2 字符型液晶显示屏 * /
        LCD_ON,                 //      LCD 上电开关
        LCD_BLON,               //      LCD 背光开关
        LCD_RW,                 //      LCD 读/写选择,0 = 写,1 = 读
        LCD_EN,                 //      LCD 使能
        LCD_RS,                 //      LCD 命令/数据选择,0 = 命令,1 =数据
        LCD_DATA,               //      LCD Data bus 8 bits
/ * SD 存储器接口 * /
        SD_DAT,                 //      SPI 接口数据输出信号(SD 卡槽引脚 7)
        SD_DAT3,                //      片选信号(SD 卡槽引脚 1)
        SD_CMD,                 //      SPI 接口数据输入信号(SD 卡槽引脚 2)
        SD_CLK,                 //      SPI 接口时钟输入信号(SD 卡槽引脚 5)
/ * TLV320AIC23B 音频编解码器接口 * /
        AUD_ADCLRCK,            //      TLV320AIC23B 音频编解码器 ADCLRCK
        AUD_ADCDAT,             //      TLV320AIC23B 音频编解码器 ADCDATA
        AUD_DACLRCK,            //      TLV320AIC23B 音频编解码器 DACLRCK
        AUD_DACDAT,             //      TLV320AIC23B 音频编解码器 DACDATA
        AUD_BCLK,               //      TLV320AIC23B 音频编解码器比特流时钟 BCLK
        ACS,                    //      TLV320AIC23B 音频编解码器片选
        AMODE,                  //      TLV320AIC23B 音频编解码器工作模式
        A_SCLK,                 //      SCLK
        A_SDIN,                 //      SDIN
/ * CFI_FLASH 存储器接口 * /
        FLASH_RW,
        FLASH_OE,
        FLASH_CE,
        FLASH_DA,
        FLASH_ADD,
```

```
                    FLASH_RST,
                    SW0,
                    SW1
                    );
/* 时钟输入 */
input           CLOCK_50_audio;      //      电路板上 27 MHz
input           CLOCK_50;            //      电路板上 50 MHz
input           EXT_CLOCK;           //      外部时钟
input    [3:0]  KEY;                 //      功能按键
/* CFI_FLASH 存储器接口 */
output          FLASH_RW;
output          FLASH_OE;
output          FLASH_CE;
output          FLASH_RST;
inout    [7:0]  FLASH_DA;
output   [22:0] FLASH_ADD;
input           SW0;
input           SW1;
/* LED 驱动 */
output   [23:0] led_out;
output    [7:0]  LEDR;


/* SDRAM 存储器接口 */
inout    [15:0] DRAM_DQ;
output   [11:0] DRAM_ADDR;
output          DRAM_LDQM;
output          DRAM_UDQM;
output          DRAM_WE_N;
output          DRAM_CAS_N;
output          DRAM_RAS_N;
output          DRAM_CS_N;
output          DRAM_BA_0;
output          DRAM_BA_1;
output          DRAM_CLK;
output          DRAM_CKE;
/* 16 × 2 字符型液晶显示屏 */
inout    [7:0]  LCD_DATA;
output          LCD_ON;
output          LCD_BLON;
output          LCD_RW;
output          LCD_EN;
output          LCD_RS;
/* SD 存储器接口 */
```

```
inout              SD_DAT;
inout              SD_DAT3;
inout              SD_CMD;
output             SD_CLK;
/* TLV320AIC23B 音频编解码器接口 */
inout              AUD_ADCLRCK;
input              AUD_ADCDAT;
inout              AUD_DACLRCK;
output             AUD_DACDAT;
inout              AUD_BCLK;
output             ACS,AMODE;
inout              A_SCLK,A_SDIN;
wire    CPU_CLK;
wire    CPU_RESET;
wire    CLK_18_4;
wire    seg_seven;
//    Flash Reset 信号赋值
 assign       FL_RST_N      =     1'b1;
//    16×2 字符型 LCD 信号赋值
assign    LCD_ON        =      1'b1;    //    LCD 开
assign    LCD_BLON      =      1'b1;    //    LCD 背光开
//    双向端口置三态
assign    SD_DAT        =      1'bz;
assign    AUD_ADCLRCK   =      AUD_DACLRCK;
//    SD 存储卡片选信号置 1
assign    SD_DAT3       =      1'b1;
Reset_Delay     delay1    (.iRST(KEY[0]),.iCLK(CLOCK_50),.oRESET(CPU_RESET));
SDRAM_PLL       PLL1
    (.inclk0(CLOCK_50),.c0(DRAM_CLK),.c1(CPU_CLK),.c2(CLK_18_4));
/* 音频时钟配置 */
                reg [2:0] i;
                always @ (posedge CLOCK_50)
                begin
                i<=i+1'b1;
                end
                wire CLK_16_66 = i[0];
/* TLV320AIC23B 音频编解码芯片配置 */
Aic23_top   bao_y  (
                .SYSCLK(CLOCK_50),//50MHz 时钟
                .RST(KEY[0]),
                .BCLK(),          // BCLK
                .DOUT(),          //DACDAT
                .LRCIN(),         /ADCLRCK
```

```
                              .LRCOUT(),           //DACLRCK
                              .DIN( ),             //ADCDAT
                              .ACS( ACS),
                              .AMODE( AMODE),
                              .A_SCLK(A_SCLK),
                              .A_SDIN(A_SDIN ),
                              .clk_3(CLK_16_66 )
                          );
/*计数器*/
 counter   counter   (
                              .clk(CLOCK_50),
                              .rst_n (SW0),
                              .seg_en0(led_out[3]),
                              .seg_en1(led_out[2]),
                              .seg_en2(led_out[1]),
                              .seg_en3(led_out[0]),
                              .data0(led_out[4]),
                              .data1(led_out[5]),
                              .data2(led_out[6]),
                              .data3(led_out[7]),
                              .data4(led_out[8]),
                              .data5(led_out[9]),
                              .data6(led_out[10]),
                              .data7(led_out[11])
                          );
/*功能按键*/
wire  x1;
wire  x2;
assign AUD_DACDAT = SW1?   x1:1'bz;
assign AUD_DACLRCK = SW1?   x2:1'bz;
  AUDIO_WAVE  AUDIO_WAVE(
          .AUDIO_LRCOUT(x2),
          .AUDIO_BCLK(AUD_BCLK),
          .AUDIO_DOUT(x1),
          .LED_BUS(LEDR) ,
          .rst()
              );
                  endmodule
```

除了工程顶层程序文件之外,本实例还包括很多子模块程序,如 TLV320AIC23B 音频编解码程序、SDRAM_PLL 宏模块、延时复位子模块、音频播放波形显示器(利用一组 LED 显示)等等。限于篇幅,有关音频编解码 TLV32AIC23B 的相关程序请参见第 7 章,其他子模块省略介绍。以下对音频播放波形显示子模块程序代码做一下简单介绍。

```verilog
module  AUDIO_WAVE(
        AUDIO_LRCOUT,
        AUDIO_BCLK,
        AUDIO_DOUT,
        LED_BUS,
        rst
            );
input   rst;
input   AUDIO_BCLK;//BCLK
input   AUDIO_LRCOUT;//LRCOUT
input   AUDIO_DOUT;//DOUT
output   [7:0]  LED_BUS;//驱动一组 LED
reg    LED_BUS;
reg    [7:0] Data_Buf;
reg    [5:0] Cont;
reg    [7:0]wave_data;
reg    flag;
always @( posedge AUDIO_BCLK or negedge rst)
    if(! rst) begin
        Data_Buf <= 0;
        flag1 <= 0;
        Cont <= 0;
    end
    else begin
            if(Cont <8)
                Cont <= Cont +1;
        else if(Cont >= 0 && Cont <= 7)
                begin
                    Data_Buf  <= {Data_Buf[6:0],AUDIO_DOUT};
                end
        else if(Cont == 7)
                begin
                flag <= 1'b1;
                wave_data <= Data_Buf;
                end
            else
                flag <= 1'b0;
                end
    reg [7:0] flag1;
    always @( AUDIO_LRCOUT )
                begin
```

```
                    flag1< = 0;
                    end
        always @(wave_data or rst)
          if(! rst)
                    begin
            LED_BUS < = 8'b11111111;
                    end
          else
            begin
            if (wave_data> = 0 && wave_data<10'd31)
                    begin
              LED_BUS < = 8'b10000000;//1 个 LED 亮
              else if (wave_data> = 10'd31 && wave_data<10'd63)
                    begin
              LED_BUS < = 8'b11000000; //2 个 LED 亮
                    end
              else if(wave_data> = 10'd63 && wave_data<10'd95)
                    begin
              LED_BUS < = 8'b11100000; //3 个 LED 亮
                    end
              else if(wave_data> = 10'd95 && wave_data<10'd127)
                    begin
              LED_BUS < = 8'b11110000; //4 个 LED 亮
                    end
              else if(wave_data> = 10'd127 && wave_data<10'd159)
                    begin
              LED_BUS < = 8'b11111000; //5 个 LED 亮
                    end
              else if(wave_data> = 10'd159 && wave_data<10'd191)
                    begin
              LED_BUS < = 8'b11111100; //6 个 LED 亮
                    end
              else if(wave_data> = 10'd191 && wave_data<10'd223)
                    begin
              LED_BUS < = 8'b11111110; //7 个 LED 亮
                    end
              else if(wave_data> = 10'd223 && wave_data< = 10'd255)
                    begin
              LED_BUS < = 8'b11111111; //8 个 LED 亮
                    end
              else
                     begin
              LED_BUS < = 8'b11111111;//默认 8 个
```

```
            end
        end
endmodule
```

保存工程文件,并给 FPGA 分配引脚后,即可通过主菜单工具或者工具栏中的编译按钮执行编译,生成程序下载文件。至此,硬件设计部分完成。

10.4　系统软件设计与程序代码

本系统的软件代码与程序注释如下。

(1) hello_led.c。

hello_led.c 程序代码详见下文。

```c
int main(void)
{
  UINT16 i = 0,Tmp1 = 0,Tmp2 = 0;
  UINT32 j = 720;
  BYTE Buffer[512] = {0};
  printf("* * * * * * * * * * * *MUSIC!    NOW ! * * * * * * * * * * * *\n");
  while(SD_card_init())
  LCD_Test();
   while(1)
  {
    SD_read_lba(Buffer,j,1);
    while(i<512)
    {
      if(! IORD(AUDIO_0_BASE,0))
      {
        Tmp1 = (Buffer[i + 1]<<8)|Buffer[i];
        IOWR(AUDIO_0_BASE,0,Tmp1);
        i + = 2;
      }
    }
    if(j % 64 == 0)
    {
      Tmp2 = Tmp1 * Tmp1;
      IOWR(LED_RED_BASE,0,LedBuff[Tmp1/8200]);
    }
    j ++ ;
    i = 0;
  }
  return 0;
}
```

(2) LCD 显示程序。

LCD 显示程序的代码详见下文。

```
void LCD_Init()
{
  lcd_write_cmd(LCD_16207_0_BASE,0x38);
  usleep(2000);
  lcd_write_cmd(LCD_16207_0_BASE,0x0C);
  usleep(2000);
  lcd_write_cmd(LCD_16207_0_BASE,0x01);
  usleep(2000);
  lcd_write_cmd(LCD_16207_0_BASE,0x06);
  usleep(2000);
  lcd_write_cmd(LCD_16207_0_BASE,0x80);
  usleep(2000);
}
//------------------------------------------------------------
void LCD_Show_Text(char * Text)
{
  int i;
  for(i = 0;i<strlen(Text);i++)
  {
    lcd_write_data(LCD_16207_0_BASE,Text[i]);
    usleep(2000);
  }
}
//------------------------------------------------------------
void LCD_Line2()
{
  lcd_write_cmd(LCD_16207_0_BASE,0xC0);
  usleep(2000);
}
//------------------------------------------------------------
void LCD_Test()
{
  char Text1[16] = "I Think V3 BEST!";
  char Text2[16] = "* * MUSIC!   NOW! * *";
  //  初始化 LCD
  LCD_Init();
  //  Show Text to LCD
  LCD_Show_Text(Text1);
  //  更换 Line2
  LCD_Line2();
```

```
//   Show Text to LCD
  LCD_Show_Text(Text2);
}
```

（3）SD_Card.H。

SD 存储卡底层驱动程序，程序代码详见下文。

```c
const BYTE cmd0[5]   = {0x40,0x00,0x00,0x00,0x00};//复位这个 sd 卡
const BYTE cmd55[5]  = {0x77,0x00,0x00,0x00,0x00};//通知特定命令
const BYTE cmd2[5]   = {0x42,0x00,0x00,0x00,0x00};//获取卡的 CID 信息
const BYTE cmd3[5]   = {0x43,0x00,0x00,0x00,0x00};//用于设置卡新的地址
const BYTE cmd7[5]   = {0x47,0x00,0x00,0x00,0x00};
const BYTE cmd9[5]   = {0x49,0x00,0x00,0x00,0x00};//发送详细数据 CSD
const BYTE cmd16[5]  = {0x50,0x00,0x00,0x02,0x00};//设定后面对数据快的读写长度
const BYTE cmd17[5]  = {0x51,0x00,0x00,0x00,0x00};//读取设定大小字节
const BYTE acmd6[5]  = {0x46,0x00,0x00,0x00,0x02};
const BYTE acmd41[5] = {0x69,0x0f,0xf0,0x00,0x00};//判断卡的工作电压是否符合
const BYTE acmd51[5] = {0x73,0x00,0x00,0x00,0x00};//读取配置寄存器 SCR
//------------------------------------------------------------
void Ncr(void)
{
  SD_CMD_IN;
  SD_CLK_LOW;
  SD_CLK_HIGH;
  SD_CLK_LOW;
  SD_CLK_HIGH;
}
//------------------------------------------------------------
void Ncc(void)
{
  int i;
  for(i = 0;i<8;i++)
  {
    SD_CLK_LOW;
    SD_CLK_HIGH;
  }
}
//------------------------------------------------------------
BYTE SD_card_init(void)
{
    BYTE x,y;
    SD_CMD_OUT;
    SD_DAT_IN;
    SD_CLK_HIGH;
```

```
SD_CMD_HIGH;
SD_DAT_LOW;
read_status = 0;
for(x = 0;x<40;x++)
Ncr();
for(x = 0;x<5;x++)
cmd_buffer[x] = cmd0[x];
y = send_cmd(cmd_buffer);
do
{
    for(x = 0;x<40;x++);
    Ncc();
    for(x = 0;x<5;x++)
    cmd_buffer[x] = cmd55[x];
    y = send_cmd(cmd_buffer);
    Ncr();
    if(response_R(1)>1)
    return 1;
    Ncc();
    for(x = 0;x<5;x++)
    cmd_buffer[x] = acmd41[x];
    y = send_cmd(cmd_buffer);
    Ncr();
} while(response_R(3) = = 1);
Ncc();
for(x = 0;x<5;x++)
cmd_buffer[x] = cmd2[x];
y = send_cmd(cmd_buffer);
Ncr();
if(response_R(2)>1)
return 1;
Ncc();
for(x = 0;x<5;x++)
cmd_buffer[x] = cmd3[x];
y = send_cmd(cmd_buffer);
Ncr();
if(response_R(6)>1)
return 1;
RCA[0] = response_buffer[1];
RCA[1] = response_buffer[2];
Ncc();
for(x = 0;x<5;x++)
cmd_buffer[x] = cmd9[x];
```

```
      cmd_buffer[1] = RCA[0];
      cmd_buffer[2] = RCA[1];
      y = send_cmd(cmd_buffer);
      Ncr();
      if(response_R(2)>1)
      return 1;
      Ncc();
      for(x = 0;x<5;x++)
      cmd_buffer[x] = cmd7[x];
      cmd_buffer[1] = RCA[0];
      cmd_buffer[2] = RCA[1];
      y = send_cmd(cmd_buffer);
      Ncr();
      if(response_R(1)>1)
      return 1;
      Ncc();
      for(x = 0;x<5;x++)
      cmd_buffer[x] = cmd16[x];
      y = send_cmd(cmd_buffer);
      Ncr();
      if(response_R(1)>1)
      return 1;
      read_status = 1;
      return 0;
}
//-------------------------------------------------------------------
BYTE SD_read_lba(BYTE * buff,UINT32 lba,UINT32 seccnt)
{
   BYTE c = 0;
   UINT32   i,j;
   lba + = 101;
   for(j = 0;j<seccnt;j++)
   {
     {
       Ncc();
       cmd_buffer[0] = cmd17[0];
       cmd_buffer[1] = (lba>>15)&0xff;
       cmd_buffer[2] = (lba>>7)&0xff;
       cmd_buffer[3] = (lba<<1)&0xff;
       cmd_buffer[4] = 0;
       lba ++ ;
       send_cmd(cmd_buffer);
       Ncr();
```

```
        }
        while(1)
        {
            SD_CLK_LOW;
            SD_CLK_HIGH;
            if(! (SD_TEST_DAT))
            break;
        }
        for(i = 0;i<512;i++)
        {
            BYTE j;
            for(j = 0;j<8;j++)
            {
                SD_CLK_LOW;
                SD_CLK_HIGH;
                c << = 1;
                if(SD_TEST_DAT)
                c | = 0x01;
            }
            * buff = c;
            buff++ ;
        }
        for(i = 0; i<16; i++)
        {
            SD_CLK_LOW;
            SD_CLK_HIGH;
        }
    }
    read_status = 1;
    return 0;
}
//-----------------------------------------------------------
BYTE response_R(BYTE s)
{
    BYTE a = 0,b = 0,c = 0,r = 0,crc = 0;
    BYTE i,j = 6,k;
    while(1)
    {
        SD_CLK_LOW;
        SD_CLK_HIGH;
        if(! (SD_TEST_CMD))
        break;
        if(crc++ >100)
```

```
    return 2;
}
crc = 0;
if(s == 2)
j = 17;


for(k = 0; k<j; k++)
{
   c = 0;
   if(k > 0)                         //CRC 计算
   b = response_buffer[k-1];
   for(i = 0; i<8; i++)
   {
      SD_CLK_LOW;
      if(a > 0)
      c << = 1;
      else
      i++;
      a++;
      SD_CLK_HIGH;
      if(SD_TEST_CMD)
      c |= 0x01;
      if(k > 0)
      {
         crc << = 1;
         if((crc ^ b) & 0x80)
         crc ^= 0x09;
         b << = 1;
         crc & = 0x7f;
      }
   }
   if(s == 3)
   {
      if( k == 1 &&(! (c&0x80)))
      r = 1;
   }
   response_buffer[k] = c;
}
if(s == 1 || s == 6)
{
   if(c != ((crc<<1) + 1))
   r = 2;
}
```

```
  return r;
}
// -----------------------------------------------------------
BYTE send_cmd(BYTE * in)
{
  int i,j;
  BYTE b,crc = 0;
  SD_CMD_OUT;
  for(i = 0; i < 5; i++)
  {
    b = in[i];
    for(j = 0; j<8; j++)
    {
      SD_CLK_LOW;
      if(b&0x80)
      SD_CMD_HIGH;
      else
      SD_CMD_LOW;
      crc << = 1;
      SD_CLK_HIGH;
      if((crc ^ b) & 0x80)
      crc ^ = 0x09;
      b<< = 1;
    }
    crc & = 0x7f;
  }
  crc = ((crc<<1)|0x01);
  b = crc;
  for(j = 0; j<8; j++)
  {
    SD_CLK_LOW;
    if(crc&0x80)
    SD_CMD_HIGH;
    else
    SD_CMD_LOW;
    SD_CLK_HIGH;
    crc<< = 1;
  }
  return b;
}
# endif
```

在 Nios II IDE 环境中完成所有程序代码设计与编译参数配置后,即可执行编译和下载,验证系统运行效果。

10.5　实例总结

　　本章通过实例介绍了 SD 存储卡物理结构、接口规范以及两种传输协议。本章基于 SPI 总线接口协议设计了 SD 存储卡音乐播放器应用范例,实现了 SD 卡音频文件读取,并通过音频编解码芯片 TLV320AIC23B 输出音频,驱动一组 LED 指示灯显示音频信号强度。读者学习的时候,需要重点掌握 SD 存储卡的总线协议规范。

第11章

大容量存储器系统设计

　　存储器是 Nios II 嵌入式处理器系统开发中的重要组成部分。采用 FPGA 实现的
应用设计中,除了可以使用 FPGA 本身提供的存储器资源外,还可以使用 FPGA 的外
部扩充存储器。

　　SOPC Builder 的组件库中提供了 SDRAM 控制器、FLASH 控制器和 SRAM 控制
器,可以分别通过它们实现对相应存储器模块的控制。本章将基于这些组件介绍如何
在 Nios II 系统使用 SDRAM 存储器、FLASH 存储器以及 SRAM 存储器。

11.1　存储器概述

　　本小节将简单介绍 SDRAM 存储器、FLASH 存储器以及 SRAM 控制器基本功能
结构及特点。

11.1.1　Flash 存储器概述

　　Flash 存储器采用 Intel 公司的 28F128J3A 芯片。28F128J3A 芯片单片容量为
128 Mbit(16 MB),其引脚也同时兼容 28F320J3A (4 MB)或 28F640J3A(8 MB)。

　　28F128J3A 芯片的引脚结构简单,主要分为数据总线,地址总线,控制线,电源等。
其内部功能结构框图如图 11-1 所示。

　　28F128J3A 存储器的主要特点如下:

● 高密度对称块结构(128 Kbit 擦除块)

● 高性能接口异步页面模式读取(150/25 ns 读操作周期)。

● 128 位保护寄存器:

　　—64 位唯一设备标识符;

　　—64 位用户编程单元。

● 增强数据保护功能。

● 2.7～3.6 V 工作电压范围。

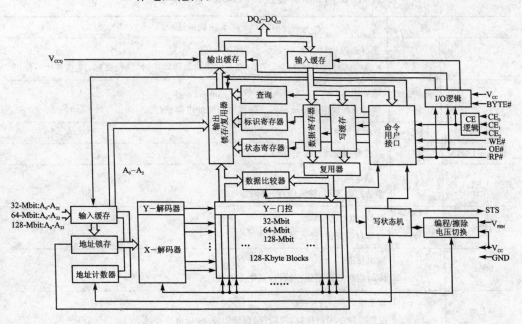

图 11-1　28F128J3A 存储器内部功能框图

28F128J3A 存储器芯片的引脚封装分为 TSOP-56、BGA-64 两种,其中 TSOP-56 引脚排列图如图 11-2 所示。其引脚功能定义如表 11-1 所列。

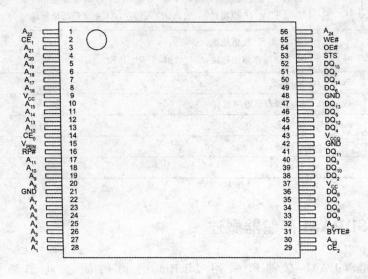

图 11-2　28F128J3A 存储器引脚排列图

表 11 - 1   Flash 存储器 28F128J3A 引脚功能定义

引脚名称	类型	功能描述
A0	I	字节选择地址。 8 位模式时用于选择高低字节,在 8 位模式编程周期时,该位锁存,16 位模式不使用
A1～A23	I	地址输入。 读与编程操作的地址输入。编程周期地址内部锁存
DQ0～DQ7	I/O	低位数据总线
DQ8～DQ15	I/O	高位数据总线
CE0,CE1,CE2	I	片选使能。 激活控制逻辑、输入缓存、解码器等
RP#	I	复位/掉电。 内部自动复位,进入掉电模式
OE#	I	输出使能。 读周期激活数据缓存输出,低电平有效
WE#	I	写使能。 控制写命令用户接口、写缓存、存储矩阵块,低电平有效
STS	O	指示内部状态机的状态,开漏输出
BYTE#	I	字节模式使能。 低电平:置 8 位模式,DQ0～DQ7 有效,DQ8～DQ15 浮空。 高电平:置 16 位模式,关闭 A0 输入缓存,A1 变成最低位地址
V_{PEN}	I	擦除/编程/块锁使能。 用于擦除存储矩阵块,编程数据,配置上锁位
V_{CC}	Power	电源
V_{CCQ}	Power	输出缓存供电电源
GND	Power	电源地
NC	—	不连接
DU	—	不使用

11.1.2   SDRAM 存储器概述

本章的 SDRAM 存储器采用 Micron 公司的同步动态随机存储器 MT48LC16M16A2P,该芯片单片容量为 256×8 Mbit(16 MB)。

SDRAM 存储器 MT48LC16M16A2P 的内部功能结构框图如图 11 - 3 所示。

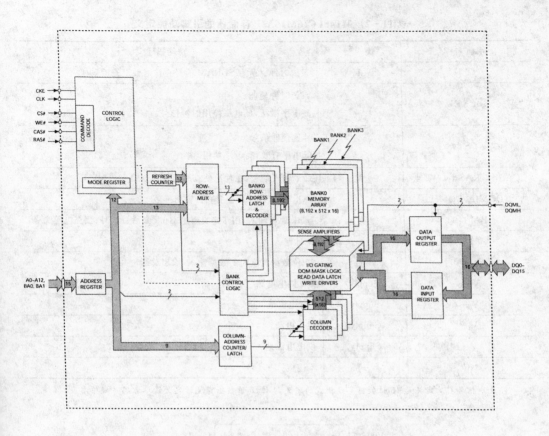

图 11-3　MT48LC16M16A2P 的内部功能结构框图

MT48LC16M16A2P 存储器主要特点如下：

● 兼容 PC100、PC133 标准；

● 完全同步,所有信号在时钟上升沿挂载；

● 内部流水线操作,列地址在每个时钟周期可改变；

● 自刷新模式；

● 自动刷新；

● 可编程触发长度；

● 支持 4 位、8 位、16 位数据宽度。

　MT48LC16M16A2P 存储器封装形式主要有 TSOP-54、FBGA-60、VFBGA-54,3 种类型。其 TSOP-54 封装示意图如图 11-4 所示。

　SDRAM 存储器 MT48LC16M16A2P 的引脚功能定义如表 11-2 所列。

表 11 - 2   MT48LC16M16A2P 存储器的引脚功能定义

引脚名称	类　型	功能描述
CLK	I	系统时钟。所有 SDRAM 信号在该时钟上升沿采样
CKE	I	系统时钟使能。 高电平激活,低电平停用时钟信号
CS#	I	片选使能信号。 低电平有效,高电平禁用
CAS#,RAS#,WE#	I	命令输入信号,在片选使能时用于命令输入
DQML,DQMH	I	DQ[7:0]、DQ[15:8]输入/输出屏蔽
BA[1:0]	I	Bank 地址输入,用于定义哪个 Bank 激活、读、写、预充电等命令
A[12:0]	I	地址输入
DQ[15:0]	I/O	16 位数据宽度时的数据输入/输出总线
V_{DDQ}	Supply	DQ 供电电源
V_{SSQ}	Supply	DQ 电源地
V_{DD}	Supply	供电电源
V_{SS}	Supply	供电电源地
NC	—	不连接

注:表中信号引脚定义是 16 位数据宽度模式的定义,4 位、8 位数据宽度时定义请参考芯片规格书。

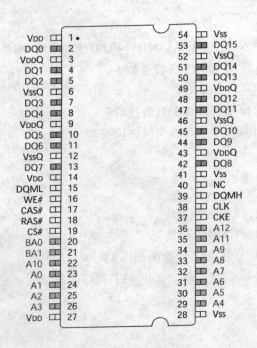

图 11 - 4   MT48LC16M16A2P 的引脚示意图

11.1.3　SRAM 存储器概述

IS61LV25616AL 是 ISSI 公司生产的 256K×16 位高速静态随机 CMOS 技术存储器，由 4 194 304 位静态 RAM 组成 262 144 字节（16 位）的容量。数据总线 8 位、16 位可选，操作时序符合通用 SRAM 标准，其主要特点如下：

● 高速存取时间：10 ns，12 ns。

● CMOS 低功耗工作。

● 低备用电源，低于 5 mA 的备用电源。

● TTL 兼容接口电平。

● 3.3V 电源单独供电。

● 全静态操作：无需刷新，无需时钟。

● 三态输出。

● 数据控制为上部或下部字节。

● 可在工业温度下使用。

SRAM 存储器 IS61LV25616AL 的内部功能框图如图 11－5 所示。存储器控制是由芯片使能端 $\overline{CE}$ 和输出使能端 $\overline{OE}$ 来提供，低电平 $\overline{WE}$ 激活可以同时控制存储器的读和写。当 $\overline{CE}$ 是高电平（或悬空）时，设备呈现待机模式，并且此时的功耗可以降低到 CMOS 输入时的功耗。数据字节既允许高字节（$\overline{UB}$）进入，也允许低字节（$\overline{LB}$）进入。

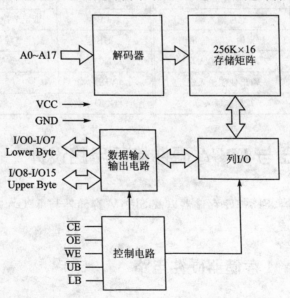

图 11－5　SRAM 存储器 IS61LV25616AL 的内部功能框图

IS61LV25616AL 芯片共提供了 4 种引脚封装：SOJ－44，TSOP－44，LQFP－44 和 BGA－48。本章以 TSOP－44 封装为例作介绍，其引脚功能排列如图 11－6 所示，相关引脚功能定义如表 11 - 3 所列。

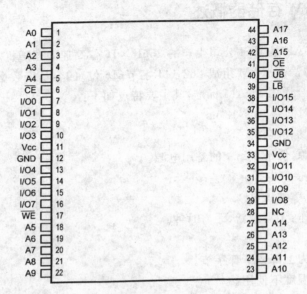

图 11 - 6　SRAM 存储器 IS61LV25616AL 封装示意图

表 11 - 3　SRAM 存储器 IS61LV25616AL 引脚功能定义

引脚名称	功能描述	引脚名称	功能描述
A0～A17	地址输入端	$\overline{\text{LB}}$	低字节控制端(I/O0～I/O7)
I/O0～I/O15	数据输入端/输出端	$\overline{\text{UB}}$	高字节控制端(I/O8～I/O15)
$\overline{\text{CE}}$	芯片使能输入端	NC	不连接
$\overline{\text{OE}}$	输出使能输入端	VDD	电源
$\overline{\text{WE}}$	写使能输入端	GND	接地

11.2　存储器与 FPGA 硬件接口电路设计

SDRAM 存储器、FLASH 存储器以及 SRAM 存储器与 FPGA 芯片的硬件接口电路原理图如下文所述。

11.2.1　SDRAM 存储器硬件电路

SDRAM 存储器采用 Micron 公司的 MT48LC16M16A2P - 7E 芯片,硬件接口原理图如图 11 - 7 所示。

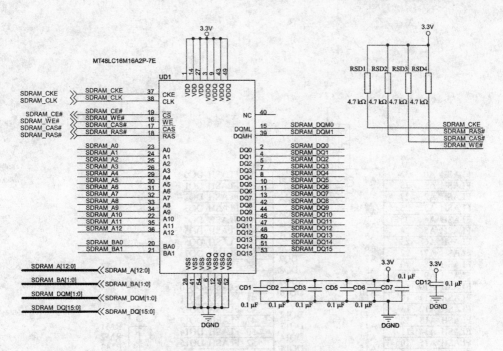

图 11 - 7　SDRAM 存储器硬件电路

11.2.2　Flash 存储器硬件电路

Flash 存储器采用的是目前应用比较多的 Intel 公司的大容量 Nor Flash 芯片,其型号为 28F128J3。其中,A24(引脚 56)是为了扩展 32 M×8 bit,A23(引脚 30)是为了扩展 16 M×8 bit,引脚 A22(引脚 1)是为了接 8 M×8 bit。28F128J3 存储器硬件电路原理图如图 11-8 所示。

11.2.3　SRAM 存储器硬件电路

SRAM 存储器采用 ISSI 公司的 IS61LV25616AL 芯片,硬件接口原理图如图 11-9所示。图中的 A18(引脚 28)是为扩展 512 K×16 位预留的地址线。

11.2.4　复位电路与 LED 电路

本实例的复位电路与 LED 驱动电路原理图如图 11-10 所示。

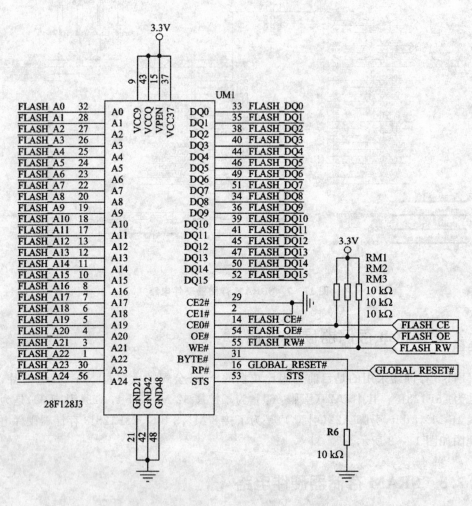

图 11 - 8   Flash 存储器硬件电路

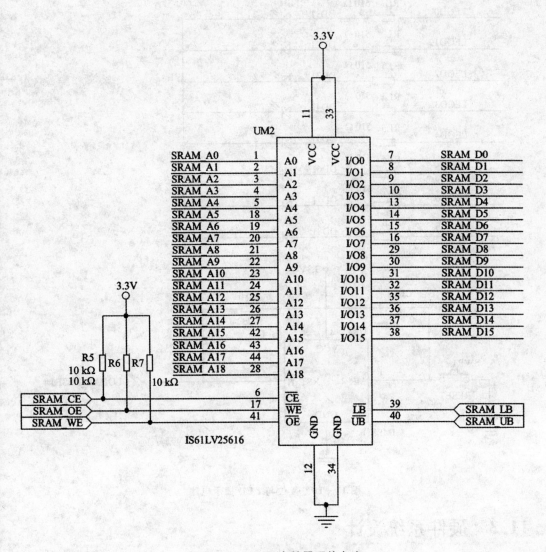

图 11 - 9　SRAM 存储器硬件电路

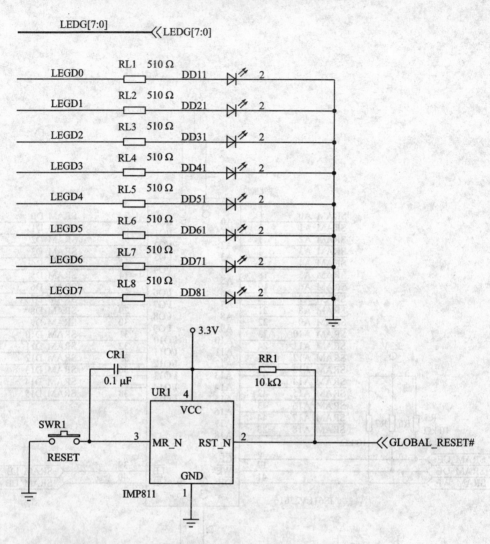

图 11 - 10　复位与 LED 指示电路

11.3　硬件系统设计

本实例的存储器硬件设计基于 Cyclone II 系列 EP2C20 芯片,其硬件系统结构图如图 11 - 11 所示。

存储器硬件 SOPC 硬件系统设计的主要流程如下:

11.3.1　创建 Quartus II 工程项目

打开 Quartus II 开发环境,创建新工程并设置相关的信息,如图 11 - 12 所示。

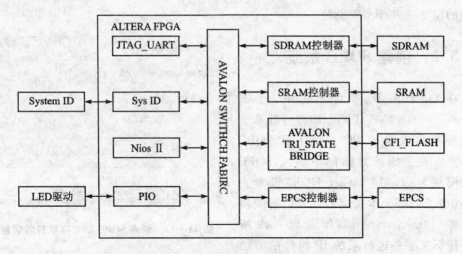

图 11 - 11　存储器硬件系统结构图

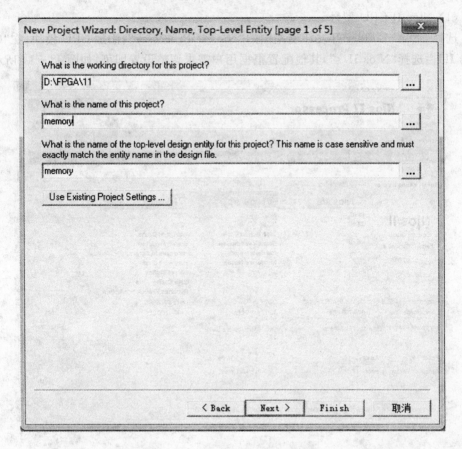

图 11 - 12　创建新工程项目对话框

单击"Finish"按钮,完成工程项目创建。如果在 Quartus II 的"Project Navigator"中显示的 FPGA 芯片与实际应用有差异,则可选择"Assignments"→"Device"命令,在弹出的窗体中进行相应设置。

11.3.2 创建 SOPC 系统

在 Quartus II 开发环境下,点击 "Tools"→"SOPC Builder",即可打开系统开发环境集成的 SOPC 开发工具 SOPC Builder。在弹出的对话框中输入 SOPC 系统模块名称,将"Target HDL"设置为 "Verilog HDL"。本实例的 SOPC 系统模块名称为"memorynios",如图 11 - 13 所示。接下来准备进行系统 IP 组件的添加和创建。

图 11 - 13 创建 SOPC 新工程项目对话框

(1) Nios II CPU 型号。

选择 SOPC Builder 开发环境左侧的"Nios II Processor",添加 CPU 模块,在"Core Nios II"栏选择"Nios II/s",其他配置根据用户需求调整设置即可,如图 11 - 14 所示。

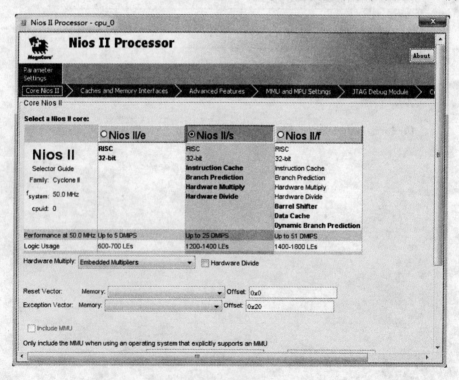

图 11 - 14 添加 Nios CPU 模块

（2）JTAG_UART。

选择 SOPC Builder 开发环境左侧的"Interface Protocols"→"Serial"→"JTAG_ UART"，添加 JTAG_UART 模块，其他选项均选择默认设置，如图 11－15 所示。

（3）SDRAM 控制器。

选择 SOPC Builder 开发环境左侧的"Memories and Memory Control"→ "SDRAM"→"SDRAM Controller"，添加 RAM 模块，其他选项视用户具体需求设置，如图 11－16 所示。

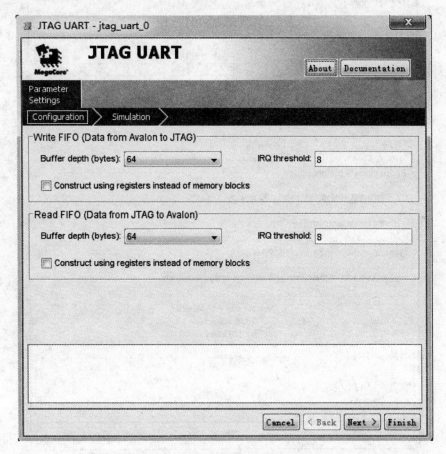

图 11－15　添加 JTAG_UART 模块

（4）Avalon－MM Tristate Bridge。

由于 Flash 的数据总线是三态的，所以 Nios II CPU 与 Flash 进行连接时需要添加 Avalon 总线三态桥。

选择 SOPC Builder 开发环境左侧的"Bridges and Adapters"→"Memory Mapped"→ "Avalon－MM Tristate Bridge"，添加 Avalon 三态桥，并在提示对话框中选中"Regis- tered"完成设置，如图 11－17 所示。

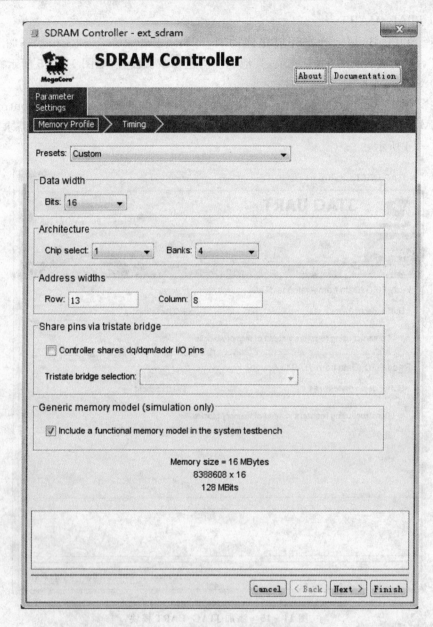

图 11 - 16 添加 SDRAM 控制器模块

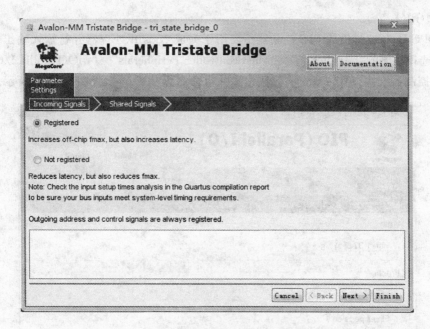

图 11 - 17　添加 Avalon 三态桥

（5）Cfi - Flash。

选择 SOPC Builder 开发环境左侧的"Memories and Memory Control"→"Flash"→"Flash Memory Interface(CFI)"，添加 Flash 模块，其他选项视用户具体需求设置，如图 11 - 18 所示。

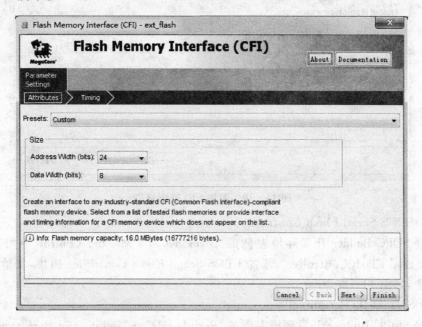

图 11 - 18　添加 FLASH 控制器模块

（6）PIO。

SOPC Builder 提供的 PIO 控制器主要用于完成 Nios II 处理器并行输入输出信号的传输。选择左侧的"Peripherals"→"Microcontroller Peripherals"→"PIO(Parallel I/O)"，添加 PIO 控制器模块，单击"Finish"完成设置并重命名为"led_pio"，如图 11 - 19 所示。

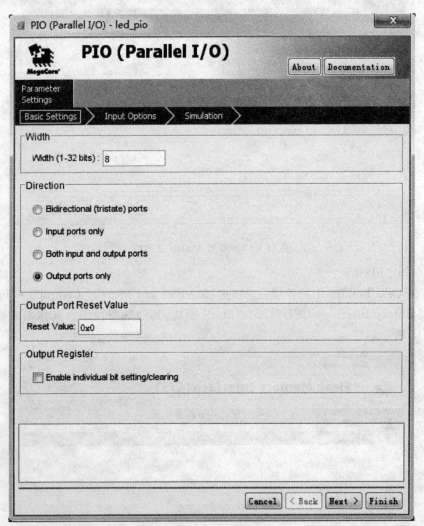

图 11 - 19 添加 PIO 输出端口

（7）EPCS Serial Flash Controller。

选择 SOPC Builder 开发环境左侧的"Memories and Memory Control"→"Flash"→"EPCS Serial Flash Controller"，添加 EPCS Serial Flash Controller 模块，其他选项按默认设置，如图 11 - 20 所示。

（8）System ID Peripheral。

选择 SOPC Builder 开发环境左侧的"Peripherals"→"Debug and Performance"→"System ID Peripheral"，添加 System ID 模块，如图 11 - 21 所示。

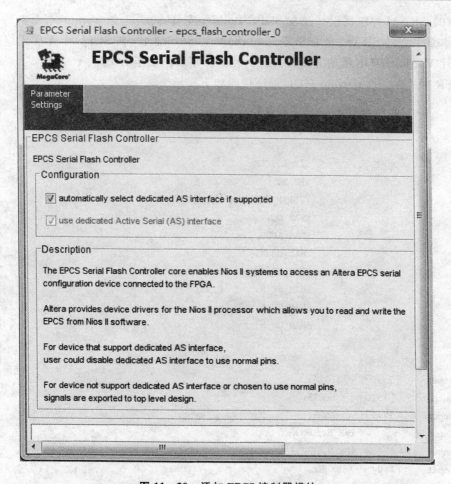

图 11 - 20 添加 EPCS 控制器模块

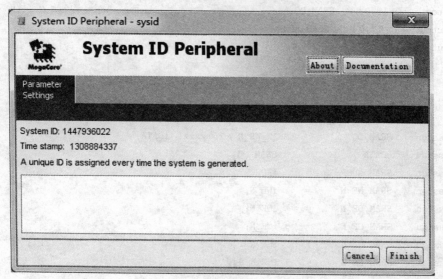

图 11 - 21 添加 SystemID 模块

(9) SRAM 控制器设计及在 SOPC Builder 安装。

本章采用的 SRAM 是 ISSI 公司的 IS61LV25616 芯片, 在 SOPC 中无现成组件, 需要设计 Verilog HDL 模块并将设计好的控制器模块添加至 SOPC。

SRAM 模块的 Verilog HDL 程序代码如下所示。

```verilog
          module     SRAM(//      CPU 端数据
                          oDATA,iDATA,iADDR,
                          iWE_N,iOE_N,
                          iCE_N,iCLK,
                          iBE_N,
                          //SRAM 控制信号与地址总线
                          SRAM_DQ,
                          SRAM_ADDR,
                          SRAM_UB_N,
                          SRAM_LB_N,
                          SRAM_WE_N,
                          SRAM_CE_N,
                          SRAM_OE_N
                          );
//     CPU 主机端
input      [15:0]    iDATA;
output     [15:0]    oDATA;
input      [17:0]    iADDR;
input                iWE_N,iOE_N;
input                iCE_N,iCLK;
input      [1:0]     iBE_N;
//     SRAM 端
inout      [15:0]    SRAM_DQ;
output     [17:0]    SRAM_ADDR;
output               SRAM_UB_N,
                     SRAM_LB_N,
                     SRAM_WE_N,
                     SRAM_CE_N,
                     SRAM_OE_N;
assign     SRAM_DQ      =    SRAM_WE_N ? 16'hzzzz : iDATA;
assign     oDATA        =    SRAM_DQ;
assign     SRAM_ADDR    =    iADDR;
assign     SRAM_WE_N    =    iWE_N;
assign     SRAM_OE_N    =    iOE_N;
assign     SRAM_CE_N    =    iCE_N;
assign     SRAM_UB_N    =    iBE_N[1];
assign     SRAM_LB_N    =    iBE_N[0];
endmodule
```

完成程序代码设计后。在 SOPC 中新建"New Componet",并添加程序文件,设置好顶层模块选项,如图 11-22 所示。

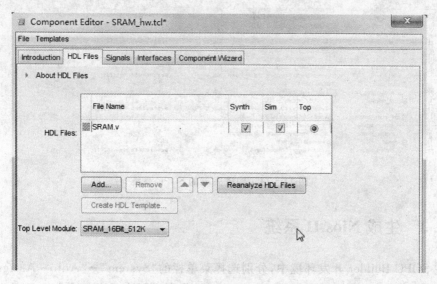

图 11-22 在 SOPC 中自定义外设

在"Signals"栏内把 SRAM 控制器信号与 Avalone 总线信号对应,即可将 SRAM 控制器挂接到 Avalone 总线上,其他可选择默认设计,按"Finish"完成外设的添加,如图 11-23 所示。

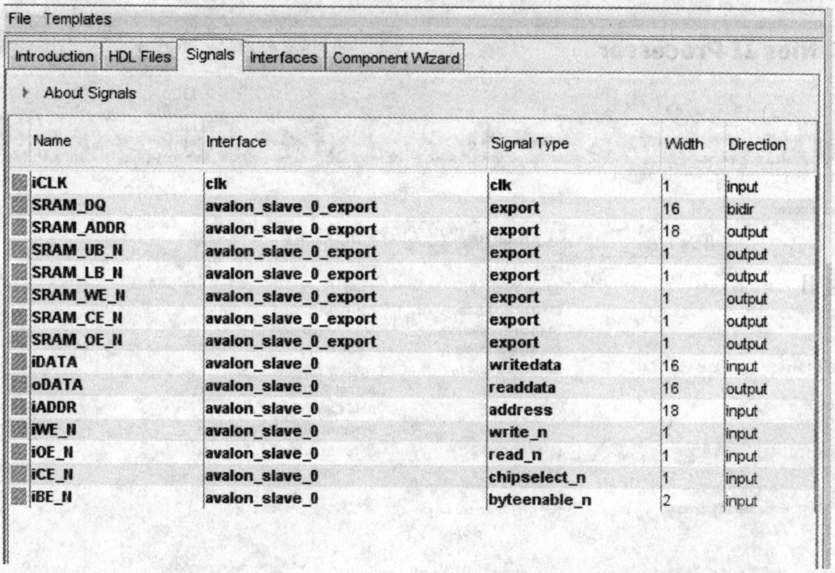

Name	Interface	Signal Type	Width	Direction
iCLK	clk	clk	1	input
SRAM_DQ	avalon_slave_0_export	export	16	bidir
SRAM_ADDR	avalon_slave_0_export	export	18	output
SRAM_UB_N	avalon_slave_0_export	export	1	output
SRAM_LB_N	avalon_slave_0_export	export	1	output
SRAM_WE_N	avalon_slave_0_export	export	1	output
SRAM_CE_N	avalon_slave_0_export	export	1	output
SRAM_OE_N	avalon_slave_0_export	export	1	output
iDATA	avalon_slave_0	writedata	16	input
oDATA	avalon_slave_0	readdata	16	output
iADDR	avalon_slave_0	address	18	input
iWE_N	avalon_slave_0	write_n	1	input
iOE_N	avalon_slave_0	read_n	1	input
iCE_N	avalon_slave_0	chipselect_n	1	input
iBE_N	avalon_slave_0	byteenable_n	2	input

图 11-23 SRAM 控制器与 Avalon 总线信号对应设置

将相关模块与 Avalon-MM 三态桥建立连接。至此,本实例中所需要的 CPU 及 IP 模块构件均添加完毕,如图 11-24 所示。

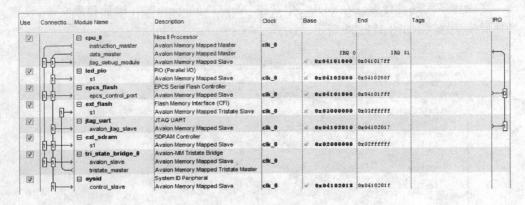

图 11 - 24　构建完成的 SOPC 系统

11.3.3　生成 Nios II 系统

在 SOPC Builder 开发环境中,分别选择菜单栏的"System"→"Auto - Assign Base Address"和"System"→"Auto - Assign IRQs",分别进行自动分配各组件模块的基地址和中断标志位操作。

双击"Nios II Processor"后在"Parameter Settings"菜单下配置"Reset Vector"为"ext_flash",设置"Exception Vector"为"sdram0",完成设置,如图 11 - 25 所示。

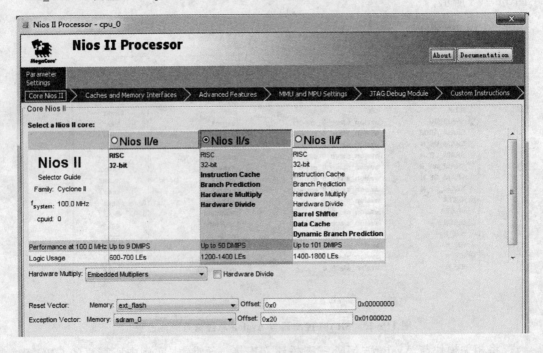

图 11 - 25　Nios II CPU 设置

配置完成后，选择"System Generation"选项卡，单击下方的"Generate"，启动系统生成。

11.3.4 创建顶层模块

打开 Quartus II 开发环境，选择主菜单"File"→"New"命令，创建一个 Block Diagram/Schematic File 文件作为顶层文件，并保存。

1. 复制 PLL 模块

本实例使用的 PLL 模块在各章当中都有共用的，从其他工程项目中复制过来即可。接下来，在 Quartus II 工程项目中将 PLL 模块添加到顶层文件。

2. 复制延时复位模块

延时复位模块主要用于消除抖动，该模块在各章当中也都有共用，从其他工程项目中复制过来，并添加到顶层文件即可。

3. 添加集成 Nios II 系统至 Quartus II 工程

在顶层文件中添加前述步骤创建的 SOPC 处理器模块，各模块连接的电路原理图如图 11 - 26 所示。

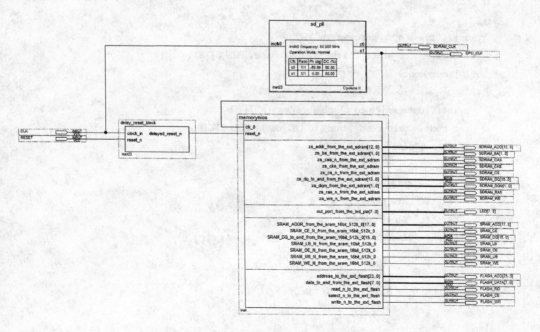

图 11 - 26 顶层文件各个模块连接原理图

保存整个工程项目文件，并给 FPGA 分配引脚后，即可通过主菜单工具或者工具栏中的编译按钮执行编译，生成程序下载文件。至此，硬件设计部分完成。

11.4 软件设计与程序代码

Nios II 工程建立后,单击"Finish"按钮生成工程,添加并修改代码。本系统的软件代码与程序注释如下:

(1) flash_test_simple.c。

flash_test_simple.c 是一个简单的 Flash 测试程序,其程序文件代码如下:

```
#define BUF_SIZE 30
int main()//主程序
{
alt_flash_fd* fd;
int ret_code;
char source[BUF_SIZE] = "welcome to red logic world";//打印信息缓存
printf("the source is:%s\n",source);
char dest[BUF_SIZE];
/* 初始化信息缓存 */
//memset(source, 0xa, BUF_SIZE);
fd = alt_flash_open_dev("/dev/ext_flash");//读 Flash
if (fd)
{
  printf("flash open success.\n");
  ret_code = alt_write_flash(fd, 0, source, BUF_SIZE);
  if (! ret_code)
  {
    printf("data write to flash success.\n");
    ret_code = alt_read_flash(fd, 0, dest, BUF_SIZE);
    if (! ret_code)
    {
      printf("data read Success.\n");
      printf("data read is:");
      printf("%s\n",dest);
      printf("flash_test_simple end\n");
    }
  }
  alt_flash_close_dev(fd);//关 Flash
}
else
{
printf("Carrt open flash device\n");
}
return 0;
```

```
}
```

（2）LED 显示程序。

该程序演示的是 led_pio 端口驱动 LED,其代码如下:

```
int alt_main (void)
{
  alt_u8 led = 0x2;
  alt_u8 dir = 0;
  volatile int i;
    while (1)
  {
    if (led & 0x81)
    {
      dir = (dir ^ 0x1);
    }
    if (dir)
    {
    led = led >> 1;
    }
    else
    {
    led = led << 1;
    }
    IOWR_ALTERA_AVALON_PIO_DATA(LED_PIO_BASE, led);
    i = 0;
    while (i<200000)
      i++;
  }
  return 0;
}
```

在 Nios II IDE 环境中完成所有程序代码设计与编译参数配置后,即可执行编译和下载,验证系统运行效果。

11.5　实例总结

在计算机系统中,一般都需要提供一定数量的存储器。在用 FPGA 实现的系统中,除了可以使用 FPGA 本身提供的存储器资源之外,也可以使用 FPGA 的外部扩充存储器。本章主要讲述了以 SDRAM 存储器、FLASH 存储器、SRAM 存储器为主的 FPGA 存储器系统的扩充与应用。

第 **12** 章

LCD 液晶显示器 /触摸屏应用设计

液晶显示模块已经成为嵌入式系统中最重要的输出器件,液晶显示广泛应用于便携式仪器、智能家电、掌上设备、消费类电子产品等领域,而触摸屏应用技术与液晶显示技术相结合是实现人机交互的一个重要通道,两者之间紧密联系,不可分割。

12.1 LCD 液晶显示 /触摸屏概述

在嵌入式系统应用中,主要输出方式除了发光二极管、数码管以外,还有一种最重要的输出方式:液晶显示。而液晶显示与触摸屏技术的有机整合,则实现了效果更强的交互式输入输出。随着多媒体应用终端、掌上电脑、智能手机等嵌入式系统设备与日俱增,人们越来越多、越来越习惯地使用触摸屏这样一种人机交互输入设备。

12.1.1 LCD 液晶显示屏概述

液晶显示是通过液晶显示模块(LCD Module,LCM)来实现的,主要用于显示文本及图形信息。液晶显示模块是一种将液晶显示器件、连接件、集成电路线路板、背光源等装配在一起的组件。液晶显示屏具有轻薄、体积小、耗电量低、易于彩色化、画质高而且不闪烁等优点。因此在许多电子应用系统中,常使用液晶显示屏作为输出显示。

1. LCD 液晶屏工作原理

液晶在一定温度范围内呈现既不同于固态、液态,又不同于气态的特殊物质态。它既具有各向异性的晶体所特有的双折射性,又具有液体的流动性。液晶显示器通过显示屏上的电极控制液晶分子状态来达到显示目的。LCD 显示器中的液晶体在外加交流电场的作用下排列状态会发生变化,呈不规则扭转形状,形成一个个光线的闸门,从而控制液晶显示器件背后的光线是否穿透,呈现明与暗或者透过与不透过的显示效果,这样人们可以在 LCD 上看到深浅不一、错落有致的图像。LCD 显示器中的每个显示像素可以单独被电场控制,不同的显示像素按照控制信号的"指挥"便可以在显示屏上形成不同的字符、数字及图形。

2. LCD 液晶屏分类

根据显示方式和内容的不同,液晶显示模块可以分为位段型液晶显示模块、字符型液晶显示模块、图形点阵型液晶显示模块。

常见位段型液晶显示模块的每字为 8 段组成,即 8 字和一点,只能显示数字和部分字母。如果必须显示其他少量字符、汉字和其他符号,一般需要从厂家定做,可以将所要显示的字符、汉字和其他符号固化在指定的位置。

字符型显示模块是用于显示字符和数字的,对于图形和汉字的显示方式与位段式 LCD 相同。字符型 LCD 一般有以下几种分辨率,8×1、16×1、16×2、16×4、20×2、20×4、40×2、40×4 等,其中 8(16、20、40)的意义为一行可显示的字符(或数字)数,1(2、4)的意义是指显示行数。

图形点阵型显示模块就是可以动态的显示字符和图片的 LCD。图形点阵液晶模块的点阵像素连续排列,行和列在排布中均没有空隔,不仅可以显示字符,同时可以显示连续、完整的图形。

显然,图形点阵型液晶显示模块是 3 种液晶显示模块中功能最全面也最为复杂的一种。选择图形点阵液晶模块时有 3 种类型可供选择:行列驱动型、行列驱动控制型及行列控制型。

实际应用中常采用内置控制器的液晶显示模块,直接提供 MPU 接口,这样不需要外加控制器,就可控制其显示输出。液晶显示模块控制接口示意图如图 12-1 所示。

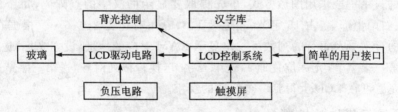

图 12-1　液晶显示模块控制接口示意图

3. LCD 液晶屏如何显示

以显示功能最完整的图形点阵液晶模块为例介绍,液晶显示可分为线段显示、字符显示以及汉字显示。

(1) 线段的显示。

图形式点阵液晶由 M 行×N 列个显示单元组成。假设 LCD 显示屏有 64 行,每行有 128 列,每 8 列对应 1 个字节的 8 个位,即每行由 16 字节,共 16×8＝128 个点组成,屏上 64×16 个显示单元和显示 RAM 区 1 024 个字节相对应,每一字节的内容和屏上相应位置的亮暗对应。

例如屏的第一行的亮暗由 RAM 区的 000H～00FH 的 16 个字节的内容决定:

当(000)＝FFH 时,则屏的左上角显示一条短亮线,长度为 8 个点。

当(3FFH)＝FFH 时,则屏的右下角显示一短亮线。

当:

(000H)＝FFH;

(001H)＝00H;

(002H)＝FFH;

(003H)＝00H;

…

(00EH)＝FFH;

(00FH)＝00H;

则在屏的顶部显示一条由 8 段亮线和 8 条暗线组成的虚线。

这就是液晶显示的基本原理。

(2) 字符的显示。

当用液晶显示一个字符时就较复杂了,因为一个字符由 6×8 或 8×8 点阵组成,既要找到和屏上某几个位置对应的显示 RAM 区的 8 个字节,并且要使每个字节的不同的位为'1',其他的为'0',为'1'的点亮,为'0'的点暗,这样才能组成某个字符。但对于内带字符发生器的控制器(如 T6963C)来说,显示字符就比较简单了,可让控制器工作在文本方式,根据在 LCD 上开始显示的行列号及每行的列数找出显示 RAM 对应的地址,设立光标,在此送上该字符对应的代码即可。

(3) 汉字的显示。

汉字的显示一般采用图形方式,事先提取要显示的汉字的点阵码,每个汉字占 32 字节,分左右两半部,各占 16 字节,左边为 1、3、5…,右边为 2、4、6…。根据在 LCD 上开始显示的行列号及每行的列数可找出显示 RAM 对应的地址,设立光标,送上要显示的汉字的第一个字节,光标位置加 1,送第二字节,换行按列对齐,送第三字节…直到 32 字节显示完就可在 LCD 上得到一个完整的汉字。

4. 液晶显示模块的控制

LCD 设备模块主要由控制器和驱动器组成。在嵌入式设备中,LCD 控制器一般集成在微处理器中,LCD 驱动器则组装在 LCD 玻璃屏体中。

依据驱动方式的不同亦可以将液晶显示器分为 3 类:静态驱动、单纯矩阵驱动以及主动矩阵驱动。其中主动矩阵型又可以分为薄膜式晶体管型(Thin Film Transistor,TFT)及二端子二极管型(Metal/Insulator/Metal,MIN)两种方式,TFT 已成为其主流。

对于 LCD 控制器,其作用可以概括为,通过配置提供的可编程寄存器产生必要的控制信号和传输数据信号,将能显示在 LCD 上的数据从系统内部的数据缓冲区传送到外部的 LCD 驱动器中,最终在屏上显示。

通常 LCD 控制器和驱动器都可以支持多种连接方式,产生不同的信号来控制数据的传输。

12.1.2　触摸屏概述

触摸屏作为一种最新的电脑输入设备,具有坚固耐用、反应速度快、节省空间、易于交流等许多优点。利用这种技术,用户只要用手指轻轻地指碰显示屏上的图符或文字就能实现对设备的操作,从而使人机交互更为方便直接。

触摸屏在我国的应用范围非常广阔,主要涉及到公共信息的查询,如电信局、税务局、银行、电力等部门的业务查询;城市街头的信息查询;此外还可广泛应用于政务办公、工业控制、军事指挥、电子游戏、点歌点菜、多媒体教学等。

随着城市向信息化方向发展和电脑网络在日常生活中的普遍应用,信息查询都会以触摸屏——显示内容可触摸的形式出现。

1. 电阻触摸屏工作原理

为了操作上的方便,人们用触摸屏来代替鼠标或键盘。工作时,我们必须首先用手指或其他物体触摸安装在显示器前端的触摸屏,然后系统根据手指触摸的图标或菜单位置来定位选择信息输入。

电阻触摸屏的屏体部分是一块多层复合薄膜,由一层玻璃或有机玻璃作为基层,表面涂有一层透明的导电层(OTI,氧化铟),上面再盖有一层外表面硬化处理、光滑防刮的塑料层。它的内表面也涂有一层 OTI,在两层导电层之间有许多细小(小于千分之一英寸)的透明隔离点把它们隔开绝缘。电阻式触摸屏的结构如图 12 - 2 所示。

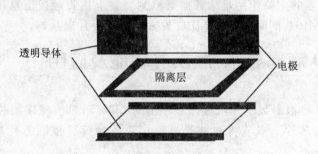

透明导体　隔离层　电极

图 12 - 2　电阻式触摸屏结构图

触摸屏技术依靠传感器来工作。电阻式触摸屏利用压力感应进行控制。当手指接触屏幕时,两层 OTI 导电层之间出现一个接触点,电阻发生变化,因其中一面导电层接通 Y 轴方向的均匀电压场 V_{cc}(典型电压为 5 V),使得侦测层的电压由零变为非零,控制器侦测到这个接通后,进行 A/D 转换,并将得到的电压值与 V_{cc} 相比较,即可得触摸点的 Y 轴坐标,同理得出 X 轴的坐标,这就是电阻技术触摸屏的基本原理。电阻式触摸屏工作时的导电层如图 12 - 3 所示。电阻屏根据引出线数多少,分为四线、五线等多线电阻触摸屏。

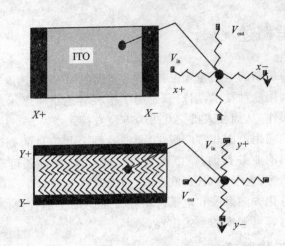

图 12 - 3   工作时的导电层

2. 触摸屏控制实现

现在很多手持智能设备应用中,将触摸屏作为一个标准输入设备,对触摸屏的控制也有专门的芯片。触摸屏的控制芯片主要完成两个任务:一是完成电极电压的切换,二是采集接触点处的电压值并实现 A/D 转换。

如上文所述,触摸屏控制芯片主要由触摸检测部件和触摸屏控制器组成。触摸检测部件安装在显示器屏幕前面,用于检测用户触摸位置,接受位置信号后送触摸屏控制器。触摸屏控制器的主要作用是从触摸点检测装置上接收触摸信息,并将它转换成触点坐标,再送给 MPU,同时能接收 MPU 发来的命令并加以执行。

12.2   LCD 液晶显示/触摸屏功能及应用

本实例的 LCD 液晶显示模块选择最常用的 LQ035,触摸屏控制芯片则采用 TI 公司的 ADS7843 的芯片。本节将对液晶显示模块及触摸屏控制芯片功能及应用进行介绍。

12.2.1   液晶显示模块概述

本实例的 LCD 液晶显示模组采用 SHARP 公司的 LQ035。LQ035 是一款 3.5 英寸彩色 TFT LCD,具有 230 400 点(320RGB×240)的高分辨率,接口支持数字 24 位RGB/串行 RGB/CCIR656/CCIR601 等标准。主要适用于全球定位系统,摄像机,数码相机和其他需要高品质平板显示器的电子产品。

LCD 液晶显示模组的硬件结构框图如图 12 - 4 所示。

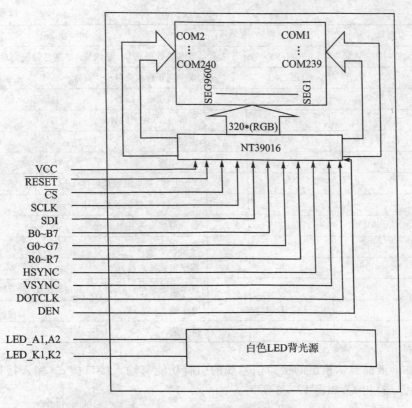

图 12 - 4　LCD 液晶显示模组结构图

1. LCD 液晶显示模组接口说明

LQ035 液晶显示模组是一种厂家批量生产可直接使用的产品模组,其接口引脚功能定义如表 12 - 1 所列。

表 12 - 1　LQ035 液晶显示模组接口引脚功能定义

引脚号	引脚名称	I/O	功　能
1,2	LED—	I	背光灯电源负极
3,4	LED+	I	背光灯电源正极
5	Y1	I	Y+电极,接电阻触摸屏体 Y+
6	X1	I	X+电极,接电阻触摸屏体 X+
8	$\overline{RESET}$	—	硬件复位信号,低电平有效
9	$\overline{CS}$	I	接口片选使能信号
10	SCLK	I	SPI 接口数据时钟
11	SDI	I	SPI 接口数据
12~19	B0~B7	I	蓝基色数据 0~蓝基色数据 7
20~27	G0~G7	I	绿基色数据 0~绿基色数据 7

续表 12－1

引脚号	引脚名称	I/O	功　能
28～35	R0～R7	I	红基色数据 0/DX 总线 0～红基色数据 7/DX 总线 7
36	HSYNC	I	水平同步输入信号
37	VSYNC	I	垂直同步输入信号
38	DCLK	I	点阵时钟(像素时钟)
7,39,40, 45,46, 47,51	NC	—	未使用
41,42	Vcc	I	数字电源
43	Y2	I	Y－电极,接电阻触摸屏体 Y－
44	X2	I	X－电极,接电阻触摸屏体 X－
48	SEL2	I	数据格式输入控制 2/悬空
49	SEL1	I	数据格式输入控制 1
50	SEL0	I	数据格式输入控制 0
52	DE	I	显示使能信号(Display Enable signal)
53	DGND	I	数字地
54	AVSS	I	模拟地

　　LQ035 液晶显示模组的接口信号线的引脚功能与输入接口模式(输入接口模式介绍见表 12－3)相关,如表 12－2 所列。

表 12－2　接口引脚与输入接口模式关系

模　式	D[23:16]	D[15:8]	D[7:0]	IHS	IVS	DEN
ITU－R BT 656	D[23:16]	GND	GND	NC	NC	—
ITU－R BT 656	D[23:16]	GND	GND	IHS	IVS	—
8 位 RGB	D[23:16]	GND	GND	IHS	IVS	HV 模式不连接
						显示使能信号
24 位 RGB	R[7:0]	G[7:0]	B[7:0]	IHS	IVS	HV 模式不连接
						显示使能信号

2. 液晶显示模块相关设置

　　LQ035 液晶显示模块支持多种数据格式,相关设置通过配置 SEL2～SEL0 引脚电平完成,如表 12－3 所列。

表 12－3　接口模式设置

SEL2	SEL1	SEL0	接口模式	操作时钟频率
0	0	0	并行 RGB 数据格式	6.5 MHz
0	0	1	串行 RGB 数据格式	19.5 MHz

SEL2	SEL1	SEL0	接口模式	操作时钟频率
0	1	0	CCIR656 数据格式(640 RGB)	24.54 MHz
0	1	1	CCIR656 数据格式(720 RGB)	27 MHz
1	0	0	YUV 模式 A 数据格式(Cr – Y – Cb – Y)	24.54 MHz
1	0	1	YUV 模式 A 数据格式(Cr – Y – Cb – Y)	27 MHz
1	1	0	YUV 模式 B 数据格式(Cb – Y – Cr – Y)	27 MHz
1	1	1	YUV 模式 B 数据格式(Cb – Y – Cr – Y)	24.54 MHz

当输入格式选择 YUV 模式时,像素时钟的选择与显示区域关系略有不同,如表12 – 4 所列。

表 12 – 4　YUV 模式像素时钟与显示区域关系

输入格式	DOTCLK 时钟频率	显示数据	有效区域(DOTCLK)
YUV 模式	24.54 MHz	640	1 280
	27 MHz	720	1 440

12. 2. 2　触摸屏控制芯片概述

本实例的触摸屏控制芯片采用 TI 公司生产 ADS7843 的芯片。ADS7843 是一个内置 12 位模数转换、低导通电阻模拟开关的串行接口芯片。供电电压 2.7～5 V,参考电压 VREF 为 1 V～+VCC,转换电压的输入范围为 0～VREF,最高转换速率为 125 kHz。

触摸屏控制芯片 ADS7843 内部功能框图如图 12 – 5 所示。

触摸屏控制芯片 ADS7843 引脚排列如图 12 – 6 所示。其引脚功能定义如表 12 – 5 所列。

表 12 – 5　ADS7843 引脚功能描述

引脚号	引脚名	功能描述
1,10	+VCC	供电电源
2,3	X+,Y+	触摸屏正电极,内部 A/D 通道
4,5	X−,Y−	触摸屏负电极
6	GND	电源地
7,8	IN3,IN4	两个附加 A/D 输入通道
9	VREF	A/D 参考电压输入
11	$\overline{\text{PENIRQ}}$	中断输出,须接外拉电阻

引脚号	引脚名	功能描述
12,14,16	DOUT,DIN,DCLK	数字串行接口,在时钟下降沿数据移出,上升沿数据移入
13	BUSY	忙指示,低电平有效
15	$\overline{CS}$	片选信号

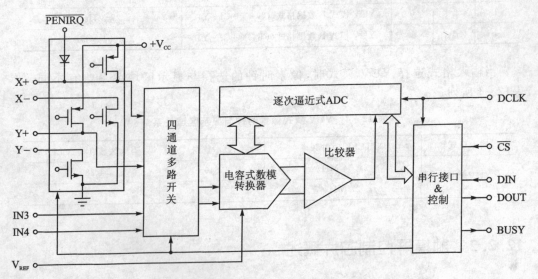

图 12 - 5　ADS7843 内部功能框图

1. ADS7843 的内部结构及参考电压模式选择

　　ADS7843 芯片实现对触摸屏的控制,主要依靠其模拟输入模块实现电极电压的切换,并进行快速 A/D 转换。图 12 - 7 所示为模拟输入模块与 A/D 转换器的内部结构,A2～A0 和 SER/$\overline{DFR}$ 为控制寄存器中的控制位,用来进行开关切换和参考电压的选择。

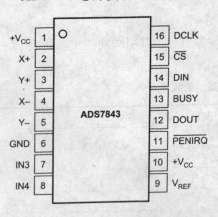

图 12 - 6　ADS7843 引脚排列示意图

　　ADS7843 支持两种参考电压输入模式:一种是参考电压 V_{REF} 单端输入,另一种是参考电压差动输入模式。这两种参考电压输入模式示意图分别如图 12 - 8 和图 12 - 9 所示。表 12 - 6 和表 12 - 7 为两种参考电压输入模式所对应的内部开关状况。

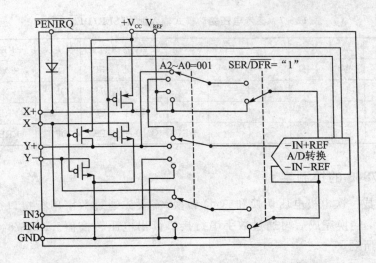

图 12 - 7　ADS7843 模拟输入与 A/D 转换器内部结构图

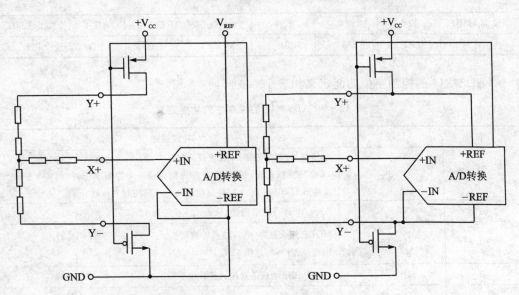

图 12 - 8　参考电压单端输入模式　　　**图 12 - 9　参考电压差动输入模式**

表 12 - 6　参考电压单端模式输入配置(SER/DFR＝1)

A2	A1	A0	X+	Y+	IN3	IN4	−IN	X 开关	Y 开关	+REF	−REF
0	0	1	+IN	—	—	—	GND	OFF	ON	+VREF	GND
1	0	1	—	+IN	—	—	GND	ON	OFF	+VREF	GND
0	1	0	—	—	+IN	—	GND	OFF	OFF	+VREF	GND
1	1	0	—	—	—	+IN	GND	OFF	OFF	+VREF	GND

表 12 - 7   参考电压差动模式输入配置(SER/$\overline{\text{DFR}}$＝0)

A2	A1	A0	X＋	Y＋	IN3	IN4	−IN	X 开关	Y 开关	＋REF	−REF
0	0	1	＋IN	—	—	—	−Y	OFF	ON	＋Y	−Y
1	0	1	—	＋IN	—	—	−X	ON	OFF	＋X	−X
0	1	0	—	—	＋IN	—	GND	OFF	OFF	＋VREF	GND
1	1	0	—	—	—	＋IN	GND	OFF	OFF	＋VREF	GND

2. ADS7843 的控制字

为了完成一次电极电压切换和 A/D 转换,需要先通过数字串行接口往 ADS7843 发送控制字,转换完成后再通过数字串行接口读出电压转换值。ADS7843 的控制字 如表 12 - 8 所列。

表 12 - 8   ADS7843 的控制字

位 7(MSB)	位 6	位 5	位 4	位 3	位 2	位 1	位 0(LSB)
S	A2	A1	A0	MODE	SER/$\overline{\text{DFR}}$	PD1	PD0

ADS7843 的控制字位功能定义如表 12 - 9 所列。

表 12 - 9   ADS7843 的控制字位功能定义

位	位域名	功能描述
7	S	起始位,控制字在 DIN 置该位为"1"。 12 位转换模式时,每 16 个时钟周期启动一个控制字传输;如在 8 位转换模式时,则每 12 个时钟周期启动一个新控制字传输
6:4	A2～A0	A2～A0 进行通道选择(见表 12 - 6 和表 12 - 7)
3	MODE	MODE 用来选择 A/D 转换的精度。 1:选择 8 位;0:选择 12 位
2	SER/$\overline{\text{DFR}}$	参考电压单端或差动输入模式设置位
1:0	PD1～ PD0	掉电模式位。 PD1、PD0 选择省电模式需与$\overline{\text{PENIRQ}}$共同设置。 当使能$\overline{\text{PENIRQ}}$时。 00:省电模式允许在两次 A/D 转换之间掉电。 当禁止$\overline{\text{PENIRQ}}$时。 01:同"00"; 10:保留; 11:禁止省电模式

3. 数据传输与 A/D 传输时序

ADS7843 芯片采用 SPI 数字串行接口进行数据传输,其 A/D 转换可以工作在 12

位或 8 位模式,标准的一次转换需要 24 个时钟周期,如图 12 - 10(a)所示。

由于串行接口支持双向同时进行传送,并且在前一次读数与下一次发控制字之间可以重叠,因此转换速率还可以适当提高,一次转换仅需要 16 个时钟周期,如图12 - 10(b)所示。

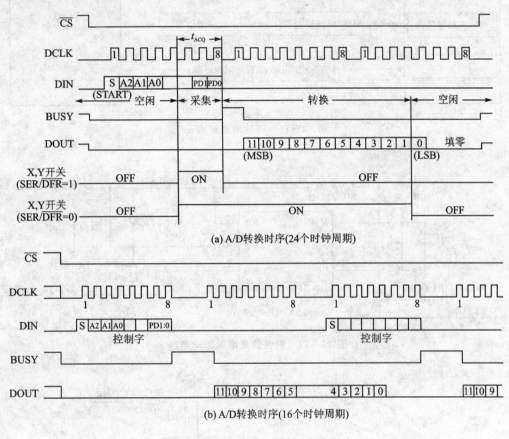

(a) A/D转换时序(24个时钟周期)

(b) A/D转换时序(16个时钟周期)

图 12 - 10　A/D 转换时序图

12.2.3　LCD 液晶显示/触摸屏硬件接口电路

本实例 FPGA 与 LCD 液晶显示/触摸屏硬件结构示意图如图 12 - 11 所示。

1. 白色背光电源驱动硬件电路

白色 LED 背光电源驱动硬件电路如图 12 - 12 所示,其开关控制信号来自于 FP-GA。

2. 触摸屏控制电路

ADS7843 触摸屏控制电路如图 12 - 13 所示,ADS7843 芯片通过 SPI 数字串行接口与 FPGA 芯片建立通信连接。

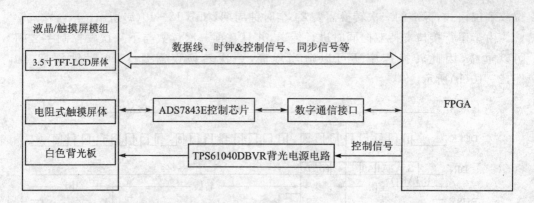

图 12－11　硬件电路结构图

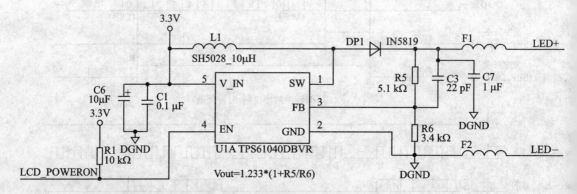

图 12－12　白色背光电源驱动电路

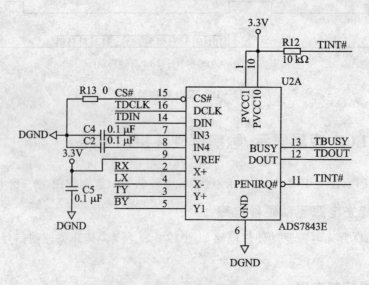

图 12－13　ADS7843 触摸屏控制电路

3. LCD 液晶显示硬件电路

LCD 液晶显示/触摸屏模组与 FPGA 接口电路原理图如图 12-14 所示。限于篇幅 LCD 液晶显示屏硬件部分电路原理图省略介绍，请参考光盘中原理图设计文件。

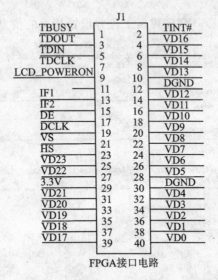

图 12-14　LCD 液晶显示/触摸屏模组与 FPGA 接口电路

12.3　硬件系统设计

本实例的 LCD 液晶显示/触摸屏应用设计基于 Cyclone II 系列 EP2C20 芯片，硬件系统结构图如图 12-15 所示。

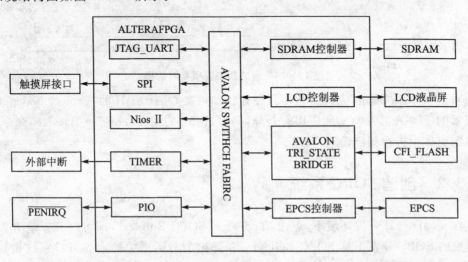

图 12-15　LCD 液晶显示/触摸屏应用系统结构图

LCD 液晶显示/触摸屏 SOPC 硬件系统设计的主要流程如下。

12.3.1 创建 Quartus II 工程项目

打开 Quartus II 开发环境,创建新工程并设置相关的信息,如图 12-16 所示。

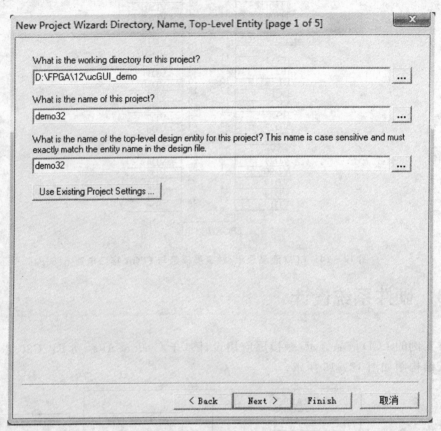

图 12-16 创建新工程项目对话框

单击"Finish"按钮,完成工程项目创建。如果在 Quartus II 的"Project Navigator"中显示的 FPGA 芯片与实际应用有差异,则可选择"Assignments"→"Device"命令,在弹出的窗体中进行相应设置。

12.3.2 创建 SOPC 系统

在 Quartus II 开发环境下,点击"Tools"→"SOPC Builder",即可打开系统开发环境集成的 SOPC 开发工具 SOPC Builder。在弹出的对话框中输入 SOPC 系统模块名称,将"Target HDL"设置为"Verilog HDL",本实例的 SOPC 系统模块名称为"demo32_core",如图 12-17 所示。接下来准备进行系统 IP 组件的添加。

(1) Nios II CPU 型号。

选择 SOPC Builder 开发环境左侧的 "Nios II Processor"，添加 CPU 模块，在 "Core Nios II" 栏选择 "Nios II/s"。其他配置根据用户需求调整设置即可，如图 12-18 所示。

(2) JTAG_UART。

选择 SOPC Builder 开发环境左侧的 "Interface Protocols"→"Serial"→"JTAG _UART"，添加 JTAG_UART 模块。其他选项均选择默认设置，如图 12-19 所示。

图 12-17 创建 SOPC 新工程项目对话框

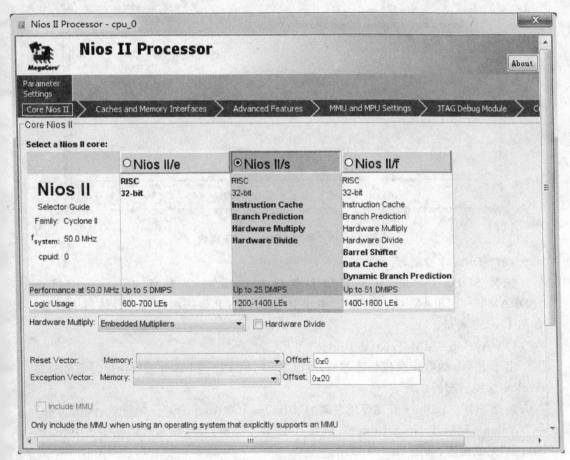

图 12-18 添加 Nios CPU 模块

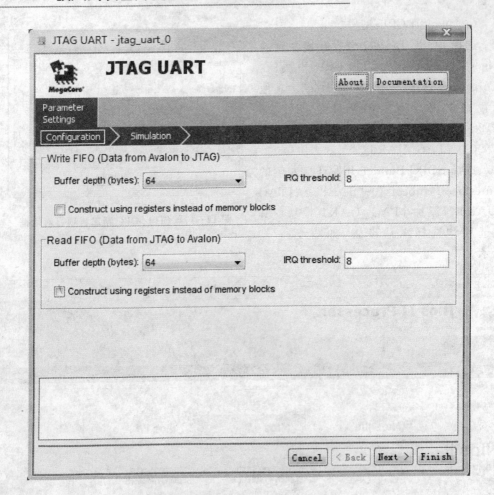

图 12 - 19　添加 JTAG_UART 模块

（3）SDRAM 控制器。

选择 SOPC Builder 开发环境左侧的 "Memories and Memory Control" → "SDRAM"→"SDRAM Controller"，添加 RAM 模块，其他选项视用户具体需求设置，如图 12 - 20 所示。

（4）Avalon - MM Tristate Bridge。

由于 Flash 的数据总线是三态的，所以 Nios II CPU 与 Flash 进行连接时需要添加 Avalon 总线三态桥。

选择 SOPC Builder 开发环境左侧的 "Bridges and Adapters"→"Memory Mapped" →"Avalon - MM Tristate Bridge"，添加 Avalon 三态桥，并在提示对话框中选中 "Registered" 完成设置，如图 12 - 21 所示。

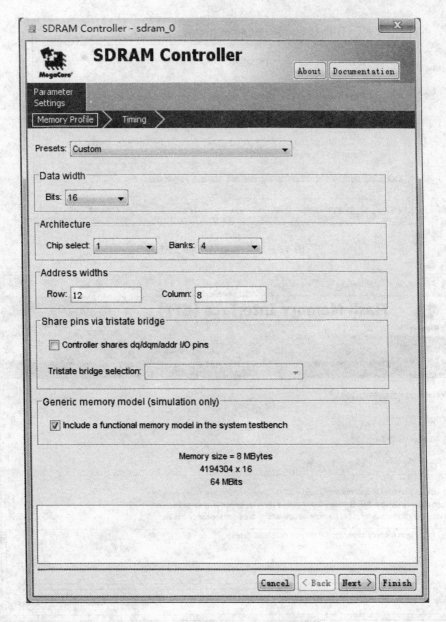

图 12 - 20　添加 SDRAM 控制器模块

（5）Cfi - Flash。

选择 SOPC Builder 开发环境左侧的"Memories and Memory Control"→"Flash"
→"Flash Memory Interface(CFI)"，添加 Flash 模块。其他选项视用户具体需求设置，
如图 12 - 22 所示。

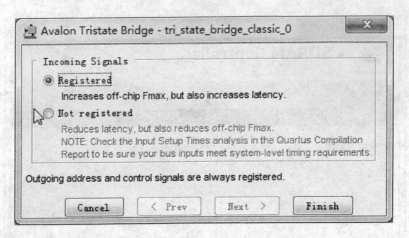

图 12 - 21　添加 Avalon 三态桥

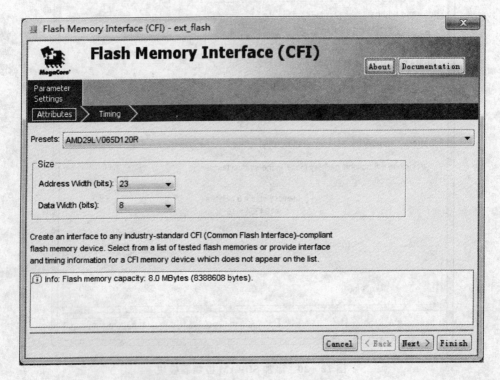

图 12 - 22　添加 FLASH 控制器模块

（6）Interval Timer。

SOPC Builder 提供的 Interval Timer 控制器主要用于完成 Nios II 处理器的定时中断控制。选择左侧的"Peripherals"→"Microcontroller Peripherals"→"Interval Timer"，添加 Interval Timer 定时器模块，相关串口参数根据使用要求设置，如图 12 - 23 所示。

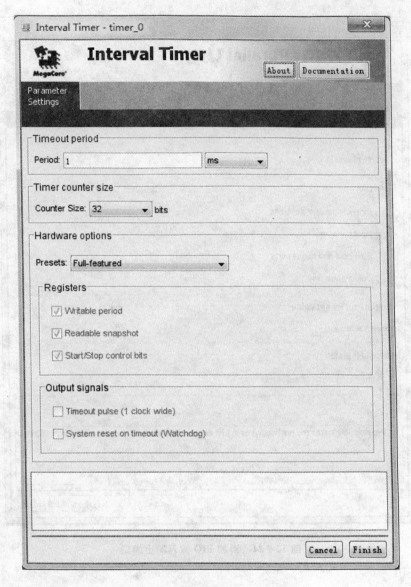

图 12 - 23　添加 Interval Timer 模块

（7）PIO。

SOPC Builder 提供的 PIO 控制器主要用于完成 Nios II 处理器并行输入输出信号的传输。选择左侧的"Peripherals"→"Microcontroller Peripherals"→"PIO（Parallel I/O）"，添加 PIO 控制器模块，单击"Finish"完成设置并重命名为"touch_panel_pen_irq_n"，如图 12 - 24 所示。相关参数选项设置如图 12 - 25 所示。

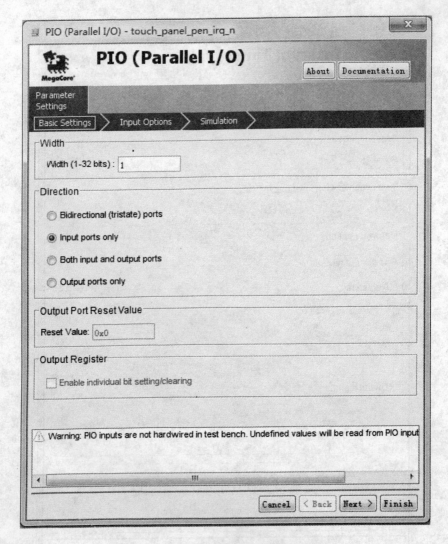

图 12 - 24 添加 PIO 输入输出端口

（8）SPI。

选择 SOPC Builder 开发环境左侧的"Interface Protocols"→"Serial"→"SPI（3 Wire Serial）"，添加 SPI 接口模块，其他选项均选择默认设置，命名为"touch_panel_spi"，如图 12 - 26 所示。

限于篇幅，ADS7843 芯片的 SPI 串行接口及相关程序的 Verilog HDL 代码省略介绍，请读者参考光盘内代码文件。

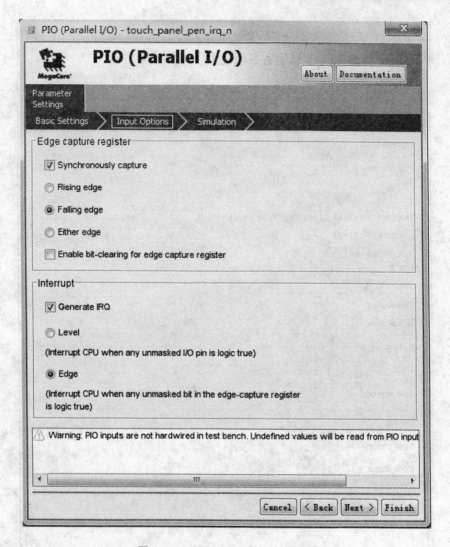

图 12 - 25　PIO 端口参数选项设置

（9）Avalon TFT LCD Controller。

Avalon TFT LCD Controller 由 Altera 公司提供的 IP，用户需要从菜单栏"File"
→"New Component"然后再在相关对话菜单中打开对话汇入文件。

注：此 IP 版权属于 Aletra 公司，仅限学习使用，相关程序代码、TFTLCD 寄存器初
始化与配置以及程序注释请参考光盘文件。

将相关模块与 Avalon－MM 三态桥建立连接，至此，本实例中所需要的 CPU 及
IP 模块均添加完毕，如图 12 - 27 所示。

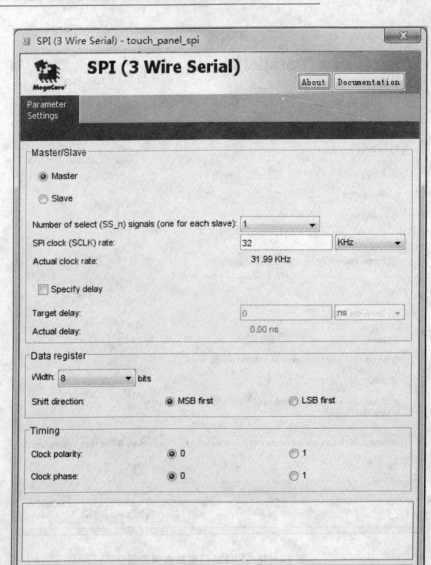

图 12 - 26 添加 SPI 接口模块

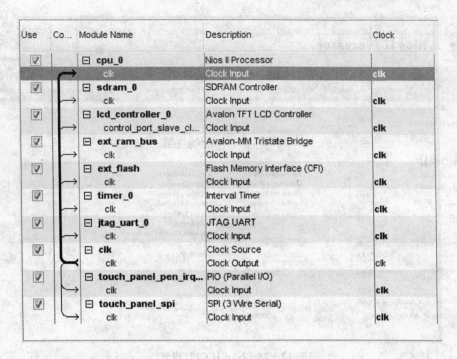

图 12 - 27　构建完成的 SOPC 系统

12.3.3　生成 Nios II 系统

在 SOPC Builder 开发环境中,分别选择菜单栏的"System"→"Auto—Assign Base Address"和"System"→"Auto—Assign IRQs",分别进行自动分配各组件模块的基地址和中断标志位操作。

双击"Nios II Processor"后在"Parameter Settings"菜单下配置"Reset Vector"为"ext_flash"。设置"Exception Vector"为"sdram0",完成设置,如图 12 - 28 所示。

配置完成后,选择"System Generation"选项卡,单击下方的"Generate",启动系统生成。

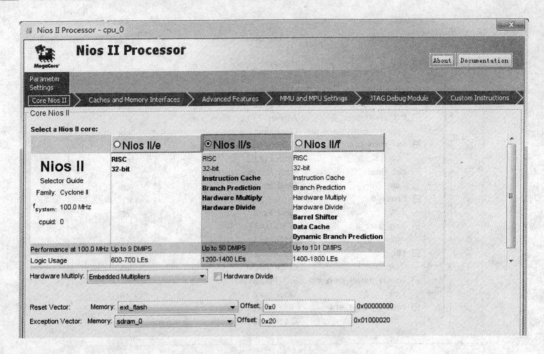

图 12 - 28　Nios II CPU 设置

12.3.4　创建顶层模块

打开 Quartus II 开发环境,选择主菜单"File"→"New"命令,创建一个 Block Diagram/Schematic File 文件作为顶层文件,并保存。

1. 创建 PLL 模块

使用 PLL 时,可以通过两种方式实现时钟锁相环:第一种是添加 ALTPLL 宏模块,此种方法是在 Quartus 开发环境中添加,另外一种是添加 PLL IP 核,在 SOPC Builder 开发工具中完成。

PLL 模块具体的创建方法和步骤如下。

(1) 选择 Quartus II 开发环境,选择主菜单"Tools"→"MegaWizard Plug - In Manager"命令,弹出添加宏模块对话框,选择"Create a new custom magafuction variation"选项,单击"Next",进入下一配置,如图 12 - 29 所示。

(2) 在宏模块左侧栏中选择"I/O"→"ALTPLL",完成对应 FPGA 芯片型号信息、生成代码格式、文件名及保存路径配置。

单击"Next",进入下一配置,在配置页面中设置参考时钟频率为"50 MHz",然后设置相关参数。

本例的 ALTPLL 宏模块需要输出 3 个锁相环时钟,分别为 c0,c1,e0,设置后单击"Finish"即可生成锁相环模块,如图 12 - 30 所示。

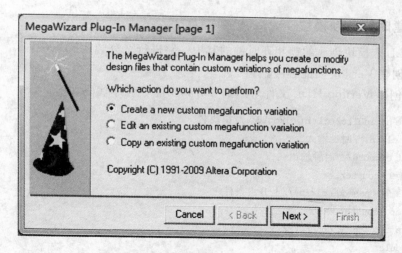

图 12-29　宏模块添加对话框

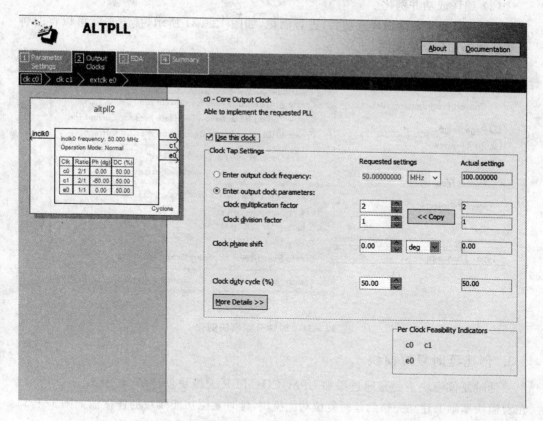

图 12-30　PLL 参数设置

（3）接下来，在 Quartus II 工程项目内对 PLL 模块进行例化。添加 PLL 模块到顶层文件。

2. 创建时钟分频模块

将 PLL 宏模块创建的锁相环时钟的其中一路进行 2 分频。

（1）创建 Verilog 功能程序。

通过创建 Verilog HDL 文件来达到 2 分频功能。程序代码如下。

```
module divide1to2(clkin,clkout8);//模块名
input clkin;//时钟输入
output clkout8;//时钟输出
reg[5:0] counter;
always @ (posedge clkin)//上升沿条件
counter = counter + d1;
assign clkout8 = counter[2];
endmodule
```

（2）编译成功并例化

对 HDL 程序文件编译成功后，进行例化，如图 12 - 31 所示，接下来就可以将时钟分频模块添加到顶层文件。

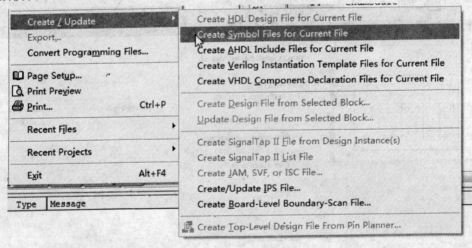

图 12 - 31　时钟分频模块例化

3. 创建延时复位模块

延时复位模块主要是通过添加 LPM_COUTER 宏模块创建的，如图 12 - 32 所示。在宏模块基础上建立完整的延时复位功能模块，延时复位功能模块的连接图如图 12 - 33 所示。

接下来，在 Quartus II 工程项目内对延时复位功能模块模块进行例化。将延时复位功能模块添加到顶层文件。

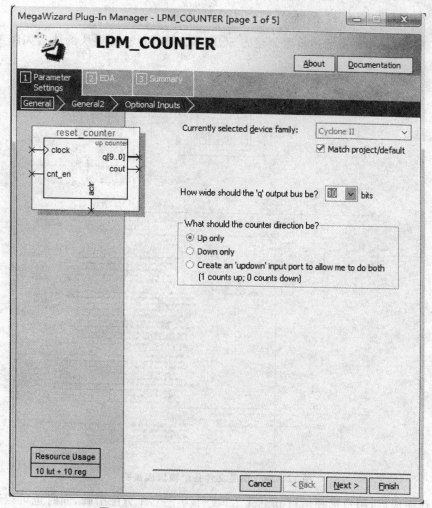

图 12-32 LPM_COUTER 宏模块添加与设置

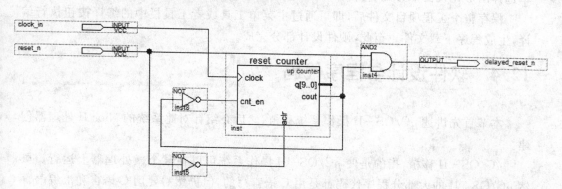

图 12-33 延时复位功能模块连接图

4. 添加集成 Nios II 系统至 Quartus II 工程

在顶层文件中添加前述步骤创建的 SOPC 处理器模块,各模块的连接如图 12 - 34 所示。

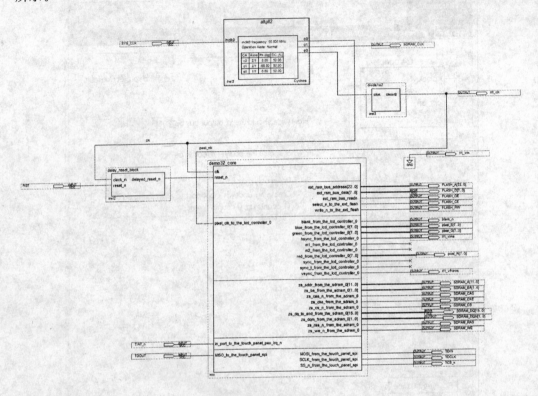

图 12 - 34　顶层文件各个模块连接图

连线完成后,用户选择运行 pinset. tcl 文件为 FPGA 分配引脚,同时也可以通过菜单选择图形化视窗来分配引脚。

保存整个工程项目文件后,即可通过主菜单工具或者工具栏中的编译按钮执行编译,生成程序下载文件。至此,硬件设计部分完成。

12.4　软件设计与程序代码

本节首先讲述 μC/OS - II 操作系统移植,然后介绍针对此系统的 Nios II 处理器创建。

μC/OS - II 移植,指的是使 μC/OS - II 操作系统可以在某个微处理器上运行。虽然 μC/OS - II 的大部分程序代码都是用 C 语言写的,但仍然需要用 C 语言和汇编语言完成一些与处理器相关的代码。由于 μC/OS - II 在设计之初就考虑了可移植性,因此 μC/OS - II 的移植工作量还是比较少的。

12.4.1　μC/OS‐II 操作系统移植要点

μC/OS‐II 在 Nios II 处理器上移植,就是使 μC/OS‐II 在该微处理器上运行。在移植过程中,用户所需要修改的就是与处理器相关的代码,包括设置 OS_CPU.H 中与处理器和编译器相关的代码,用 C 语言编写与操作系统相关的函数 OS_CPU_C.C,用汇编语言编写与处理器相关的函数 OS_CPU.ASM 文件。

(1) 基本的配置和定义 OS_CPU.H 头文件。

OS_CPU.H 头文件定义了数据类型、处理器堆栈数据类型字长、堆栈增长方向、任务切换宏和临界区访问处理。基本配置和定义全部集中在 OS_CPU.H 头文件中。

μC/OS‐II 为了保证可移植性,程序中没有直接使用 int,unsigned int 等定义,而是自己定义了一套数据类型例如 INT16U 表示 16 位无符号整型,INT32U 表示 32 位无符号整型,INT32S 表示 32 位有符号整型等,修改后的代码如下:

```
typedef unsigned char    BOOLEAN;/*布尔型*/
typedef unsigned char    INT8U;/*8位无符号整型*/
typedef signed    char    INT8S;/*8位有符号整型*/
typedef unsigned short   INT16U;/*16位无符号整型*/
typedef signed    short   INT16S;/*16位有符号整型*/
typedef unsigned int     INT32U;/*32位无符号整型*/
typedef signed    int     INT32S;/*32位有符号整型*/
typedef float            FP32;/*单精度浮点型*/
typedef double           FP64;/*双精度浮点型*/
typedef unsigned int     OS_STK;/*堆栈数据字长32位*/
typedef unsigned int     OS_CPU_SR;/*状态寄存器32位*/
```

Nios II 处理器使用的是"向下生长的满栈"模式。堆栈指针 SP 总是指向最后一个被压入堆栈的 32 位整数。在下一次压栈时,SP 先自减 4,再存入新的数值。所以将 OS_STK 堆栈定义为 32 位无符号整型类型。定义了栈指针 OS_STK_GROWTH 的增长方向,堆栈增长方向 OS_STK_GROWTH 设置为 1,代表堆栈方向是从高地址向低地址递减。定义了关中断和开中断宏,使用 OS_ENTER_CRITICAL() 和 OS_EXIT_CRITICAL()宏开启/关闭中断。临界区代码访问涉及到全局中断开关指令,由这两个函数宏实现。对 Nios II 处理器,允许在 C 语言中嵌入汇编语言,实现方法如下。

```
#define OS_ENTER_CRITICAL() asm("PFX 8 \n WRCTL %g0;")/*关中断*/
#define OS_EXIT_CRITICAL() asm("PFX 9 \n WRCTL %g0;")/*开中断*/
#define OS_STK_GROWTH 1 /* 堆栈增长方向由高到低 */
#define OS_TASK_SW() asm("TRAP 21");/* 系统软中断定义 */
```

(2) 编写 4 个与处理器相关的函数。

在汇编文件 OS_CPU_A32.S 中需要移植的函数为 OSStartHighRdy()、OSCtxSw()、OSIntCtxSw()、OSTickISR()。

函数 OSStartHighRdy()的作用是在调用 OSStart()函数时启动多任务调度。

中断级任务切换函数 OSIntCtxSw()与 OSCtxSw()类似。若任务运行过程中产生了中断,且中断服务例程使得一个比当前被中断任务的优先级更高的任务就绪时,μC/OS-II 内核就会在中断返回之前调用函数 OSIntCtxSw(),将自己从中断态调度到就绪态,另外一个优先级更高的就绪任务切换运行态。由于自己本身处于中断态,它在进入中断服务例程时任务状态已经被保存,所以不需要像任务级任务调度函数 OSCtxSw()那样保存当前任务状态。

函数 OSTickISR()是时钟节拍中断服务程序。每次的中断服务例程都会触发一次任务调度。

(3) OS_CPU_C. C。

需要在 OS_CPU_C. C 文件中改写 6 个简单的 C 语言函数,这些函数与操作系统相关,它们是:OSTaskStkInit()、OSTaskCreatHook()、OSTaskDelHook()、OSTaskSwHook()、OSTaskStatHook()和 OSTaskTickHook()。其中必须修改的函数是 OSTaskStkInit(),其余 5 个都是用户接口函数及钩子函数,可以不加代码。

用户在任务创建时,需要调用 OSTaskStkInit 初始化任务的自用栈区,任务堆栈用于在发生任务上下文切换时保存被调度的任务寄存器内容。

用户在任务初始化时,需要预先定义用户任务堆栈空间,并赋予初始化值。函数 OSTaskStkInit()代码如下:

```
OS_STK   * OSTaskStkInit (void ( * task)(void * pd), void * pdata, OS_STK * ptos, INT16U
opt)
    {
    OS_STK * stk;
    opt       = opt;
    stk       = ptos;
    stk - - ;
    * stk - - = (OS_STK)(task);
    * stk - - = (1<<15) | (63<<9) | (getHILIMIT()<<4);
    * stk - - = 7;

    * stk - - = 0;
    * stk - - = 0x37;

    * stk - - = 0x31;
    * stk - - = (OS_STK)(pdata);
    * stk - - = 0x27;

    * stk - - = 0x20;
    * stk - - = 0x17;

    * stk - - = 0x10;
```

```
    * stk - - = (0<<15) | (63<<9) | ((getHILIMIT() - 1)<<4);
    stk - = 23;
    return ((OS_STK * )stk);
}
```

12.4.2　Nios II 系统工程创建

启动 Nios II IDE 开发环境,选择主菜单"File"→"New"→"Project"命令,创建 Nios II 工程项目,并进行相关选项配置。

新 Nios II 工程建立后,单击"Finish"生成工程,添加并修改代码。本系统的软件代码与程序注释如下介绍。

(1) μC/OS II 系统主程序 MAIN.C。

μC/OS II 系统主程序的软件代码与代码注释如下。

```
# include  <stdio.h>
# include  "includes.h"
/ * 定义任务堆栈 * /
# define   TASK_STACKSIZE         2048
OS_STK     task1_stk[TASK_STACKSIZE];
OS_STK     task2_stk[TASK_STACKSIZE];

/ * 定义任务的优先级 * /
# define TASK1_PRIORITY        1
# define TASK2_PRIORITY        2
void MainTask1(void);
void MainTask2(void);
/ * 任务 1 * /
void task1(void * pdata)
{
  while (1)
  {
    printf("Hello from task1\n");
    MainTask1();
  }
}
/ * 任务 2 * /

void task2(void * pdata)
{
  while (1)
  {
    printf("Hello from task2\n");
```

```
        MainTask2();
    }
}
int main(void) {
```
/ *它会建立两个任务：空闲任务和统计任务，前者在没有其他任务处于就绪态时运行；后者计算 CPU 的利用率。* /
```
    OSInit();
```
/ *所有的任务都使用 OSTaskCreateExt()函数来建立，使得每一个任务都可进行堆栈检查* /
```
    OSTaskCreateExt(task1,
                    NULL,
                    (void * )&task1_stk[TASK_STACKSIZE],
                    TASK1_PRIORITY,
                    TASK1_PRIORITY,
                    task1_stk,
                    TASK_STACKSIZE,
                    NULL,
                    0);
    OSTaskCreateExt(task2,
                    NULL,
                    (void * )&task2_stk[TASK_STACKSIZE],
                    TASK2_PRIORITY,
                    TASK2_PRIORITY,
                    task2_stk,
                    TASK_STACKSIZE,
                    NULL,
                    0);
    OSStart();
    return 0;
}
```

(2) LCD 驱动程序 mylcd.c。

LCD 驱动的程序代码如下。

```
short fb0[FRAMEBUFFERSIZE] __attribute__ ((aligned(128)));
short * frameBuffer0;
// LCD 初始化
void init_lcd()
{
    // 重新映射所有的帧缓存区
    frameBuffer0 = (short * )alt_remap_uncached(fb0, FRAMEBUFFERSIZE * 2);
    IOWR_LCD_INT_CLR(0x1);
    lcd_reset();//LCD 复位
    lcd_sync();//LCD 同步
    lcdDoDMA(0, frameBuffer0, SCREENSIZE, 0x3f);
```

```
        lcdLayers(0x1); //启动 LCD
}
//  设置像素
void lcd_set_pixel(int x, int y, int value)
{
        *(frameBuffer0 + 320 * y + x) = value;      //320 * 240
}


//  获取像素
int lcd_get_pixel(int x, int y)
{
        return *(frameBuffer0 + 320 * y + x);       //320 * 240
}
```

（3）其他文件说明。

限于篇幅，本章省略介绍有关 GUI 图形显示演示、触摸演示等程序（包括 GUI-DEMO_Touch. C、GUIDEMO. C、LCD. C、GUI_X. C 等程序），请读者参见光盘内相应文件代码。

在 Nios II IDE 环境中完成所有程序代码设计与编译参数配置后，即可执行编译和下载，验证系统运行效果。

12.5　实例总结

本章首先介绍了 LCD 液晶显示、触摸屏工作原理与基本应用，然后基于 Altera 公司 Nios II 处理器实现了液晶显示和触摸屏设计；同时简单介绍了 μC/OS-II 操作系统在 Nios II 处理器上的移植要点，将 μC/OS-II 系统内核成功移植到了 Nios II 处理器上，成功搭建 Nios II 嵌入式处理器和 μC/OS-II 嵌入式实时内核的平台，构造了简易的 μC/GUI 嵌入式图形系统。

Nios II 处理和 μC/OS-II 系统允许用户按照需求进行配置，这一平台提供了很大的灵活性，用户可以非常方便地在这种平台上进行各种应用程序的开发。

第 **13** 章

数字温度传感器应用

数字温度传感器具有出色的精确度,与热耦、热敏电阻器、电阻性热器件(Resistive Thermal Device,RTD)测量技术相比,其可配置性高,灵活性强,功耗低,测量温度的应用范围广,更容易满足温度监控的需求,能够支持众多的系统应用。本章将基于 FP-GA 讲述 LM75A 数字温度传感器的硬件与软件系统设计。

13.1 数字温度传感器概述

LM75A 是 NXP 半导体公司推出的具有 I^2C 总线接口的数字温度传感器芯片,它广泛运用于系统环境监控、个人计算机、电子设备、工业控制等方面的温度测量。

13.1.1 LM75A 简述

LM75A 是一个具有高速 I^2C 总线接口的数字温度传感器,可以在 $-55\ ℃\sim+125\ ℃$ 的温度范围内将温度值转换为数字信号,精度可达 $0.125\ ℃$。微控制器可以通过 I^2C 总线接口读取其内部寄存器中的数据,并可通过 I^2C 对 4 个数据寄存器进行操作,以设置成不同的工作模式。它可设置成在正常工作模式下周期性地对环境温度进行监控,也可以进入关断模式来将器件功耗降至最低。OS 输出有 2 种可选的工作模式:OS 比较器模式和 OS 中断模式,OS 输出可选择高电平或低电平有效。正常工作模式下,当器件上电时,OS 工作在比较器模式,温度阈值为 $80\ ℃$,滞后阈值为 $75\ ℃$,故障队列和设定点限制可编程,为了激活 OS 输出,故障队列定义了许多连续的故障。LM75A 功能框图如图 13-1 所示。

LM75A 的主要功能特性如下:

- 提供环境温度对应的数字信息,直接表示温度;
- 可以对某个特定温度做出反应,可以配置成中断或者比较器模式(OS 输出);
- 高速 I^2C 总线接口,有 A2 ～ A0 地址线,1 条总线上最多可同时使用 8 个

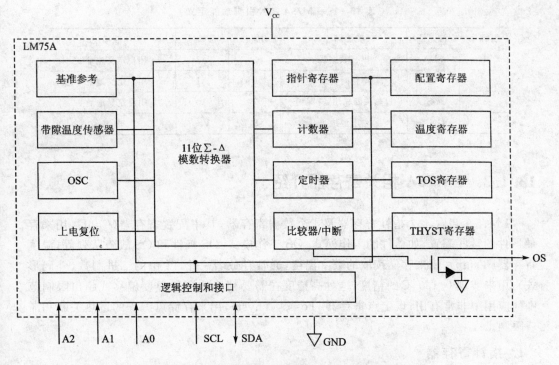

图 13-1　数字温度传感器 LM75A 内部功能框图

LM75A 芯片：

- 低功耗设计，工作电流典型值为 $250~\mu A$，掉电模式为 $3.5~\mu A$；
- 测量的温度最大范围为 $-55~℃ \sim +125~℃$；
- 宽工作电压范围：$2.8~V \sim 5.5~V$；
- 提供了良好的温度精度（$0.125~℃$）；
- 可编程温度阈值和滞后设定点。

13.1.2　LM75A 器件引脚描述

LM75A 具有一个 I^2C 总线接口，并有 3 个可选的逻辑地址引脚，使得同一总线上可同时连接 8 个器件而不发生地址冲突。其引脚封装示意图如图 13-2 所示，各引脚功能定义如表 13-1 所列。

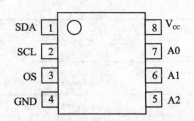

图 13-2　数字温度传感器 LM75A 引脚示意图

表 13 - 1 LM75A 芯片引脚功能定义

引脚号	符　号	功能描述	引脚号	符　号	功能描述
1	SDA	串行数据线	5	A2	用户定义地址 2
2	SCL	串行时钟线	6	A1	用户定义地址 1
3	OS	过热关断输出,开漏极	7	A0	用户定义地址 0
4	GND	电源地	8	Vcc	电源

13.1.3　LM75A 相关寄存器介绍

LM75A 包含 1 个指针寄存器及 4 个数据寄存器,其中配置寄存器(Conf),用来存储器件的某些配置,如器件的工作模式、OS 工作模式、OS 极性和 OS 故障队列等;温度寄存器(Temp),用来存储读取的数字温度,通常存放着一个 11 位的二进制数(补码形式),用来实现 0.125 ℃的精度,这种高精度在需要精确地测量温度偏移或超出限制范围的应用中非常有用;设定点寄存器(Tos & Thyst),用来存储可编程的过热关断和滞后限制。

1. 指针寄存器

指针寄存器包含一个 8 位的数据字节,低 2 位是其他 4 个寄存器的指针值,高 6 位等于 0。指针寄存器对于用户来说是不可访问的,但通过包含指针数据字节的 I^2C 总线命令即可选择进行数据寄存器的读/写操作。由于包含指针字节的 I^2C 总线命令执行时指针值被锁存在指针寄存器中,因此 LM75A 读操作时可能包含指针字节,也可能不包含指针字节。如果要再次读取一个刚被读取且指针已经预置好的寄存器,则指针值必须包含在内。要读取一个不同寄存器的内容,也必须包含指针字节。但是,写操作 LM75A 时必须一直包含指针字节。指针寄存器数据格式如表 13 - 2 所列,指针值功能定义如表 13 - 3 所列。

表 13 - 2 指针寄存器数据格式

B7	B6	B5	B4	B3	B2	B1	B0
0	0	0	0	0	0	指针值,定义见表 13 - 3	

表 13 - 3 指针值定义

B1	B0	选择的寄存器	B1	B0	选择的寄存器
0	0	温度寄存器(Temp)	1	0	滞后寄存器(Thyst)
0	1	配置寄存器(Conf)	1	1	过热关断寄存器(Tos)

2. 温度寄存器(Temp,寄存器地址 0x00)

温度寄存器是一个只读寄存器,包含 2 个 8 位的数据字节,由一个高数据字节

(MSB)和一个低数据字节(LSB)组成。在这 2 个字节中只用到 11 位,来存放分辨率为 0.125 ℃的温度数据(以二进制补码数据的形式),如表 13-4 所列。对于 8 位的 I^2C 总线来说,只要从 LM75A 的"00 地址"连续读两个字节即可(温度的高 8 位在前)。

表 13-4　温度寄存器数据格式

温度寄存器高字节								温度寄存器低字节							
MSB			...				LSB	MSB			...				LSB
B7	B6	B5	B4	B3	B2	B1	B0	B7	B6	B5	B4	B3	B2	B1	B0
温度数据(11 位)											未使用				
MSB			...						LSB						
D10	D9	D8	D7	D6	D5	D4	D3	D2	D1	D0	X	X	X	X	X

根据 11 位的温度寄存器数据来计算温度值的方法:

(1) 若 D10=0,温度值(℃)=+(Temp 数据)×0.125 ℃;

(2) 若 D10=1,温度值(℃)=−(Temp 数据的二进制补码)×0.125 ℃。

表 13-5 列出了一些温度寄存器数据和温度值的例子。

表 13-5　温度寄存器对应温度值表

温度寄存器数据			温度值
11 位二进制数(补码)	3 位十六进制值	十进制值	℃
011 1111 1000	3F8h	1016	+127.000 ℃
011 1111 0111	3F7h	1015	+126.875 ℃
011 1111 0001	3F1h	1009	+126.125 ℃
011 1110 1000	3E8h	1000	+125.000 ℃
000 1100 1000	0C8h	200	+25.000 ℃
000 0000 0001	001h	1	+0.125 ℃
000 0000 0000	00h	0	0.000 ℃
111 111111 11	7FFh	−1	−0.125 ℃
111 001110 00	738h	−200	−25.000 ℃
110 0100 1001	649h	−439	−54.875 ℃
110 0100 1000	648h	−440	−55.000 ℃

3. 配置寄存器(Conf,寄存器地址 0x01)

配置寄存器为 8 位可读/写寄存器,其位功能如表 13-6 所列。

表 13-6　配置寄存器位功能描述

B7	B6	B5	B4	B3	B2	B1	B0
保留			OS 故障队列		OS 极性	OS 比较/中断	关断

- B7~B5:保留,默认为 0。
- B4~B3:用来编程 OS 故障队列。

  00 到 11 代表的值为 1、2、4、6,默认值为 0。
- B2:用来选择 OS 极性。

  D2=0,OS 低电平有效(默认)。

  D2=1,OS 高电平有效。
- B1:选择 OS 工作模式。

  D1=0,配置成比较器模式,直接控制外围电路。

  D1=1,OS 控制输出功能配置成中断模式,以通知微处理器进行相应处理。
- B0:选择器件工作模式。

  D0=0,LM75A 处于正常工作模式(默认)。

  D0=1,LM75A 进入关断模式。

4. 滞后寄存器(Thyst,寄存器地址 0x02)

滞后寄存器是读/写寄存器,也称为设定点寄存器,提供了温度控制范围的下限温度。每次转换结束后,温度寄存器的数据(取其高 9 位)将会与存放在该寄存器中的数据相比较,当环境温度低于此温度的时候,LM75A 将根据当前模式(比较/中断)控制 OS 引脚做出相应反应。该寄存器都包含 2 个 8 位的数据字节,但 2 个字节中,只有 9 位用来存储设定点数据(分辨率为 0.5 ℃的二进制补码),其数据格式如表 13-7 所列,默认为 75 ℃。

表 13-7　滞后寄存器数据格式

D15			D14	...	D8			D7	D6	...	D0
T8	T7	T6	T5	T4	T3	T2	T1	T0	未定义		

5. 过温关断阈值寄存器(Tos,寄存器地址 0x03)

过温关断寄存器提供了温度控制范围的上限温度。每次转换结束后,温度寄存器数据(取其高 9 位)将会与存放在该寄存器中的数据相比较,当环境温度高于此温度的时候,LM75A 将根据当前模式(比较/中断)控制 OS 引脚做出相应反应。其数据格式与滞后寄存器类似(见表 13-7),默认为 80 ℃。表 13-8 给出了一些滞后寄存器和过温关断阈值寄存器数据与温度值。

表 13-8　滞后寄存器/过温关断阈值寄存器数据与温度值

温度寄存器数据			温度值
9 位二进制数(补码)	3 位十六进制值	十进制值	℃
0 1111 1010	0FAh	250	+125.000 ℃
0 0011 0010	032h	50	+25.000 ℃

温度寄存器数据			温度值
9 位二进制数(补码)	3 位十六进制值	十进制值	℃
0 0000 0001	001h	1	+0.5 ℃
0 0000 0000	000h	0	0.000 ℃
1 1111 1111	1FFh	−1	−0.5 ℃
1 1100 1110	1CEh	−50	−25.000 ℃
1 1001 0010	192h	−110	−55.000 ℃

13.1.4　中断(OS)输出

LM75A 利用内置的分辨率为 0.125 ℃ 的带隙传感器来测量器件的温度,并将模数转换得到的 11 位的二进制数的补码数据存放到温度寄存器中。温度寄存器的数据可随时被 I²C 总线上的控制器读出。读温度数据并不会影响在读操作过程中执行的转换操作。LM75A 可设置成两种工作模式:正常工作模式或中断模式(OS)。

1. 正常工作模式

在正常工作模式中,每隔 100 ms 执行一次温度—数字的转换,温度寄存器的内容在每次转换后更新。在关断时,LM75A 变成空闲状态,数据转换禁止,温度寄存器保存着最后一次更新的结果,但是 LM75A 的 I²C 总线接口仍然有效,寄存器的读/写操作继续执行。

LM75A 工作模式通过配置寄存器的可编程位 B0 来设定。当 LM75A 上电后从关断模式进入正常工作模式时启动温度转换。

另外,为了设置器件 OS 输出的状态,在正常模式下的每次转换结束时,温度寄存器中的温度数据会自动与过温关断阈值寄存器中的过热关断阈值数据以及滞后寄存器中存放的滞后数据相比较。

2. 中断模式

在 OS 比较器模式中,OS 输出的操作类似一个温度控制器。当温度寄存器值超过过温关断阈值寄存器值时,OS 输出有效;当温度寄存器值降至低于滞后寄存器值时,OS 输出复位。读器件的寄存器或器件进入关断模式都不会改变 OS 输出的状态。这时,可利用 OS 输出控制温控开关。

在 OS 中断模式中,OS 输出用来产生温度中断。当 LM75A 上电时,OS 输出在当温度寄存器值超过过温关断阈值寄存器值时首次激活,然后无限期地保持有效状态,直至通过读器件的寄存器来复位。一旦 OS 输出已经激活后又被复位,它就只能在温度寄存器值降至低于滞后寄存器值时才能再次激活,然后,它就无限期地保持有效,直至通过一个寄存器的读操作被复位。OS 中断操作以:温度寄存器值跳变→复位→滞后寄存器值跳变→复位→温度寄存器值跳变→复位…这样的序列循环执行。LM75A 进入关断模式也可复位 OS 输出。

13.1.5 I^2C 总线通信协议

在微处理器的控制下,LM75A 可以通过 SCL 和 SDA 信号线从器件连接到 I^2C 接口总线上。微处理器必须提供 SCL 时钟信号,可以通过 SDA 读出器件数据或将数据写入到器件中。

注意:必须在 SCL 和 SDA 信号线上分别连接一个外部上拉电阻,阻值约为 10 kΩ。

LM75A 从地址(7 位地址)的低 3 位可由地址引脚 A2、A1 和 A0 的逻辑电平来决定。地址的高 4 位预先设置为'1001'。表 13-9 列出了 LM75A 的完整地址,从表中可以看出,同一总线上可连接 8 个器件而不会产生地址冲突。由于输入引脚 SCL、SDA、A2~A0 内部无偏置,因此在任何应用中它们都不能悬空。

表 13-9   LM75A 从地址数据格式

MSB			···			LSB
1	0	0	1	A2	A1	A0

主机和 LM75A 之间的通信必须严格遵循 I^2C 总线接口定义的规范。LM75A 寄存器读/写操作的协议通过图 13-3 至图 13-8 来说明。

(1) 通信开始之前,I^2C 总线必须空闲或者不忙。这就意味着总线上的所有器件都必须释放 SCL 和 SDA 线,SCL 和 SDA 线被总线的上拉电阻拉高。

(2) 由主机来提供通信所需的 SCL 时钟脉冲。在连续 9 个 SCL 时钟脉冲作用下,数据(8 位的数据以及紧跟其后的 1 个应答状态位)被传输。

(3) 在数据传输过程中,除起始和停止信号外,SDA 信号必须保持稳定,而 SCL 信号必须为高。这就表示 SDA 信号不能在 SCL 为低时改变。

(4) S:起始信号,主机启动一次通信的信号,SCL 为高电平,SDA 从高电平变成低电平。

(5) RS:重复起始信号,与起始信号相同,用来启动一个写命令后的读命令。

(6) P:停止信号,主机停止一次通信的信号,SCL 为高电平,SDA 从低电平变成高电平。然后总线变成空闲状态。

(7) W:写位,在写命令中写/读位=0。

(8) R:读位,在读命令中写/读位=1。

(9) A:器件应答位,由 LM75A 返回。当器件正确工作时该位为 0,否则为 1。为了使器件获得 SDA 的控制权,这段时间内主机必须释放 SDA 线。

(10) A':主机应答位,不是由器件返回,而是在读 2 字节的数据时由微控制器或主

机设置的。在这个时钟周期内,为了告知器件的第一个字节已经读完,并要求器件将第
二个字节放到总线上,主机必须将 SDA 线设为低电平。

(11) NA:非应答位。在这个时钟周期内,数据传输结束时器件和主机都必须释放
SDA 线,然后由主机产生停止信号。

(12) 在写操作协议中,数据从主机发送到器件,由主机控制 SDA 线,但在器件将
应答信号发送到总线的时钟周期内除外。

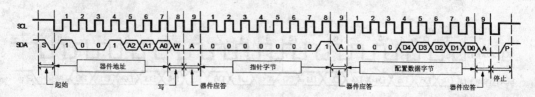

图 13-3　写配置寄存器(1 字节数据)

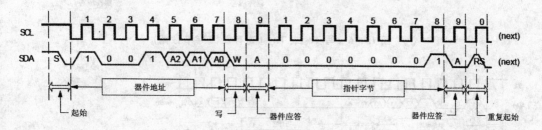

图 13-4　读包含指针字节的配置寄存器(1 字节数据)

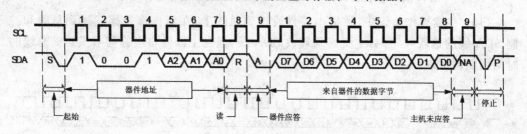

图 13-5　读预置指针的配置寄存器(1 字节数据)

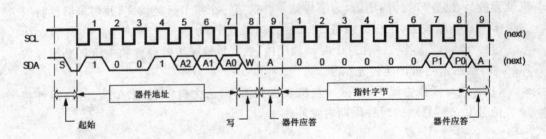

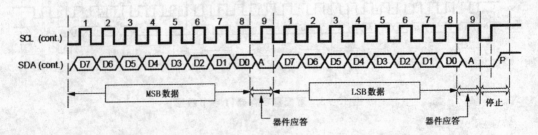

图 13-6 写 Tos 或 Thyst 寄存器(2 字节数据)

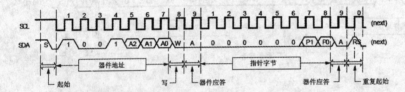

图 13-7 读包含指针字节的 Temp、Tos 或 Thyst 寄存器(2 字节数据)

(13)在读操作协议中,数据由器件发送到总线上,在器件将数据发送到总线和控制 SDA 线的这段时间内,主机必须释放 SDA 线,但在主器件将应答信号发送到总线的时间周期内除外。

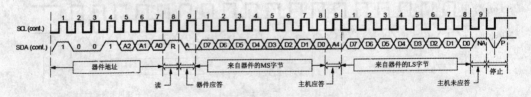

图 13-8 读预置指针的 Temp、Tos 或 Thyst 寄存器(2 字节数据)

13.2　数字温度传感器与 FPGA 接口电路

本实例的 LM75A 工作电压为 3.3 V 供电。硬件设计中只采用了一个 LM75A，所以 I²C 的地址线 A0～A2 接地即可，其 I²C 设备从地址为 0x90。由于 SDA、SCL 为开漏输出，所以分别增加一个 4.7 kΩ～10 kΩ 的上拉电阻再与 FPGA 芯片连接，本实例中取值 10kΩ。OS 引脚外接一个 LED 灯，当 LM75A 达到报警温度时，OS 引脚输出低电平有效信号，点亮 LED 灯。

数字温度传感器硬件电路原理图如图 13-9 所示。

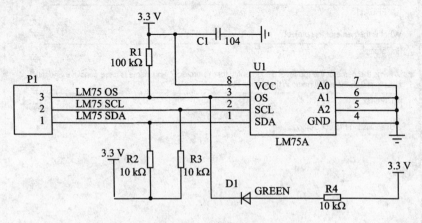

图 13-9　数字温度传感器硬件电路原理图

13.3　传感器硬件系统设计

本例的数字温度传感器系统设计基于 Altera 公司的 Cyclone II 系列 EP2C20 芯片，数字温度传感器硬件系统结构图如图 13-10 所示。

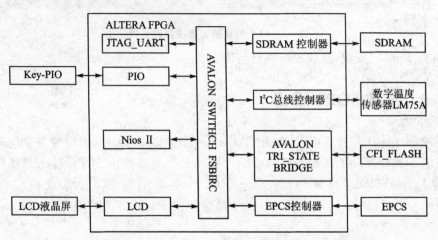

图 13-10　数字温度传感器硬件系统结构图

数字温度传感器硬件系统设计部分的主要流程如下所述。

13.3.1 创建 Quartus II 工程项目

打开 Quartus II 开发环境,创建新工程并设置相关的信息,本实例的工程项目名为"lm75temp",如图 13 - 11 所示。

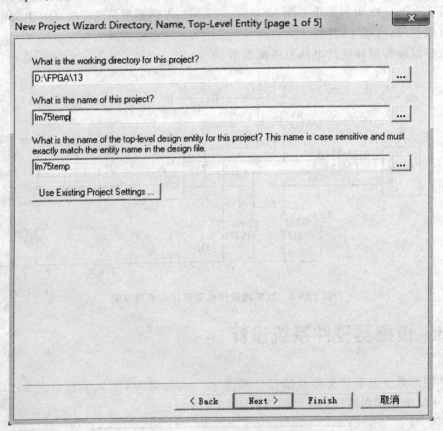

图 13 - 11 创建新工程项目对话框

单击"Finish"按钮,完成工程项目创建。

13.3.2 创建 SOPC 系统

在 Quartus II 开发环境下,点击"Tools"→"SOPC Builder",即可打开系统开发环境集成的 SOPC 开发工具 SOPC Builder。在弹出的对话框中 SOPC 输入系统模块名称,将"Target HDL"设置为"Verilog HDL",本实例的 SOPC 系统模块名称为"lm75tempnios",如图 13 - 12 所示。接下来准备进行系统 IP 组件的添加。

（1）Nios II CPU 型号。

选择 SOPC Builder 开发环境左侧的"Nios II Processor"，添加 CPU 模块，在"Core Nios II"栏选择"Nios II/s"，其他配置均选择默认设置即可。

（2）JTAG_UART。

选择 SOPC Builder 开发环境左侧的"Interface Protocols"→"Serial"→"JTAG _ UART"，添加 JTAG _ UART 模块，其他选项均选择默认设置，如图 13 - 13 所示。

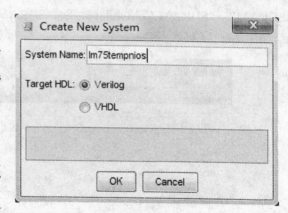

图 13 - 12　创建 SOPC 新工程项目对话框

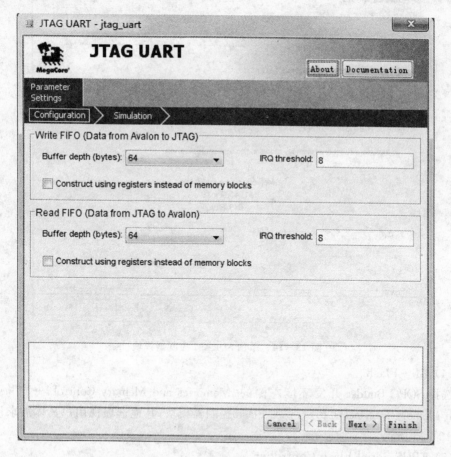

图 13 - 13　添加 JTAG_UART 模块

（3）SDRAM 控制器。

选择 SOPC Builder 开发环境左侧的"Memories and Memory Control"→

"SDRAM"→"SDRAM Controller",添加 SDRAM 模块,其他选项视用户具体需求设置,如图 13 - 14 所示。

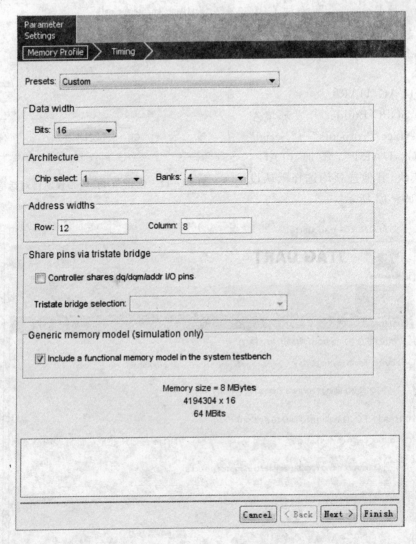

图 13 - 14 添加 SDRAM 控制器模块

(4) Cfi - Flash。

选择 SOPC Builder 开发环境左侧的"Memories and Memory Control"→"Flash"→"Flash Memory Interface(CFI)",添加 Flash 控制器模块,其他选项视用户具体需求设置,如图 13 - 15 所示。

(5) EPCS Serial Flash Controller。

选择 SOPC Builder 开发环境左侧的"Memories and Memory Control"→"Flash"→"EPCS Serial Flash Controller",添加 EPCS Serial Flash Controller 模块,其他选项按默认设置,如图 13 - 16 所示。

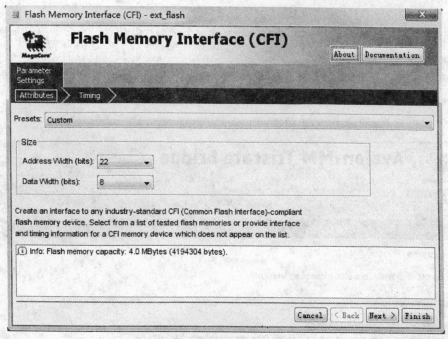

图 13 - 15　添加 FLASH 控制器模块

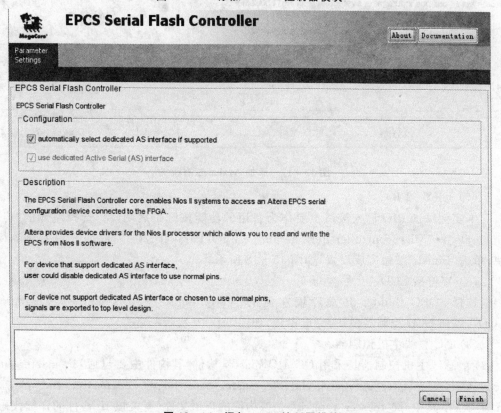

图 13 - 16　添加 EPCS 控制器模块

(6) Avalon-MM Tristate Bridge。

由于 Flash 的数据总线是三态的,所以 Nios II CPU 与 Flash 进行连接时需要添加 Avalon 总线三态桥。

选择 SOPC Builder 开发环境左侧的"Bridges and Adapters"→"Memory Mapped" →"Avalon – MM Tristate Bridge",添加 Avalon 三态桥,并在提示对话框中选中"Registered"完成设置,如图 13 – 17 所示。

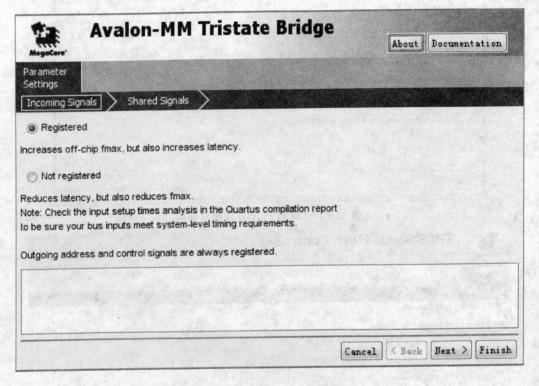

图 13 – 17 添加 Avalon 三态桥

(7) KEY – PIO。

本实例添加 PIO 输入接口主要作为备用的功能按键扩展功能。选择左侧的"Peripherals"→"Microcontroller Peripherals"→"PIO(Parallel I/O)",添加 PIO 控制器模块,单击"Finish"按钮完成设置,如图 13 – 18 所示。

(8) 字符型 LCD。

选择 SOPC Builder 开发环境左侧的 "Peripherals" → "Display" → "Character LCD",添加 LCD 控制器模块,完成设置,如图 13 – 19 所示。

(9) I²C 总线主机控制器。

I²C 总线主机控制器是采用 OC_I²C_master 构件,其构件主要包括 i2c_master_bit _ctrl. vhd、i2c_master_byte_ctrl. vhd、i2c_master_top. vhd、oc_i2c_master. vhd 等 4 个 HDL 文件,其中 i2c_master_top. vhd 是该构件的顶层文件(有关该 IP 构件的详细代码

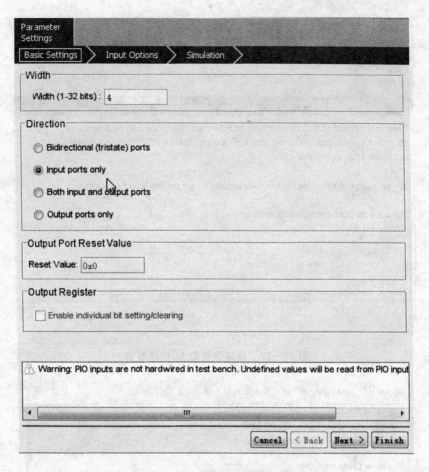

图 13-18　添加 PIO 输入端口

请读者参考光盘中的程序代码文件,此处省略介绍)。添加该外部构件后,如图 13-20
所示。

将 Cfi_Flash 控制器与 Avalon-MM 三态桥建立连接,至此,本实例中所需要的
CPU 及 IP 模块均添加完毕,如图 13-21 所示。

13.3.3　生成 Nios II 系统

在 SOPC Builder 开发环境中,分别选择菜单栏的"System"→"Auto-Assign Base
Address"和"System"→"Auto-Assign IRQs",分别进行自动分配各组件模块的基地址
和中断标志位操作。

双击"Nios II Processor"后在"Parameter Settings"菜单下配置"Reset Vector"为
"ext_flash",设置"Exception Vector"为"ext_sdram",完成设置,如图 13-22 所示。

配置完成后,选择"System Generation"选项卡,单击下方的"Generate",启动系统
生成。

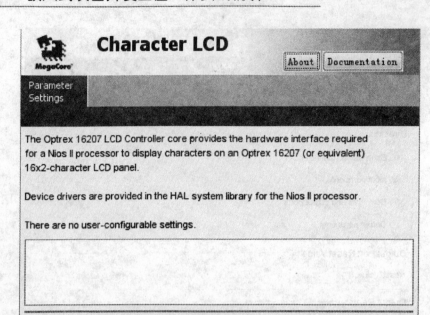

图 13 - 19 添加字符型 LCD 控制器

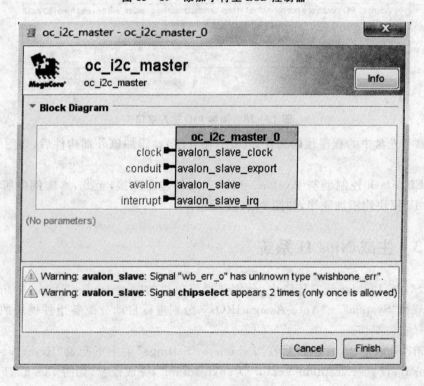

图 13 - 20 添加 I^2C 总线主机控制器

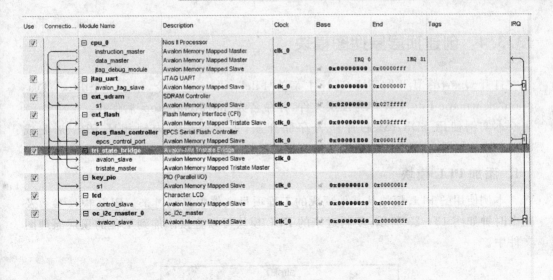

图 13 - 21　构建完成的 SOPC 系统

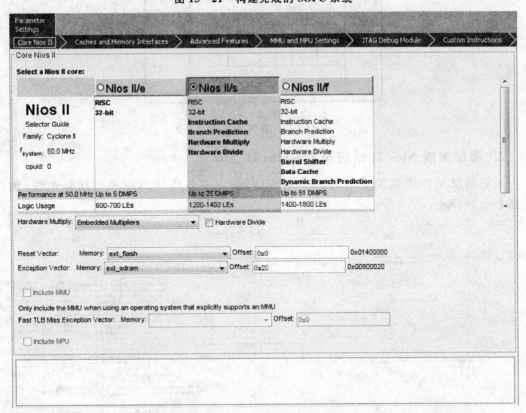

图 13 - 22　Nios II CPU 设置

13.3.4　创建顶层原理图模块

打开 Quartus II 开发环境,选择主菜单"File"→"New"命令,创建一个 Block Diagram/Schematic File 文件作为顶层文件,并命名为"lm75temp_top"后保存。

本实例使用 SDRAM 芯片作为存储介质,需要使用片内锁相环 PLL 来完成 SDRAM 控制器与 SDRAM 芯片之间的时钟相位调整。

1. 添加 PLL 模块

本例使用的 PLL 模块从其他现成的工程项目文件中复制过来。PLL 模块参数及输出时钟如图 13 - 23 所示,复制过来的 PLL 模块可以直接添加到工程的顶层原理图文件中。

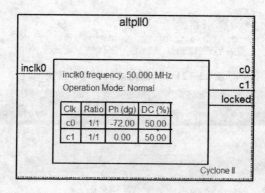

图 13 - 23　复制 PLL 模块

2. 添加集成 Nios II 系统至 Quartus II 工程

在顶层文件中添加 lm75tempnios 模块,并完成各模块的原理图线路连线,如图13 - 24 所示。

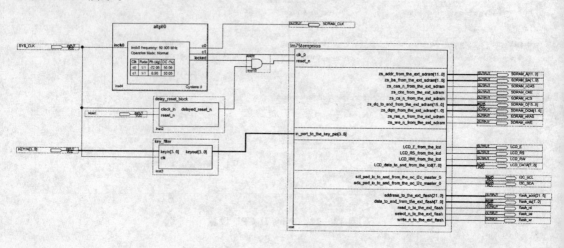

图 13 - 24　顶层文件各个模块连接图

连线完成后,用户可以选择编辑并运行 pinset. tcl 文件为 FPGA 芯片分配引脚,也可以通过菜单选择图形化视窗来分配引脚。

保存整个工程项目文件后,即可通过主菜单工具或者工具栏中的编译按钮执行编译,生成程序下载文件。至此,硬件设计部分完成。

13.4　软件设计与程序代码

本节针对 Nios II 系统软件设计进行讲述,其主要设计流程如下:

13.4.1　创建 Nios II 工程

启动 Nios II IDE 开发环境,选择主菜单"File"→"New"→"Project"命令,创建 Nios II 工程项目文件,并进行相关选项配置。

13.4.2　程序代码设计与修改

Nios II 新工程建立后,单击"Finish"生成工程,添加并修改代码。数字温度传感器系统的主程序 LM75_test. C 的软件代码与程序注释如下:

```
/*************************************************************
 * 文 件 名:LM75_test.c
 *************************************************************/
# include "system.h"
# include "alt_types.h"
# include "LM75.h"
# include "sys/alt_irq.h"

# include <stdio.h>
# include <string.h>


/*************************************************************
 *        与硬件相关的宏定义,用户可根据实际情况修改
 *************************************************************/
# ifndef I2C_MASTER_BASE                //0x01802000 是 I²C 核的基地址
# define I2C_MASTER_BASE  0x01802000
# endif
# define   I2C_SPEED         (10000u) //LM75 工作速度:10 kbps
//定义初始化数据
# define CONFIG               0x00//LM75A 配置寄存器初始值置 0x00.
# define THYST           75      //滞后寄存器初始值置 75
# define TOS             80      //过热关断寄存器初始值置 80
```

```
//定义 LM75_dev 类型的数据并初始化为零
LM75_dev   dev = {0};
//LM75 设置
void LM75_SET(void)
{
   alt_u8   content[3];          //存储温度寄存器的内容
   alt_u16 tmp;
    * content = CONFIG;
   LM75_WriteReg (&dev, LM75_CONFIG, content, 1);//预设配置寄存器值
   tmp = (THYST * 2) << 7;
    * content = (alt_u8) tmp;            // 滞后寄存器低位
    * (content + 1) = (alt_u8) (tmp >> 8);// 滞后寄存器高位
   LM75_WriteReg (&dev, LM75_THYST, content, 2);//预设滞后寄存器值
   tmp = (TOS * 2) << 7;
    * content = (alt_u8) tmp;            // 过热关断寄存器低位
    * (content + 1) = (alt_u8) (tmp >> 8);   // 过热关断寄存器高位
   LM75_WriteReg (&dev, LM75_TOS, content, 2);//预设过热关断寄存器

}
//主程序
int main(void)
{
   alt_u8   content[3];          //存储温度寄存器的内容
   alt_u8   temperature;         //存储温度
   alt_u8   sign;                //存储温度正负号
   alt_u8   int_flag;            //告知外部中断事件发生
   alt_irq_context context;

    //在使用 LM75 访问函数前,一定要初始化 LM75_dev 类型的全局变量
   dev.base = I2C_MASTER_BASE;
   dev.dev_addr = LM75_ADDRESS;
   LM75_Init(&dev, I2C_SPEED);   //初始化 LM75 设备以及 I²C 频率
   LM75_SET();                   //预设
   context = alt_irq_disable_all();
   alt_irq_enable_all(context);
   while(1)
   {
      context = alt_irq_disable_all();
      int_flag = dev.int_flag;      //读取并暂存中断事件标志
      dev.int_flag = NO_INT;    //清中断事件标志
      alt_irq_enable_all(context);
      LM75_ReadReg (&dev, LM75_TEMP, content, 2);//读取温度
      if((( * content) & 0x80) ! = 0)//如果高字节最高位为 1,温度则为负
```

```
    {
        sign = 1;
    }
    else
    {
        sign = 0;
    }
    // 组合高字节的 0～7 位和低字节的第 8 位
    temperature = ((* content) << 1) | ((* content + 1) >> 7);
    temperature = temperature >> 1;  //1 位等于 0.5 度,除以 2  不计小数
    if(sign ! = 0)
    {
        printf("Current temperature is: - ");//输出负号
    }
    else
    {
        printf("Current temperature is: + ");//输出正号
    }
    printf(" % d degree\n", temperature);    //输出温度

    if(int_flag ! = NO_INT)        //若有报警中断事件发生
    {
    }
}
    return 0;
}
```

在 Nios Ⅱ IDE 环境中完成所有的程序代码设计与编译参数配置后,即可执行编译和下载,验证系统运行效果。

13.5　实例总结

本章首先介绍了 NXP 公司的数字温度传感器 LM75A 的工作原理及寄存器相关功能设置,然后基于 FPGA 的 Nios Ⅱ 处理器设计了简易的数字温度采集系统。

读者学习时候注意,本实例只使用了 1 个 LM75A 数字温度传感器。读者可以在本实例基础上,每组添加至 8 个数字温度传感器组成精密数字温度采集系统,并通过 LCD 等显示设备显示出温度采集结果值。

第 5 篇　通信开发实例

第 *14* 章

以太网通信系统设计

随着互联网应用技术的迅速发展,网络用户的快速增长,在使用计算机进行网络互联的同时,各种家电设备、智能仪器仪表、及工业生产中的数据采集与控制设备也逐步实现网络化。

目前,以太网协议已经非常广泛地应用于各种计算机网络,经过 20 多年的发展,它已经成为当今 Internet 中底层链接不可缺少的部分。同时基于以太网的新技术和各种中高端联网设备的不断出现,以太网已经成为最常用的网络标准之一。

在电子设备日趋网络化的背景下,将 FPGA 与专用的以太网控制器相结合,便可设计出应用于通信,库存管理(自动售卖机及酒店客房内的迷你吧),远程诊断/警报系统(家电、生产机械、POS 终端、电源及服务器/网络),保安(物业监控、消防和安全系统、保安小键盘、门禁及指纹识别系统)及遥感/传动器(工业控制及自动化、灯光控制、工业现场控制与检测领域)等网络控制器。

14.1   以太网系统概述

以太网是 LAN 的主要联网技术,可实现局域网内的嵌入式器件与互联网的连接。嵌入式系统有了以太网连接功能,主控单元便可通过网络连接传输数据,并可通过遥控方式进行控制。以太网因其架构、性能、互操作性、可扩展性及开发简便,已成为嵌入式应用的标准通信技术。

14.1.1   以太网协议与 MAC 802.3 帧格式

IEEE(Institute of Electrical and Electronics Engineers,美国电气和电子工程师协会)802.3 协议是最常用的以太网协议,嵌入式系统经常使用该标准,下面对其进行介绍。

IEEE 802.3 以太网物理传输帧结构的格式如表 14-1 所列,包括的字段有前导码

(Preamble,PR)、帧起始定界符(Start Frame Delimiter,SFD)、目的地址(Destination Address,DA)、源地址(Source Address,SA)、类型字段(Type)、发送的数据(Data)和帧校验序列(Frame Check Sequence,FCS)等。这些字段中除了地址字段和数据字段长度可变之外,其余字段的长度都是固定的。

表 14 - 1   IEEE 802.3 协议以太网物理帧结构

PR	SFD	DA	SA	Type	Data	PAD	FCS
7	1	6	6	2	46~1 500	Data 小于 46 字节时补 0	4

注:字段的长度以字节为单位。

- PR:前导码。同步位,用于收发双方的时钟同步,同时也指明传输的速率(10 Mbps 和 100 Mbps 的时钟频率不一样,所以 100 Mbps 网卡可以兼容 10 Mbps 网卡),是由 56 位(8 个字节)长度的二进制数 101010101010…组成。

- SFD:帧起始定界符(部分文献也称之为分隔位),表示下面跟着的是真正的数据而不是同步时钟,为 8 位长度的 10101011,和同步位不同的是最后 2 位是 11 而不是 10。

- DA:目的地址,以太网的地址为 48 位(6 个字节)二进制地址,表明该帧传输给哪个网卡。如果为 FFFFFFFFFFFF,则是广播地址,广播地址的数据可以被任意网卡接收到。

- SA:源地址,48 位,表明该帧的数据是哪个网卡发的,即发送端的网卡地址,同样是 6 个字节。

- Type:类型字段,表明该帧的数据是什么类型的数据。不同协议的类型字段是不同的,如:

  0800H 表示数据为 IP 包;

  0806H 表示数据为 ARP 包;

  814CH 表示数据为 SNMP 包;

  8137H 表示数据为 IPX/SPX 包;

  小于 0600H 的值是用于 IEEE 802 的,表示数据包的长度。

- Data:数据段,该段数据不能够超过 1 500B。因为以太网协议规定整个传输包的最大长度不能够超过 1 514B(其中 14B 为 DA、SA、Type)。

- PAD:填充位。由于以太网帧传输的数据包最小不能够小于 60B,除去(DA、SA、Type 的 14B),还必须传输 46B 的数据,当数据段不足 46B 时后面补 0(通常是补 0,也可以是其他值)。

- FCS:32 位数据校验位。32 位的 CRC 校验,该校验由网卡自动计算,自动生成,自动校验,自动在数据段后面填入,而不需要软件管理。

通常,PR、SD、PAD、FCS 这 4 个数据段都是网卡(包括物理层和 MAC 层的处理)自动产生的,剩下的 DA、SA、Type、Data 这 4 个段的内容是上层软件控制的。

以太网的数据传输具有如下特点:

- 所有数据位的传输都是由低位开始,传输的位流是用曼彻斯特编码。
- 以太网是基于冲突检测的总线复用方法,它是由硬件自动执行的。
- 以太网传输的数据段的长度,DA+SA+Type+Data+PAD 最小为 60B,最大为 1 514B。

通常以太网设备可以接收 3 种地址的数据,一个是广播地址,一个是多播地址(或者叫组播地址,在嵌入式系统中很少用到),一个是它自己的地址。但有时,用于网络分析和监控,网络设备也可以设置为接收任何数据包。

任何两个网络设备的物理地址都是不一样的,MAC 地址是世界上唯一的,由专门机构分配。同一厂家使用不同的地址段,同一厂家的任何两个网络设备的 MAC 地址也是唯一的。并可根据设备的 MAC 地址段(网卡地址的前 3 个字节)可以知道设备的生产厂家。

14.1.2　网络传输介质

网络传输介质是指在通信网络中发送方和接收方传输信息的载体,常用的传输介质分为有线传输介质和无线传输介质两大类。

有线传输介质是指在两个通信网络设备之间实现的物理连接部分,它能将信号从一方传输到另一方。以太网比较常用的传输介质主要包括同轴电缆、双绞线、光纤 3 种。双绞线和同轴电缆传输电信号,光纤传输光信号。有线传输介质性能比较如表14－2 所列。

表 14－2　网络传输介质性能比较

网络传输介质	速率或频宽	传输距离	抗干扰性能	价　格	应　用
双绞线	10~1000 Mbps	几~十几 km	一般	低	模拟/数字传输
50 Ω 同轴电缆	10 Mbps	3 km 内	较好	略高于双绞线	基带数字信号
75 Ω 同轴电缆	500~750 MHz	100 km	较好	较高	模拟传输电视、数据及音频
光纤	几~几十 Gbps	30 km 以上	很好	较高	远距离传输

1.　双绞线(Twisted－Pair)

双绞线是最常用的传输介质,双绞线芯一般是铜质的,具有良好的传导率,既可以用于传输模拟信号,也可以用于传输数字信号。

双绞线分为屏蔽双绞线(Shielded Twisted Pair,STP)和非屏蔽双绞线(Unshielded Twisted Pair,UTP)。非屏蔽双绞线用线缆外皮层作为屏蔽层,适用于网络流量不大的场合中。屏蔽双绞线是用铝箔将双绞线屏蔽起来,对电磁干扰(Electromagnetic Interference,EMI)具有较强的抵抗能力,适用于网络流量较大的高速网络协议应用。屏蔽双绞线结构示意图如图 14－1 所示。

电子工业协会(EIA)为无屏蔽双绞线订立了标准,双绞线根据性能可分为 3 类、5

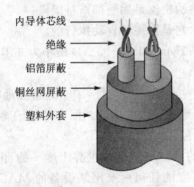

内导体芯线

绝缘

铝箔屏蔽

铜丝网屏蔽

塑料外套

图 14-1 屏蔽双绞线结构示意图

类、6 类和 7 类。3 类无屏蔽双绞线能够承载的频率带宽是 16 MHz,现在常用的为 5 类无屏蔽双绞线,其频率带宽为 100 MHz,能够可靠地运行 4 MB、ICME 和 16 MB 的网络系统。6 类、7 类双绞线分别可工作于 200 MHz 和 600 MHz 的频率带宽之上,且采用特殊设计的 RJ45 插座。当运行 100 M 以上的以太网时,也可以使用屏蔽双绞线以提高网络在高速传输时的抗干扰特性。

现行双绞线电缆中一般包含 4 个双绞线对,表 14-3 所列的是 EIA/TIA T568A/B 标准线序。计算机网络使用 1-2、3-6 两组线对分别来发送和接收数据。

表 14-3　EIA/TIA T568A/B 标准线序

脚位	1	2	3	4	5	6	7	8
T568A	白绿	绿	白橙	蓝	白蓝	橙	白棕	棕
T568B	白橙	橙	白绿	蓝	白蓝	绿	白棕	棕
绕对	同一绕对		与 6 同一绕对	同一绕对		与 3 同一绕对	同一绕对	

2. 同轴电缆(Coaxial)

同轴电缆是由一对导体组成的。但它们是按"同轴"形式构成线对。同轴电缆以单根铜导线为内芯,外裹一层绝缘材料,外覆密集网状导体,最外面是一层保护性塑料。金属屏蔽层能将磁场反射回中心导体,同时也使中心导体免受外界干扰,故同轴电缆比双绞线具有更高的带宽和更好的噪声抑制特性。

同轴电缆结构如图 14-2 所示。最里层是内芯,向外依次是绝缘材料层、屏蔽层、塑料外皮,内芯和屏蔽层构成一对导体。

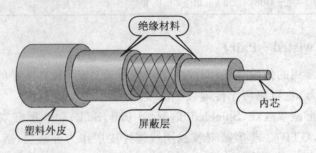

绝缘材料

内芯

塑料外皮

屏蔽层

图 14-2　同轴电缆结构示意图

广泛使用的同轴电缆有两种:一种为 50 Ω(指沿电缆导体各点的电磁电压对电流之比)同轴电缆,用于数字信号的传输,即基带同轴电缆;另一种为 75 Ω 同轴电缆,用于宽带模拟信号的传输,即宽带同轴电缆。

3. 光 纤

光纤是光导纤维(Fiber Optic)的简称。光导纤维是软而细的、利用内部全反射原理来传导光束的传输介质。它由能传导光波的超细石英玻璃纤维外加保护层构成,多条光纤组成一束,就可构成一条光缆。光纤结构示意图如图 14-3 所示。光纤有单模和多模之分,单模(即 Mode,入射角)光纤多用于通信业;多模光纤多用于网络布线系统。

光纤为圆柱状,由 3 个同心部分组成:纤芯、包层和护套,每一路光纤包括两根,一根接收,一根发送。用光纤作为网络介质的 LAN 技术主要是光纤分布式数据接口(Fiber-optic Data Distributed Interface,FDDI)。与同轴电缆比较,光纤可提供极宽的频带且功率损耗小、传输距离长(2 千米以上)、传输率高(可达数千 Mbps)、抗干扰性强(不会受到电子监听),是构建安全性网络的理想选择。

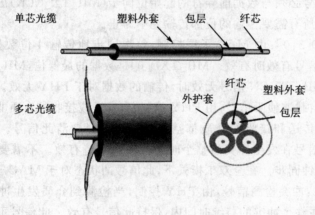

图 14-3 光纤结构示意图

14.1.3 以太网物理层芯片与 MAC 层芯片接口

以太网的 PHY 和 MAC 之间的接口标准主要有 MII、RMII、SMII、SS-SMII、GMII 和 TBI 等,其中最常用的接口是 MII、RMII、SMII,下面将对这 3 种接口依次简要介绍。

1. 介质无关接口(MII)

介质无关接口(Medium Independent Interface,MII)是一个 18 针的信号接口。数据通过 MII 的速率是每个时钟周期为一个半位元组(4 位),这样发送接收时钟为 100 Mbps数据率的 1/4,而 MII 接口支持 10/100 Mbps 自适应数据传输,因此时钟为 2.5 MHz(10 Mbps 时)或25 MHz(100 Mbps 时)。

MII 接口包括一个数据接口,以及一个 MAC 和 PHY 之间的管理接口。数据接口包括分别用于发送器和接收器的两条独立信道。每条信道都有自己的数据、时钟和控制信号。管理接口是个双信号接口:一个是时钟信号(MDC),另一个是数据信号

（MDIO）。信号引脚示意图如图 14-4 所示,其接口主要信号引脚说明如下:

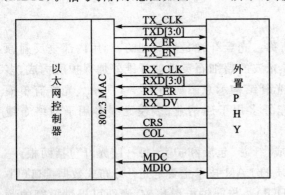

图 14-4　介质无关接口示意图

- MII_TX_CLK:为传输发送数据而提供连续的时钟信号,对于 10 Mbps 的数据传输,此时钟为 2.5 MHz,对于 100Mbps 的数据传输,此时钟为 25 MHz。

- MII_RX_CLK:为传输接收数据而提供连续的时钟信号,对于 10 Mbps 的数据传输,此时钟为 2.5 MHz,对于 100 Mbps 的数据传输,此时钟为 25 MHz。

- MII_TX_EN:传输使能信号,表示 MAC 正在输出要求 MII 接口传输的数据。此使能信号必须与数据前导符的起始位同步(MII_TX_CLK)出现,并且必须一直保持到所有需要传输的位都传输完毕为止。

- MII_TXD[3:0]:由 MAC 子层控制,每次同步地传输 4 位数据,数据在 MII_TX_EN 信号有效时有效。MII_TXD[0]是数据的最低位,MII_TXD[3]是最高位。当 MII_TX_EN 信号无效时,传输的数据对于 PHY 无效。

- MII_CRS:载波侦听信号,由 PHY 控制,当发送或接收的介质非空闲时,使能此信号。当传送和接收的介质都空闲时,PHY 会撤消此信号。PHY 必须保证 MII_CS 信号在发生冲突的整个时间段内都保持有效。不需要此信号与发送/接收的时钟同步。在全双工模式下,此信号的状态对于 MAC 子层无意义。

- MII_COL:冲突检测信号,由 PHY 控制,当检测到介质发生冲突时,使能此信号,并且在整个冲突的持续时间内,保持此信号有效。此信号不需要和发送/接收的时钟同步。在全双工模式下,此信号的状态对于 MAC 子层无意义。

- MII_RXD[3:0]:由 PHY 控制,每次同步地发送 4 位需要接收的数据,数据在 MII_RX_DV 信号有效时有效。MII_RXD[0]是数据的最低位,MII_RXD[3] 是最高位。当 MII_RX_EN 无效,而 MII_RX_ER 有效时,PHY 会传送一组特殊的 MII_RXD[3:0]数据,来告知一些特殊的信息。

- MII_RX_DV:接收数据使能信号,由 PHY 控制,当 PHY 准备好卸载和解码数据供 MII 接收时,使能该信号。此信号必须和卸载好的帧数据的首位同步(MII_RX_CLK)出现,并在数据完全传输完毕之前,都保持有效。在传送最后 4 位数据后的第一个时钟之前,此信号必须变为无效状态。为了正确的接收一个帧,MII_RX_DV 信号必须在整个帧传输期间内都保持有效,有效电平不能晚于数据线上的 SFD 位。

- MII_RX_ER:接收出错信号,保持一个或多个时钟周期(MII_RX_CLK)的有效状态,指示 MAC 子层在帧内检测到了错误。

- MDC:管理接口配置时钟,为数据的传输提供时钟。

● MDIO:管理接口数据的输入/输出线,在 MDC 时钟信号的驱动下,向 PHY 设
备传递状态信息。

2. 精简介质无关接口(RMII)

RMII(Reduced Media Independant Interface)是精简的 MII 接口。在 10/100 Mbps 通信时,精简介质无关接口规范减少了以太网控制器和外部 PHY(或以太网设备)之间的引脚数。在数据的收发上 RMII 接口比 MII 接口少了一倍的信号线,且它一般要求是 50 MHz 的总线时钟。RMII 接口信号引脚示意如图 14-5 所示。

3. 串行介质无关接口(SMII)

串行介质无关接口(Serial Media Independent Interface,SMII)是由思科提出的一种接口标准,它有比 RMII 接口更少的信号线数目。SRMII 接口总线进一步减少为 4 根,其中 1 根时钟 REFCLK,1 根发送数据 TXD,1 根接收数据 RXD 和 1 根同步信号 SYNC。其接口时钟为 125 MHz,管理接口则与 MII 一样。

串行介质无关接口允许应用程序通过时钟和数据两根线来访问任何 PHY 寄存器。这个接口可以支持多达 32 个 PHY。串行介质无关接口与外部 PHY 连接示意图如图 14-6 所示。

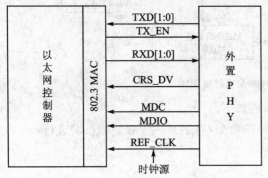
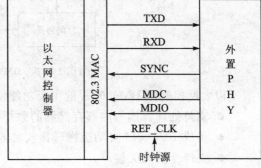

图 14-5　精简介质无关接口引脚示意图　　　图 14-6　串行介质无关接口引脚示意图

14.2　以太网控制器 DM9000A 简述

本例采用 FPGA 直接控制 DM9000A 进行以太网数据收发,实现了最高速率可达 100 Mbps 的网络传输系统设计。

DM9000A 芯片是一款完全集成通用处理器接口以及符合低成本的单芯片快速以太网 MAC(介质访问层)控制器,内部集成一个 10/100M 自适应的 PHY(物理层)和 16 KB 的 SRAM,支持 8 位、16 位接口访问内部存储器以支持不同的处理器。DM9000A 还提供了介质无关的接口(MII),来连接所有提供支持介质无关接口功能的家用电话线网络设备或其他收发器。

以太网控制器 DM9000A 的 PHY 完全支持 10Base - T 标准中的 3 类、4 类、5 类无屏蔽双绞线和 100Base - TX 标准 5 类屏蔽双绞线,并完全符合 IEEE 802.3u 规格。它的自动协调功能将自动完成配置以最大限度地适合其线路带宽,同时支持 IEEE 802.3x 全双工流量控制。

以太网控制器 DM9000A 的内部模块结构框图如图 14 - 7 所示。

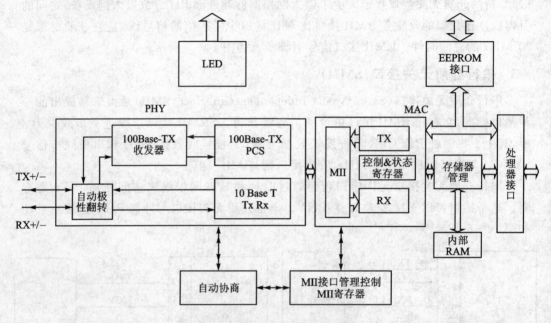

图 14 - 7 DM9000A 功能框图

以太网控制器 DM9000A 的主要功能特点如下。

- 支持处理器读写内部存储器的数据操作命令,以字节/字/双字的长度进行;
- 集成 10/100M 自动极性转换收发器;
- 支持介质无关接口;
- 支持 100 M 光纤接口;
- 半双工流量控制时支持反压模式;
- IEEE 802.3x 流量控制的全双工模式;
- 支持唤醒帧,链路状态改变和远程的唤醒;
- 支持 IP/TCP/UDP 校验和生成和检查;
- 支持自动加载 EEPROM 里面生产商 ID 和产品 ID;
- 兼容 3.3 V 和 5.0 V 输入输出电压。

14. 2. 1　以太网控制器 DM9000A 引脚功能

本小节主要介绍以太网控制器 DM9000A、网络设备以及微控制器之间所涉及的独立信号引脚功能。以太网控制器 DM9000A 与微控制器连接的硬件接口示意图如

图14-8所示。

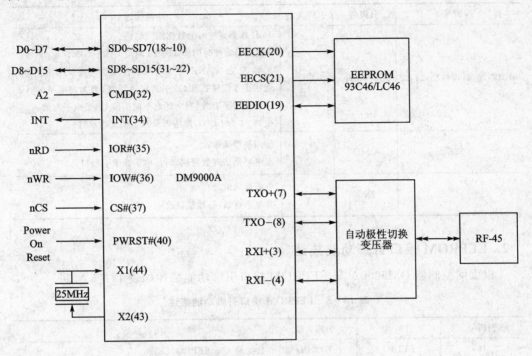

图 14-8　DM9000A 与微处理器硬件接口

1. 以太网控制器 DM9000A 与处理器接口引脚功能描述

DM9000A 与微处理器硬件连接接口引脚功能描述如表 14-4 所列。

表 14-4　DM9000A 与微处理器硬件接口引脚功能描述

引脚号	引脚名	引脚类型	功能描述
35	IOR#	I	处理器读命令； 低电平有效,极性能够被 EEPROM 修改
36	IOW#	I	处理器写命令； 低电平有效,同样能修改极性
37	CS#	I	芯片选择,低电平有效
18,17,16,14,13,12,11,10	SD0～SD7	I/O	8 位、16 位数据宽度时的数据线[7:0]

引脚号	引脚名	引脚类型	功能描述
31,29,28,27,26,25,24,22	SD8~SD15	I/O	16 位数据宽度时的数据线[15:8] 8 位数据宽度时引脚 31~25 对应 GP1~GP6； 引脚 22 为 WAKE,用于唤醒事件发生时确认唤醒信号, 也用于 8 位模式时 CS 引脚极性设置,当为高电平时,CS 引脚高电平有效,当为低电平时引脚 CS 低电平有效; 引脚 24 为 LED3,即用于全双工模式指示灯
32	CMD	I	访问类型命令； 高电平是访问数据端口;低电平是索引端口
34	INT	O	中断请求信号； 高电平有效,极性能修改

2. EEPROM 接口引脚功能描述

以太网控制器 DM9000A 与 EEPROM 接口引脚功能描述如表 14 - 5 所列。

表 14 - 5　EEPROM 接口引脚功能描述

引脚号	引脚名	引脚类型	功能描述
19	EEDIO	I/O,PD	数据输入至 EEPROM 引脚
20	EECK	O,PD	时钟信号输入至 EEPROM, 该引脚也用于 INT 引脚的极性转换, 当上拉至高电平时,INT 低电平有效,否则高电平有效
21	EECS	O,PD	EEPROM 芯片片选信号, 该引脚也用于数据总线宽度选择,详见表 14 - 8

3. 时钟引脚功能描述

以太网控制器 DM9000A 时钟引脚功能描述如表 14 - 6 所列。

表 14 - 6　时钟引脚功能描述

引脚号	引脚名	引脚类型	功能描述
43	X2	O	25 MHz 晶振输出
44	X1	I	25 MHz 晶振输入

4. LED 引脚功能描述

以太网控制器 DM9000A 芯片的 LED 引脚功能描述如表 14 - 7 所列。

表 14 - 7　LED 引脚功能描述

引脚号	引脚名	引脚类型	功能描述
39	LED1	O	速率指标灯； 低电平指示 PHY 工作于 100 Mbps 速率，PHY 工作于 10 Mbps 速率时浮空。
38	LED2	O	连接/活跃指示灯； 在 LED 0 模式时，只作物理层的载波监听检测； 在 LED 1 模式时，作 PHY 载波侦听及连接状态

5. 10/100M 物理层与光纤接口功能描述

以太网控制器 DM9000A 芯片的 10/100M 物理层与光纤接口引脚功能描述如表 14 - 8 所列。

表 14 - 8　10/100 M 物理层与光纤接口引脚功能描述

引脚号	引脚名	引脚类型	功能描述
46	SD	I	光纤信号检测； PECL 电平信号，显示光纤接收是否有效
48	DGGND	P	基带地
1	BGRES	I/O	基带引脚
2	RXVDD25	P	TP RX 端口 2.5 V 电源
9	TXVDD25	P	TP TX 端口 2.5 V 电源
3	RX+	I	物理层接收输入端的正极
4	RX−	I	物理层接收输入端的负极
5,47	RXGND	P	接收端口地
6	TXGND	P	发送端口地
7	TX+	O	物理层发送输出端的正极
8	TX−	O	物理层发送端出端的负极

14.2.2　以太网控制器 DM9000A 应用

本节主要对以太网控制器 DM9000A 应用进行简要介绍。

1. 通用处理器接口工作时序简述

DM9000A 的通用处理器接口读操作时序如图 14 - 9 所示。

DM9000A 的通用处理器接口写操作时序如图 14 - 10 所示。

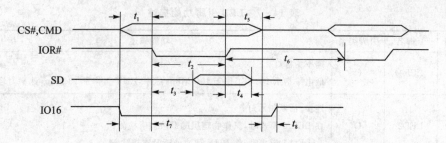

图 14-9　通用处理器接口读操作时序图

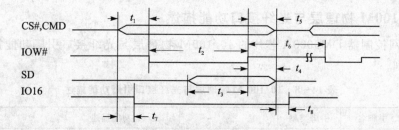

图 14-10　通用处理器接口写操作时序图

2. 自动极性转换电路应用

DM9000A 在 10Base-T/100Base-TX 标准下应用时,其自动极性转换的硬件电路连接示意图如图 14-11 所示。

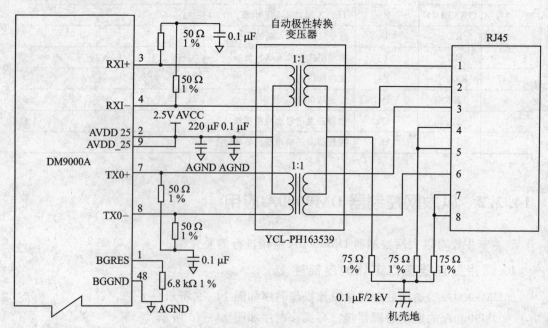

图 14-11　自动极性转换变压器应用示意图

3. 8 位/16 位数据总线宽度设置

以太网控制器 DM9000A 数据总线宽度有两种操作模式,即 8 位和 16 位。这两种操作模式由引脚 21(EECS)信号电平设置,如表 14-9 所列。

表 14-9　8 位/16 位数据总线宽度设置

EECS(引脚 21)	数据总线宽度
0	16 位
1	8 位

注意:1 表示 10 kΩ 电阻上拉,0 表示浮空。

DM9000A 数据总线宽度的操作模式可通过寄存器 ISR(地址 FEH)位[7]测试,其位功能定义如表 14-10 所列。

表 14-10　寄存器 ISR(地址 FEH)位[7]值域定义

ISR(寄存器地址 FEH.)	数据总线宽度模式
0	16 位
1	8 位

4. 命令类型

在以太网控制器 DM9000A 中,只有两个寄存器可以被直接访问,它们分别命名为索引端口和数据端口。

这两个端口的区别主要在于 CMD 引脚的指令周期:当 CMD 引脚在指令周期时置低电平,访问索引端口;当 CMD 引脚在指令周期时置高电平时,访问数据端口。

以太网控制器 DM9000A 所有的控制和状态寄存器都是通过索引/数据端口间接访问的,访问控制和状态寄存器的命令序列分为如下两个步骤:

- 向索引端口写寄存器地址;
- 通过数据端口读/写它们返回的数据。

14.2.3　以太网控制器 DM9000A 寄存器功能

以太网控制器 DM9000A 寄存器主要包括控制和状态寄存器组与 PHY 寄存器。

1. 控制和状态寄存器功能概述

DM9000A 包含一系列可被访问的控制和状态寄存器,这些寄存器是字节对齐的,它们在硬件或软件复位时被设置成初始值。

注意:

- 默认状态。

  P:上电复位默认值。

S：软件复位默认值。

E：从 EEPROM 加载默认值。

默认状态设置值定义如下。

1：位设置逻辑 1。　0：位设置逻辑 0。　X：位无默认值。

● 访问类型。

RO：只读。

RW：读/写。

R/C：读和清除。

RW/C1：读和写，写 1 清除。

WO：只写。

（1）网络控制寄存器（Network Control Register,00H）。

网络控制寄存器位功能定义如表 14 - 11 所列。

表 14 - 11　网络控制寄存器位功能定义

位	位定义	默认状态设置	功能描述
7	保留	P0,RW	保留
6	WAKEEN	P0,RW	事件唤醒使能。 1：使能。0：禁止并清除事件唤醒状态,不受软件复位影响
5	保留	0,RO	保留
4	FCOL	PS0,RW	强制冲突模式,用于用户测试
3	FDX	PS0,RO	内部 PHY 全双工模式
2:1	LBK	PS00,RW	回环模式（Loopback）。 00：正常模式。 01：MAC 内部回环。 10：内部 PHY 100 M 模式数字回环。 11：保留
0	RST	P0,RW	软件复位,10 μs 后自动清零

（2）网络状态寄存器（Network Status Register,01H）。

网络状态寄存器位功能定义如表 14 - 12 所列。

表 14 - 12　网络状态寄存器位功能定义

位	位定义	默认状态设置	功能描述
7	SPEED	X,RO	介质传输速度。 在内部 PHY 模式下,0 为 100 Mbps,1 为 10 Mbps。 当 LINKST=0 时,此位不用

位	位定义	默认状态设置	功能描述
6	LINKST	X,RO	连接状态。 在内部 PHY 模式下,0 为连接失败,1 为已连接
5	WAKEST	P0,RW/C1	唤醒事件状态。读或写 1 将清零该位。不受软件复位影响
4	保留	0,RO	保留
3	TX2END	PS0,RW/C1	发送数据包 2 完成标志,读或写 1 将清零该位。数据包指针 2 传输完成
2	TX1END	PS0,RW/C1	发送数据包 1 完成标志,读或写 1 将清零该位。数据包指针 1 传输完成
1	RXOV	PS0,RO	接收 FIFO 溢出标志
0	保留	0,RO	保留

(3) 发送控制寄存器(TX Control Register,02H)。

发送控制寄存器位功能定义如表 14 - 13 所列。

表 14 - 13　发送控制寄存器位功能定义

位	位定义	默认状态设置	功能描述
7	保留	0,RO	保留
6	TJDIS	PS0,RW	Jabber 传输使能。 1:使能 Jabber 传输定时器(2 048 字节); 0:禁止
5	EXCECM	PS0,RW	过多冲突模式控制。 0:当冲突计数多于 15 则终止本次数据包; 1:始终尝试发送本次数据包
4	PAD_DIS2	PS0,RW	禁止为数据包索引 2 添加 PAD
3	CRC_DIS2	PS0,RW	禁止为数据包索引 2 添加 CRC 校验
2	PAD_DIS1	PS0,RW	禁止为数据包索引 1 添加 PAD
1	CRC_DIS1	PS0,RW	禁止为数据包索引 1 添加 CRC 校验
0	TXREQ	PS0,RW	发送请求。发送完成后自动清零该位

注释:Jabber 是一个有 CRC 错误的长帧(大于 1 518 B 而小于 6 000 B)或是数据包重组错误。

(4) 数据包索引 1～2 的发送状态寄存器 1～2(TX Status Register1～2,03H～04H)。

数据包索引 1～2 的发送状态寄存器 1～2 位功能定义如表 14 - 14 所列。

表 14-14 数据包索引 1~2 的发送状态寄存器 1~2 位功能定义

位	位定义	默认状态设置	功能描述
7	TJTO	PS0,RO	Jabber 传输超时。 该位置位表示多于 2 048 字节数据被传输而导致数据帧被截掉
6	LC	PS0,RO	载波信号丢失。该位置位表示在帧传输时发生载波信号丢失。在内部回环模式下该位无效
5	NC	PS0,RO	无载波信号。该位置位表示在帧传输时无载波信号。在内部回环模式下该位无效
4	LC	PS0,RO	冲突延迟。该位置位表示在 64 字节的冲突窗口后又发生冲突
3	COL	PS0,RO	数据包冲突。该位置位表示传输过程中发生冲突
2	EC	PS0,RO	额外冲突。该位置位表示由于发生了第 16 次冲突（即过多冲突）后,传送被终止
1:0	保留	0,RO	保留

（5）接收控制寄存器（RX Control Register,05H）。

接收控制寄存器位功能定义如表 14-15 所列。

表 14-15 接收控制寄存器位功能定义

位	位定义	默认状态设置	功能描述
7	保留	0,RO	保留
6	WTDIS	PS0,RW	看门狗定时器禁止。 1:禁止;0:使能
5	DIS_LONG	PS0,RW	丢弃长数据包。 丢弃数据包长度超过 1 522 字节的数据包
4	DIS_CRC	PS0,RW	丢弃 CRC 校验错误的数据包
3	ALL	PS0,RW	通过所有组播
2	RUNT	PS0,RW	通过未满数据包
1	PRMSC	PS0,RW	混杂模式（Promiscuous Mode）
0	RXEN	PS0,RW	接收使能

（6）接收状态寄存器（RX Status Register,06H）。

接收状态寄存器位功能定义如表 14-16 所列。

表 14-16 接收状态寄存器位功能定义

位	位定义	默认状态设置	功能描述
7	RF	PS0,RO	未满据帧。该位置位表示接收到小于 64 字节的帧

位	位定义	默认状态设置	功能描述
6	MF	PS0,RO	组播帧。该位置位表示接收到帧包含组播地址
5	LCS	PS0,RO	冲突延迟。该位置位表示在帧接收过程中发生冲突延迟
4	RWTO	PS0,RO	接收看门狗定时溢出。 该位置位表示接收到大于 2 048 字节数据帧
3	PLE	PS0,RO	物理层错误。该位置位表示在帧接收过程中发生物理层错误
2	AE	PS0,RO	对齐错误(Alignment)。 该位置位表示接收到的帧结尾处不是字节对齐,即不是以字节为边界对齐
1	CE	PS0,RO	CRC 校验错误。 该位置位表示接收到的帧 CRC 校验错误
0	FOE	PS0,RO	接收 FIFO 缓存溢出。该位置位表示在帧接收时发生 FIFO 溢出

(7) 接收溢出计数寄存器(Receive Overflow Counter Register,07H)。

接收溢出计数寄存器位功能定义如表 14 - 17 所列。

表 14 - 17　接收溢出计数寄存器位功能定义

位	位定义	默认状态设置	功能描述
7	RXFU	PS0,R/C	接收溢出计数器溢出。 该位置位表示 ROC(接收溢出计数器)发生溢出
6:0	ROC	PS0,R/C	接收溢出计数器。 该计数器为静态计数器,指示 FIFO 溢出后,当前接收溢出包的个数

(8) 反压阀值寄存器(Back Pressure Threshold Register,08H)。

反压阀值寄存器位功能定义如表 14 - 18 所列。

表 14 - 18　反压阀值寄存器位功能定义

位	位定义	默认状态设置	功能描述
7:4	BPHW	PS3, RW	反压阀值最高值。 当接收 SRAM 空闲空间低于该阀值,则 MAC 将产生一个拥挤状态。 1=1 KB。默认值为 3H,即 3 KB 空闲空间。不要超过 SRAM 大小

位	位定义	默认状态设置	功能描述
3:0	JPT	PS7，RW	拥挤状态时间。 默认为 200 μs。 0000：5 μs 0001：10 μs 0010：15 μs 0011：25 μs 0100：50 μs 0101：100 μs 0110：150 μs 0111：200 μs 1000：250 μs 1001：300 μs 1010：350 μs 1011：400 μs 1100：450 μs 1101：500 μs 1110：550 μs 1111：600 μs

（9）流控阀值寄存器（Flow Control Threshold Register，09H）。

流控阀值寄存器位功能定义如表 14-19 所列。

表 14-19　流控阀值寄存器位功能定义

位	位定义	默认状态设置	功能描述
7:4	HWOT	PS3，RW	接收 FIFO 缓存溢出阀值最高值。 当接收 SRAM 空闲空间小于该阀值时，则发送一个暂停时间（pause_time）为 FFFFH 的暂停包。若该值为 0，则无接收空闲空间。1=1KB。 默认值为 3H，即 3 KB 空闲空间。不要超过 SRAM 大小
3:0	LWOT	PS3，RW	接收 FIFO 缓存溢出阀值最低值。 当接收 SRAM 空闲空间大于该阀值时，则发送一个暂停时间（pause_time）为 0000H 的暂停包。当溢出阀值最高值的暂停包发送之后，溢出阀值最低值的暂停包才有效。 默认值为 8 KB。不要超过 SRAM 大小

（10）接收/发送溢出控制寄存器（RX/TX Flow Control Register，0AH）。

接收/发送溢出控制寄存器位功能定义如表 14-20 所列。

表 14 - 20 接收/发送溢出控制寄存器位功能定义

位	位定义	默认状态设置	功能描述
7	TXP0	PS0,RW	发送暂停包。 发送完成后自动清零,并设置 TX 暂停包时间为 0000H
6	TXPF	PS0,RW	发送暂停包。 发送完成后自动清零,并设置 TX 暂停包时间为 FFFFH
5	TXPEN	PS0,RW	强制发送暂停包使能。 按溢出阀值最高值使能发送暂停包
4	BKPA	PS0,RW	反压模式。该模式仅在半双工模式下有效。当接收 SRAM 超过 BPHW 并且接收新数据包时,产生一个拥挤状态
3	BKPM	PS0,RW	反压模式。该模式仅在半双工模式下有效。当接收 SRAM 超过 BPHW 并数据包 DA 匹配时,产生一个拥挤状态
2	RXPS	PS0,R/C	接收暂停包状态。只读清零允许
1	RXPCS	PS0,RO	接收暂停包当前状态
0	FLCE	PS0,RW	溢出控制使能。设置使能溢出控制模式

(11) EEPROM 和 PHY 控制寄存器(EEPROM & PHY Control Register,0BH)。
EEPROM 和 PHY 控制寄存器位功能定义如表 14 - 21 所列。

表 14 - 21 EEPROM 和 PHY 控制寄存器位功能定义

位	位定义	默认状态设置	功能描述
7:6	保留	0,RO	保留
5	REEP	P0,RW	重新加载 EEPROM。驱动程序需要在该操作完成后清零该位
4	WEP	P0,RW	EEPROM 写使能
3	EPOS	P0,RW	EEPROM 或 PHY 操作选择位。 0:选择 EEPROM。1:选择 PHY
2	ERPRR	P0,RW	EEPROM 读,或 PHY 寄存器读命令。驱动程序需要在该操作完成后清零该位
1	ERPRW	P0,RW	EEPROM 写,或 PHY 寄存器写命令。 驱动程序需要在该操作完成后清零该位
0	ERRE	P0,RO	EEPROM 或 PHY 的访问状态。 置位表示 EEPROM 或 PHY 正在被访问

(12) EEPROM 和 PHY 地址寄存器(EEPROM & PHY Address Register,0CH)。

EEPROM 和 PHY 地址寄存器位功能定义如表 14 - 22 所列。

表 14 - 22　EEPROM 和 PHY 地址寄存器位功能定义

位	位定义	默认状态设置	功能描述
7:6	PHY_ADR	P01,RW	PHY 地址的低两位[1:0],而 PHY 地址的位[4:2]强制为 000。如果要选择内部 PHY,那么此 2 位强制为 01,实际应用中要强制为 01
5:0	EROA	P0,RW	EEPROM 字地址或 PHY 寄存器地址

（13）EEPROM 和 PHY 数据寄存器（0DH～0EH）。

EEPROM 和 PHY 数据寄存器位功能定义如表 14 - 23 所列。

表 14 - 23　EEPROM 和 PHY 数据寄存器位功能定义

位	位定义	默认状态设置	功能描述
7:0	EE_PHY_L	P0,RW	EEPROM 或 PHY 数据寄存器低字节
7:0	EE_PHY_H	P0,RW	EEPROM 或 PHY 数据寄存器高字节

（14）8 位模式唤醒控制寄存器（Wake Up Control Register,0FH）。

唤醒控制寄存器位功能定义如表 14 - 24 所列。

表 14 - 24　唤醒控制寄存器位功能定义

位	位定义	默认状态设置	功能描述
7:6	保留	0,RO	保留
5	LINKEN	P0,RW	使能"连接状态改变"唤醒事件。该位不受软件复位影响
4	SAMPLEEN	P0,RW	使能"Sample 帧"唤醒事件。该位不受软件复位影响
3	MAGICEN	P0,RW	使能"Magic Packet"唤醒事件。该位不受软件复位影响
2	LINKST	P0,RO	该位置位指示发生了连接改变事件和连接状态改变事件。该位不受软件复位影响
1	SAMPLEST	P0,RO	该位置位指示接收到"Sample 帧"和发生了"Sample 帧"事件。该位不受软件复位影响
0	MAGICST	P0,RO	该位置位指示接收到"Magic Packet"和发生了"Magic Packet"事件。该位不受软件复位影响

（15）物理地址寄存器（Physical Address Register,10H～15H）。

物理地址寄存器位功能定义如表 14 - 25 所列。

表 14 - 25　物理地址寄存器位功能定义

位	位定义	默认状态设置	功能描述
7:0	PAB5	E,RW	物理地址字节 5(15H)
7:0	PAB4	E,RW	物理地址字节 4(14H)

位	位定义	默认状态设置	功能描述
7:0	PAB3	E,RW	物理地址字节 3(13H)
7:0	PAB2	E,RW	物理地址字节 2(12H)
7:0	PAB1	E,RW	物理地址字节 1(11H)
7:0	PAB0	E,RW	物理地址字节 0(10H)

(16) 组播地址寄存器(Multicast Address Register,16H~1DH)。

组播地址寄存器位功能定义如表 14 - 26 所列。

表 14 - 26　组播地址寄存器位功能定义

位	位定义	默认状态设置	功能描述
7:0	MAB7	X,RW	组播地址字节 7(1DH)
7:0	MAB6	X,RW	组播地址字节 6(1CH)
7:0	MAB5	X,RW	组播地址字节 5(1BH)
7:0	MAB4	X,RW	组播地址字节 4(1AH)
7:0	MAB3	X,RW	组播地址字节 3(19H)
7:0	MAB2	X,RW	组播地址字节 2(18H)
7:0	MAB1	X,RW	组播地址字节 1(17H)
7:0	MAB0	X,RW	组播地址字节 0(16H)

(17) 通用端口控制寄存器(General Purpose Control Register,1EH)。

通用端口控制寄存器位功能定义如表 14 - 27 所列。

表 14 - 27　通用端口控制寄存器位功能定义

位	位定义	默认状态设置	功能描述
7	保留	PH0,RO	保留
6:4	GPC64	P111,RO	GP6~4 控制。 定义 GPIO 输出方向。默认值强制为 1,仅能定义为输出
3:1	GPC31	P000,RW	GP3~1 控制。定义 GPIO 输入/输出方向。 当置 1 时,为输出方向,其他为输入
0	保留	P1,RO	保留

(18) 通用端口寄存器(General Purpose Register,1FH)。

通用端口寄存器位功能定义如表 14 - 28 所列。

表 14-28   通用端口寄存器位功能定义

位	位定义	默认状态设置	功能描述
7	保留	0,RO	保留
6:4	GPO	P0,RW	GP6～4 输出,相关位控制对应 GP6～4 端口状态。仅支持 8 位模式
3:1	GPIO	P0,RW	GP3～1 输出,相关位控制对应 GP3～1 端口状态。仅支持 8 位模式
0	PHYPD	ET1,WO	PHY 掉电控制。 1:PHY 掉电控制; 0:PHY 上电控制

(19) 发送 SRAM 读指针寄存器(22H～23H)。

发送 SRAM 读指针寄存器位功能定义如表 14-29 所列。

表 14-29   发送 SRAM 读指针寄存器位功能定义

位	位定义	默认状态设置	功能描述
7:0	TRPAH	PS0,RO	发送 SRAM 读指针地址高字节(22H)
7:0	TRPAL	PS0,RO	发送 SRAM 读指针地址低字节(23H)

(20) 接收 SRAM 写指针寄存器(24H～25H)。

接收 SRAM 写指针寄存器位功能定义如表 14-30 所列。

表 14-30   接收 SRAM 写指针寄存器位功能定义

位	位定义	默认状态设置	功能描述
7:0	RWPAH	PS0CH,RO	接收 SRAM 指针地址高字节(25H)
7:0	RWPAL	PS00H.RO	接收 SRAM 指针地址低字节(24H)

(21) 传送控制寄存器 2(Transmit Control Register 2,2DH)。

传送控制寄存器 2 位功能定义如表 14-31 所列。

表 14-31   传输控制寄存器 2 位功能定义

位	位定义	默认状态设置	功能描述
7	LED	P0,RW	LED 模式。 置位则设置 LED 引脚为模式 1,清 0 后设置 LED 引脚为模式 0 或根据 EEPROM 的设定
6	RLCP	P0,RW	重新发送有冲突延迟的数据包
5	DTU	P0,RW	禁止重新发送欠载数据包
4	ONEPM	P0,RW	单包模式。 置位则使发送完成前发送一个数据包的命令能被执行,清 0 后使发送完成前发送两个以上数据包的命令能被执行

续表 14 - 31

位	位定义	默认状态设置	功能描述
3:0	IFGS	P0,RW	帧间间隔设置。 0xxx:96 位。1000:64 位。1001:72 位。　1010:80 位。 1011:88 位。1100:96 位。1101:104 位。1110:112 位。1111: 120 位

（22）特殊模式控制寄存器（Special Mode Control Register,2FH）。

特殊模式控制寄存器位功能定义如表 14 - 32 所列。

表 14 - 32　特殊模式控制寄存器位功能定义

位	位定义	默认状态设置	功能描述
7	SM_EN	P0,RW	特殊模式使能
6:3	保留	P0,RW	保留
2	FLC	P0,RW	强制冲突延迟
1	FB1	P0,RW	强制最长"Back-off"时间
0	FB0	P0,RW	强制最短"Back-off"时间

（23）介质无关接口物理层地址寄存器（MII PHY Address Register,33H）。

介质无关接口物理层地址寄存器位功能定义如表 14 - 33 所列。

表 14 - 33　介质无关接口物理层地址寄存器位功能定义

位	位定义	默认状态设置	功能描述
7	ADR_EN	HPS0,RW	外部物理层地址使能。 当寄存器 34H 位[0]置 1 时,介质无关管理接口定义在位[4:0]
6:5	保留	HPS0,RO	保留
4:0	EPHYADR	HPS01,RW	外部物理层地址[4:0],介质无关管理接口物理层地址

（24）LED 引脚控制寄存器（LED Pin Control Register,34H）。

LED 引脚控制寄存器位功能定义如表 14 - 34 所列。

表 14 - 34　LED 引脚控制寄存器位功能定义

位	位定义	默认状态设置	功能描述
7:2	保留	PS0,RO	保留
1	GPIO	P0,RW	16 位模式时的 LED 指示驱动端口
0	MII	P0,RW	16 位模式时 LED 指示 SMI 信号

.（25）处理器总线控制寄存器（Processor Bus Control Register,38H）。

处理器总线控制寄存器位功能定义如表 14 - 35 所列。

表 14 - 35   处理器总线控制寄存器位功能定义

位	位定义	默认状态设置	功能描述
7:5	CURR	P011,RW	数据总线电流驱动能力。 000：2 mA 001：4 mA 010：6 mA 011：8 mA（默认值） 100：10 mA 101：12 mA 110：14 mA 111：16 mA
4	保留	P0,RW	保留
3	EST	P0,RW	使能施密特触发。 引脚 35/36/37（IOR/IOW/CS＃）具有施密特触发能力
2	保留	P0,RW	保留
1	IOW_SPIKE	P0,RW	消除 IOW 毛刺。 1:消除约 2 ns 的毛刺
0	IOR_SPIKE	P0,RW	消除 IOR 毛刺。 1:消除约 2 ns 的毛刺

（26）中断引脚控制寄存器（INT Pin Control Register,39H）。

中断引脚控制寄存器位功能定义如表 14 - 36 所列。

表 14 - 36   中断引脚控制寄存器位功能定义

位	位定义	默认状态设置	功能描述
7:2	保留	PS0,RO	保留
1	INT_TYPE	PET0,RW	中断引脚输出类型控制。 1:中断开漏输出； 0:中断直接输出
0	INT_POL	PET0,RW	中断引脚极性控制。 1:中断低电平有效； 0:中断高电平有效

（27）系统时钟开启控制寄存器（System Clock Turn ON Control Register,50H ）。

系统时钟开启控制寄存器位功能定义如表 14 - 37 所列。

表 14 - 37　系统时钟开启控制寄存器位功能定义

表 14 - 37　系统时钟开启控制寄存器位功能定义

位	位定义	默认状态设置	功能描述
7:1	保留	—	保留
0	DIS_CLK	P0,W	停止内部系统时钟。 1:内部系统时钟关闭,内部 PHY 收发器同时关闭； 0:内部系统时钟开启

（28）无地址递增的预取存储器数据读命令寄存器（F0H）。

无地址递增的预取存储器数据读命令寄存器位功能定义如表 14 - 38 所列。

表 14 - 38　无地址递增的预取存储器数据读命令寄存器位功能定义

位	位定义	默认状态设置	功能描述
7:0	MRCMDX	X,RO	从接收 RAM 读数据,读操作命令执行后,SRAM 读指针不改变, DM9000A 开始预取 SRAM 中的数据至内部数据缓存

（29）无地址递增的存储器数据读命令寄存器（F1H）。

无地址递增的存储器数据读命令寄存器位功能定义如表 14 - 39 所列。

表 14 - 39　无地址递增的存储器数据读命令寄存器位功能定义

位	位定义	默认状态设置	功能描述
7:0	MRCMDX1	X,RO	从接收 RAM 读数据,读操作命令执行后,SRAM 读指针不改变

（30）地址递增的存储器数据读命令寄存器（F2H）。

地址递增的存储器数据读命令寄存器位功能定义如表 14 - 40 所列。

表 14 - 40　地址递增的存储器数据读命令寄存器位功能定义

位	位定义	默认状态设置	功能描述
7:0	MRCMD	X,RO	从接收 RAM 读数据,读操作命令执行后,SRAM 读指针根据操作模式递增 1 或 2

（31）存储器数据读地址寄存器（F4H～F5H）。

存储器数据读地址寄存器位功能定义如表 14 - 41 所列。

表 14 - 41　存储器数据读地址寄存器位功能定义

位	位定义	默认状态设置	功能描述
7:0	MDRAH	PS0,RW	存储器数据读地址寄存器高字节
7:0	MDRAL	PS0,RW	存储器数据读地址寄存器低字节

(32) 无地址递增的存储器数据写命令寄存器(F6H)。

无地址递增的存储器数据写命令寄存器位功能定义如表 14－42 所列。

表 14－42　无地址递增的存储器数据写命令寄存器位功能定义

位	位定义	默认状态设置	功能描述
7:0	MWCMDX	X,WO	写数据至发送 RAM,写操作命令执行后,写指针不改变

(33) 地址递增的存储器数据写命令寄存器(F8H)。

地址递增的存储器数据写命令寄存器位功能定义如表 14－43 所列。

表 14－43　地址递增的存储器数据写命令寄存器位功能定义

位	位定义	默认状态设置	功能描述
7:0	MWCMD	X,WO	写数据至发送 RAM,写操作命令执行后,写指针根据操作模式递增 1 或 2

(34) 存储器数据写地址寄存器(FAH～FBH)。

存储器数据写地址寄存器位功能定义如表 14－44 所列。

表 14－44　存储器数据写地址寄存器位功能定义

位	位定义	默认状态设置	功能描述
7:0	MDWAH	PS0,RW	存储器数据写地址寄存器高字节
7:0	MDWAL	PS0,RW	存储器数据写地址寄存器低字节

(35) 发送数据包长度寄存器(FCH～FDH)。

发送数据包长度寄存器位功能定义如表 14－45 所列。

表 14－45　发送数据包长度寄存器位功能定义

位	位定义	默认状态设置	功能描述
7:0	TXPLH	X,R/W	发送数据包长度寄存器高字节
7:0	TXPLL	X,R/W	发送数据包长度寄存器低字节

(36) 中断状态寄存器(FEH)。

中断状态寄存器位功能定义如表 14－46 所列。

表 14－46　中断状态寄存器位功能定义

位	位定义	默认状态设置	功能描述
7	IOMODE	T0, RO	0:16 位模式; 1:8 位模式
6	保留	RO	保留

位	位定义	默认状态设置	功能描述
5	LNKCHG	PS0,RW/C1	链接状态改变
4	UDRUN	PS0,RW/C1	传输欠载
3	ROO	PS0,RW/C1	接收溢出计数器溢出
2	ROS	PS0,RW/C1	接收溢出
1	PT	PS0,RW/C1	数据包传送
0	PR	PS0,RW/C1	数据包接收

(37) 中断屏蔽寄存器(FFH)。

中断屏蔽寄存器位功能定义如表 14 - 47 所列。

表 14 - 47　中断屏蔽寄存器位功能定义

位	位定义	默认状态设置	功能描述
7	PAR	PS0,RW	当指针地址超出 RAM 空间时,使能 SRAM 读/写指针自动返回至起始地址
6	保留	RO	保留
5	LNKCHGI	PS0,RW	使能链接状态改变中断
4	UDRUNI	PS0,RW	使能传输欠载中断
3	ROOI	PS0,RW	使能接收溢出计数器溢出中断
2	ROI	PS0,RW	使能接收溢出中断
1	PTI	PS0,RW	使能数据包传送中断
0	PRI	PS0,RW	使能数据包接收中断

2. 物理层寄存器功能概述

在 DM9000A 中,还有一些物理层寄存器,也称之为介质无关接口(MII)寄存器,需要我们去访问。这些寄存器是字对齐的,即 16 位宽。下面列出 2 个常用的 PHY 寄存器。

注意:

● 默认状态设置值定义

1:位设置逻辑 1。　0:位设置逻辑 0。　X:位无默认值。

● 访问类型

RO:只读。

RW:读/写。

● 属性

SC:自清位。

P:永久值设定。

LL：低锁存。

LH：高锁存。

（1）基本模式控制寄存器（Basic Mode Control Register）- 00。

物理层基本模式控制寄存器位功能定义如表 14 - 48 所列。

表 14 - 48　基本模式控制寄存器位功能定义

位	位定义	默认状态设置	功能描述
15	Reset	0, RW/SC	复位。 1：软件复位。0：正常操作。 复位操作使 PHY 寄存器的值为默认值。复位操作完成后，该位自动清零
14	Loopback	0, RW	环路模式控制。 环路控制寄存器。 1：环路模式使能。 0：普通模式
13	Speed selection	1, RW	速率选择。 1：100 Mbps。 0：10 Mbps
12	Auto-negotiation enable	1, RW	自动协商使能。 置 1 时，使能自动协商功能，位[8]和[13]将进入自动协商状态
11	Power down	0, RW	掉电。 当处于掉电状态时，PHY 会响应掉电管理事务。 1：掉电。 0：普通模式
10	Isolate	0, RW	隔离。 强制置 0
9	Restart Auto-negotiation	0, RW/SC	重启自动协商功能。 1：重启自动协商。 0：普通模式
8	Duplex mode	1, RW	双工模式。 1：全双工操作模式。 0：普通模式
7	Collision test	0, RW	冲突测试。 1：冲突测试使能。 0：普通模式。
6:0	保留	0, RO	保留

（2）基本模式状态寄存器（Basic Mode Status Register）—01。

物理层基本模式状态寄存器位功能定义如表 14 - 49 所列。

表 14 - 49　基本模式状态寄存器位功能定义

位	位定义	默认状态设置	功能描述
15	100Base - T4	0, RO/P	100Base - T4 模式支持。 1:DM9000A 能执行 100Base - T4 模式。 0:DM9000A 不能执行 100Base - T4 模式
14	100Base - TX full - duplex	1, RO/P	100Base - TX 全双工模式支持。 1:DM9000A 能在全双工模式执行 100Base - TX。 0:DM9000A 不能在全双工模式执行 100Base - TX
13	100Base - TX half - duplex	1, RO/P	100Base - TX 半双工模式支持。 1:DM9000A 能在半双工模式执行 100Base - TX。 0:DM9000A 不能在半双工模式执行 100Base - TX
12	10Base - T full - duplex	1, RO/P	10Base - T 全双工模式支持。 1:DM9000A 能在全双工模式执行 10Base - T。 0:DM9000A 不能在全双工模式执行 10Base - T
11	10Base - T half - duplex	1, RO/P	10Base - T 半双工模式支持。 1:DM9000A 能在半双工模式执行 10Base - T。 0:DM9000A 不能在半双工模式执行 10Base - T
10:7	保留	0, RO	保留
6	MF preamble suppression	1, RO	帧头压缩。 1:PHY 容许管理帧的帧头压缩。 0:PHY 不容许管理帧的帧头压缩
5	Auto - negotiation Complete	0, RO	自动协商完成。 1:自动协商处理完成。 0:自动协商未处理完
4	Remote fault	0, RO/LH	远程故障检测。 1:远程故障检测。 0:不检测远程故障
3	Auto - negotiation ability	1, RO/P	自动协商功能配置能力。 1:DM9000A 能执行自动协商。 0:DM9000A 不能执行自动协商
2	Link status	0, RO/LL	链接状态。 1:建立有效链接。 0:未建立链接
1	Jabber detect	0, RO/LH	Jabber 检测。 1:Jabber 检测。 0:不检测 Jabber
0	Extended capability	1, RO/P	扩展能力。 1:扩展寄存器。 0:基本寄存器

14.3　以太网硬件接口电路设计

　　DM9000A 的外部总线符合 ISA 标准,可通过 ISA 标准总线实现与 FPGA 的无缝连接。本实例的 FPGA 芯片采用 Cyclone II EP2C35,有关 DM9000A 与 EP2C35 外围硬件电路原理如下所述。

14.3.1　自动极性切换器电路

　　PH163539 是台湾卓智公司 PH16 系列的网络变压器,PH163539 主要用于信号电平耦合。其一,可以增强信号,使其传输距离更远;其二,使芯片端与外部隔离,抗干扰能力大大增强,而且对芯片增加了很大的保护作用(如雷击);其三,当接到不同电平(如有的 PHY 芯片是 2.5 V,有的 PHY 芯片是 3.3 V)的网口时,不会对彼此设备造成影响。

　　由于 DM9000 的收发信号达到 50 Mbps,对网络变压器硬件的要求较高,为了满足高频信号的需要,PH163539 的设计非常特别,采用内部大面积留空,底层全开放的散热方式,避免高频信号带来的强干扰。DM9000 与 PH163539 组合的自动极性切换器硬件部分电路原理如图 14-12 所示。

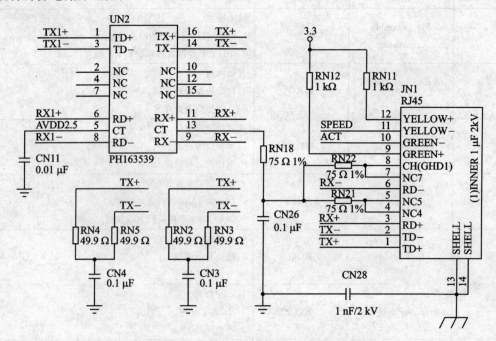

图 14-12　自动极性转换器硬件电路原理图

14.3.2　以太网接口电路

本实例的以太网控制器 DM9000A 采用 16 位数据总线宽度,以太网控制器 DM9000A 与 FPGA 的硬件接口电路原理图如图 14 - 13 所示。DM9000A 时钟频率采用 25 MHz。

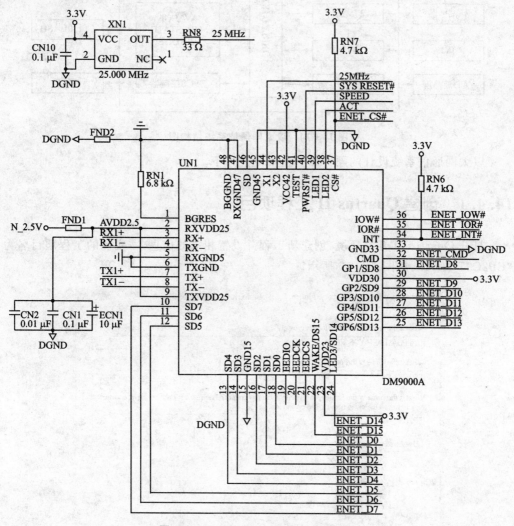

图 14 - 13　DM9000A 硬件电路原理图

14.4　以太网硬件系统设计

本实例的以太网通信系统设计基于 Cyclone II 系列 EP2C35 芯片,需要一块 FPGA 开发板。本实例的以太网通信系统结构图如图 14 - 14 所示。

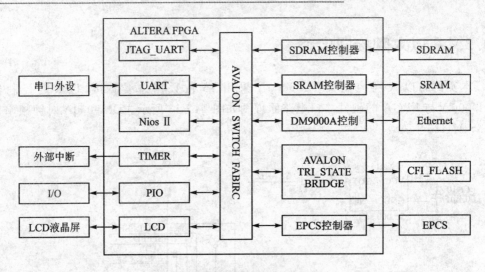

图 14-14   以太网通信系统结构图

以太网通信系统设计的硬件部分主要流程如下。

14.4.1   创建 Quartus II 工程项目

打开 Quartus II 开发环境,创建新工程并设置相关的信息,本实例的工程项目名为"EP2C35_NET",如图 14-15 所示。

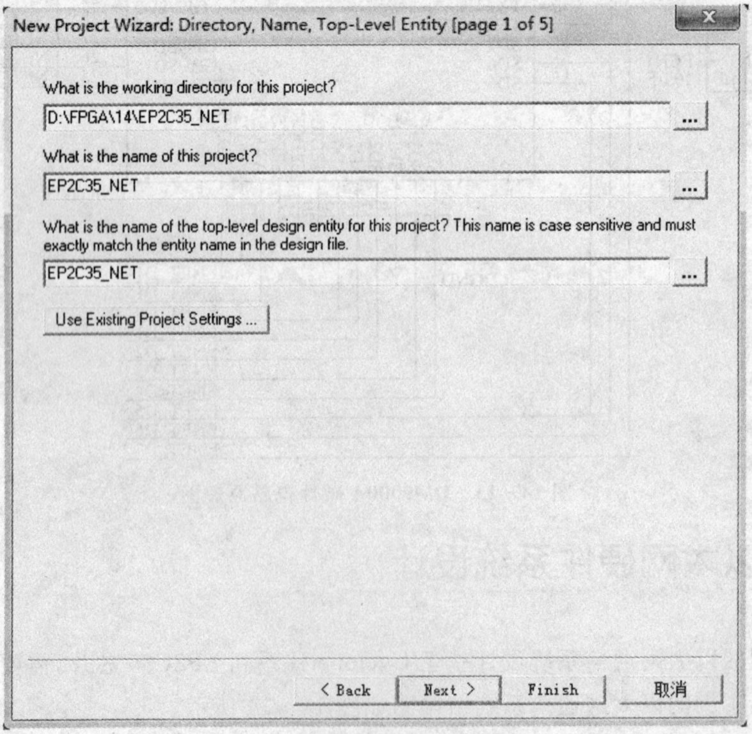

图 14-15   创建新工程项目对话框

单击"Finish"按钮,完成工程项目创建。如果在 Quartus II 的"Project Navigator"中显示的 FPGA 芯片与实际应用有差异,则可选择"Assignments"→"Device"命令,在弹出的窗体中进行相应设置。

14.4.2　创建 SOPC 系统

在 Quartus II 开发环境下,点击"Tools"→"SOPC Builder",即可打开系统开发环境集成的 SOPC 开发工具 SOPC Builder。在弹出的对话框中输入 SOPC 系统模块名称,将"Target HDL"设置为"Verilog HDL",本实例的 SOPC 系统模块名称为"netsys",如图 14－16 所示。接下来准备进行系统 IP 组件的添加。

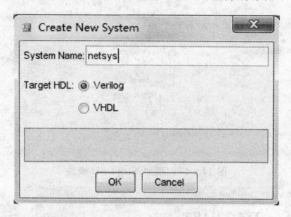

图 14－16　创建 SOPC 新工程项目对话框

(1) Nios II CPU 型号。

选择 SOPC Builder 开发环境左侧的"Nios II Processor",添加 CPU 模块,在"Core Nios II"栏选择"Nios II/s",其他配置均选择默认设置即可,如图 14－17 所示。

(2) JTAG_UART。

选择 SOPC Builder 开发环境左侧的"Interface Protocols"→"Serial"→"JTAG_UART",添加 JTAG_UART 模块,其他选项均选择默认设置,如图 14－18 所示。

(3) On－Chip Memory。

On－Chip Memory 是 Nios II 处理器片上的 RAM,用于存储临时变量和中间数据结果。选择 SOPC Builder 开发环境左侧的"Memories and Memory Control"→"On－Chip"→"On－Chip Memory(RAM or ROM)",添加 RAM 模块,其他选项视用户具体需求设置,如图 14－19 所示。

(4) SDRAM 控制器。

选择 SOPC Builder 开发环境左侧的"Memories and Memory Control"→"SDRAM"→"SDRAM Controller",添加 RAM 模块,其他选项视用户具体需求设置,如图 14－20 所示。

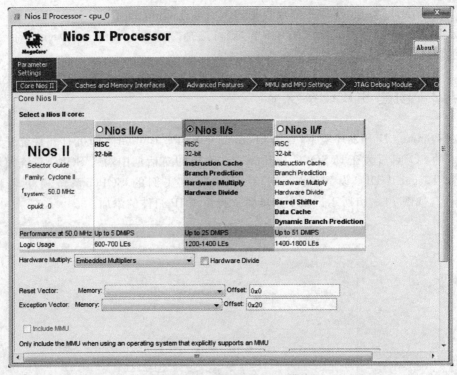

图 14 - 17　添加 Nios CPU 模块

图 14 - 18　添加 JTAG_UART 模块

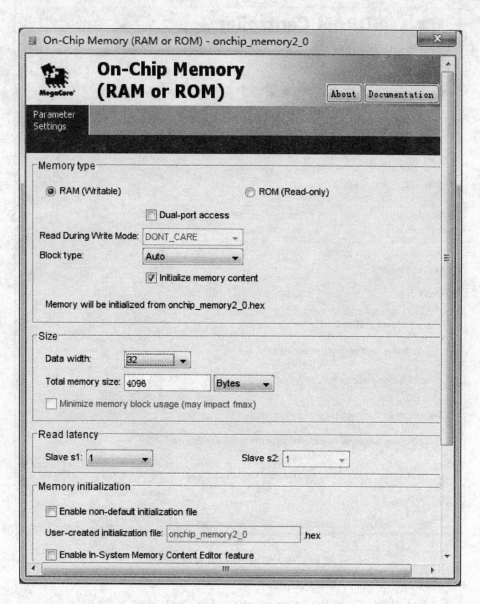

图 14 - 19   添加 On - Chip Memory 模块

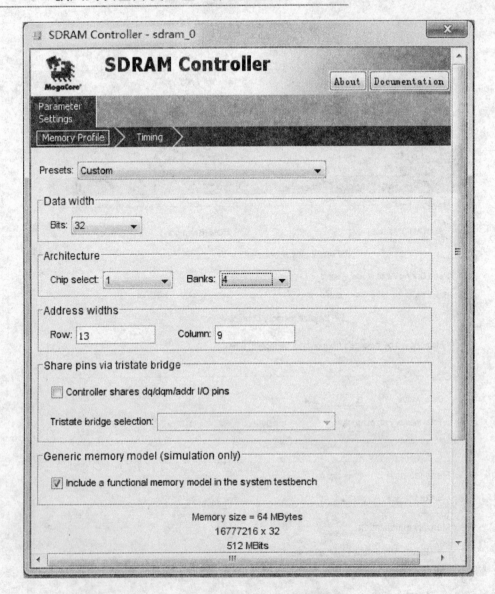

图 14-20 添加 SDRAM 控制器模块

（5）Avalon-MM Tristate Bridge。

由于 Flash 的数据总线是三态的，所以 Nios II CPU 与 Flash 进行连接时需要添加 Avalon 总线三态桥。

选择 SOPC Builder 开发环境左侧的"Bridges and Adapters"→"Memory Mapped"→"Avalon-MM Tristate Bridge"，添加 Avalon 三态桥，并在提示对话框中选中"Registered"完成设置，如图 14-21 所示。

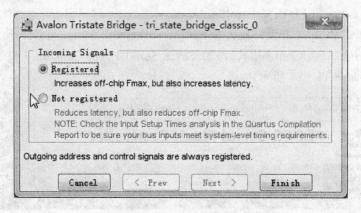

图 14 - 21　添加 Avalon 三态桥

(6) Cfi - Flash。

选择 SOPC Builder 开发环境左侧的"Memories and Memory Control"→"Flash"
→"Flash Memory Interface(CFI)",添加 Flash 模块,其他选项视用户具体需求设置,
如图 14 - 22 所示。

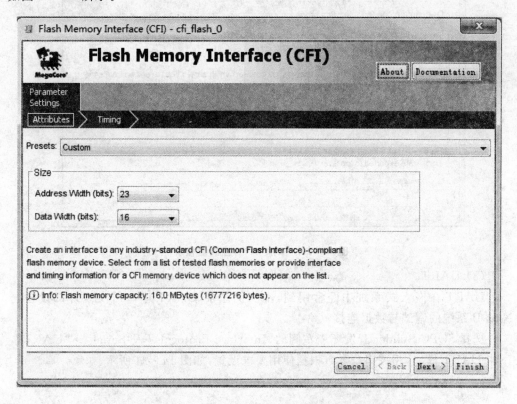

图 14 - 22　添加 FLAH 控制器模块

（7）EPCS Serial Flash Controller。

选择 SOPC Builder 开发环境左侧的"Memories and Memory Control"→"Flash"→"EPCS Serial Flash Controller"，添加 EPCS Serial Flash Controller 模块，其他选项按默认设置，如图 14 - 23 所示。

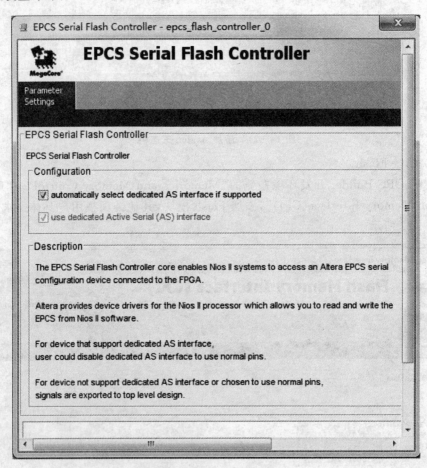

图 14 - 23　添加 EPCS 控制器模块

（8）UART。

UART 在嵌入式系统中经常用到，本实例添加 UART 串口可实现外部设备与 Nios II 系统的调试与数据连接。

选择 SOPC Builder 开发环境左侧的"Interface Protocols"→"Serial"→"UART"，添加 UART 模块，相关串口参数根据使用要求设置，如图 14 - 24 所示。

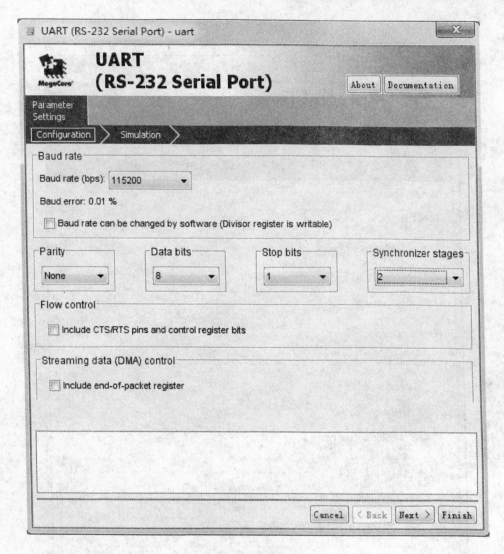

图 14-24　添加 UART 模块

（9）Interval Timer。

SOPC Builder 提供的 Interval Timer 控制器主要用于完成 Nios II 处理器的定时中断控制。选择左侧的"Peripherals"→"Microcontroller Peripherals"→"Interval Timer"，添加 Interval Timer 定时器模块，相关参数根据使用要求设置，如图 14-25 所示。

（10）PIO。

SOPC Builder 提供的 PIO 控制器主要用于完成 Nios II 处理器并行输入输出信号的传输。选择左侧的"Peripherals"→"Microcontroller Peripherals"→"PIO（Parallel I/O）"，添加 PIO 控制器模块，单击"Finish"完成设置，如图 14-26 所示。

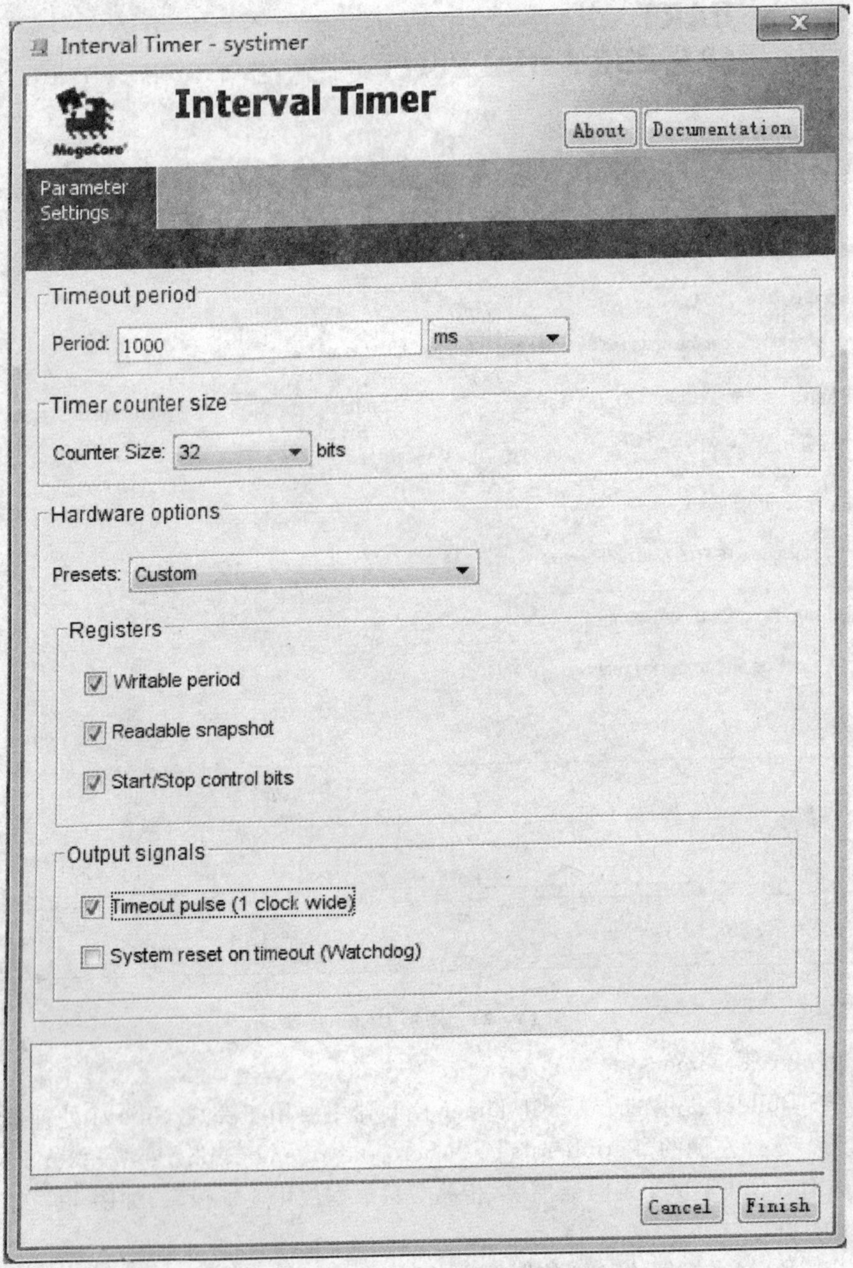

图 14 - 25　添加 Interval Timer 模块

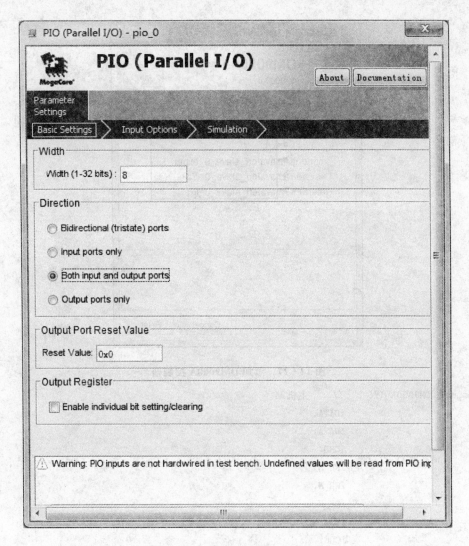

图 14 - 26　添加 PIO 输入输出端口

（11）DM9000A 以太网控制器。

DM9000A 以太网控制器需要自行设计模块与配置组件，用户需要从菜单栏"File"→"New Component"然后再在相关对话框菜单中打开对话汇入模块文件，并完成以太网控制信号与 Avalon 总线信号对应配置。其组件如图 14 - 27 所示。

DM9000A 以太网控制器 IP 组件的程序代码如下。

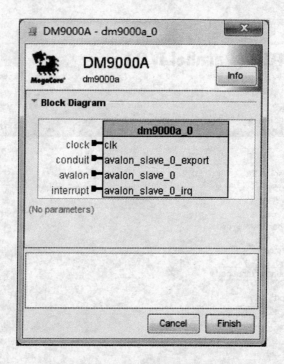

图 14 - 27　添加 DM9000A 控制器

```
module DM9000A_IF(      //      主机端
                  iDATA,
                  oDATA,
                  iCMD,
                  iRD_N,
                  iWR_N,
                  iCS_N,
                  iRST_N,
                  iCLK,
                  iOSC_50,
                  oINT,
                  //      DM9000A Side
                  ENET_DATA,
                  ENET_CMD,
                  ENET_RD_N,
                  ENET_WR_N,
                  ENET_CS_N,
                  ENET_RST_N,
                  ENET_INT,
                  ENET_CLK      );
//      主机端信号
input     [15:0]     iDATA;
```

```
input              iCMD;
input              iRD_N;
input              iWR_N;
input              iCS_N;
input              iRST_N;
input              iCLK;
input              iOSC_50;
output     [15:0]  oDATA;
output             oINT;
//    DM9000A 设备端信号
inout      [15:0]  ENET_DATA;
output             ENET_CMD;
output             ENET_RD_N;
output             ENET_WR_N;
output             ENET_CS_N;
output             ENET_RST_N;
output             ENET_CLK;
input              ENET_INT;
reg        [15:0]  TMP_DATA;
reg                ENET_CMD;
reg                ENET_RD_N;
reg                ENET_WR_N;
reg                ENET_CS_N;
reg                ENET_CLK;
reg        [15:0]  oDATA;
reg                oINT;
assign    ENET_DATA   =   ENET_WR_N    ?   16'hzzzz   :   TMP_DATA;
always@(posedge iCLK or negedge iRST_N)
begin
    if(! iRST_N)
    begin
        TMP_DATA      <=    0;
        ENET_CMD      <=    0;
        ENET_RD_N     <=    1;
        ENET_WR_N     <=    1;
        ENET_CS_N     <=    1;
        oDATA         <=    0;
        oINT          <=    0;
    end
    else
    begin
        oDATA         <=    ENET_DATA;
        oINT          <=    ENET_INT;
```

```
                TMP_DATA      <=      iDATA;
                ENET_CMD      <=      iCMD;
                ENET_CS_N     <=      iCS_N;
                ENET_RD_N     <=      iRD_N;
                ENET_WR_N     <=      iWR_N;
        end
    end
    always@(posedge iOSC_50)
    ENET_CLK      <=      ~ENET_CLK;
    assign    ENET_RST_N    =      iRST_N;
    endmodule
```

DM9000A 寄存器初始化与配置以及程序注释请参考光盘文件。

(12) LCD。

选择 SOPC Builder 开发环境左侧的"Peripherals"→"Display"→"Character LCD",添加 LCD 控制器模块,完成设置,如图 14 - 28 所示。

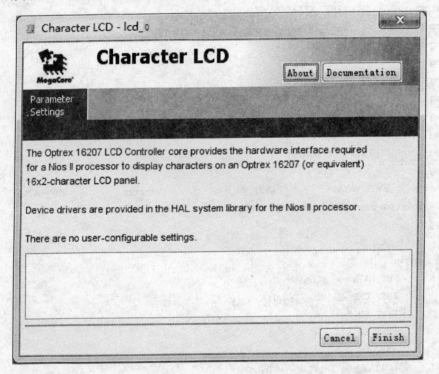

图 14 - 28 添加 LCD 控制器

将 Cfi_Flash 控制器与 Avalon - MM 三态桥建立连接。至此,本实例中所需要的 CPU 及 IP 模块均添加完毕,如图 14 - 29 所示。

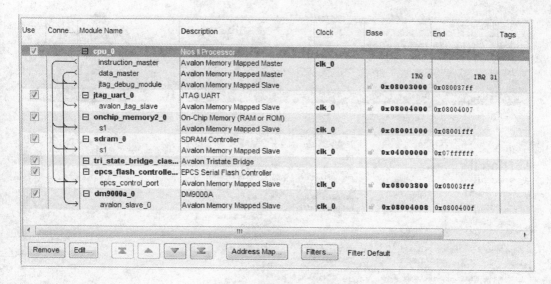

图 14 - 29　构建完成的 SOPC 系统

14.4.3　生成 Nios II 系统

在 SOPC Builder 开发环境中,分别选择菜单栏的"System"→"Auto - Assign Base Address"和"System"→"Auto - Assign IRQs",分别进行自动分配各组件模块的基地址和中断标志位操作。

双击"Nios II Processor"后在"Parameter Settings"菜单下配置"Reset Vector"为"epcs_ controller0"(用户也可以设置成 Cfi_ flash0),设置"Exception Vector"为"sdram0",完成设置,如图 14 - 30 所示。

配置完成后,选择"System Generation"选项卡,单击下方的"Generate",启动系统生成。

14.4.4　创建顶层模块并添加 PLL 模块

打开 Quartus II 开发环境,选择主菜单"File"→"New"命令,创建一个 Block Diagram/Schematic File 文件作为顶层文件,并保存。

本实例使用 SDRAM 芯片作为存储介质,需要使用片内锁相环 PLL 来完成 SDRAM 控制器与 SDRAM 芯片之间的时钟相位调整。

使用 PLL 时,可以通过两种方式实现时钟锁相环,第一种是添加 ALTPLL 宏模块,这种方法是在 Quartus II 开发环境中添加,另外一种是添加 PLL IP 核,在 SOPC Builder 开发工具中完成。

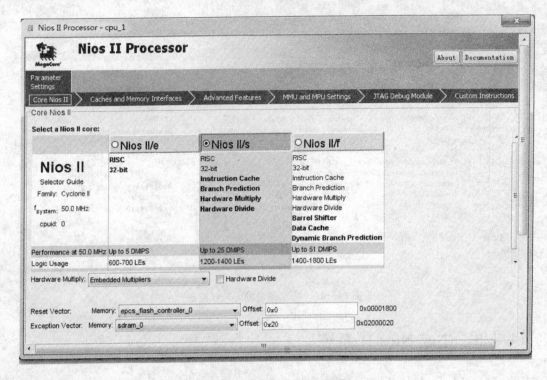

图 14 - 30　Nios II CPU 设置

1. 创建 PLL 模块

PLL 模块具体创建的方法和步骤如下。

（1）选择 Quartus II 开发环境，选择主菜单"Tools"→"MegaWizard Plug – In Manager"命令，弹出添加宏模块对话框，选择"Create a new custom magafuction varia-tion"选项，单击"Next"，进入下一配置，如图 14 – 31 所示。

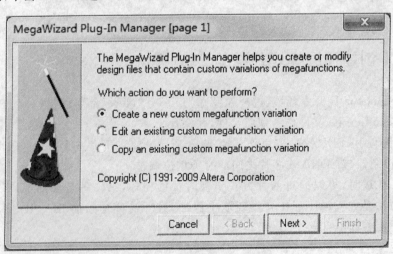

图 14 - 31　宏模块添加对话框

（2）在宏模块左侧栏中选择"I/O"→"ALTPLL"，完成对应 FPGA 芯片型号信息、生成代码格式、文件名及保存路径配置后。单击"Next"，进入下一配置，如图 14－32 所示。

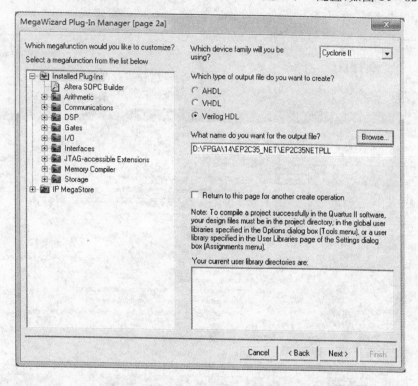

图 14－32　ALTPLL 宏模块配置

（3）在配置页面中设置参考时钟频率为"50 MHz"，如图 14－33 所示。

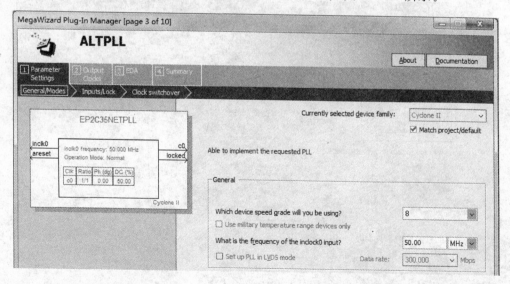

图 14－33　参考时钟设置

然后设置相关参数如图 14 - 34(a)所示。Quartus II 中提供的 ALTPLL 宏模块最多可输出 3 个锁相环时钟,分别为 c0,c1,c2,如果用户在自己的工程中需要用到多个 PLL 输出,参考图 14 - 34(b)所示。设置后单击"Finish"即可生成锁相环模块。

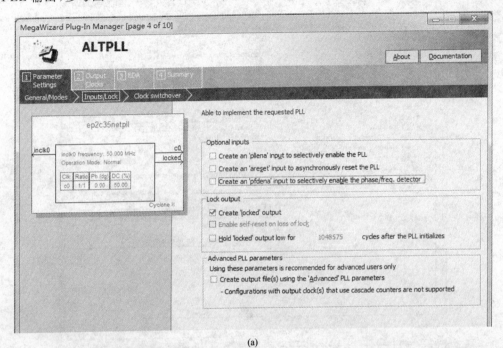

(a)

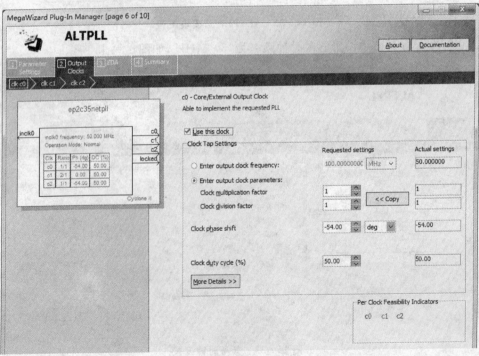

(b)

图 14 - 34 PLL 参数设置

（4）接下来，在 Quartus II 工程项目内对 PLL 模块进行例化。加 PLL 模块添加到顶层文件。

2. 添加集成 Nios II 系统至 Quartus II 工程

在顶层文件中添加前述步骤创建的 SOPC 处理器模块，再添加相应的输入输出模块引脚，各模块的连接如图 14 - 35 所示。

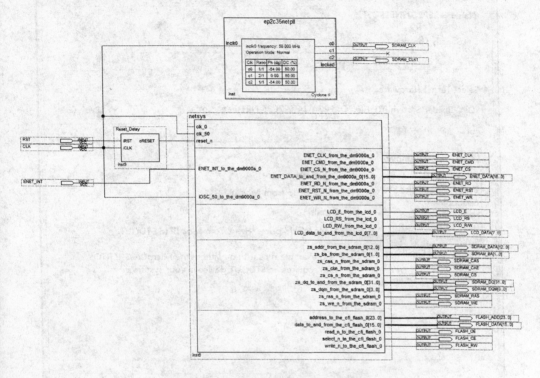

图 14 - 35 顶层文件各个模块连接图

连线完成后，用户选择运行 pinset. tcl 文件为 FPGA 分配引脚，同时也可以通过菜单选择图形化视窗来分配引脚。

保存整个工程项目文件后，即可通过主菜单工具或者工具栏中的编译按钮执行编译，生成程序下载文件。至此，硬件设计部分完成。

14.5 软件设计与程序代码

本节对 Nios II 系统软件设计进行讲述，其主要设计流程如下。

14.5.1 创建 Nios II

启动 Nios II IDE 开发环境，选择主菜单"File"→"New"→"Project"命令，创建

Nios II 工程项目,并进行相关选项配置,如图 14 - 36 所示。

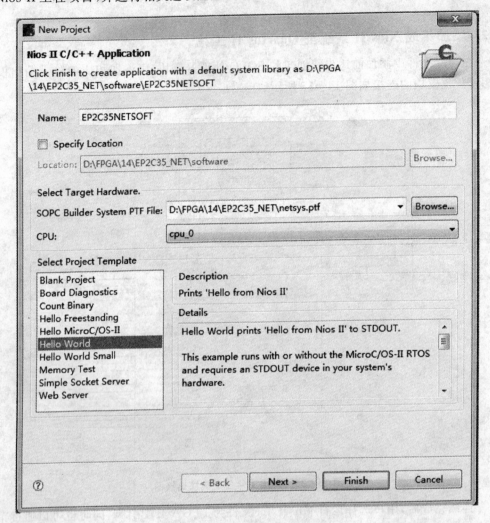

图 14 - 36 Nios IDE 工程设定

14.5.2 程序代码设计与修改

新 Nios II 工程建立后,单击"Finish"生成工程,添加并修改代码。本系统的软件代码与程序注释如下。

(1) 主程序。

主程序主要包括对 DM9000A 的调用、数据收发以及 LCD 显示等,程序代码如下。

```
# include "basic_io.h"
# include "LCD.h"
# include "DM9000A.C"
```

```c
unsigned int aaa,rx_len,i,packet_num;
unsigned char RXT[68];
void ethernet_interrupts()//DM9000A 中断设置
{
    packet_num++;
    aaa = ReceivePacket (RXT,&rx_len);
    if(! aaa)
    {
        printf("\n\nReceive Packet Length = %d",rx_len);
        for(i=0;i<rx_len;i++)
        {
            if(i%8==0)
            printf("\n");
            printf("0x%2X,",RXT[i]);
        }
    }
}

int main(void)
{
    //发送包
    unsigned char TXT[] = { 0xFF,0xFF,0xFF,0xFF,0xFF,0xFF,
                            0x01,0x60,0x6E,0x11,0x02,0x0F,
                            0x08,0x00,0x11,0x22,0x33,0x44,
                            0x55,0x66,0x77,0x88,0x99,0xAA,
                            0x55,0x66,0x77,0x88,0x99,0xAA,
                            0x55,0x66,0x77,0x88,0x99,0xAA,
                            0x55,0x66,0x77,0x88,0x99,0xAA,
                            0x55,0x66,0x77,0x88,0x99,0xAA,
                            0x55,0x66,0x77,0x88,0x99,0xAA,
                            0x55,0x66,0x77,0x88,0x99,0xAA,
                            0x00,0x00,0x00,0x20 };
    LCD_Test();//LCD 显示
    DM9000_init();//DM9000A 控制器初始化
    alt_irq_register( DM9000A_IRQ, NULL, (void*)ethernet_interrupts );
    packet_num = 0;
    while (1)
    {
        TransmitPacket(TXT,0x40);//传送网络包
        msleep(500);
    }
    return 0;
}
```

(2) LCD 显示程序。

LCD 显示程序代码如下。

```c
# include <unistd.h>
# include <string.h>
# include <io.h>
# include "system.h"
# include "LCD.h"
//-------------------------------------------------------------------
void LCD_Init()                    //LCD初始化函数
{
  lcd_write_cmd(LCD_16207_0_BASE,0x38);
  usleep(2000);
  lcd_write_cmd(LCD_16207_0_BASE,0x0C);
  usleep(2000);
  lcd_write_cmd(LCD_16207_0_BASE,0x01);
  usleep(2000);
  lcd_write_cmd(LCD_16207_0_BASE,0x06);
  usleep(2000);
  lcd_write_cmd(LCD_16207_0_BASE,0x80);
  usleep(2000);
}
//-------------------------------------------------------------------
void LCD_Show_Text(char * Text)               //字符串写入 LCD 函数
{
  int i;
  for(i = 0;i<strlen(Text);i++)
  {
    lcd_write_data(LCD_16207_0_BASE,Text[i]);
    usleep(2000);
  }
}
//-------------------------------------------------------------------
void LCD_Line2()        //LCD 转向第二行显示函数
{
  lcd_write_cmd(LCD_16207_0_BASE,0xC0);
  usleep(2000);
}
//-------------------------------------------------------------------
void LCD_Test()                 //LCD 显示主函数
{
  char Text1[16] = "Altera EP2C35  Board";
  char Text2[16] = "Ethernet Testing";
```

```
//  初始化 LCD
LCD_Init();
//  LCD 第一行显示 TEXT1
LCD_Show_Text(Text1);
//  转向第二行显示
LCD_Line2();
//  LCD 第二行显示 TEXT2
LCD_Show_Text(Text2);
}
```

在 Nios II IDE 环境中完成所有程序代码设计与编译参数配置后,即可执行编译和下载。验证系统运行效果。

14.6　实例总结

本章为实现高速数据的实时远程网络数据传输,提出了采用 FPGA 直接控制 DM9000A 进行以太网数据收发的设计思路,实现了一种低成本、低功耗、高速率的网络传输功能,最高传输速率可达 100 Mbps。在实际应用中,读者可以本实例为基础,进行功能修改,以达到设计目标。

第 **15** 章

USB2.0 接口数据通信系统设计

USB 是一种通用串行总线,具有热插拔、使用方便、成本低等优点。其中 USB1.0 能够提供 12 Mbps 的全速速率或 1.5 Mbps 的低速速率,而 USB2.0 则可以支持高达 480 Mbps 的高速传输速率。USB2.0 可应用于基于 FPGA 的高速数据通信和传输系统的设计。

本章将基于 USB2.0 芯片 CY7C68013,介绍一种能实现 FPGA 与计算机接口互连的高速数据通信系统的设计应用。

15.1　USB2.0 芯片 CY7C68013 概述

CY7C68013 芯片属于 Cypress 半导体公司的 EZ-USB FX2 系列,是世界上第一款集成 USB2.0 的微处理器。它集成了 USB2.0 收发器、SIE(串行接口引擎)、增强的 8051 微控制器和可编程的外围接口。

FX2 独创性结构可使数据传输率达到每秒 56 MB,即 USB2.0 允许的最大带宽。在 FX2 中,智能串行接口引擎可以硬件处理 USB1.1 和 USB2.0 协议,从而减少了开发时间和成本,并确保了 USB 的兼容性。通用可编程接口(General Programmable Interface,GPIF)和主/从端点 FIFO(8 位或 16 位数据总线)能够为 ATA、UTOPIA、EPP、PCMCIA 等接口以及大部分的 DSP 处理器提供简单有效的无缝连接。

USB2.0 芯片 CY7C68013 的主要特性如下。

- 单片集成 USB2.0 收发器、SIE 和增强型 8051 微处理器。
- 软件运行:8051 程序从内部 RAM 开始运行,可以借助下列几种方式进行程序装载。

　—通过 USB 接口下载;

　—从 EEPROM 下载;

　—外部储存器设备(仅对 128 脚封装芯片配置)。

- 4 个可编程的批量(BULK)/中断(INTERRUPT)/同步(ISOCHRONOUS)

端点。

　　—可选双、三和四缓冲。

● 8 位或 16 位外部数据接口。

● 通用可编程接口。

　　—允许直接连接到并行接口(8 位或 16 位);

　　—通过可编程的波形描述符和配置寄存器来定义波形;

　　—支持多个就绪(Ready)和控制(Control)输出。

● 集成 8051 标准内核,且具有下列增强特性。

　　—高达 48 MHz 的时钟速率;

　　—每指令占 4 个时钟周期;

　　—2 个 UARTS;

　　—3 个定时器/计数器;

　　—扩展的中断系统;

　　—2 个数据指针。

● 通过枚举支持总线供电应用。

● 3.3 V 操作电压。

● 灵巧的智能串行接口引擎。

● USB 向量中断。

● 控制传输的设置(SETUP)和数据(DATA)部分使用独立的数据缓冲区。

● 集成的 I^2C 兼容控制器,运行速率 100 kHz 或 400 kHz。

● 8051 的时钟频率为 48 MHz,24 MHz,或 12 MHz。

● 4 个集成的 FIFO。

　　—较低的系统开销组合 FIFO;

　　—自动转换到 16 位总线;

　　—支持主或从操作;

　　—FIFO 可以使用外部提供的时钟或异步选通;

　　—容易与 ASIC 和 DSP 等芯片接口无缝连接。

● 对 FIFO 和 GPIF 接口的自动向量中断。

● 多达 40 个通用输入输出接口。

● 4 种封装可选——128 脚 TQFP, 100 脚 TQFP, 56 脚 QFN 和 56 脚 SSOP。

USB2.0 芯片 CY7C68013 的内部功能结构框图如图 15 - 1 所示。

15.1.1　I^2C 总线与控制器

本小节主要介绍 FX2 I^2C 总线与 I^2C 总线控制器。

1. I^2C 总线

FX2 支持 I^2C 总线,且仅作为主设备在 100/400 kHz 下工作。SCL 和 SDA 引脚是开

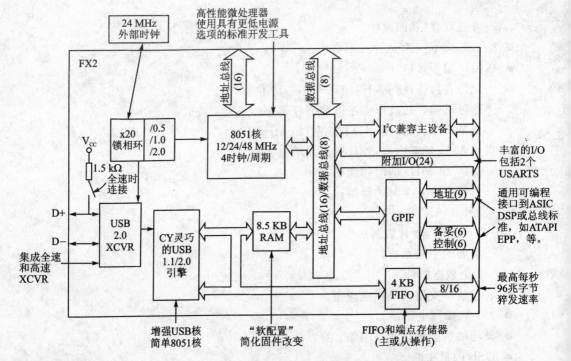

图 15-1 CY7C68013 功能框图

漏输出和磁滞输入。即使相关引脚没有连接至 I²C 总线兼容设备，这些信号也必须上拉到 3.3 V。

I²C 总线用于连接 EEPROM 存储设备，系统上电后，内部逻辑会检查 I²C 总线上的 EEPROM 中的第一个字节，并做相应确认（具体内容参见小节 15.1.2 介绍）。

注意：I²C 兼容总线的 SCL 和 SDA 引脚，即使 EEPROM 没有连接也必须上拉，否则侦测模式不能正常工作。

2. I²C 总线控制器

FX2 有一个 I²C 总线端口，并由两个内部控制部件驱动，其中一个用于控制启动时自动加载 VID/PID/DID 和配置信息，另一个在 8051 运行时控制外部 I²C 设备。I²C 总线端口只能在主模式操作。

（1）I²C 总线端口引脚。

I²C 总线引脚 SCL 和 SDA 必须有 2.2 kΩ 的外部上拉电阻，外部 EEPROM 设备地址引脚必须适当配置。相关 EEPROM 器件引脚与设备地址配置如表 15-1 所列。

表 15-1 EEPROM 器件引脚与设备地址线配置

字节数	EEPROM 举例	A2	A1	A0
16	24LC00[1]	—	—	—
128	24LC01	0	0	0

字节数	EEPROM 举例	A2	A1	A0
256	24LC02	0	0	0
4K	24LC32	0	0	1
8K	24LC64	0	0	1

注:[1]这种 EEPROM 没有地址线。

(2) I^2C 总线接口访问。

8051 可以使用 I2CTL 和 I2DAT 寄存器控制外设连接到 I^2C 总线。FX2 仅支持 I^2C 总线接口主控制模式,因此它绝不能是 I^2C 接口从设备。

15.1.2　USB 启动方式和枚举

在系统上电序列期间,内部逻辑验证 I^2C 兼容端口连接的 EEPROM 的第一个字节是否 0xC0 或 0xC2,如果找到,内部逻辑使用存储在 EEPROM 中的 VID/PID/DID 值代替内部存储的值(第一个字节为 0xC0 时),或者启动加载 EEPROM 的内容到内部 RAM(第一个字节为 0xC2 时)。如果没有检测到 EEPROM,FX2 使用内部存储的描述符进行枚举。FX2 默认的 ID 值是 VID/PID/DID (0x04B4, 0x8613, 0xxxyy),如表15-2 所列。

表 15 - 2　FX2 默认 ID 值

默认 VID/PID/DID		
发行者 ID	0x04B4	Cypress 半导体公司
产品 ID	0x8613	EZ - USB FX2
设备版本	0xxxyy	根据修订情况(0x04 表示 Rev E)

当首次插入 USB 时,FX2 通过 USB 电缆会自动枚举设备且下载固件和 USB 描述符表;接下来,FX2 再次枚举,这次主要通过下载的信息来定义设备。这两个步骤叫作重枚举,当设备插入时它们就立即执行。

USB 控制和状态(USBCS)寄存器中的两个控制位 DISCON 和 RENUM 控制再枚举进程。固件设置 DISCON 为"1"模拟 USB 断开,清除 DISCON 为"0"模拟再连接。再次连接之前,固件设置或清除 RENUM 位用于指示固件或默认的 USB 设备是否通过端点 0 处理设备请求。如果 RENUM=0,默认 USB 设备将处理设备请求;如果 RENUM=1,固件将处理设备请求。

15.1.3　中断系统

FX2 的中断结构是在一个标准 8051 单片机的基础上增强和扩展了部分中断

资源。

1．INT2 中断请求

FX2 为 INT2 和 INT4 实现了一些自动向量的特征,分别有 27 个 INT2（USB）向量和 14 个 INT4（FIFO/GPIF）向量。其中 27 个 USB 请求共享 USB 中断,14 个 FIFO/GPIF 源共享 INT4。更详细的信息请看官方规格书 FX2 TRM。

2．USB 中断的自动向量

USB 主中断被 27 个中断源共享。为了节省代码和处理时间通常需要单独标识 USB 中断源,FX2 提供了一个第二级中断向量,叫做自动向量。当一个 USB 中断被确认后,FX2 将程序计数器推入堆栈,然后跳转到地址 0x0043,它期望在这里发现一条跳转指令到 USB 中断服务例程。FX2 跳转指令编码如表 15-3 所列。

表 15 - 3　INT2 USB 中断

USB INT2 中断表			
优先级	INT2 向量值	中断源	注　释
1	00	SUDAV	设置数据可用
2	14	SOF	帧开始（或微帧）
3	18	SUTOK	设置接收标记
4	0C	SUSPEND	USB 悬挂请求
5	10	USB RESET	总线复位
6	14	HISPEED	已进入高速操作
7	18	EP0ACK	FX2 应答控制握手信号
8	1C	—	保留
9	20	EP0 - IN	EP0 - IN 准备加载数据
10	24	EP0 - OUT	EP0 - OUT 有 USB 数据
11	28	EP1 - IN	EP1 - IN 准备加载数据
12	2C	EP1 - OUT	EP1 - OUT 有 USB 数据
13	30	EP2	IN:缓冲器可用 OUT:缓冲器有数据
14	34	EP4	IN:缓冲器可用 OUT:缓冲器有数据
15	38	EP6	IN:缓冲器可用 OUT:缓冲器有数据
16	3C	EP8	IN:缓冲器可用 OUT:缓冲器有数据
17	40	IBN	输入—批量—无应答（任何输入端点）
18	44	—	保留
19	48	EP0PING	EP0 输出已 ping 但它无应答
20	4C	EP1PING	EP1 输出已 ping 但它无应答
21	50	EP2PING	EP2 输出已 ping 但它无应答

USB INT2 中断表

优先级	INT2 向量值	中断源	注　释
22	54	EP4PING	EP4 输出已 ping 但它无应答
23	58	EP6PING	EP6 输出已 ping 但它无应答
24	5C	EP8PING	EP8 输出已 ping 但它无应答
25	60	ERRLIMIT	总线错误数量达到编程限制
26	64	—	保留
27	68	—	保留
28	6C	—	保留
29	70	EP2ISOERR	ISO EP2 输出 PID 序列错误
30	74	EP4ISOERR	ISO EP4 输出 PID 序列错误
31	78	EP6ISOERR	ISO EP6 输出 PID 序列错误
32	7C	EP8ISOERR	ISO EP8 输出 PID 序列错误

如果自动向量被使能（INTSETUP 寄存器的 AV2EN＝1），FX2 替换它的 INT2VEC 字节。因此，如果跳转表地址的高字节被预装在 0x0044 位置，则自动插入在 0x0045 的 INT2VEC 字节将引导跳转到这一页中的 27 个地址中正确的地址。

3. FIFO/GPIF 中断（INT4）

同 27 个独立的 USB 中断源共享 USB 主中断一样，14 个独立的 FIFO/GPIF 中断源共享 FIFO/GPIF 中断。同样也可以使用自动向量。表 15－4 列出了 14 个 FIFO/GPIF 中断源的优先级和 INT4 向量值。

表 15－4　独立的 FIFO/GPIF 中断

优先级	INT4 向量值	中断源	注　释
1	80	EP2PF	端点 2 可编程标志
2	84	EP4PF	端点 4 可编程标志
3	88	EP6PF	端点 6 可编程标志
4	8C	EP8PF	端点 8 可编程标志
5	90	EP2EF	端点 2 空标志
6	94	EP4EF	端点 4 空标志
7	98	EP6EF	端点 6 空标志
8	9C	EP8EF	端点 8 空标志
9	A0	EP2FF	端点 2 满标志
10	A4	EP4FF	端点 4 满标志
11	A8	EP6FF	端点 6 满标志

优先级	INT4 向量值	中断源	注　释
12	AC	EP8FF	端点 8 满标志
13	B0	GPIFDONE	GPIF 操作完成
14	B4	GPIFWF	GPIF 波形

如果自动向量被使能（INTSETUP 寄存器的 AV4EN = 1），FX2 替换它的 INT4VEC 字节。因此，如果跳转表地址的高字节被预装在 0x0054 位置，则自动插入在 0x0055 的 INT4VEC 字节将引导跳转到这一页中的 14 个地址中正确的地址。当中断服务请求发生时，FX2 将程序计数器推入堆栈，然后跳转到地址 0x0053，它期望在这里发现一条跳转指令到中断服务例程。

15.1.4　复位和唤醒

RESET♯引脚输入低电平有效信号复位芯片，其内部的锁相环在 VCC 达到3.3 V 后稳定约 200 μs。典型情况下，可使用外部 RC 网络（R = 100 kΩ, C = 0.1 μF）来提供 RESET♯信号。

通过设置位 PCON.0 = 1，8051 将芯片置于掉电模式，该模式停止振荡器和锁相环。当外部唤醒逻辑在 WAKEUP 引脚被确认时，锁相环进入稳定状态，然后振荡器重新开始振荡，8051 会收到一个唤醒中断。不管 FX2 是否连接 USB 接口这种方式都适用。

FX2 退出掉电状态（USB 已连接）可以使用以下任何一种方式：
- USB 总线信号重新开始；
- 外部唤醒逻辑信号在 WAKEUP 引脚被确认；
- 外部唤醒逻辑信号在 PA3/WU2 引脚被确认。

第二唤醒引脚 WU2 也可以被配置成一个通用 I/O 引脚，这样就允许使用一个简单的外部 RC 网络作为定期唤醒源，通常也是低电平有效。

15.1.5　程序/数据 RAM

FX 存储空间可分为内部代码 RAM 和外部程序与数据存储两种模式。

1. 内部代码存储器，EA = 0 模式

该模式将内部的 16 KB RAM 块（以地址 0 开始）执行代码和数据组合存储。当附加外部 RAM 或 ROM 时，外部的读写选通信号对内部存储器空间操作将无效。

仅内部的 16 KB 和 0.5 KB 的 scratch RAM 空间可以进行以下访问：
- USB 下载；

● USB 上载；

● 设置数据指针；

● I²C 总线接口启动加载。

FX-2 内部代码存储模块空间映射如图 15-2 所示。

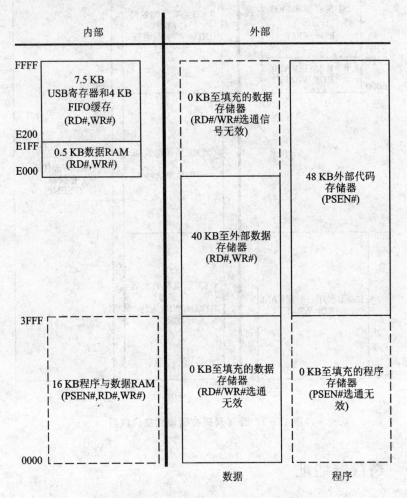

图 15-2 内部代码存储模式空间映射

2. 外部代码存储器，EA = 1 模式

FX2 有 8 KB 片上 RAM，位于 0x0000 ～ 0x1FFF；512B Scratch RAM，位于 0xE000～0xE1FF。尽管 Scratch RAM 从物理上来说位于片内，但是通过固件可以把它作为外部 RAM 一样来寻址。FX2 保留 7.5 KB(0xE200～0xFFFF) 数据地址空间作为控制/状态寄存器和端点缓冲器。

注意：只有数据内存空间保留，而程序内存(0xE000～0xFFFF)并不保留。FX2 外部代码存储模式空间映射如图 15-3 所示。

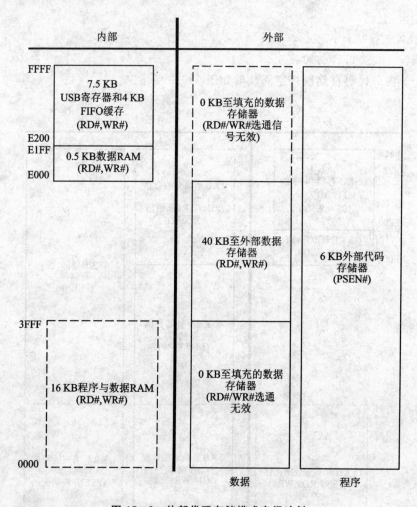

图 15 - 3 外部代码存储模式空间映射

15.1.6 寄存器地址

FX2 的寄存器地址空间映射如图 15 - 4 所示。

15.1.7 端 点

FX2 端点包括：

- EP0：端点 0，双向数据传输，只能配置为控制传输，缓冲区大小 64 B。
- EP1 - IN，EP1 - OUT：端点 1，64 B 缓冲区，可以设置为中断、批量传输类型。
- EP2，EP4，EP6，EP8：端点 2、4、6、8，共用 8 个 512 B 缓冲区，可以设置为中断。

批量和等时传输类型，端点 2 和 6 可以设置为双缓冲，三缓冲和四缓冲，缓冲区大小可

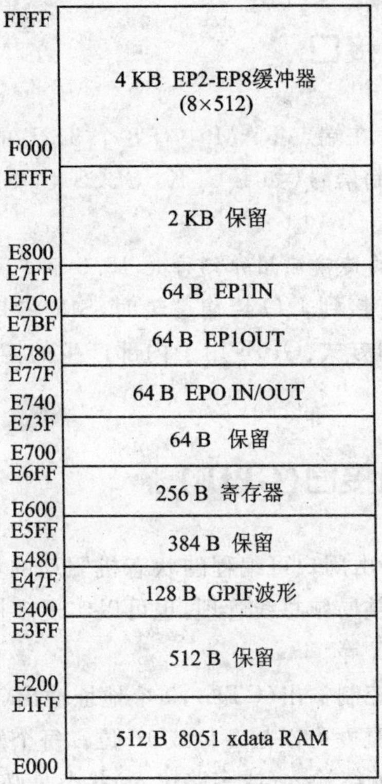
FFFF
4 KB EP2-EP8缓冲器
(8×512)
F000
EFFF
2 KB 保留
E800
E7FF
64 B EP1IN
E7C0
E7BF
64 B EP1OUT
E780
E77F
64 B EPO IN/OUT
E740
E73F
64 B 保留
E700
E6FF
256 B 寄存器
E600
E5FF
384 B 保留
E480
E47F
128 B GPIF波形
E400
E3FF
512 B 保留
E200
E1FF
512 B 8051 xdata RAM
E000

图 15－4　寄存器地址空间映射

设置为 512 B 或 1 024 B，端点设置见图 15－5。

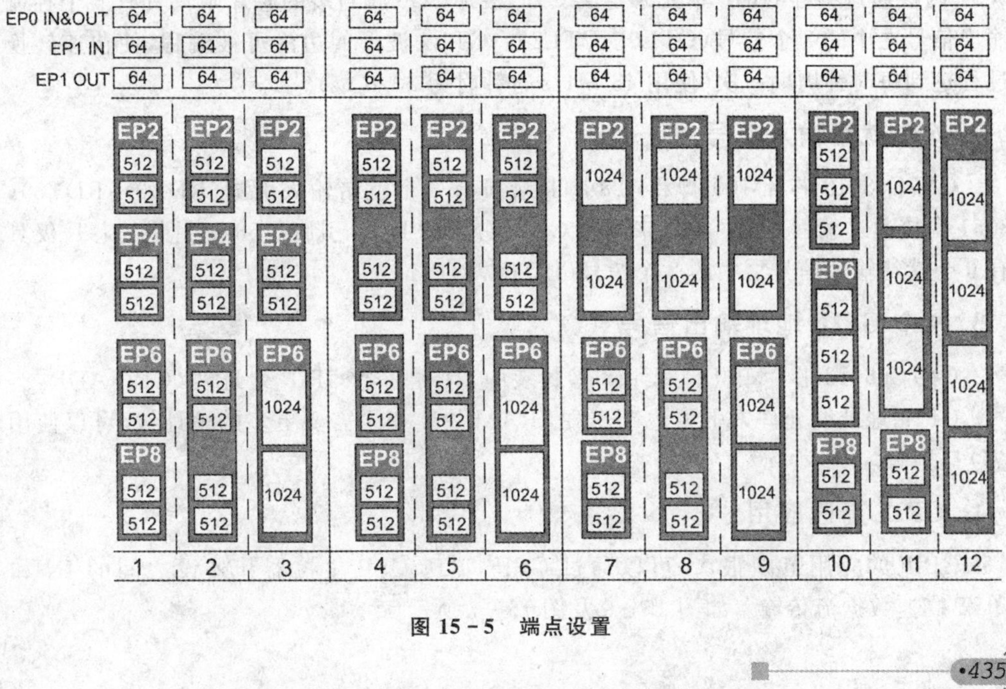
EP0 IN&OUT
EP1 IN
EP1 OUT
64
EP2
EP4
EP6
EP8
512
1024
1
2
3
4
5
6
7
8
9
10
11
12

图 15－5　端点设置

15.1.8　外部 FIFO 接口

FX2 的从模式的 FIFO 在端点 RAM 中有 8 个 512B 的块,它们直接服务于 FIFO 存储,并且受控于 FIFO 控制信号(如 IFCLK,SLCS♯,SLRD,SLWR,SLOE,PK-TEND 以及标志位等)。

注:有关从模式 FIFO 的传输应用介绍详见 15.3 节。

当其他的 RAM 块被连接到 I/O 传输逻辑时,SIE 将其中一些 RAM 块填充或清空。传输逻辑具有两种应用方式:GPIF 用于内部产生的控制信号;从模式 FIFO 接口供控制外部传输。

15.1.9　可编程通用接口(GPIF)

可编程通用接口是一个由用户可编程的状态机驱动的灵活的 8 位或 16 位并行接口。它允许 CY7C68013 提供局域总线管理,也可以实现多样化的协议,如 ATA 接口,打印机并行接口和 UTOPIA 等。

GPIF 有 6 个可编程的控制输出(CTL),9 个地址输出(GPIFADx),以及 6 个通用就绪输入(RDY),数据总线宽度可以是 8 位或 16 位。每个 GPIF 向量定义控制输出的状态,并决定动作之前哪些就绪输入(或多路输入)状态是必须的。

1. 6 个控制输出信号

CY7C68013 芯片 100 脚和 128 脚封装的具有 6 个控制输出引脚(CTL0～CTL5),8051 内核通过编程 GPIF 单元来定义 CTL 波形。56 脚封装的芯片则只具有 6 个控制输出信号之中的 3 个信号(CTL0～CTL2)。CTLx 波形的边沿可被编程,使快速转换过程达到每时钟周期一次(使用 48 MHz 时钟时为 20.8 ns)。

2. 6 个就绪输入信号

CY7C68013 芯片 100 脚和 128 脚封装具有 6 个就绪输入引脚(RDY0～RDY5),8051 内核通过编程 GPIF 单元来测试 GPIF 分支的 RDY 引脚。56 脚封装的芯片仅具有 6 个就绪输入信号之中的 2 个信号(RDY0,RDY1)。

3. 9 个 GPIF 地址输出信号

CY7C68013 芯片 100 脚和 128 脚封装中,具有 9 个 GPIF 地址线(GPIFADR[8:0]),GPIF 地址线允许索引可达 512B 的 RAM 块。如果需要更多的地址线,可以使用 I/O 口引脚。

4. GPIF 高速应用

GPIF 的应用范围很广,可以通过 GPIF 实现 USB 主控器和外设之间的 IN 和 OUT 高速数据流传输。如图 15-6 及图 15-7 所示。

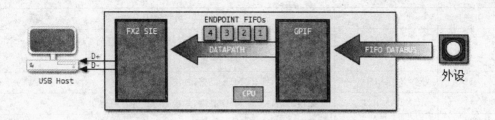

图 15 - 6　利用 GPIF 实现自动 IN 数据流传输

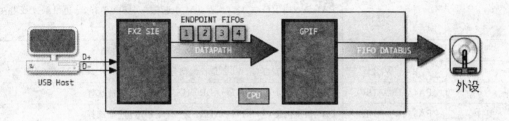

图 15 - 7　利用 GPIF 实现自动 IN 数据流传输

15.2　CY7C68013 与 FPGA 硬件接口电路

本例的硬件接口电路器件主要由 USB2.0 芯片 CY7C68013 和 Cyclone II 芯片 EP2C35 组成。在讲述硬件接口电路之前,先着重介绍一下 CY7C68013 的功能引脚定义,如下文所述。

15.2.1　CY7C68013 芯片引脚功能介绍

CY7C68013 芯片共有 3 种封装,本实例硬件设计 CY7C68013 芯片采用的是 SSOP - 56 引脚的封装。其主要引脚功能定义如表 15 - 5 所列。

表 15 - 5　CY7C68013 芯片引脚功能定义

引脚号	名　称	功能描述
10	AVCC	模拟电路部分供电电源
13	AGND	模拟电路部分地
16	DMINUS	USB D-信号线
15	DPLUS	USB D+信号线

引脚号	名　称	功能描述
49	$\overline{\text{RESET}}$	复位信号输入,低电平有效。通常接 100 kΩ 电阻到 VCC,并应接 0.1 μF 电容到地
12	XTALIN	晶振输入端,接 24 MHz 晶振,并接 20 pF 电容到地
11	XTALOUT	晶振输出端,接 24 MHz 晶振,并接 20 pF 电容到地
5	CLKOUT	时钟信号输出端,默认为 48 MHz
40	PA0/$\overline{\text{INT0}}$	PA0 是双向 I/O 口,INT0 是 8051 中断输入,低电平有效,边沿触发或电平触发
41	PA1/$\overline{\text{INT1}}$	PA1 是双向 I/O 口,INT1 是 8051 中断输入,低电平有效,边沿触发或电平触发
42	PA2/$\overline{\text{SLOE}}$	PA2 是双向 I/O 口,SLOE 是 slave FIFO 输出允许端
43	PA3/$\overline{\text{WU2}}$	PA3 是双向 I/O 口,WU2 是唤醒信号输入端
44	PA4/FIFOADR0	PA4 是双向 I/O 口,FIFOADR0 是 slave FIFO 地址选择
45	PA5/FIFOADR1	PA5 是双向 I/O 口,FIFOADR1 是 slave FIFO 地址选择
46	PA6/PKTEND	PA6 是双向 I/O 口,PKTEND 是 slave FIFO 的包结尾
47	PA7/$\overline{\text{FLAGD}}$	PA7 是双向 I/O 口,FLAGD 是 slave FIFO 输出状态标志信号
25～32	PB0/FD[0]～ PB7/FD[7]	PB0 至 PB7 是双向 I/O 口,FD[0]至 FD[7]是 FIFO/GPIF 数据总线
52～56,1～3	PD0/FD[8]～ PD7/FD[15]	PD0 至 PD7 是双向 I/O 口,FD[8]至 FD[15]是 FIFO/GPIF 数据总线
8	RDY0/$\overline{\text{SLRD}}$	RDY0 是 GPIF 输入信号,SLRD 是 slave FIFO 读选通
9	RDY1/$\overline{\text{SLWR}}$	RDY1 是 GPIF 输入信号,SLWR 是 slave FIFO 写选通
36	CTL0/FLAGA	CTL0～CTL2 是 GPIF 控制输出端,FLAGA,FLAGB,FLAGC 是 slave FIFO 输出状态标志信号
37	CTL1/$\overline{\text{FLAGB}}$	
38	CTL2/FLAGC	
20	IFCLK	slave FIFO 的同步时钟信号,30/48 MHz
21	保留	保留,接地
51	$\overline{\text{WAKEUP}}$	USB 唤醒输入端
22	SCL	I^2C 接口时钟信号线,通过 2.2 kΩ 电阻接 VCC
23	SDA	I^2C 接口数据信号线,通过 2.2 kΩ 电阻接 VCC
6,14,18,24, 34,39,50	VCC	接 3.3 V 电源
4,7,17,19, 33,35,48	GND	地

15.2.2　CY7C68013 与 FPGA 硬件接口电路原理

本实例硬件的 USB 芯片采用 Cypress 公司的 CY7C68013 芯片，FPGA 采用 CycloneII EP2C35 芯片，详细电路原理图如图 15 - 8 所示。

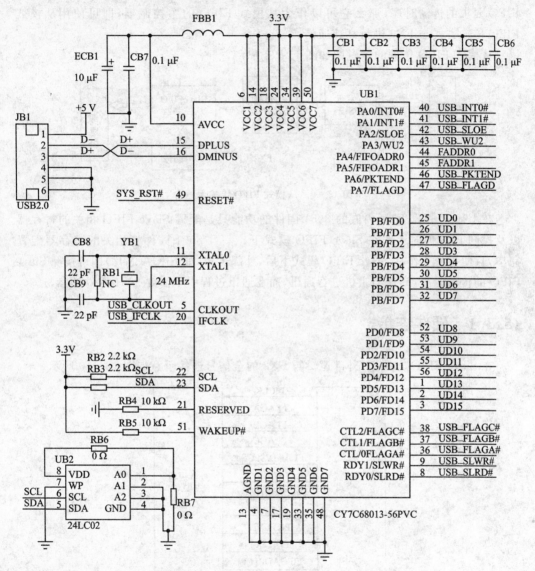

图 15 - 8　CY7C68013 与 FPGA 硬件电路原理

15.3 从模式(slave)FIFO 传输概述

当一个外部逻辑器件与 FX2 芯片相连,它只须利用 FX2 芯片作为 USB 2.0 接口来实现与主机的高速通信,且该外部逻辑器件本身又能够自行提供并满足从模式 FIFO 要求的传输时序,那么它可以作为从模式 FIFO 的主控制器,即可使用从模式 FIFO 传输方式与 FX2 进行高速通信。

从模式 FIFO 传输的示意图如图 15 - 9 所示。

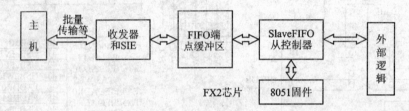

图 15 - 9 从模式 FIFO 传输示意

在上述方式下,FX2 内嵌的 8051 固件的功能只是配置 Slave FIFO 相关的寄存器以及控制 FX2 何时工作在 Slave FIFO 模式下。一旦 8051 固件将相关的寄存器配置完毕,且使自身工作在 Slave FIFO 模式下后,外部逻辑(如 FPGA 芯片)即可按照 Slave FIFO 的传输时序,高速与主机进行通讯,而在通讯过程中不需要 8051 固件的参与。

15.3.1 硬件连接

在 Slave FIFO 方式下,外部逻辑与 FX2 的全信号连接示意如图 15 - 10 所示。

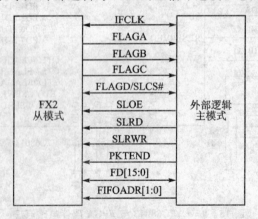

图 15 - 10 FX2 从模式全信号硬件接口示意图

● IFCLK:FX2 输出的时钟,可作为通讯的同步时钟。

● FLAGA,FLAGB,FLAGC,FLAGD:FX2 输出的 FIFO 状态信息标志位,如满、

空等。

- SLCS:FIFO 的片选信号,外部逻辑控制。当 SLCS 输出高时,不可进行数据传输。
- SLOE:FIFO 输出使能,外部逻辑控制。当 SLOE 无效时,数据线不输出有效数据。
- SLRD:FIFO 读信号,外部逻辑控制。同步读时,FIFO 指针在 SLRD 有效时的每个 IFCLK 的上升沿递增;异步读时,FIFO 读指针在 SLRD 的每个有效——无效的跳变沿时递增。
- SLWR:FIFO 写信号,外部逻辑控制。同步写时,在 SLWR 有效时的每个 IF-CLK 的上升沿时数据被写入,FIFO 指针递增;异步写时,在 SLWR 的每个有效—无效的跳变沿时数据被写入,FIFO 写指针递增。
- PKTEND:包结束信号,外部逻辑控制。在正常情况下,外部逻辑向 FX2 的 FIFO 中写数,当写入 FIFO 端点的字节数等于 FX2 固件设定的包大小时,数据将自动被打包进行传输。但有时外部逻辑可能需要传输一个字节数小于 FX2 固件设定值的包,这时它只需在写入一定数目的字节后,声明此信号,此时 FX2 硬件不管外部逻辑写入了多少字节,都自动打包进行传输。
- FD[15:0]:数据线。
- FIFOADR[1:0]:选择 4 个 FIFO 端点的地址线,外部逻辑控制。

15.3.2　Slave FIFO 的常用传输方式

本小节针对 Slave FIFO 的常用传输方式进行介绍。有关 Slave FIFO 同步读/写,异步读/写操作的工作时序介绍请参考 Cypress 公司提供的规格书。

1. Slave FIFO 同步读操作

Slave FIFO 同步读操作的标准硬件连接示意图,如图 15-11 所示。

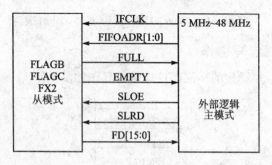

图 15-11　Slave FIFO 同步读的硬件接口

Slave FIFO 同步读的状态机示意图如图 15-12 所示。
Slave FIFO 同步读操作状态切换机制时序如下所述。

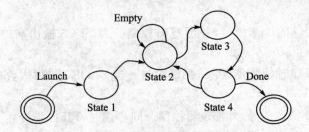

图 15 - 12　Slave FIFO 同步读的状态机示意图

- IDLE:当读事件发生时,进状态 1。
- 状态 1:使 FIFOADR[1:0]指向 OUT FIFO,进状态 2。
- 状态 2:使 SLOE 有效,如 FIFO 空,在本状态等待,否则进状态 3。
- 状态 3:从数据线上读数,使 SLRD 有效,持续一个 IFCLK 周期,以递增 FIFO 读指针,进状态 4。
- 状态 4:如需传输更多的数,进状态 2,否则进状态 IDLE。

Slave FIFO 同步读操作各信号线的工作时序如图 15 - 13 所示。

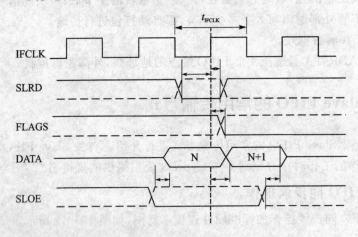

图 15 - 13　Slave FIFO 同步读操作工作时序

2. Slave FIFO 同步写操作

Slave FIFO 同步写操作的标准硬件连接示意图如图 15 - 14 所示。

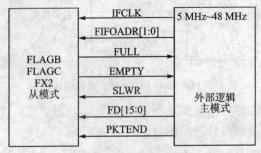

图 15 - 14　Slave FIFO 同步写操作的硬件接口

Slave FIFO 同步写的状态机示意图如图 15 - 15 所示。

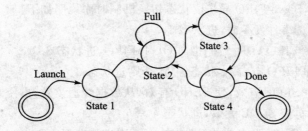

图 15 - 15　Slave FIFO 同步写的状态机示意图

Slave FIFO 同步写操作状态切换机制时序如下所述。

- IDLE:当写事件发生时,进状态 1。
- 状态 1:使 FIFOADR[1:0]指向 IN FIFO,进状态 2。
- 状态 2:如 FIFO 满,在本状态等待,否则进状态 3。
- 状态 3:驱动数据到数据线上,使 SLWR 有效,持续一个 IFCLK 周期,进状态 4。
- 状态 4:如需传输更多的数,进状态 2,否则进状态 IDLE。

Slave FIFO 同步写操作各信号线的工作时序如图 15 - 16 所示。

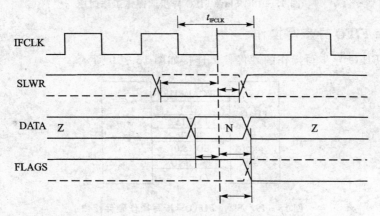

图 15 - 16　Slave FIFO 同步写操作工作时序

3. Slave FIFO 异步读操作

Slave FIFO 异步读的硬件接口连接示意图如图 15 - 17 所示。

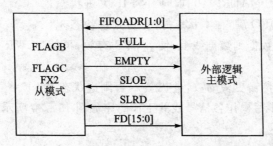

图 15 - 17　Slave FIFO 异步读操作硬件接口

其状态切换机制示意如前文中图 15 - 12 所示,但其状态切换时序与 Slave FIFO 同步读稍有区别,Slave FIFO 异步读状态切换机制时序说明如下。

- IDLE:当读事件发生时,进状态 1。
- 状态 1:使 FIFOADR[1:0]指向 OUT FIFO,进状态 2。
- 状态 2:如 FIFO 空,在本状态等待,否则进状态 3。
- 状态 3:使 SLOE 有效,使 SLRD 有效,从数据线上读数,再使 SLRD 无效,以递增 FIFO 读指针,再使 SLOE 无效,进状态 4。
- 状态 4:如需传输更多的数,进状态 2,否则进状态 IDLE。

Slave FIFO 异步读操作各信号线的工作时序如图 15 - 18 所示。

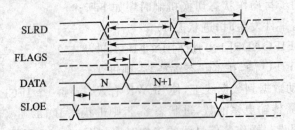

图 15 - 18   Slave FIFO 异步读操作工作时序

4. Slave FIFO 异步写操作

Slave FIFO 异步写操作的硬件接口连接如图 15 - 19 所示。

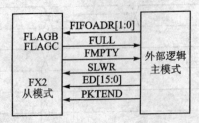

图 15 - 19   Slave FIFO 异步写操作硬件接口

其状态切换机制如前文中图 15 - 15 所示,但其与 Slave FIFO 同步写操作的时序稍有区别,Slave FIFO 异步写状态切换机制时序说明如下。

- IDLE:当写事件发生时,进状态 1。
- 状态 1:使 FIFOADR[1:0]指向 IN FIFO,进状态 2。
- 状态 2:如 FIFO 满,在本状态等待,否则进状态 3。
- 状态 3:驱动数据到数据线上,使 SLWR 有效,再使 SLWR 无效,以使 FIFO 写指针递增,进状态 4。
- 状态 4:如需传输更多的数,进状态 2,否则进状态 IDLE。

Slave FIFO 异步写操作各信号线的工作时序如图 15 - 20 所示。

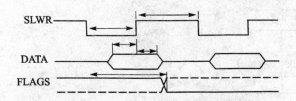

图 15 - 20　Slave FIFO 异步写操作工作时序

15.4　USB 系统软件设计与实现

USB 系统软件设计与实现主要包括 CY7C68013 固件程序、USB 设备驱动程序以及 PC 端应用程序 3 个部分。

15.4.1　USB 设备固件设计

为简化固件编程,Cypress 公司提供了固件程序编程框架,在此基础上用户只须修改少量代码就可以完成固件程序编程。固件程序编程框架提供了 USB 标准请求和 USB 电源管理相关函数以及钩子函数。用户在钩子函数中输入少量代码就可以完成编程。

此外,用户也可以直接编程开发一些应用,但是编程难度较大。相对而言使用固件程序编程框架可降低开发难度,但可能造成程序代码量过大。用户可以根据工程项目灵活选择编程开发方式。

固件程序框架见图 15 - 21,固件框架源文件和头文件列表如表 15 - 6 所列。

表 15 - 6　固件框架源文件和头文件

Ezusb. h	FX2 库函数声明、变量、数据类型及宏定义
Fx2regs. h	FX2 寄存器定义头文件
Fw. c	FX2 固件框架源文件
Periph. c	用户钩子函数
Dscr. a51	USB 设备标准描述符列表
Ezusb. lib	EZ - USB 库文件

1. 固件主程序简述

系统复位上电时,固件先初始化一些全局变量,接着调用初始化函数 TD_Init(),初始化设备到没有配置的状态和开中断,循环延时 1 秒后重枚举,直到端点 0 接收到 Setup 包退出循环,进入循环语句 while,执行任务调度,主要函数包括如下:

(1) TD_POLL()为用户任务函数;

(2) 如果发现 USB 请求函数,则执行对应 USB 请求操作;

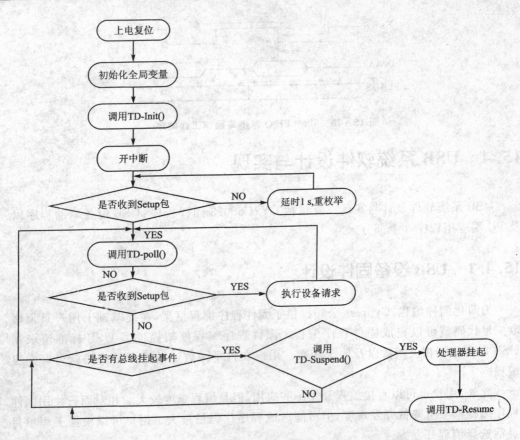

图 15 - 21 固件程序框架

（3）如果发现 USB 空闲置位，则调用 TD_Suspend()挂起函数，调用成功则内核挂起，直到出现 USB 远程唤醒信号，调用 TD_Resume()，内核唤醒重新进入 while循环。

固件主程序源代码示例如下，限于篇幅，仅简单介绍。详细代码请参见光盘文件。

```
void main(void)
{
    // 初始化全局变量
    Sleep = FALSE;                    //禁用休眠模式
    Rwuen = FALSE;                    //禁用远程唤醒
    Selfpwr = FALSE;                  //禁用自供电
    GotSUD = FALSE;                   // 清"Got setup data" 标志位
    // 初始化用户设备
    TD_Init();
    // 描述符地址映射
    pDeviceDscr = (WORD)&DeviceDscr;
    pDeviceQualDscr = (WORD)&DeviceQualDscr;
```

```
pHighSpeedConfigDscr = (WORD)&HighSpeedConfigDscr;
pFullSpeedConfigDscr = (WORD)&FullSpeedConfigDscr;
pStringDscr = (WORD)&StringDscr;
if ((WORD)&DeviceDscr & 0xe000)
{
    IntDescrAddr = INTERNAL_DSCR_ADDR;
    ExtDescrAddr = (WORD)&DeviceDscr;
    DevDescrLen = (WORD)&UserDscr - (WORD)&DeviceDscr + 2;
    for (i = 0; i < DevDescrLen; i++)
        *((BYTE xdata *)IntDescrAddr + i) = 0xCD;
    for (i = 0; i < DevDescrLen; i++)
        *((BYTE xdata *)IntDescrAddr + i) = *((BYTE xdata *)ExtDescrAddr + i);
    pDeviceDscr = IntDescrAddr;
    offset = (WORD)&DeviceDscr - INTERNAL_DSCR_ADDR;
    pDeviceQualDscr -= offset;
    pConfigDscr -= offset;
    pOtherConfigDscr -= offset;
    pHighSpeedConfigDscr -= offset;
    pFullSpeedConfigDscr -= offset;
    pStringDscr -= offset;
}
EZUSB_IRQ_ENABLE();             // 使能 INT2 中断
EZUSB_ENABLE_RSMIRQ();          // 使能唤醒中断
INTSETUP |= (bmAV2EN | bmAV4EN); // 使能 INT 2 & 4 自动向量
// 使能选择的中断
USBIE |= bmSUDAV | bmSUTOK | bmSUSP | bmURES | bmHSGRANT;
EA = 1; // 使能 8051 中断
#ifndef NO_RENUM
    // USB 重枚举.
    if(! (USBCS & bmRENUM))
    {
        EZUSB_Discon(TRUE);
    }
#endif
USBCS &= ~bmDISCON;
CKCON = (CKCON&(~bmSTRETCH)) | FW_STRETCH_VALUE;
// 清休眠标志位
Sleep = FALSE;
// 任务调度
while(TRUE)
{
    if(GotSUD)                  //等待 SUDAV,端点是否有 Setup 包
    {
```

```
                SetupCommand();          //执行 setup 命令
                GotSUD = FALSE; //清 SUDAV 标志
            }
        // 唤醒处理
            if (Sleep)
                {
                if(TD_Suspend())
                    {
                    Sleep = FALSE;     // 清 "go to sleep" 标志.
                    do
                    {
                        EZUSB_Susp();// 进入空闲状态,直到被唤醒.
                        }
                    while(! Rwuen && EZUSB_EXTWAKEUP());
                    // 如果 WAKEUP # 引脚出现低电平,USB 执行唤醒操作.
                    EZUSB_Resume();
                    TD_Resume(); //唤醒钩子函数
                    }
                }
            TD_Poll();   //用户函数
        }
    }
// USB 设备请求与命令设置
void SetupCommand(void)
{
  ...
}
// 唤醒中断中断服务程序
void resume_isr(void) interrupt WKUP_VECT
{
    EZUSB_CLEAR_RSMIRQ();
}
```

2. 任务调度函数

为了方便用户编程,编程框架提供了任务调度函数,用户只要改写任务调度函数就可以轻松完成固件编程。

在实际应用中,用户主要针对固件程序中的 TD_Init()和 TD_Poll()两个钩子函数进行修改即可。本小节就相关任务调度函数做简单介绍。

● void TD_Init(void)。

功能描述:在 FX2 重枚举后首先调用,用户可以在进行全局变量和 FX2 寄存器的初始化操作。

- void TD_Poll(void)。

  功能描述:该函数在 main 函数 while 程序模块中,除非被高优先级中断打断,该函数将被重复调用,所以用户可在此添加自己所要实现的功能。

- BOOL TD_Suspend(void)。

  功能描述:该函数在 USB 设备进入挂起前调用,用户可在此添加进入挂起前需要进行的准备工作,函数返回 TRUE 则设备进入挂起,函数返回 FALSE 则阻止框架进入挂起模式。

- void TD_Resume(void)。

  功能描述:当有一个外部唤醒事件时,首先调用此函数。

- BOOL DR_GetDescriptor(void)。

  功能描述:在得到设备描述符的 USB 标准请求之前调用该函数,函数返回 TRUE,则执行请求操作,返回 FALSE 则不理会该请求。

15.4.2　USB 设备驱动程序设计

驱动程序直接调用 Cypress 公司已经编好的驱动 ezusb.sys 程序。编写用户程序时,必须建立与外设的连接,当连接建立成功后程序才能实施相关的操作。程序中主要用到 2 个 API 函数:CreatFile()和 DeviceIoContr01()。CreatFile()的功能是取得设备句柄;DeviceIoControl()的功能是向设备驱动程序发送请求,它通过调用 ezusb.sys 来实现。

有关 CY7C68013 的设备驱动程序请参考光盘中的程序代码与注释,这里不多介绍。

15.4.3　USB 设备应用程序(API)设计

USB 设备 CY7C68013 相关应用程序的主要功能是开启或关闭 USB 设备、检测 USB 设备、设定参数、连接设备、启动和停止数据传输等。

有关 CY7C68013 的设备 API 程序请参考光盘中的程序代码与注释。

15.5　USB 接口数据通信应用设计

本实例列举了同步读写 FIFO 以及 USB IN/OUT 数据通信应用实例,通过 PC 主机端应用程序,可完整实现 FIFO 读写以及数据收发。

限于篇幅,PC 端应用程序本节省略介绍,程序代码及注释详见参考光盘内文件。

15.5.1 同步读写 FIFO 实例设计

同步读写 FIFO 实例通过配合 CY7C68013 的 Slave FIFO 接口时序,完整地接收从 PC 主机下传的 60 KB(61 440 字节)数据,写入 FPGA 配置的 SRAM 里,然后从 SRAM 中读出,再上传至主机。整个传输过程通过 CY7C68013 的 Slave FIFO 来交互。

(1) 同步读 FIFO 设计。

同步读 FIFO 实例设计,通过 PC 端的应用程序将数据发送到 FX2 FIFO 中,FPGA 读取 FX2 FIFO 数据,并将 16 位数据发送到 FPGA 芯片的 I/O 口上。

其主要程序代码如下。

```
module asyn_rd(
//输入信号
    rst,
    clk,                        //系统主时钟
//USB 接口信号
    data,                       //fifo_db[15:0]
    u_slwr,                     //slwr#信号
    u_slrd,                     //slrd#信号
    u_sloe,                     //sloe#信号
    u_addr0,
    u_addr1,
    u_flagc,
    do,
    u_ifclk,
    u_flagc_led,
    usb_rst,
    led
        );
//输入信号
input    rst,                   //复位信号
         clk;                   //时钟信号
input    u_flagc;
output   usb_rst;
//USB 接口信号
output   u_slwr,                //slwr#信号
         u_slrd,                //slrd#信号
         u_sloe,                //sloe#信号
         u_flagc_led,           //LED 指示信号
         u_addr0,
         u_addr1;
output [2:0] led;               //3 个 LED
```

```
input      [15:0]   data;        //fifo_db[15:0]
output     [15:0]       do;
output     u_ifclk;
wire       usb_rst;
reg        u_slwr;               //slwr#
reg        u_slrd;               //slrd#
reg        u_ifclk;
wire       u_flagc_led;
wire       [2:0]       led;
always @(negedge u_ifclk)
begin
if(! rst)
    begin
    u_slwr<= 1'b1;
    u_slrd<= 1'b1;
    end
else
    begin
    if(u_flagc)
        begin
        u_slrd<= 1'b0;
        end
    else
        begin
        u_slrd<= 1'b1;
        end
    end
end
assign u_sloe = u_slrd;
assign u_addr0 = 1'b0;
assign u_addr1 = 1'b0;
assign do = data;
assign u_flagc_led = u_flagc;
assign led = 3'b0;
assign usb_rst = rst;
always @(posedge clk)//25MHz
u_ifclk <= ~u_ifclk;
endmodule
```

(2) 同步写 FIFO 设计。

同步写 FIFO 设计中,FPGA 程序内部生成 1 个 16 位递增计数器,写入 FX2 FIFO 中,并通过 FX2 发送给 PC,如果 FX2 内部 FIFO 满,则计数器停止计数,非满则计数并写入 FX2 的 FIFO 中。

其主要程序代码如下。

```
module wr_fifo(
//输入：
    rst,                                 //复位信号
    clk,                                 //由 CY7C68013 提供的 12 MHz 时钟信号
    //USB 接口
    u_ifclk,
    data_out,                            //fifo 数据线[15:0];
    u_slwr,                              //slwr#信号
    u_slrd,                              //slrd#信号
    u_sloe,                              //sloe#信号
    u_addr0,
    u_addr1,
    usb_rst,
    u_flagb
        );


//输入信号
    input    rst,
             clk;
    input    u_flagb;
//USB 接口
    output   u_ifclk,
             u_slwr,                     //slwr#信号
             u_slrd,                     //slrd#信号
             u_sloe,                     //sloe#信号
             usb_rst,
             u_addr0,
             u_addr1;
    output   [15:0]   data_out;          //fifo_db[15:0]
    reg      u_slwr,                     //slwr#
             u_slrd,                     //slrd#
             u_sloe;                     //sloe#
    reg      [15:0]   data_out;          //fifo_db[15:0]
    reg      u_ifclk;
    wire     usb_rst;
    reg      [1:0]    STATE;
    parameter        IDLE = 'H0,
             WRITE_READY = 'H1,
             WRITE = 'H2;
always @(negedge u_ifclk)
begin
```

```
if(! rst)
    begin
    data_out< = ‑hffff;
    u_slwr< = ‑b1;
    u_slrd< = ‑b1;
    u_sloe< = ‑b1;
    STATE< = IDLE;
    end
else
    begin
    case(STATE)
    IDLE:
        begin
        STATE< = WRITE;
        end
    WRITE:
        begin
        if(u_flagb)
            begin
            u_slwr< = ‑b0;
            data_out< = data_out + 1;
            STATE< = WRITE;
            end
        else
            begin
            u_slwr< = ‑b1;
            STATE< = IDLE;
            end
        end
    default:
        STATE< = IDLE;
    endcase
    end
end
assign u_addr0 = ‑b0;
assign usb_rst = rst;
assign u_addr1 = ‑b1;
always @(posedge clk)
u_ifclk < = ~u_ifclk;
endmodule
```

15.5.2　USB IN/OUT 实例设计

USB IN/OUT 实例主要通过 CY7C68013 芯片执行 PC 与 FPGA 数据接收/发送

实验。

（1）USB IN 实例设计。

USB IN 实现程序代码介绍如下。

```verilog
module fpga2pc    (    rst,
                       clk,

                       fifo_wr ,
                       fifo_rd ,
                       fifo_data,

                       fifo_pf,
                       fifo_full,
                       fifo_empty,
                  );
    input           rst      ;
    input           clk      ;
    input           fifo_pf,fifo_full,fifo_empty;
    output[7:0]     fifo_data ;
    output          fifo_wr  ;
    output          fifo_rd  ;
    //端口
    wire            rst      ;
    wire            clk      ;
    reg [7:0]       fifo_data ;
    reg             fifo_wr  ;
    reg             fifo_rd  ;
    //逻辑内信号
    reg             clkin;
    reg  [2:0]      STATE,NEXT;
    //parameters
    parameter       IDLE     = 3'D0,
                    WRITE_1  = 3'D1,
                    WRITE_2  = 3'D2;
    //2 分频
    always @ (posedge clk or negedge rst)
    begin
       if(! rst)
          clkin <= 'b1;
       else
          clkin <= ~clkin;
    end
    //状态切换机制
```

```verilog
always @ (STATE or rst)
begin
    case(STATE)
    IDLE    :  NEXT = WRITE_1;

    WRITE_1 : if(! fifo_full)
                    NEXT = WRITE_1;
            else
                    NEXT = WRITE_2;
    WRITE_2 :    NEXT = WRITE_1;
    default : NEXT = IDLE ;
    endcase
end
//状态切换
always @ (posedge clkin or negedge rst)
if(! rst)
   STATE < = IDLE;
else
   STATE < = NEXT;
always @ (posedge clkin or negedge rst)
if(! rst)
    begin
        fifo_data  < = 8'hff;
        fifo_wr    < = 1'b1;
        fifo_rd    < = 1'b1;
    end
else
    case(STATE)
    IDLE    : begin
                    fifo_rd     < = 1;
                    fifo_wr     < = 1;
              end
    WRITE_1 : begin
                    if(fifo_full)
                        fifo_data < = fifo_data + 1;
                    fifo_wr      < = 1'b0;
                    fifo_rd      < = 1'b1;
              end
    WRITE_2 : begin
                    fifo_wr  < = 1'b1;
                    fifo_rd  < = 1'b1;
              end
    endcase
```

```
endmodule
```

(2) USB OUT 实例设计。

USB OUT 实现程序代码如下介绍。

```
module pc2fpga  ( rst  ,
                  clk,

                  fifo_wr ,
                  fifo_rd ,
                  fifo_data,

                  fifo_pf,
                  fifo_full,
                  fifo_empty,
                );
    input           rst     ;
    input           clk     ;
    input           fifo_pf,fifo_full,fifo_empty;
    input[7:0]      fifo_data ;
    output          fifo_wr     ;
    output          fifo_rd     ;
//ports
    wire            rst     ;
    wire            clk     ;
    wire[7:0 ]      fifo_data ;
    reg             fifo_wr     ;
    reg             fifo_rd     ;
//逻辑内信号
    reg             clkin;
    reg  [2:0]      STATE,NEXT;
//parameters
    parameter       IDLE    = 3'D0,
                    READ_1  = 3'D1,
                    READ_2  = 3'D2;
// 2分频
always @ (posedge clk or negedge rst)
begin
    if(! rst)
        clkin < = 'b1;
    else
        clkin < = ~clkin;
end
//状态切换机制
```

```verilog
always @ (STATE or rst)
begin
    case(STATE)
    IDLE    :  NEXT = READ_1;

    READ_1 : if(! fifo_empty)
                  NEXT = READ_1;
             else
                  NEXT = READ_2;
    READ_2 :      NEXT = READ_1;
    default : NEXT = IDLE ;
    endcase
end
//状态切换
always @ (posedge clkin or negedge rst)
if(! rst)
    STATE < = IDLE;
else
    STATE < = NEXT;
always @ (posedge clkin or negedge rst)
if(! rst)
    begin
        fifo_wr    < = 1'b1;
        fifo_rd    < = 1'b1;
    end
else
    case(STATE)
    IDLE     : begin
                  fifo_rd     < = 1;
                  fifo_wr     < = 1;
               end
    READ_1 : begin
                  fifo_wr     < = 1'b1;
                  if(fifo_empty)
                     fifo_rd    < = 1'b0;
                  else
                     fifo_rd    < = 1'b1;
               end
    READ_2 : begin
                  fifo_wr  < = 1'b1;
                  fifo_rd  < = 1'b1;
               end
    endcase
```

```
endmodule
```

15.6　实例总结

　　本章首先介绍了 USB2.0 芯片 CY7C68013 的结构与应用，并重点介绍了固件程序设计以及 Slave FIFO 传输；然后通过与 EP2C35 芯片的硬件设计轻松实现了 USB IN/OUT 以及同步读写 FIFO 数据传输；最后结合本章的硬件、固件以及 FPGA 软件资源，实现 USB2.0 数据采集系统系统的设计。该系统适用于高速数据采集与传输场合，具有体积小、功耗低、成本低、使用灵活方便、硬件电路简单、可在线更新等特点。

## 第 16 章

IrDA 红外收发器应用

随着移动通信设备的日益普及,红外线数据传输技术有了长足的进步,IrDA(Infrared Data Association,国际红外数据协会)通信应用得到了移动通信行业广泛认同和支持。IrDA 是一种廉价、近距离、无线、低功耗、保密性强的点对点通信技术,特别适用于低成本、跨平台、点对点高速数据无线传输。红外线数据传输主要是为那些通常需要使用电缆进行连接的设备提供一种无线连接的方法。本章将介绍 IrDA 编解码器的设计与应用。

16.1 IrDA 红外数据通信概述

红外数据传输,使用红外线作为传播介质,且需要保证传输双方之间不能有阻挡物。红外数据传输一般采用红外波段内的近红外线,波长在 $0.75\ \mu m \sim 25\ \mu m$ 之间。红外数据协会成立后,为保证不同厂商的红外产品能获得最佳的通信效果,限定所用红外波长范围为850 nm~900 nm。

16.1.1 IrDA 分类

IrDA 制定了多种种版本的通信协议,根据传输速度可以分为如下几种:

- SIR。
  最早的 IrDA1.0 标准基于异步收发器 UART,最高通信速率为 115.2 kbps,简称 SIR(Seria Infrared,串行红外协议)。它采用 3/16ENDEC 编解码机制,只能以半双工的方式进行红外通信。

- MIR。
  MIR(Medium Infrared,中速红外)不是一个正式官方的标准,但用来表示 0.576 Mbps~1.152 Mbps 传输速率。部分过渡阶段的红外收发器支持该传输速率。

- FIR。

  FIR(Fast Infrared,快速红外)即 IrDA1.1 标准,传输速率为 4 Mbps。FIR 采用了全新的 4 PPM 调制解调(Pulse Position Modulation),通过分析脉冲的相位来识别传输的数据信息,其通信原理与 MIR、SIR 是截然不同的,但由于 FIR 在 115.2 kbps 以下的速率依旧采用 SIR 的编码解码过程,所以它仍可以与支持 SIR 的低速设备进行通信,只有在对方也支持 FIR 时,才将传输速率提升至 FIR。

- VFIR。

  IrDA1.1 标准又补充了 VFIR(Very Fast InfraRed,非常快速红外)技术,其通信的传输速率高达 16 Mbps,接收角度也由传统的 30°扩展到 120°,使红外通信在一些需要大数据量传输的设备上也可以应用。诸如 Vishay 公司的收发器 TFDU8108 可以在 9.6 kbps ~16 Mbps 范围内运行。

- UFIR。

  UFIR(Ultra Fast Infrared,超快速红外)协议支持 96 Mbps 的传输速率,使用 8B10B 编码方式。由于各种客观原因,UFIR 后续定义版本(包括后面定义的 Giga - IR)都未能进入行业应用。

16.1.2　IrDA 基本通信协议层规范

IrDA 标准包括 3 个基本通信协议:红外物理层规范(Infrared Physical Layer Specification,IrPHY),红外链路接入协议(Infrared Link Access Protocol,IrLAP)和红外链路管理协议(Infrared Link Management Protocol,IrLMP)。

- IrPHY。

  IrPHY 是硬件层制定了红外通信硬件设计上的目标和要求。主要包括链接范围与距离、角度、速率、波长以及调制方式等。

- IrLAP。

  IrLAP 处于 IrDA 通信协议的第二层主要用于访问控制、搜索潜在的通信对象、建立稳定的双向链接、分配主/从设备的角色、QoS 参数协商。

  在 IrLAP 层的通信设备被分成 1 个主设备和 1 个或多个从设备。主器件控制从设备,只有当主设备请求从设备发送并经允许后才可以执行数据传送。

- IrLMP。

  IrLMP 是 IrDA 协议的第三层,它主要分解成两个部分:链路管理多路转换器(Link Management Multiplexer,LM - MUX)、链路管理信息接入服务(Link Management Information Access Service,LM - IAS)。

  LM - MUX 提供多路逻辑通道,并允许主/从设备角色切换。LM - IAS 提供接入服务及评估设备的服务等。

  在 IrLMP 基础上,针对一些特定的红外通信应用领域,IrDA 还陆续发布了一些更高级别的红外协议,如 TinyTP、IrOBEX、IrCOMM、IrLAN、IrSimple、IrMC 等等,在此不再详述。

16.1.3　IrDA 标准的协议栈

IrDA 标准的协议栈定义了 3 种状态。

● 正常断开模式。

正常断开模式(Normal Disconnect Mode,NDM)即主设备搜索其他 IrDA 设备及从设备等待主设备询问的状态。

● 发现模式。

发现模式(Discovery Mode)即主设备和从设备确定各自角色的状态。

● 正常响应模式。

正常响应模式(Normal Response Mode,NRM)是数据和状态信息来回传送及当保持链接时状态信息验证机制的状态。

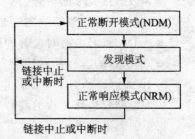

图 16 - 1　IrDA 协议栈状态转换图

IrDA 标准协议栈 3 种状态转换状态如图 16 - 1 所示。

IrDA 建立通信一般需要 4 个阶段,如下所示。

(1) 设备搜索,搜寻红外线通信距离和空间内存在的设备;

(2) 建立链接,选择合适的数据传送对象,协商双方支持的最佳通信参数,并且建立链接;

(3) 数据交换,用协商好的参数进行稳定可靠的数据交换;

(4) 断开链接,数据传送完成之后关闭链路,并且返回到正常断开模式状态,等待新的连接。

16.1.4　IrDA 编解码概述

IrDA 通信协议中的 SIR 器件多采用 3/16 ENDEC(ENDEC 中文意思是编码/解码),即把一个有效数字位时间段,划分为 16 等分小时间段,以连续 3 个小时间段内有无脉冲表示调制/解调信息。图 16 - 2 所示的是一个典型的 IrDA 物理层传输模型,它由 3/16 编解码芯片,UART 转换芯片和 IrDA 收发器等构成。

由上图可知数据发送和接收的工作流程如下。

(1) 数据发送端的流程。

● 上层协议将并行数据转化为串行数据;

● IrDA 编码电路对串行数据进行编码;

● 编码后的数据通过红外装置产生等脉宽的红外脉冲,发送出去。

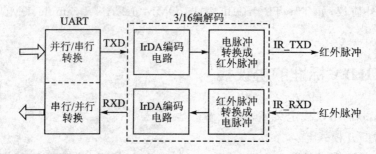

图 16－2　IrDA 物理层传输模型

（2）数据接收端的流程。

● 红外接收装置接收到红外脉冲，并转换为等脉宽的电脉冲；

● IrDA 解码电路对电脉冲进行解码；

● 解码后的串行数据转换为并行数据，完成接收过程。

3/16 编解码的"IrDA 编码电路"和"IrDA 解码电路"的设计规范如下：

（1）数据发送和接收的波特率最大为 115.2 kbps；

（2）编码电路采用编码方式是"3/16 脉宽编码"；

（3）解码电路采用解码方式是"3/16 脉宽解码"。

IrDA 协议的 3/16 脉宽编码的波形如图 16－3 所示。图中的 CLK 为发送时钟，频率为"1 位时"的 16 倍，SOUT 为编码前的输入波形（串行收发模块的输出波形），TXD 为编码后输出波形。当 SOUT 为 0 时，TXD 输出 1 个正脉冲，脉宽为 3/16 位时隙；当 SOUT 为 1 时，TXD 输出低电平。因此编码方式又称为"3/16 位时隙调制"。

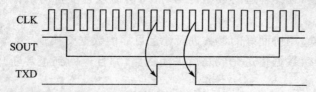

图 16－3　3/16 脉宽编码波形图

IrDA 协议的 3/16 脉宽解码的波形如图 16－4 所示。图中 CLK 为接收时钟，频率为"1 位时"的 16 倍，RXD 为解码前的输入脉冲，脉宽为 3 个 CLK 时钟周期，SIN 为解码后的波形。当 RXD 接收到 1 个正脉冲时，SIN 将输出 1 个脉宽为 16 个 CLK 时钟周期的负脉冲，因此"3/16 脉宽编码"又称为"3/16 位时隙解调"。

图 16－4　3/16 脉宽解码波形图

16.2　IrDA 与 FPGA 硬件接口电路设计

本例设计的硬件电路较为简单,IrDA 与 FPGA 硬件接口电路示意图如图 16-5 所示。3/16编解码硬件芯片采用 FPGA 软核代替,由 FPGA 可编程逻辑内部处理实现 3/16 编解码功能,IrDA 收发器采用 Agilent 公司的 HSDL3201,兼容 IrDA Data1.2 版本 115.2 kbps 传输速率。

16.2.1　HSDL3201 红外收发器概述

HSDL3201 红外收发器是一个符合 IrDA Data1.2 物理层的低功耗快速红外线收发模块,兼容惠普 SIR。收发器模块集成了一个光电二极管,一个红外线发射器以及一个低功耗的控制逻辑。HSDL3201 收发器能够直接驱动各种类型的 I/O 接口,执行调制/解调功能。

HSDL3201 收发器内部功能框图如图 16-6 所示。

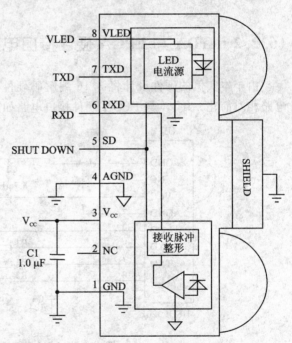

图 16-5　IrDA 通信系统硬件结构　　　　图 16-6　HSDL3201 红外收发器内部功能框图

HSDL3201 收发器引脚功能定义如表 16-1 所列。

表 16-1 HSDL3201 红外收发器引脚功能描述

引脚号	符 号	功能描述	I/O	有效电平
1	GND	电源地	—	—
2	NC	空引脚	—	—
3	VCC	供电电源,2.7 V~3.6 V	—	—
4	AGND	模拟地	—	—
5	SD	关机,也可用于动态模式切换,此引脚设置有效时进入关机模式,必须接高/低电平,不能够浮空	I	高
6	RXD	接收器数据	O	低
7	TXD	串行数据传输,高电平打开光电发射二极管,保持高电平超过 20 μs 后关闭光电发射二极管	I	高
8	VLED	光电管供电	—	—
—	EMI SHIELD	屏蔽层地	—	—

16.2.2 IrDA 与 FPGA 硬件接口电路

由于本实例的硬件设计将 3/16 编解码硬件芯片采用了 FPGA 软核设计,其硬件电路相对简化。IrDA 与 FPGA 硬件接口电路如图 16-7 所示。

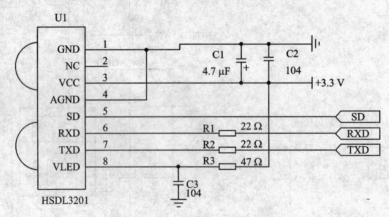

图 16-7 IrDA 硬件电路原理图

16.3 3/16 编解码软件设计

根据图 16-2 所示的 IrDA 物理层传输模型及数据收发流程原理,基于 FPGA 的 IrDA 3/16 编解码软件的程序设计主要分为 3 个部分:3/16 编码,3/16 解码以及串/

并数据互转换部分。

16.3.1　顶层程序文件

顶层程序文件 IRDA_UART. V 的主要功能是通过 UART 串口实现 IrDA 收发、解析 UART 数据的读/写以及控制 IrDA 红外信号至红外收发器等,其主要程序代码如下。

```verilog
'timescale 1ns / 100ps
module irda_uart (data, clkx16, write, read, rst, parity_error,
        framing_error, overrun, rxrdy, txrdy, //外部 UART 接口
        irtxd, irrxd);                        //外部 IrDA 接口
/* 数据、控制接口与 Nios II 处理器及外部接口连接 */
inout [7:0] data;              //8 位双向数据总线
input rst;                     //复位数据
input clkx16;                  //16x 时钟信号
input write;                   //读操作控制
input read;                    //写操作控制
output parity_error;           //奇偶错误指示
output framing_error;          //帧错误指示
output overrun;                //过载 - >溢出指示
output rxrdy;                  //接收器就绪
output txrdy;                  //发送器就绪
/* IrDA 红外收发器接口 */
output irtxd;                  //红外发送信号
input irrxd;                   //红外接收信号
wire rx, tx;                   //串行数据连接至 UART 和 IrDA 模块
wire nrcven = ~rst;
/* UART 模块输人输出接口 */
uart uart_module (clkx16, rst, read, write, data, rx, tx,
        rxrdy, txrdy, parity_error, framing_error, overrun);
/* 3/16 编码和解码模块 */
sirendec irda_module (clkx16, irrxd, nrcven, rx, tx, irtxd);
endmodule
```

16.3.2　3/16 编解码程序

3/16 编解码程序 irendec. v 是 IrDA 主要逻辑模块,用于实现 3/16 编码和解码功能,程序文件的代码如下。

```verilog
'timescale 1ns / 100ps
module irendec (
```

```
        clk16x,                 // 输入：    16x 时钟
        irrxd,                  // 输入：    从红外收发器输入至 IR_RxD 端
        nrcven,                 // 输入：    解码状态机复位，低电平有效
        rxd,                    // 输出：    RXD 输出－－＞UART 串行信号 SIN
        txd,                    // 输入：    TxD 输入＜－ UART 串行信号 SOUT
        irtxd                   // 输出：    从红外收发器输出 TxD 信号
        );
/ * 输入端口 * /
input clk16x , irrxd , nrcven , txd;
output rxd , irtxd ;
/ * 3/16 解码器 * /
reg q0, q1, q2, q3;
reg trigctl, count8reset, one_more;
reg clear_ff;
wire rxd = ~clear_ff;
wire restrigff = nrcven & count8reset;
always @ ( negedge irrxd or negedge restrigff )
begin
        if ( ~restrigff ) trigctl <= 0;
        else trigctl <= 1;
end
wire reset_count =   ~( (~one_more) | (~trigctl) ) ;
always @ ( negedge clk16x or negedge clear_ff )
begin
        if (~clear_ff) q0 <= 0;
        else q0 <= ( reset_count | (~q0) );
        end
wire din_q1 = ~(reset_count | (~( q0 ^ q1 ) ) );
always @ ( negedge clk16x or negedge clear_ff )
begin
        if ( ~clear_ff ) q1 <= 0;
        else q1 <= din_q1;
end
wire din_q2 = ~(reset_count | (~( q2 ^ (q0 & q1) ) ) );
always @ ( negedge clk16x or negedge clear_ff )
begin
        if (~clear_ff) q2 <= 0;
        else q2 <= din_q2;
end
wire din_q3 = ~(reset_count | (~( ( q0 & q1 & q2 ) ^ q3 ) ) );
always @ ( negedge clk16x or negedge clear_ff )
begin
        if ( ~clear_ff ) q3 <= 0;
```

```
        else q3 <= din_q3;
end
wire judge_1 = ~( q0 | q1 | q2 | q3 );
wire judge_2 = ~( (~q0) & (~q1) & (~q2) & q3 );
always @ ( posedge clk16x or negedge nrcven )
begin
        if ( ~nrcven ) count8reset <= 0;
        else count8reset <= judge_2;
end
always @ ( posedge clk16x or negedge nrcven )
begin
        if ( ~nrcven ) clear_ff <= 0;
        else clear_ff <= ~(judge_1 & (~trigctl) );
end
always @ ( negedge clk16x or negedge nrcven )
begin
        if ( ~nrcven ) one_more <= 0;
        else one_more <= q3;
end
/ * 3/16 编码器 * /
reg [3:0] count4bit ;
always @ ( negedge clk16x or posedge txd )
begin
        if ( txd ) count4bit <= 4'b0000;
        else
                count4bit <= count4bit + 1;
end
wire dec8clkcount = (~count4bit[0]) | (~count4bit[1] ) | (~count4bit[2]) |
                count4bit[3];      // 等于 8
wire dec10cycclk = count4bit[0] | (~count4bit[1]) | count4bit[2] |
                    (~count4bit[3]);      // 等于 5
wire irtxd;
jk_ff jk_ff (
    .clk ( ~clk16x ),
    .J (~dec8clkcount),
    .K (dec10cycclk),
    .CLR (~txd),
    .jkout (irtxd) );
endmodule
/ * JK 触发器,异步清零功能 * /
module jk_ff ( clk , J , K , CLR , jkout );
input clk , J , K , CLR;
output jkout ;
```

```
reg jkout ;
/ * JK 触发器状态机 * /
always @ ( posedge clk or negedge CLR )
begin
        if ( ～CLR ) jkout ＜ = 0 ;
        else
         case ( { J , K } )
                2'b00 : jkout ＜ = 0 ;
                2'b01 : jkout ＜ = jkout ;
                2'b10 : jkout ＜ = ～jkout ;
                2'b11 : jkout ＜ = 1 ;
        endcase
end
endmodule
```

16.3.3　UART 顶层逻辑程序

UART 顶层逻辑程序 uart. v,包括发送和接收逻辑功能模块(发送和接收模块如后程序代码介绍),实现 UART 全双工功能。

本程序实现读写并行数据总线,并执行并/串转换协议等功能,其程序代码如下。

```
‛timescale 1ns / 100ps
module uart (    clkx16, rst, read, write, data,
        sin, sout, rxrdy, txrdy, parity_error, framing_error, overrun);


input          clkx16;                        // 输入时钟
input          read;                          // 输入读信号
input          write;                         //输入写信号
input          rst;                           // 复位信号


inout          [7:0] data;                    // 8 位双向数据总线


/ * 接收器输入信号,错误及状态标志位等 * /
                                              // 从红外收发器接收数据输入
input          sin;
output         rxrdy;          wire     rxrdy;// 数据就绪,用于读操作
output         parity_error;   wire     parity_error;  // 奇偶校验错误标志位
output         framing_error;  wire     framing_error; // 帧错误标志位
output         overrun;        wire     overrun;    // 溢出标志位
wire           [7:0] rxdata;                  // 内部数据输出
/ * 发送器输出信号及状态标志位 * /
output         sout;           wire     sout;       // 发送数据输出
```

```
output      txrdy;      wire    txrdy;        // 下一条数据发送就绪
//发送器模块
transmit tx (clkx16, write, rst, sout, txrdy, data);
//接收器模块
receiver rx (clkx16, read, sin, rst, rxrdy, parity_error, framing_error, overrun, rxdata);
// 在数据读操作期间驱动数据总线,否则为高阻态
assign        data = ! read ? rxdata : 8'bzzzzzzzz;
endmodule
```

16.3.4　UART 接收逻辑程序

UART 接收逻辑模块 receiver.v 主要实现接收串行数据、数据串/并转换、发送就绪等总线握手协议以及产生奇偶、溢出、帧错误等标志位等功能。其程序代码如下。

```
`timescale 1ns / 100ps
module receiver (clkx16, read, sin, rst, rxrdy, parity_error, framing_error, overrun, rx-
data);
  input        clkx16;          // 输入时钟
  input        read;            // 读控制信号
  input        sin;             // 接收输入的串行信号 SIN
  input        rst;             // 复位信号
  /* 接收状态和错误标志位 */
  output       rxrdy;           // 接收就绪
  output       parity_error;    reg    parity_error;    // 奇偶错误标志信号
  output       framing_error;   reg    framing_error;   // 帧错误标志信号
  output       overrun;         reg    overrun;         // 溢出标志信号
  /* 8 位锁存输出数据总线 */
  output  [7:0] rxdata;
  reg      [7:0] rxdata;                                //8 位数据总线
  /* 内部控制信号 */
  reg      [3:0] rxcnt; //时钟周期计数
  reg      rx1, read1, read2, idle1, hunt;
  /* 接收移位寄存器组 */
  reg      [7:0] rhr;                 // 接收保持寄存器
  reg      [7:0] rsr;                 // 接收移位寄存器
  reg         rxparity;              // 接收奇偶位
  reg         paritygen;             // 从接收数据中产生奇偶位
  reg         rxstop;               // 接收数据停止位
  /* 接收时钟和控制信号 */
  reg         rxclk;                // 接收数据移位时钟
  reg         idle;                 // 空闲状态
  reg         rxdatardy;            // 接收数据就绪
```

```
/ *空闲状态机 * /
always @(posedge rxclk or posedge rst)
    begin
        if (rst)
                idle < = 1'b1;
            else
                idle < = ! idle && ! rsr[0];
    end
/ *同步时钟与起始位 * /
always @(posedge clkx16)
begin
    / *在 SIN 下降沿且 SIN = 0 时,起始位是 8 个时钟周期 * /
    if (rst)
        hunt < = 1'b0;
    else if (idle && ! sin && rx1 )
            hunt < = 1'b1;                  // 查询 sin 下降沿
    else if (! idle || sin )
            hunt < = 1'b0;                  // 停止移入数据,或查询 sin 为 1
        if (! idle || hunt)
            rxcnt < = rxcnt + 1;            // 当非空闲状态时,计数时钟或查询起始位
        else
            rxcnt < = 4'b0001;              // 空闲状态及等待 sin 下降沿出现时保持 rxcnt
                                           //    = 1

        rx1 < = sin;                       // 查找 sin 下降沿
        rxclk < = rxcnt[3];                // rxclk = clkx16/16
end
/ *非空闲状态时,采样 sin 输入数据,并建奇偶位 * /
always @(posedge rxclk or posedge rst)
if (rst)                        //如果复位
    begin
    rsr         < = 8'b11111111;           // 初始化移位寄存器
    rxparity    < = 1'b1;                  // 置 1 用于数据移位
    paritygen   < = 1'b1;                  // 置 1 用于奇校验模式
    rxstop      < = 1'b0;                  // 当 rsr[0]获取 rxstop 位后控制空闲状态 = 1
    end
else
    begin
    if (idle)                             //如果空闲状态
        begin
        rsr         < = 8'b11111111;       // 初始化移位寄存器
        rxparity    < = 1'b1;              // 置 1 用于数据移位
        paritygen   < = 1'b1;              // 置 1 用于奇校验模式
        rxstop      < = 1'b0;              // 当 rsr[0]获取 rxstop 位后控制空闲状态 = 1
```

```
            end
    else
        begin
        rsr           <= rsr >> 1;                  // 右移 sin 移位寄存器
        rsr[7]        <= rxparity;                  // 加载 rxparity 至 rsr[7]
        rxparity      <= rxstop;                    // 加载 rxparity 至 rxstop
        rxstop        <= sin;                       // 加载 sin 至 rxstop
            paritygen  <= paritygen ^ rxstop;       // 产生奇偶位
            end
    end
/* 产生状态和错误标志位 */
always @(posedge clkx16 or posedge rst)
if (rst)
    begin
    rhr              <= 8'h00;
    rxdatardy        <= 1'b0;                       //接收数据就绪
    overrun          <= 1'b0;                       //溢出
    parity_error     <= 1'b0;                       //奇偶错误
    framing_error    <= 1'b0;                       //帧错误
    idle1            <= 1'b1;                       //空闲状态
    read2            <= 1'b1;
    read1            <= 1'b1;
    end
else
    begin
    /* 查找空闲状态上升沿更新输出寄存器 */
    if (idle && ! idle1)
        begin
        if (rxdatardy)
            overrun <= 1'b1;   // 如前一个数据依然在保持寄存器则溢出错误,即该位置 1
        else
            begin
            overrun <= 1'b0;            // 当保持寄存器为空时,无溢出错误,即该位置 0
            rhr <= rsr;                 // 更新移位寄存器目录至保持寄存器
            parity_error <= paritygen;  // 如奇偶错误则 paritygen = 1
            framing_error <=  ! rxstop; // 如停止位不为 1,则帧错误
            rxdatardy <= 1'b1;          // 数据就绪
            end
        end
    /* 当读取数据后,清除错误与数据寄存器 */
    if (! read2 &&  read1)
        begin
        rxdatardy        <= 1'b0;
```

```
            parity_error      < = 1'b0;
            framing_error     < = 1'b0;
            overrun           < = 1'b0;
            end
        idle1 < = idle;                        // 检测空闲信号
        read2 < = read1;                       // 2 个周期延迟的读操作,用于脉冲沿检测
        read1 < = read;                        // 1 个周期延迟的读操作,用于脉冲沿检测
        end
assign    rxrdy = rxdatardy;                   // 接收数据就绪输出信号

always @ (read or rhr)                         // 当读信号为低时,锁存数据输出
if (~read)
    rxdata = rhr;
endmodule
```

16.3.5 UART 发送逻辑程序

UART 发送逻辑模块 transmit.v,主要实现并行数据总线读写操作,以及并/串转换数据输出等功能,其程序代码如下。

```
`timescale 1ns / 100ps
module transmit (clkx16, write, rst, sout, txrdy, data);
input     clkx16;              // 输入时钟
input     write;              // 输入写信号
input     rst;               // 复位信号
output    sout;   reg   sout;  // SOUT 串行数据输出
output    txrdy;             // 发送器就绪
input     [7:0] data;         // 8 位数据总线

reg       write1, write2;      // 延时周期写操作信号
reg       txdone1;            // 发送完成信号
// 发送移位寄存器组
reg       [7:0] thr;          // 发送保持寄存器
reg       [7:0] tsr;          // 发送移位寄存器,用于将数据移位至 SOUT
reg       tag1, tag2;         // 标志位,用于检测
wire      paritymode = 1'b1;   // 奇偶检验模式,1 = 奇校验,0 = 偶校验
reg       txparity;           // 奇偶产生寄存器
// 发送时钟及控制信号
reg       txclk;             // 发送时钟
wire      txdone;             // 发送完成,该位置 1
wire      paritycycle;
reg       txdatardy;          // 当数据在发送保持寄存器中就绪,置 1
```

```
reg        [2:0] cnt;                    // 计数器用于产生内部波特率时钟
assign   paritycycle = tsr[1] && ! (tag2 || tag1 || tsr[7] || tsr[6] || tsr[5] || tsr[4]
|| tsr[3] || tsr[2]);
assign   txdone = ! (tag2 || tag1 || tsr[7] || tsr[6] || tsr[5] || tsr[4] || tsr[3] ||
tsr[2] || tsr[1] || tsr[0]);
assign   txrdy = ! txdatardy;
always @(write or data)
    if (~write)
        thr = data;
// 当分频因子为 16 时,每 8 次切换 txclk,用于产生波特率时钟
always @(posedge clkx16 or posedge rst)
if (rst)
    begin
    txclk <= 1'b0;
    cnt <= 3'b000;
    end
else
    begin
    if (cnt == 3'b000)
        txclk <= ! txclk;
    cnt <= cnt + 1;
    end
// 移出数据至 SOUT 信号
always @(posedge txclk or posedge rst)
if (rst)
    begin
    tsr        <= 8'h00;                 // 复位发送移位寄存器
    tag2       <= 1'b0;                  // 复位标志位 2
    tag1       <= 1'b0;                  // 复位标志位 1
    txparity <= 1'b0;                    // 复位奇偶标志位
    sout       <= 1'b1;                  // 空闲状态,置起始位为高电平
    end
else
    begin
        if (txdone && txdatardy)
            begin
            tsr        <= thr;           // 加载发送保持寄存器值至移位寄存器
            tag2       <= 1'b1;          // 当移位完成,置标志位 2 为 1
            tag1       <= 1'b1;          // 当移位完成,置标志位 1 为 1
            txparity <= paritymode;      // 设置奇偶校验模式 -> 0 = 偶校验,
                                         // 1 = 奇检验
                sout       <= 1'b0;      // 置起始位为低电平
            end
```

```
        else
            begin
        tsr        <= tsr >> 1;          // 先发送最低有效位
        tsr[7]     <= tag1;              // 设置 tsr[7] = tag1
        tag1       <= tag2;              // 设置 tag1 = tag2
        tag2       <= 1'b0;             // 设置 tag2 = 0
        txparity <= txparity ^ tsr[0];  // 产生奇偶检验位
            /*移出数据,奇偶位,停止位,空闲位*/
            if (txdone)
                sout <= 1'b1;           // 输出停止位/空闲位
            else if (paritycycle)
                sout <= txparity;       // 输出奇偶校验位
            else
            sout <= tsr[0];             // 移出数据位
        end
    end
always @(posedge clkx16 or posedge rst)
if (rst)
    begin
    txdatardy <= 1'b0;
    write2 <= 1'b1;
    write1 <= 1'b1;
    txdone1 <= 1'b1;
    end
else
    begin
    if (write1 && ! write2)
        txdatardy  <= 1'b1;             // 在写操作信号的上升沿置发送数据就绪
                                        //   位为 1

    else if (! txdone && txdone1)
        txdatardy  <= 1'b0;            // 发送数据就绪位为 0,用于指示发送保持
                                        //   寄存器值加载至发送移位寄存器

    // 产生写操作延迟周期
    write2 <= write1;
    write1 <= write;
    txdone1 <= txdone;
    end
endmodule
```

在完成所有程序代码后,执行编译,并将该程序例化,如图 16 – 8 所示。

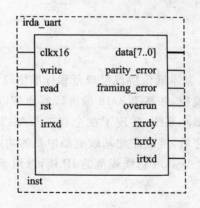

图 16 - 8　IrDA 程序例化示意图

16.4　IrDA 原理图连线

　　图 16 - 9 演示了一个具有最简单功能的 IrDA 收发器应用。读者在此基础上增加功能即可通过红外收发器 HDSL3201 实现红外线通信。

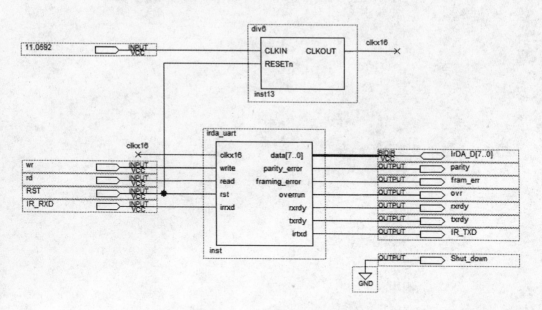

图 16 - 9　IrDA 原理图连线示意

16.5　实例总结

　　本章首先介绍了 IrDA 基本通信协议层规范和标准协议栈,然后介绍了 IrDA 3/16 编解码器原理与数据传输流程,并基于 3/16 编解码器原理以及 IrDA 物理层传输模型搭建了一个红外通信应用最小系统,实现了在全双工 UART 功能上执行红外编解码、数据收发功能。读者学习之后,可以在此基础上添加新的功能与应用,也可以将编解码和 UART 功能拆分后创建 Avalon 总线规范的 IP 核,以用于自己的产品设计。

第 **17** 章

GPS 通信系统设计

GPS(Global Position System)即全球卫星定位系统,最初是美国从 20 世纪 70 年代开始,为高精度导航和定位而研制的一种无线电导航定位系统。GPS 是集无线电导航、定位和定时于一体的多功能系统。GPS 系统具有全球、全天候工作,定位精度高,功能多,应用广的特点。通过 GPS 接收机可以实现精确地自主定位,为实现车辆的定位和导航奠定了基础。本章将基于 FPGA-Nios II 处理器讲述 GPS 通信系统的应用设计过程。

17.1 GPS 通信系统概述

当前全球有 4 大卫星定位系统,分别是美国的全球卫星导航定位系统 GPS、俄罗斯的格罗纳斯 GLONASS 系统、欧洲在建的"伽利略"系统和我国的北斗系统。

GPS 卫星定位系统可以向全球各地全天候地提供三维位置、三维速度等信息。它由 3 部分构成,一是地面控制部分,由主控站、地面天线、监测站及通讯辅助系统组成;二是空间部分,由 24 颗卫星组成,分布在 6 个轨道平面;三是用户设备部分,由 GPS 接收机和卫星天线等组成。

(1) 太空部分。

GPS 的空间部分是由 24 颗工作卫星组成,它位于距地表 20～200 km 的上空,均匀分布在 6 个轨道面上(每个轨道面 4 颗),轨道倾角为 55°。此外,还有 4 颗有源备份卫星在轨运行。这些卫星的分布状态使得在全球任何地方、任何时间都可观测到 4 颗以上的卫星。这些卫星不间断地给全球用户发送位置和时间广播数据。GPS 卫星产生两组电码,一组称为 C/A 码(Coarse/ Acquisition Code, 11 023 MHz);一组称为 P 码(Procise Code, 10 123 MHz)。P 码频率较高,不易受干扰,定位精度高。C/A 码被人为采取措施而刻意降低精度后,主要开放给民间使用。目前我们对 GPS 系统的应用都是在 C/A 码民用部分。

（2）地面控制部分。

地面控制部分主要由主控站,监测站和地面控制站组成。监测站均配装有精密的铯钟和能够连续测量到所有可见卫星的信号接收机。监测站将取得的卫星观测数据,包括电离层和气象数据,经过初步处理后,传送到主控站。主控站从各监测站收集跟踪数据,计算出卫星的轨道和时钟参数,然后将结果送到 3 个地面控制站。地面控制站在每颗卫星运行至上空时,把这些导航数据及主控站指令注入到卫星。这种注入对每颗 GPS 卫星每天一次,并在卫星离开注入站作用范围之前进行最后的注入。如果某地面站发生故障,那么在卫星中预存的导航信息还可用一段时间,但导航精度会逐渐降低。

（3）用户设备部分。

用户设备部分由 GPS 信号接收机、数据处理软件及相应的用户设备组成。其主要功能是能够捕获到卫星所发出的信号,并利用这些信号进行导航定位等工作。当接收机捕获到跟踪的卫星信号后,即可测量出接收天线至卫星的伪距离和距离的变化率,解调出卫星轨道参数等数据。根据这些数据,接收机中的微处理计算机就可按定位解算方法进行定位计算,计算出用户所在地理位置的经纬度、高度、速度、时间等信息。

17.1.1　GPS 系统工作原理

GPS 系统的基本原理是测量出已知位置的卫星到用户接收机之间的距离,然后综合多颗卫星的数据就可知道接收机的具体位置。要达到这一目的,每颗 GPS 卫星时刻发布其位置和时间数据信号的导航电文,用户接收机可以测算出每颗卫星的信号到接收机的时间延迟,根据信号传输的速度就可以计算出接收机到卫星的距离。同时收集到至少 4 颗卫星数据时,就可以计算出三维坐标、速度和时间等参数。

17.1.2　GPS 模块输出信号分析

本配件平台采用了 SiRF 公司的 Star – III 模块,该模块的输出信号是根据 NMEA (National Marine Electronics Association)0183 格式标准输出的。输出信息主要包括位置测定系统定位资料 GPGGA,偏差信息和卫星状态 GPGSA,导航系统卫星相关资料 GPGSV,最起码的 GNSS 信息 GPRMC 等部分。下面将主要对这些例句信息进行分析。

（1）GPGGA 位置测定系统定位资料。

定位后的卫星定位信息(Global Positioning System Fix Data)卫星时间、位置和相关信息。

信息示例:

$ GPGGA,063740.998,2234.2551,N,11408.0339,E,1,08,00.9,00053.1,M,−2.1,M,,*7B

$ GPGGA,161229.487,3723.2475,N,12158.3416,W,1,07,1.0,9.0,M,,,,

0000 *18

GPGGA 信息说明如表 17-1 所列。

表 17-1　GPGGA 信息说明

名　称	数　值	单　位	说　明
信息代码	$ GPGGA		GGA 信息标准码
格林威治时间	063740.998		时时分分秒秒.秒秒秒
纬度	2234.2551		度度分分.秒秒秒秒
南/北极	N		N:北极,S:南极
经度	11408.0339		度度度分分.秒秒秒秒
东/西经	E		E:东半球,W:西半球
定位代码	1		1 表示定位代码是有效的
使用中的卫星数	08		
水平稀释精度	00.9		0.5~99.9 米
海拔高度	00053.1	米	
单位	M	米	
偏差修正使用区间	-2.1	米	
单位	M	米	
校验码	*7B		

(2) GSA 方向及速度(Course Over Ground and Ground Speed)。

信息示例:

$ GPGSA,A,3,06,16,14,22,25,01,30,20,,,,,01.6,00.9,01.3 * 0D

$ GPGSA,A,3,07,02,26,27,09,04,15, , , , , ,1.8,1.0,1.5 * 33

GPGSA 信息说明如表 17-2 所列。

表 17-2　GPGSA 信息说明

名　称	数　值	单　位	说　明
信息代码	$ GPGSA		GSA 信息标准码
自动/手动选择 2 维/3 维形式	A		MM=手动选择;A=自动控制
可用的模式	3		2=2 维模式;3=3 维模式
接收到信号的卫星编号	06,16,14,22,25,01,30,20		收到信号的卫星的编号
位置精度稀释	01.6		
水平精度稀释	00.9		
垂直精度稀释	01.3		
校验码	*0D		

（3）GSV 导航系统卫星相关资料。

GNSS 天空范围内的卫星（GNSS Satellites in View）即可见卫星数、伪码乱码数值、卫星仰角等）。

信息示例：

$GPGSV,2,1,08,06,26,075,44,16,50,227,47,14,57,097,44,22,17,169,41*70

$GPGSV,2,1,07,07,79,048,42,02,51,062,43,26,36,256,42,27,27,138,42*71

GPGSV 信息说明如表 17-3 所列。

表 17-3 GPGSV 信息说明

名 称	数 值	单 位	说 明
信息代码	$GPGSV		GSV 信息标准码
GPGSV 信息被分割的数目	2		信息被分割成 2 部分
信息被分割后的序号	1		1
接收到的卫星数目	08		1
卫星的编号	06、16、14、22		卫星编号分别是 6、16、14、22，下面的信息也是以列的形式对应
卫星的仰角	26、50、57、17	度	正上方 90°，范围 0°～90°
卫星的方位角	075、227、097、169	度	正北方是 0°，范围 0°～360°
信号强度	44、47、44、41	dB	范围 0 dB～99 dB，如果输出 null 表示未用
校验码	*70		

（4）RMC 最起码的 GNSS 信息（Recommended Minimum Specific GNSS Data）。

主要是卫星的时间、位置方位、速度等。

信息示例：

$GPRMC,063740.998,A,2234.2551,N,11408.0339,E,000.0,276.0,150805,002.1,W*7C

$GPRMC,161229.487,A,3723.2475,N,12158.3416,W,0.13,309.62,120598,,*10

GPRMC 信息说明如表 17-4 所列。

表 17-4 GPRMC 信息说明

名 称	数 值	单 位	说 明
信息代码	$GPRMC		RMC 信息起始码
格林威治时间/标准定位时间 UTC	063741.998		时时分分秒.秒秒（Hhmmss.sss）
状态	A		A=信息有效；V=信息无效

续表 17 - 4

名 称	数 值	单 位	说 明
纬度	2234.2551		度度秒秒.秒秒秒秒
南/北维	N		N=北纬；S=南纬
经度	11408.0338		度度秒秒.秒秒秒秒
东/西经	E		E=东经；W=西经
对地速度	000.0		
对地方向	276.0		
日期	150805		日日月月年年
磁极变量	002.1		
度数			
检验码	W * 7C		

（5）经、纬度的地理位置（GLL）。

主要包括的经纬度的地理位置信息。

信息示例：

$GPGLL,3723.2475,N,12158.3416,W,161229.487,A * 2C

GPGLL 信息说明如表 17 - 5 所列。

表 17 - 5　GPGLL 信息说明

名 称	数 值	单 位	说 明
信息代码	$ GPGLL		GLL 信息起始码
纬度	3723.2475		度度分分.分分分分
北半球或南半球指示器	N		北半球(N)或南半球(S)
经度	12158.3416		度度度分分.分分分分
东半球或西半球	W		东半球(E)或西半球(W)
标准定准时间	161229.487		时时分分秒秒
状态	A		A=状态可用；V=状态不可用

17.1.3　GPS 模块电路原理图

SiRF Star - III 模块用于卫星定位数据的采集。其模块内部硬件原理图如图 17 - 1 所示，模块与 FPGA 的电路连接原理图如图 17 - 2 所示。

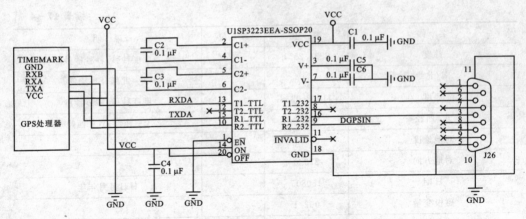

图 17-1 GPS 模块内部硬件原理图

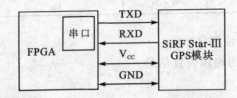

图 17-2 GPS 模块与 FPGA 的连接原理图

17.2 硬件系统设计

本例的 GPS 通信系统设计基于 Altera 公司的 Cyclone II 系列 EP2C20 芯片, GPS 通信系统的硬件设计结构图如图 17-3 所示。

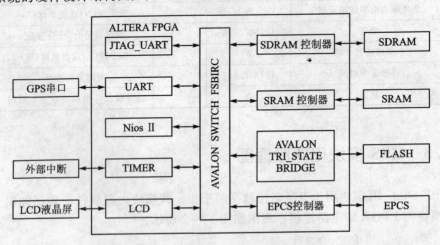

图 17-3 GPS 通信系统的硬件设计结构图

GPS 通信系统的硬件设计部分的主要流程如下所述。

17.2.1 创建 Quartus II 工程项目

打开 Quartus II 开发环境,创建新工程并设置相关的信息,单击"Finish"按钮,完成工程项目创建。本实例的工程项目名为"GPS",如图 17 - 4 所示。

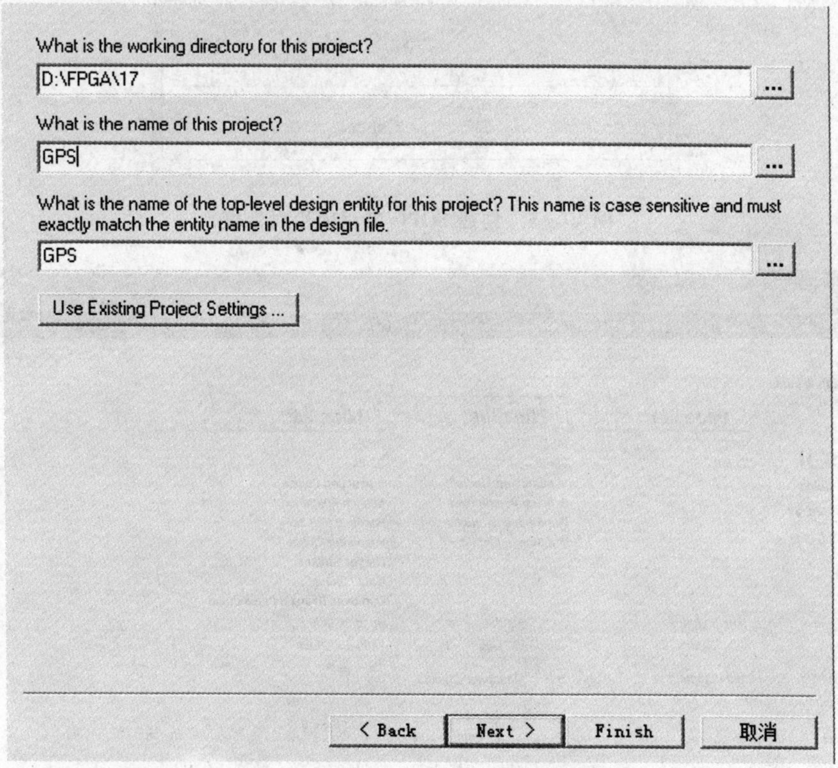

What is the working directory for this project?

D:\FPGA\17

What is the name of this project?

GPS

What is the name of the top-level design entity for this project? This name is case sensitive and must exactly match the entity name in the design file.

GPS

Use Existing Project Settings ...

< Back　　Next >　　Finish　　取消

图 17 - 4　创建 GPS 工程项目对话框

17.2.2 创建 SOPC 系统

在 Quartus II 开发环境下,单击"Tools"→"SOPC Builder",即可打开 SOPC Builder 开发工具。在弹出的对话框中输入 SOPC 系统模块名称,将"Target HDL"设置为 "Verilog HDL"。本实例的 SOPC 系统模块名称为"gpsnios",如图 17 - 5 所示。接下来准备进行系统 IP 组件的添加。

(1) Nios II CPU 型号。

选择 SOPC Builder 开发环境左侧的"Nios II Processor",添加 CPU 模块,在"Core Nios II"栏选择"Nios II/s",如图 17 - 6 所示,其他配置均选择默认设置即可。

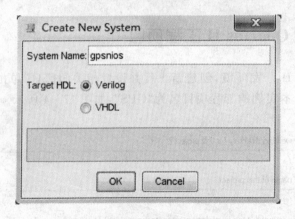

图 17 - 5　创建 SOPC 工程项目对话框

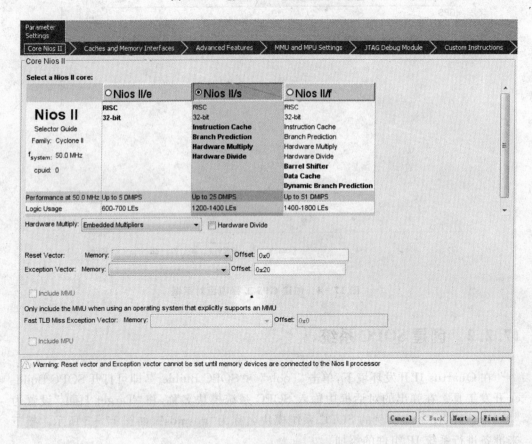

图 17 - 6　Nios II 处理器型号设定

(2) JTAG_UART。

选择 SOPC Builder 开发环境左侧的"Interface Protocols"→"Serial"→"JTAG_UART",添加 JTAG_UART 模块,各选项均选择默认设置,如图 17 - 7 所示。

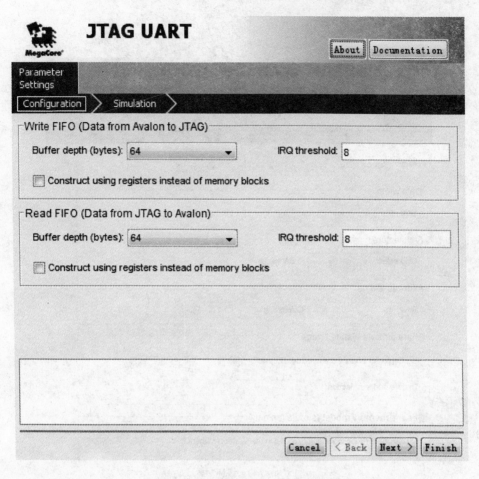

图 17 – 7　添加 JTAG_UART 模块

（3）SDRAM 控制器。

选择 SOPC Builder 开发环境左侧的"Memories and Memory Control"→ "SDRAM"→"SDRAM Controller"，添加 SDRAM 模块，其他选项视用户具体需求设 置，如图 17 – 8 所示。

（4）Flash 控制器。

选择 SOPC Builder 开发环境左侧的"Memories and Memory Control"→"Flash" →"Flash Memory Interface(CFI)"，添加 Flash 控制器模块，其他选项视用户具体需求 设置，如图 17 – 9 所示。

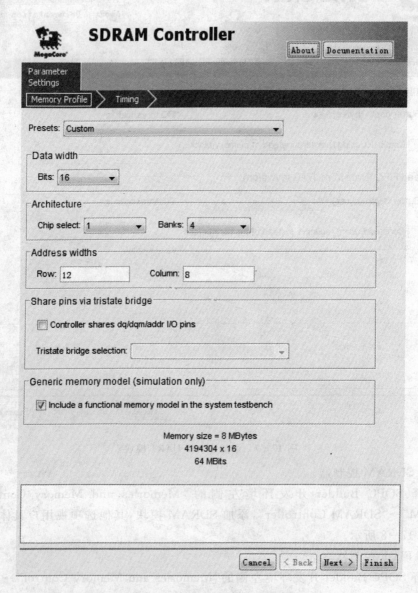

图 17－8　添加 SDRAM 控制器模块

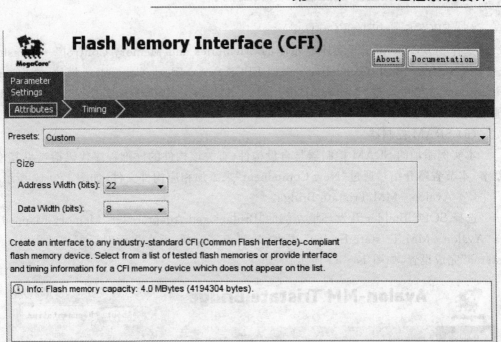

图 17 - 9　添加 FLASH 控制器模块

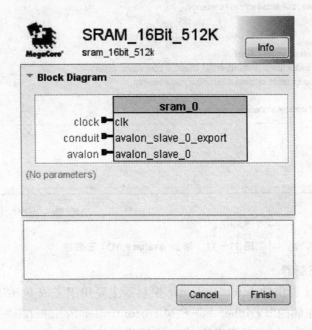

图 17 - 10　SRAM 控制器构件

（5）EPCS Serial Flash Controller。

选择 SOPC Builder 开发环境左侧的"Memories and Memory Control"→"Flash"→"EPCS Serial Flash Controller"，添加 EPCS Serial Flash Controller 模块，在"Configuration"选项中勾选"Automatically select dedicated AS interface if supported"，其他选项默认设置。

（6）SRAM 控制器。

本实例添加的 SRAM 控制器是自设构件（有关该构件的详细程序代码请参见其他章节，本节省略介绍），通过"New Component"来添加相应构件文件，如图 17-10 所示。

（7）Avalon-MM Tristate Bridge。

选择 SOPC Builder 开发环境左侧的"Bridges and Adapters"→"Memory Mapped"→"Avalon-MM Tristate Bridge"，添加 Avalon 三态桥，并在提示对话框中选中"Registered"完成设置，如图 17-11 所示。

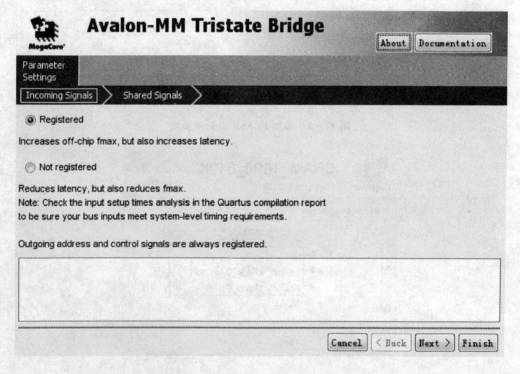

图 17-11　添加 Avalon-MM 三态桥

（8）Timer 控制器。

SOPC Builder 提供的 Interval Timer 控制器主要用于完成 Nios II 处理器的定时中断控制。选择左侧的"Peripherals"→"Microcontroller Peripherals"→"Interval Timer"，添加 Interval Timer 定时器模块，相关参数根据使用要求设置，如图 17-12 所示。

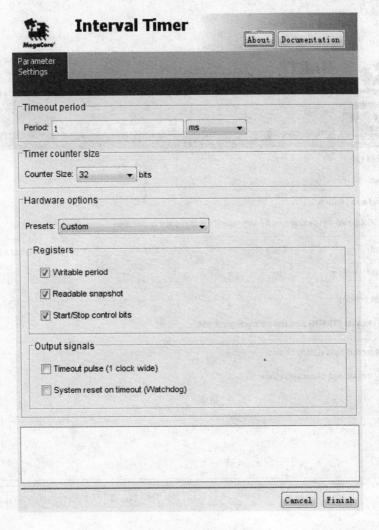

图 17 - 12　添加定时器

（9）UART。

本实例添加 UART 串口用于实现 GPS 通信模块与 Nios II 系统的数据连接。

选择 SOPC Builder 开发环境左侧的"Interface Protocols"→"Serial"→"UART"，添加 UART 模块，设置波特率（bps）为"9 600"，其他参数分别设置为"N,8,1,2"，如图17 - 13 所示。

（10）LCD 控制器。

本实例的 LCD 控制器是自设的构件，与 SRAM 控制器构件的添加方法类似，都是通过从"New Component"来添加构件，如图 17 - 14 所示。

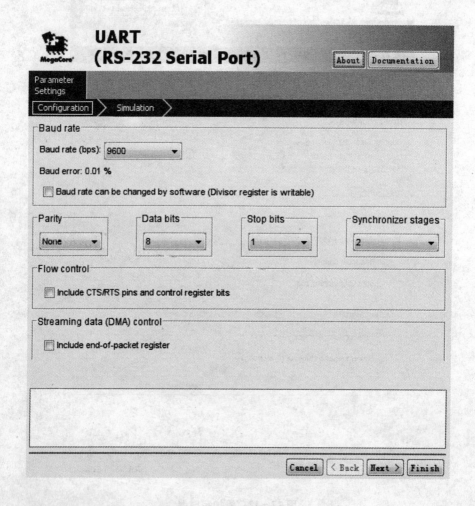

图 17 – 13 添加 GPS 通信串口

该构件部分的程序代码详见光盘中的文件。

将 Cfi_Flash 控制器与 Avalon – MM 三态桥建立连接。至此,本实例中所需要的 CPU 及 IP 模块均添加完毕,如图 17 – 15 所示。

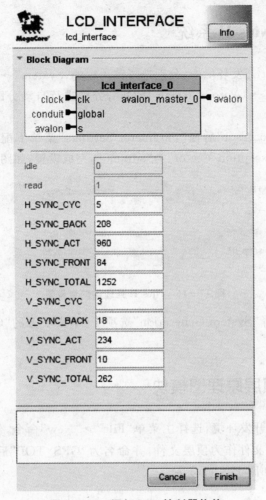

图 17 - 14　添加 LCD 控制器构件

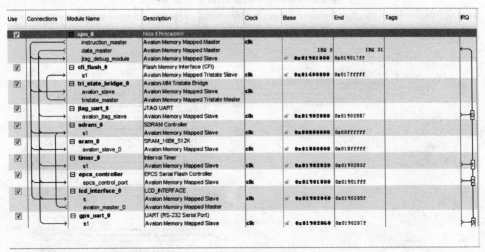

图 17 - 15　构建完成的 SOPC 系统

17.2.3 生成 Nios II 系统

在 SOPC Builder 开发环境中,分别选择菜单栏的"System"→"Auto – Assign Base Address"和"System"→"Auto – Assign IRQs",分别进行自动分配各组件模块的基地址和中断标志位操作。

双击"Nios II Processor"后在"Parameter Settings"菜单下配置"Reset Vector"为"cfi_flash0",设置"Exception Vector"为"sdram0",完成设置,如图 17 – 16 所示。

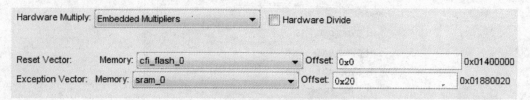

图 17 – 16 Nios II 处理器向量设置

配置完成后,选择"System Generation"选项卡,单击下方的"Generate",启动系统生成。

17.2.4 创建顶层原理图模块

打开 Quartus II 开发环境,选择主菜单"File"→"New"命令,创建一个 Block Diagram/Schematic File 文件作为顶层文件,并命名为"GPS_TOP"后保存。完成各模块的原理图线路连线,如图 17 – 17 所示。

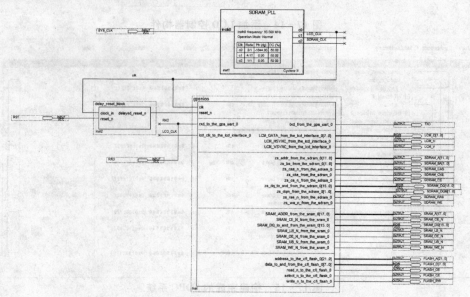

图 17 – 17 顶层文件各个模块连接图

连线完成后,用户可以选择编辑并运行 Tcl Scripts 文件为 FPGA 芯片分配引脚,也可以通过菜单选择图形化视窗来分配引脚。

保存整个工程项目文件后,即可通过主菜单工具或者工具栏中的编译按钮执行编译,生成程序下载文件。至此,硬件设计部分完成。

17.3　软件设计与程序代码

本节针对 Nios II 系统软件设计进行讲述,其主要设计流程如下。

17.3.1　创建 Nios II 工程

启动 Nios II IDE 开发环境,选择主菜单"File"→"New"→"Project"命令,创建 Nios II 工程项目文件,并进行相关选项配置。

17.3.2　程序代码设计与修改

Nios II 新工程建立后,单击"Finish"生成工程,添加并修改代码。相关程序代码介绍如下。

(1) MAIN.C。

主程序 MAIN.C 的软件代码与程序注释如下。

```
static alt_u32 SDRAM_FRAMEBUFFER_ADDRESS = (SDRAM_0_BASE + 10000);
char * gps_string;
int string_index = 0;
int section_id = 0;
int temp_index = 0;
//信息类型
char * GPS_DATA_TYPE;
//时间信息
char * GPS_DATA_TIME;
//状态信息
char * GPS_DATA_STATUS;
//纬度信息
char * GPS_DATA_LATITUDE;
//南北半球信息
char * GPS_DATA_NS_HEMISPHERE;
//经度信息
char * GPS_DATA_LONGITUDE;
//东西半球信息
char * GPS_DATA_WE_HEMISPHERE;
```

```
//速度信息
char * GPS_DATA_VELOCITY;
//方位角度信息
char * GPS_DATA_POS_ANGLE;
//日期信息
char * GPS_DATA_DATE;
//地磁信息
char * GPS_DATA_GEOMAGNETISM;
//地磁方向信息
char * GPS_DATA_GM_DIRECTION;
//解析GPS数据
void analyse_gps_data(char * string)
{
    printf(" % s\n",string);
    int i;
    for(i = 0;i < string_index;i + + ){
        //帧头
        if(gps_string[i] == ´$´){
            section_id = 0;
            temp_index = 0;
        }
        else if(gps_string[i] == 13){
            break;
        }
        else if(gps_string[i] == ´,´){
            section_id + + ;
            switch(section_id){
                case 1:
                    GPS_DATA_TYPE[temp_index] = ´\0´;
                    break;
                case 2:
                    GPS_DATA_TIME[temp_index] = ´\0´;
                    break;
                case 3:
                    GPS_DATA_STATUS[temp_index] = ´\0´;
                    break;
                case 4:
                    GPS_DATA_LATITUDE[temp_index] = ´\0´;
                    break;
                case 5:
                    GPS_DATA_NS_HEMISPHERE[temp_index] = ´\0´;
                    break;
                case 6:
```

```
            GPS_DATA_LONGITUDE[temp_index] = \0;
            break;
        case 7:
            GPS_DATA_WE_HEMISPHERE[temp_index] = \0;
            break;
        case 8:
            GPS_DATA_VELOCITY[temp_index] = \0;
            break;
        case 9:
            GPS_DATA_POS_ANGLE[temp_index] = \0;
            break;
        case 10:
            GPS_DATA_DATE[temp_index] = \0;
            break;
        case 11:
            GPS_DATA_GEOMAGNETISM[temp_index] = \0;
            break;
         default:
            break;
    }
    temp_index = 0;
}
else{
    switch(section_id){
        case 0:
            GPS_DATA_TYPE[temp_index] = string[i];
            temp_index ++ ;
            break;
        case 1:
            GPS_DATA_TIME[temp_index] = string[i];
            temp_index ++ ;
            break;
        case 2:
            GPS_DATA_STATUS[temp_index] = string[i];
            temp_index ++ ;
            break;
        case 3:
            GPS_DATA_LATITUDE[temp_index] = string[i];
            temp_index ++ ;
            break;
        case 4:
            GPS_DATA_NS_HEMISPHERE[temp_index] = string[i];
            temp_index ++ ;
```

```
                                    break;
                        case 5:
                            GPS_DATA_LONGITUDE[temp_index] = string[i];
                            temp_index ++ ;
                            break;
                        case 6:
                            GPS_DATA_WE_HEMISPHERE[temp_index] = string[i];
                            temp_index ++ ;
                            break;
                        case 7:
                            GPS_DATA_VELOCITY[temp_index] = string[i];
                            temp_index ++ ;
                            break;
                        case 8:
                            GPS_DATA_POS_ANGLE[temp_index] = string[i];
                            temp_index ++ ;
                            break;
                        case 9:
                            GPS_DATA_DATE[temp_index] = string[i];
                            temp_index ++ ;
                            break;
                        case 10:
                            GPS_DATA_GEOMAGNETISM[temp_index] = string[i];
                            temp_index ++ ;
                            break;
                        case 11:
                            GPS_DATA_GM_DIRECTION[temp_index] = string[i];
                            temp_index ++ ;
                            break;
                        default:
                            break;
                    }
                }
            }
    GPS_DATA_GM_DIRECTION[temp_index] = '\0';
    string_index = 0;
}
/ * 显示 GPS 信息 * /
void display_gps_info()
{
    setColor(GUI_RED);
    / * 信息类型 * /
    drawString(80,10,GPS_DATA_TYPE);
```

```
/*经度信息*/
if(GPS_DATA_WE_HEMISPHERE == 'W'){
    drawString(80,30,"东经");
}
else{
    drawString(80,30,"西经");
}
drawString(110,30,GPS_DATA_LONGITUDE);
/*纬度信息*/
if(GPS_DATA_NS_HEMISPHERE == 'N'){
    drawString(80,50,"北纬");
}
else{
    drawString(80,50,"南纬");
}
drawString(110,50,GPS_DATA_LATITUDE);
/*日期信息*/
drawChar(80,70,GPS_DATA_DATE[4]);
drawChar(88,70,GPS_DATA_DATE[5]);
drawCNChar(96,70,"年");
drawChar(110,70,GPS_DATA_DATE[2]);
drawChar(118,70,GPS_DATA_DATE[3]);
drawCNChar(126,70,"月");
drawChar(140,70,GPS_DATA_DATE[0]);
drawChar(148,70,GPS_DATA_DATE[1]);
drawCNChar(156,70,"日");
/*时间信息*/
drawChar(80,90,GPS_DATA_TIME[0]);
drawChar(88,90,GPS_DATA_TIME[1]);
drawCNChar(96,90,"时");
drawChar(110,90,GPS_DATA_TIME[2]);
drawChar(118,90,GPS_DATA_TIME[3]);
drawCNChar(126,90,"分");
drawChar(140,90,GPS_DATA_TIME[4]);
drawChar(148,90,GPS_DATA_TIME[5]);
drawCNChar(156,90,"秒");
/*速度信息*/
drawString(80,110,GPS_DATA_VELOCITY);
/*方位角度信息*/
drawString(80,130,GPS_DATA_POS_ANGLE);
/*地磁方向信息*/
if(GPS_DATA_GM_DIRECTION[0] == 'W'){
    drawString(80,150,"向西方向");
```

```
        }
        else if(GPS_DATA_GM_DIRECTION[0] == 'E'){
            drawString(80,150,"向东方向");
        }
        else if(GPS_DATA_GM_DIRECTION[0] == 'N'){
            drawString(80,150,"向北方向");
        }
        else{
            drawString(80,150,"向南方向");
        }
        drawString(136,150,GPS_DATA_GEOMAGNETISM);
}
/* 接收 GPS 字符码 */
void receive_gps_string(char gps_code)
{
    if(gps_code ! = 13){
        gps_string[string_index] = gps_code;
        string_index ++ ;
    }
    else{
        gps_string[string_index] = '\0';
        analyse_gps_data(gps_string);
        display_gps_info();
    }
}
/* 初始化 GPS 字符信息 */
void init_gps_info()
{
    gps_string = malloc(1000);
    //GPRMC 格式
    GPS_DATA_TYPE = malloc(7);
//当前位置的格林尼治时间,格式为 hhmmss
    GPS_DATA_TIME = malloc(7);
//状态,A 为有效位置,V 为非有效接收警告,即当前天线视野上方的卫星个数少于 3 颗
    GPS_DATA_STATUS = malloc(2);
    //纬度,格式为 ddmm. mmmm
    GPS_DATA_LATITUDE = malloc(10);
    //标明南北半球,N 为北半球、S 为南半球
    GPS_DATA_NS_HEMISPHERE = malloc(2);
    //经度,格式为 dddmm. mmmm
    GPS_DATA_LONGITUDE = malloc(10);
    //标明东西半球,E 为东半球,W 为西半球
    GPS_DATA_WE_HEMISPHERE = malloc(2);
```

```
    //地面上的速度,范围为 0.0 到 999.9
    GPS_DATA_VELOCITY = malloc(6);
    //方位角,范围为 000.0 到 359.9 度
    GPS_DATA_POS_ANGLE = malloc(6);
    //日期，格式为 ddmmyy
    GPS_DATA_DATE = malloc(7);
    //地磁变化,从 000.0 到 180.0 度
    GPS_DATA_GEOMAGNETISM = malloc(6);
    //地磁变化方向,为 E 或 W
    GPS_DATA_GM_DIRECTION = malloc(2);
}
/* 初始化菜单 */
void init_menu()
{
    int i,j;
    int raw_data;
    for(i = 0;i < 233;i++){
        for(j = 0;j < 319;j++){
    raw_data = IORD_8DIRECT(CFI_FLASH_0_BASE,i * 957 + j * 3 + 0x1000);
    IOWR_8DIRECT(SDRAM_FRAMEBUFFER_ADDRESS,i * 957 + j * 3 + 2,raw_data);
    raw_data = IORD_8DIRECT(CFI_FLASH_0_BASE,i * 957 + j * 3 + 1 + 0x1000);
    IOWR_8DIRECT(SDRAM_FRAMEBUFFER_ADDRESS,i * 957 + j * 3 ,raw_data);
    raw_data = IORD_8DIRECT(CFI_FLASH_0_BASE,i * 957 + j * 3 + 2 + 0x1000);
    IOWR_8DIRECT(SDRAM_FRAMEBUFFER_ADDRESS,i * 957 + j * 3 + 1,raw_data);
        }
    }
    setColor(GUI_GREEN);
    drawString(10,10,"GPS 信息:");
    drawString(10,30,"经度:");
    drawString(10,50,"纬度:");
    drawString(10,70,"日期:");
    drawString(10,90,"时间:");
    drawString(10,110,"速度:");
    drawString(10,130,"方位角:");
    drawString(10,150,"地磁信息:");
}
/* 主程序 */
int main()
{
    init_lcd();//初始化 LCD
    init_menu();//初始化菜单
    init_gps_info();//初始化 GPS 字符
    return 0;
```

```
}
```

(2) GUI. C。

GUI. C 图形系统的软件代码与程序注释如下。

```
alt_u32 FRAME_BUFFER;
alt_u32 FRAME_LENGTH;
alt_u32 START_REG;
alt_u32 CURRENT_COLOR;
#define CN_CHAR_NUM        24
#define CN_CHAR_WIDTH      14
#define CN_CHAR_HEIGHT     14
#define EN_CHAR_WIDTH       8
#define EN_CHAR_HEIGHT     12
extern int Font14_CN [][14];//中文字体
extern int Font08AscII[][12];//ASCII 码字库
static alt_u32 base = LCD_INTERFACE_0_BASE;
static alt_u32 SDRAM_FRAMEBUFFER_ADDRESS = (SDRAM_0_BASE + 10000);
//设置颜色
void setColor(alt_u32 colorValue)
{
    IOWR_32DIRECT(base,0,colorValue);
    CURRENT_COLOR = colorValue;
}
//设置屏幕帧宽
void setFrameLength(alt_u32 frameLength)
{
    IOWR_32DIRECT(base,4,frameLength);
    FRAME_LENGTH = frameLength;
}
//设置开始传输标志
void setStartReg(alt_u32 startReg)
{
    IOWR_32DIRECT(base,8,startReg);
    START_REG = startReg;
}
//设置帧缓存地址
void setFrameBuffer(alt_u32 frameBuffer)
{
    IOWR_32DIRECT(base,12,frameBuffer);
    FRAME_BUFFER = frameBuffer;
}
//屏幕初始化
void init_lcd()
```

```
{
    int i,j;
    int raw_data;
    for(i = 0;i < 223938;i++){
        IOWR_8DIRECT(SDRAM_FRAMEBUFFER_ADDRESS,i,55);
    }
    setFrameBuffer(SDRAM_FRAMEBUFFER_ADDRESS);
    setFrameLength(957);
    setStartReg(1);
}
//描点功能函数
void drawPixel(alt_u16 x,alt_u16 y)
{
    alt_u32 pix_addr = FRAME_BUFFER + (y * FRAME_LENGTH + x * 3) + 2;
    IOWR_8DIRECT(pix_addr,0,CURRENT_COLOR);
    IOWR_8DIRECT(pix_addr,1,CURRENT_COLOR>>8);
    IOWR_8DIRECT(pix_addr,2,CURRENT_COLOR>>16);
}


//刷背景色
void setBKColor(alt_u32 bkColor)
{
    int temColor;
    temColor = CURRENT_COLOR;
    setColor(bkColor);
    fillRect(0,0,319,232);
    setColor(temColor);
}
//画竖线
void drawVLine(alt_u16 x,alt_u16 y1,alt_u16 y2)
{
    short int i;
    short temp;
    //保证 y1 上侧
    if(y1 > y2){
        temp = y1;
        y1 = y2;
        y2 = temp;
    }
    //画线
    for(i = y1;i <= y2;i++){
        drawPixel(x,i);
    }
```

```
    }
    //填充矩形
    void fillRect(alt_u16 x,alt_u16 y,alt_u16 width,alt_u16 height)
    {
        int i;
        for(i = 0;i <= width;i++){
            drawVLine(x + i,y,y + height);
        }
    }
    //画字符
    void drawChar(alt_u16 x,alt_u16 y,unsigned char asc)
    {
        int i,j;
        unsigned short int Tmp;
        int * TmpFontAddr;
        unsigned char temp;
        TmpFontAddr = Font08AscII[0] + ((EN_CHAR_HEIGHT) * (asc - 32));
        for(i = 0;i < EN_CHAR_HEIGHT;i++){
            Tmp = x;
            temp = 0x01;
            for(j = 0;j < EN_CHAR_WIDTH;j++){
                if((( * TmpFontAddr) & temp) ! = 0){
                    drawPixel(Tmp,y);
                }
                temp = temp<<1;
                Tmp++ ;
            }
            (TmpFontAddr) ++ ;
            y++ ;
        }
    }


    //根据汉字机内码返回字模索引
    int returnIndex(unsigned char high,unsigned char low)
    {
        int i;
        for(i = 0;i < CN_CHAR_NUM;i++){//以数组长度为限
            if(high == CNChar_Code[i][1] && low == CNChar_Code[i][0]){
                return CNChar_Code[i][2];
            }
        }
        return -1;
    }
```

```
//画中文汉字
void drawCNChar(int x,int y,unsigned char * asc_cn)
{
    int i,j,index;
    unsigned short int TmpX,TemY;
    int temp;
    int * TmpFontAddr;
    index = returnIndex( * asc_cn, * (asc_cn + 1));
    if(index > = 0){
        TmpFontAddr = Font14_CN[0] + (CN_CHAR_HEIGHT) * index;
        TemY = y;
        for(i = 0;i < CN_CHAR_HEIGHT;i ++ ){
            TmpX = x;
            temp = 1;
            for(j = 0;j < CN_CHAR_WIDTH;j ++ ){
                if((( * TmpFontAddr) & temp) ! = 0){
                    drawPixel(TmpX,TemY);
                }
                temp = temp<<1;
                TmpX ++ ;
            }
            TemY ++ ;
            TmpFontAddr ++ ;
        }
    }
}


//画字符串
void drawString(alt_u16 x,alt_u16 y,unsigned char * string)
{
    int flag = 0;
    while( * string ! = '\0'){
        if( * string > 0xa0){
            if(! flag)
                flag ++ ;
            else{
                if(x > (FRAME_LENGTH - CN_CHAR_WIDTH)){
                    x = 0;
                    y = y + CN_CHAR_HEIGHT;
                }
                drawCNChar(x,y, - - string);
                x = x + CN_CHAR_WIDTH;
```

```
                flag - - ;
                string + + ;
            }
        }
        else{
            if(x > (FRAME_LENGTH - EN_CHAR_WIDTH)){
                x = 0;
                y = y + EN_CHAR_WIDTH;
            }
            drawChar(x,y, * string);
            x = x + EN_CHAR_WIDTH;
        }
        string + + ;
    }
}
...
```

部分程序代码详见光盘中的文件。

在 Nios II IDE 环境中完成所有程序代码设计与编译参数配置后，即可执行编译和下载，验证系统运行效果。

17.4 实例总结

本章介绍了 GPS 全球卫星定位系统的系统组成，工作原理，以及 GPS 模块的 NMEA0183 格式标准输出语句。本实例选择现场可编程门阵列（FPGA）来实现 GPS 信号的接收、提取以及存储，在 Nios II 处理器中实现了获取 GPS 定位信息的程序，并通过 μCGUI 图形界面显示出包括经度、纬度、海拔、速度、航向、磁场、时间等多种 GPS 定位信息。读者学习的时候，需要熟练运用 SOPC Builder 开发工具。

参考文献

[1] 周立功.SOPC 嵌入式系统实验教程(一).北京:北京航空航天大学出版社,2006

[2] 张志刚.FPGA 与 SOPC 设计教程－DE2 实践.西安:西安电子科技大学出版社,2007

[3] 王刚,张潋.基于 FPGA 的 SOPC 嵌入式系统设计与典型实例.北京:电子工业出版社,2009

[4] 刘福奇.FPGA 嵌入式项目开发实战.北京:电子工业出版社,2009

[5] 刘波文.ARM Cortex－M3 应用开发实例详解.北京:电子工业出版社,2011

[6] 陈世利,孙墨杰等.触摸屏的工作原理及典型应用.单片机与嵌入式系统应用,2002

[7] 邓春健,王琦等.基于 FPGA 和 ADV7123 的 VGA 显示接口的设计和应用.电子器件,第 29 卷第 4 期,2006

[8] 高迎慧,侯忠霞.基于 FPGA 和 USB 的高速数据采集与传输系统.工矿自动化,2007(4)

[9] 孟德欣,俞国亮.IrDA 编解码电路的 HDL 设计与后仿真.宁波大学学报(理工版)第 22 卷第 3 期,2009

[10] 广州周立功单片机有限公司.数字温度传感芯片 LM75A Demo 使用指南.2010

[11] Texas Instruments Incorporated. TLC549C,TLC549I Datasheet. 1996

[12] Philips Semiconductors. SAA7120,SAA7121 Datasheet. 1997

[13] Philips Semiconductors. SAA7113H Datasheet. 1999

[14] Jennifer Jenkins－Xlinx Inc . IrDA－UART Pack. 2001

[15] Intel Corporation. 28F128J3A, 28F640J3A, 28F320J3A (x8/x16) Preliminary Datasheet. 2001

[16] Integrated Silicon Solution,Inc. IS61LV25616 High Speed Asynchronous CMOS STATIC RAM Datasheet,Rev C. 2001

[17] Texas Instruments Incorporated. Touch Screen Controller－ADS7843 Datasheet. 2002

[18] Texas Instruments Incorporated. TLV320AIC23B Data Manual. 2002

[19] DAVICOM Semiconductor, Inc. DM9000A Application Notes,V1. 20. 2005

[20] DAVICOM Semiconductor, Inc. DM9000A Ethernet Controller with General Processor Interface Datasheet. 2006

[21] Micron Technology, Inc. MT9P031_DS_1. fm, Rev C. 2007

[22] Altera Corporation. DE2 Development and Education Board User Manual, Version1 41. 2007

[23] NXP Semiconductors. LM75A Digital temperature sensor and thermal watchdog Product data sheet. 2007

[24] STMicroelectronics. AN2834 Application note. 2008

[25] Freescale Semiconductor, Inc. MPX2010 Series Datasheet, Rev13 2008

[26] Analog Devices, Inc. ADV7123 Datasheet, REV D. 2010

[27] Micron Technology, Inc. 256Mb_sdr. pdf, Rev N. 2010

[28] Cypress Semiconductor Corporation. CY7C68013A Datasheet. 2011

[29] Teresic Technologies Inc. DE2 开发板资源

[30] XLINX, HSDL7000 IrDA/UART Verilog Pack, 2001